U0226193

电子信息科学与工程类专业系列教材

DSP 原理及应用

（第 3 版）

邹 彦 主编

唐 冬 宁志刚 副主编

电子工业出版社

Publishing House of Electronics Industry

北京·BEIJING

内 容 简 介

本书以 TI 公司的 TMS320C54x 系列芯片为描述对象，以应用系统设计为主线，系统介绍 DSP 芯片的基本结构、开发和应用。全书共 8 章，首先详细介绍 TMS320C54x 的体系结构、原理和指令系统；其次介绍汇编语言开发工具、汇编程序设计和应用程序开发实例；然后从应用的角度介绍 DSP 芯片的片内外设、接口及其应用和 DSP 系统的硬件设计，并通过两个应用系统设计实例介绍 DSP 芯片的开发过程。

本书旨在使读者了解 TMS320C54x 的体系结构和基本原理，熟悉 DSP 芯片的开发工具和使用方法，掌握 DSP 系统的设计和应用系统的开发方法。

本书内容全面、通俗易懂、实用性强，可作为电子信息、通信工程、自动化等专业本科生和研究生的教材或参考书，也可供从事 DSP 芯片开发应用的工程技术人员参考。

图书在版编目(CIP)数据

DSP 原理及应用/邹彦主编. —3 版. —北京：电子工业出版社，2019.1

电子信息科学与工程类专业规划教材

ISBN 978-7-121-35854-8

Ⅰ. ①D… Ⅱ. ①邹… Ⅲ. ①数字信号处理－高等学校－教材 Ⅳ. ①TN911.72

中国版本图书馆 CIP 数据核字（2018）第 291866 号

责任编辑：凌　毅

印　　刷：三河市鑫金马印装有限公司

装　　订：三河市鑫金马印装有限公司

出版发行：电子工业出版社

　　　　　北京市海淀区万寿路 173 信箱　邮编　100036

开　　本：787×1 092　1/16　印张：19.5　字数：525 千字

版　　次：2005 年 1 月第 1 版

　　　　　2019 年 1 月第 3 版

印　　次：2024 年 12 月第 13 次印刷

定　　价：49.00 元

凡所购买电子工业出版社图书有缺损问题，请向购买书店调换。　若书店售缺，请与本社发行部联系。联系及邮购电话：(010)88254888，88258888。

质量投诉请发邮件至 zlts@phei.com.cn，盗版侵权举报请发邮件至 dbqq@phei.com.cn。

本书咨询联系方式：(010)88254528，lingyi@phei.com.cn。

前　言

21 世纪是数字化的时代，随着越来越多的电子产品将数字信号处理（DSP）作为技术核心，DSP 已经成为推动数字化进程的动力。作为数字化最重要的技术之一，DSP 无论在其应用的深度还是广度方面，都在以前所未有的速度向前发展。

数字信号处理器，也称 DSP 芯片，是针对数字信号处理需要而设计的一种具有特殊结构的微处理器，它是现代电子技术、计算机技术和信号处理技术相结合的产物。随着信息处理技术的飞速发展，数字信号处理技术已逐渐发展成为一门主流技术，在电子信息、通信、软件无线电、自动控制、仪器仪表、信息家电等高科技领域得到了越来越广泛的应用。

数字信号处理器由于运算速度快、具有可编程特性和接口灵活的特点，在许多电子产品的研制、开发与应用中发挥着越来越重要的作用。采用 DSP 芯片来实现数字信号处理系统更是当前的发展趋势。

近年来，DSP 技术在我国也得到了迅速的发展，不论是在科学技术研究，还是在产品的开发等方面，其应用越来越广泛，并取得了丰硕的成果。为了紧跟 DSP 技术的发展，越来越多的高校开设了有关 DSP 技术的课程和实验。为了适应 DSP 技术的发展，满足教学和产业市场的需求，让更多的本科生、研究生和工程技术人员能尽快学习、掌握 DSP 应用技术，促进我国 DSP 技术水平的不断提高，我们编写了这本教材。

本书依据作者近几年为本科生开设"DSP 原理及应用"课程的讲义和讲稿，参考国内外最新的教材和文献资料，结合近几年来学习、开发 DSP 系统的体会编写而成。其目的是使读者了解 TMS320C54x 的体系结构和基本原理，熟悉 DSP 芯片的开发工具和使用，掌握 DSP 系统的软硬件设计和应用系统的开发方法，具备独立从事 DSP 应用开发的能力。

本书的主要特点是以 TI 公司 16 位定点处理器 TMS320C54x 系列芯片为描述对象，以应用系统设计为主线，系统地介绍 DSP 芯片的基本结构、软件开发和硬件设计，并给出设计实例，使读者尽快掌握 DSP 系统的设计方法。

全书共分为 8 章，其内容如下。

第 1 章：绪论。

第 2 章：TMS320C54x 的硬件结构。详细介绍 TMS320C54x 的体系结构与原理，内容包括总线结构、中央处理器、存储器结构、片内外设电路、系统控制和外部总线等。

第 3 章：TMS320C54x 的指令系统。首先详细介绍数据的 7 种寻址方式，然后介绍指令的表示方式，最后重点介绍 DSP 的指令系统。

第 4 章：汇编语言程序的开发工具。主要介绍汇编语言程序的开发工具和开发过程。第一部分简要介绍软件开发过程，包括汇编语言程序的编辑、汇编和链接过程等；第二部分介绍公共目标文件格式（COFF）；第三部分介绍程序语言开发工具的使用方法，包括汇编器和链接器等。

第 5 章：TMS320C54x 的汇编语言程序设计。主要介绍汇编语言程序设计的方法。首先概述汇编源程序，包括汇编语言源程序的格式、常数、字符串、符号和表达式；然后详细介绍汇编语言程序设计，包括堆栈使用方法、控制程序、算术运算程序、重复操作程序、数据块传送程序、小数运算程序和浮点运算程序。

第 6 章：应用程序设计。介绍数字信号处理和通信中最常见、最具有代表性的应用，如 FIR 滤波器、IIR 滤波器、FFT 变换、正弦信号发生器的实现方法。

第 7 章：TMS320C54x 片内外设、接口及应用。从应用的角度介绍主机接口、定时器、串行口和中断系统应用设计。

第 8 章：TMS320C54x 的硬件设计，主要介绍基于 TMS320C54x DSP 系统的硬件设计方法。首先概述系统的硬件设计过程；其次详细介绍 DSP 系统的基本设计，包括电源电路、复位电路和时钟电路的设计；然后介绍 DSP 电平转换电路的设计、DSP 存储器和 I/O 的扩展、DSP 与 A/D 转换器和 D/A 转换器的接口设计；最后通过两个实例介绍 DSP 系统的硬件设计。

另外，TI 公司 CCS 集成开发环境的使用方法本书不做介绍，请读者参考相关书籍。

本书主要作为电子信息、通信工程和自动化等专业高年级本科生和研究生学习 DSP 课程的教材或参考书，包括实验在内大约 48~60 学时，也可供从事 DSP 芯片开发应用的工程技术人员参考。

本书由邹彦、唐冬和宁志刚合作编写。其中，邹彦编写第 1、2、6、8 章和附录，唐冬编写第 3、5 章和第 4 章的部分内容，宁志刚编写第 4 章的部分内容和第 7 章。全书由邹彦统稿和定稿。另外，董湘君、李圣参加了本书第 3、5、8 章中部分例子的调试工作。

由于 DSP 技术是一门发展迅速的新技术，加上作者水平有限，编写时间仓促，书中错误和不妥之处在所难免，敬请广大读者批评指正。

编　　者

目　　录

第1章 绪 论

内容提要：本章首先对数字信号处理进行概述，介绍 DSP 的基本知识；接着介绍可编程 DSP 芯片，对 DSP 芯片的发展、特点、分类、应用和发展趋势进行论述；然后介绍 DSP 系统，对 DSP 系统的构成、特点、设计过程及芯片的选择进行详细的介绍；最后对 DSP 产品做简要介绍。

知识要点：
- 数字信号处理；
- DSP 芯片的特点；
- DSP 系统；
- DSP 系统的设计过程。

教学建议：本章对 DSP 做了概述，建议学时数为 2~3 学时。

1.1 数字信号处理概述

数字信号处理（Digital Signal Processing，DSP）是一门涉及多门学科并广泛应用于很多科学和工程领域的新兴学科。20 世纪 60 年代以来，计算机和信息技术的飞速发展，有力地推动和促进了 DSP 技术的发展进程。在过去的 20 多年里，DSP 技术已经在通信等领域得到了极为广泛的应用。

数字信号处理是利用计算机或专用处理设备，以数字的形式对信号进行分析、采集、合成、变换、滤波、估算、压缩、识别等加工处理，以便提取有用的信息并进行有效的传输与应用。与模拟信号处理相比，数字信号处理具有精确、灵活、抗干扰能力强、可靠性高、体积小、易于大规模集成等优点。

步入 21 世纪以后，信息社会已经进入了数字化时代，DSP 技术已成为数字化社会最重要的技术之一。DSP 可以代表数字信号处理（Digital Signal Processing）技术，也可以代表数字信号处理器（Digital Signal Processor），其实两者是不可分割的。前者是理论和计算方法上的技术，后者是指实现这些技术的通用或专用可编程微处理器芯片。随着 DSP 芯片的快速发展，其应用越来越广泛，DSP 这一英文缩写已被大家公认为是数字信号处理器的代名词。

数字信号处理以众多学科为理论基础，所涉及的范围极其广泛。如在数学领域中，微积分、概率统计、随机过程、数字分析等都是数字信号处理的基础工具。它与网络理论、信号与系统、控制理论、通信理论、故障诊断等密切相关。近年来，一些新兴学科，例如，人工智能、模式识别、神经网络等都与数字信号处理密不可分。可以说，数字信号处理是将许多经典的理论体系作为自己的理论基础，同时又使自己成为一系列新兴学科的理论基础。

数字信号处理包括以下两个方面的内容。

1. 算法的研究

算法的研究是指如何以最小的运算量和存储器的使用量来完成指定的任务，如 20 世纪 60 年代出现的快速傅里叶变换（FFT），使数字信号处理技术发生了革命性的变化。近几年来，数字信号处理的理论和方法得到了迅速的发展，诸如：语音与图像的压缩编码、识别与鉴别，信号的调制与解调、加密和解密，信道的辨识与均衡，智能天线，频谱分析等各种快速算法都成为研究的热点，并取得了长足的进步，为各种实时处理的应用提供了算法基础。

2．数字信号处理的实现

数字信号处理的实现是用硬件、软件或软硬结合的方法来实现各种算法的。数字信号处理的实现一般有以下几种方法。

① 在通用计算机（PC）上用软件（如 FORTRAN、C 语言）实现，但速度慢，不适合于实时数字信号处理，只用于算法的模拟。

② 在通用计算机系统中加入专用的加速处理机实现，以增强运算能力和提高运算速度。不适合于嵌入式应用，专用性强，应用受到限制。

③ 用单片机实现，用于不太复杂的数字信号处理。不适合于以乘法-累加运算为主的密集型 DSP 算法。

④ 用通用的可编程 DSP 芯片实现，具有可编程性和强大的处理能力，可完成复杂的数字信号处理的算法，在实时 DSP 领域中处于主导地位。

⑤ 用专用的 DSP 芯片实现，可用在要求信号处理速度极快的特殊场合，如专用于 FFT、数字滤波、卷积、相关算法的 DSP 芯片，相应的信号处理算法由内部硬件电路实现。用户无须编程，但专用性强，应用受到限制。

⑥ 用基于通用 DSP 核的 ASIC 芯片实现。随着专用集成电路（Application Specific Integrated Circuit，ASIC）的广泛使用，可以将 DSP 的功能集成到 ASIC 中。一般说来，DSP 核是通用 DSP 器件中的 CPU 部分，再配上用户所需的存储器（包括 Cache、RAM、ROM、Flash、EPROM）和外设（包括串行口、并行口、主机接口、DMA、定时器等），组成用户的 ASIC。DSP 核概念的提出与技术的发展，使用户可将自己的设计，通过 DSP 厂家的专业技术来加以实现，从而提高 ASIC 的水准，并大大缩短产品的上市时间。

1.2　可编程 DSP 芯片

数字信号处理器（DSP）是一种特别适合于进行数字信号处理运算的微处理器，主要用于实时快速实现各种数字信号处理的算法。在 20 世纪 80 年代以前，由于受实现方法的限制，因为数字信号处理的理论不能得到广泛的应用。直到 20 世纪 70 年代末，世界上第一块单片可编程 DSP 芯片的诞生，才使理论研究成果广泛应用到实际的系统中，并且推动了新的理论和应用领域的发展。可以毫不夸张地讲，DSP 芯片的诞生及发展对近 40 年来通信、计算机、控制等领域的技术发展起到了十分重要的作用。

1.2.1　DSP 芯片的发展概况

DSP 芯片诞生于 20 世纪 70 年代末，至今已经得到了突飞猛进的发展，并经历了以下 3 个阶段。

第一阶段，DSP 的雏形阶段（1980 年前后）。在 DSP 芯片出现之前，数字信号处理只能依靠通用微处理器（MPU）来完成。由于 MPU 处理速度较低，因此难以满足高速实时处理的要求。1965 年库利（Cooley）和图基（Tukey）发表了著名的快速傅里叶变换（Fast Fourier Transform，FFT），极大地降低了傅里叶变换的计算量，从而为数字信号的实时处理奠定了算法的基础。与此同时，伴随着集成电路技术的发展，各大集成电路厂商都在为生产通用 DSP 芯片做了大量的工作。1978 年，AMI 公司生产出第一片 DSP 芯片 S2811。1979 年，美国 Intel 公司发布了商用可编程 DSP 器件 Intel2920，由于内部没有单指令周期的硬件乘法器，因此芯片的运算速度、数据处理能力和运算精度受到了很大的限制。运算速度大约为单指令周期 200~250ns，应用仅局限于军事或航空航天领域。这个时期的代表性器件主要有：Intel2920（Intel）、μPD7720（NEC）、TMS32010（TI）、DSP16（AT&T）、S2811（AMI）、ADSp-21（AD）等。值得一提的是，TI 公司的第一代 DSP 芯片——TMS32010，采用了改进的哈佛结构，允许数据在程序存储空间与数据存储空间之间传输，大大提高了运行速度和编程灵活性，在语音合成和编码解码器中得到了广泛的应用。

第二阶段，DSP 的成熟阶段（1990 年前后）。这个时期，许多国际上著名的集成电路厂家都相继推出自己的 DSP 产品。如：TI 公司的 TMS320C20、30、40、50 系列，Motorola 公司的 DSP5600、9600 系列，AT&T 公司的 DSP32 等。这个时期的 DSP 芯片在硬件结构上更适合于数字信号处理的要求，能进行硬件乘法、硬件 FFT 变换和单指令滤波处理，其单指令周期为 80~100ns。如 TI 公司的 TMS320C20，它是该公司的第二代 DSP 芯片，采用了 CMOS 制造工艺，其存储容量和运算速度成倍提高，为语音处理、图像硬件处理技术的发展奠定了基础。20 世纪 80 年代后期，以 TI 公司的 TMS320C30 为代表的第三代 DSP 芯片问世，伴随着运算速度的进一步提高，其应用范围逐步扩大到通信、计算机领域。

第三阶段，DSP 的快速发展和完善阶段（2000 年以后）。这一时期各 DSP 制造商不仅使信号处理能力更加完善，而且使系统开发更加方便、程序编辑调试更加灵活、功耗进一步降低、成本不断下降。尤其是各种通用外设集成到芯片上，大大地提高了数字信号处理能力。这一时期的 DSP 运算速度可达到单指令周期 10ns 左右，可在 Windows 环境下直接用 C 语言编程，使用方便灵活，使 DSP 芯片不仅在通信、计算机领域得到了广泛的应用，而且渗透到了人们日常消费领域。

目前，DSP 芯片的发展非常迅速。硬件结构方面主要向多处理器的并行处理结构、便于外部数据交换的串行总线传输、大容量片上 RAM 和 ROM、程序加密、增加 I/O 驱动能力、外围电路内装化、低功耗等方面发展。软件方面主要是综合开发平台的完善，使 DSP 的应用开发更加灵活方便。

1.2.2　DSP 芯片的特点

数字信号处理不同于普通的科学计算与分析，它强调运算的实时性。因此，DSP 除了具备普通微处理器所强调的高速运算和控制能力，针对实时数字信号处理的特点，在处理器的结构、指令系统、指令流程上也做了很大的改进，其主要特点如下。

1. 采用哈佛结构

DSP 芯片普遍采用数据总线和程序总线分离的哈佛结构或改进的哈佛结构，比传统处理器的冯·诺依曼结构有更快的指令执行速度。

（1）冯·诺依曼（Von Neumann）结构

该结构采用单存储空间，即程序指令和数据公用一个存储空间，使用单一的地址总线和数据总线，取指令和取操作数都是通过一条总线分时进行的。当进行高速运算时，不但不能同时进行取指令和取操作数，而且还会造成数据传输通道的瓶颈现象，其工作速度较慢。冯·诺依曼结构如图 1.2.1 所示。

（2）哈佛（Harvard）结构

该结构采用双存储空间，程序存储器和数据存储器分开，有各自独立的程序总线和数据总线，可独立编址和独立访问，可对程序和数据进行独立传输，使取指令操作、指令执行操作、数据吞吐并行完成，大大地提高了数据处理能力和指令的执行速度，非常适合于实时的数字信号处理。哈佛结构如图 1.2.2 所示。

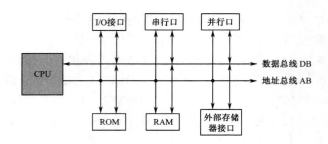

图 1.2.1　冯·诺依曼结构

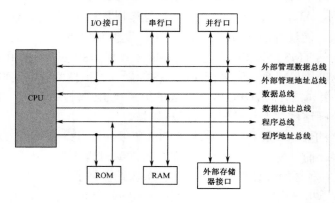

图 1.2.2　哈佛结构

（3）改进型的哈佛结构

改进型的哈佛结构采用双存储空间和数条总线，即一条程序总线和多条数据总线。其特点如下：

① 允许在程序存储空间和数据存储空间之间相互传送数据，使这些数据可以由算术运算指令直接调用，增强了芯片的灵活性；

② 提供了存储指令的高速缓冲器（Cache）和相应的指令，当重复执行这些指令时，只需读入一次就可连续使用，不需要再次从程序存储器中读出，从而减少了指令执行所需的时间。如：TMS320C6200 系列的 DSP，整个片内程序存储器都可以配制成高速缓冲结构。

2．采用多总线结构

DSP 芯片都采用多总线结构，可同时进行取指令和多个数据存取操作，并由辅助寄存器自动增减地址进行寻址，使 CPU 在一个时钟周期内可多次对程序存储空间和数据存储空间进行访问，大大提高了 DSP 的运行速度。如：TMS320C54x 系列内部有 P、C、D、E 等 4 组总线，每组总线中都有地址总线和数据总线，这样在一个时钟周期内可以完成如下操作：

① 从程序存储器中取一条指令；

② 从数据存储器中读两个操作数；

③ 向数据存储器写一个操作数。

对于 DSP 芯片，内部总线是十分重要的资源，总线越多，可以完成的功能就越复杂。

3．采用流水线技术

每条指令可通过片内多功能单元完成取指、译码、取操作数和执行等多个步骤，实现多条指令的并行执行，从而在不提高系统时钟频率的条件下减少每条指令的执行时间。其过程如图 1.2.3 所示。

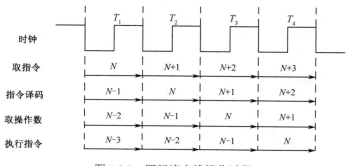

图 1.2.3　四级流水线操作过程

利用这种流水线结构，加上执行重复操作，就能保证在单指令周期内完成数字信号处理中用得最多的乘法-累加运算。如：$y = \sum_{i=1}^{n} a_i x_i$。

4. 配有专用的硬件乘法-累加器

为了适应数字信号处理的需要，当前的 DSP 芯片都配有专用的硬件乘法-累加器，可在一个周期内完成一次乘法和一次累加操作，从而可实现数据的乘法-累加操作。如矩阵运算、FIR 和 IIR 滤波、FFT 变换等专用信号的处理。

5. 具有特殊的 DSP 指令

为了满足数字信号处理的需要，在 DSP 的指令系统中，设计了一些能完成特殊功能的指令。如：TMS320C54x 中的 FIRS 和 LMS 指令，专门用于完成系数对称的 FIR 滤波器和 LMS 算法。

为了实现 FFT、卷积等运算，DSP 大多在指令系统中设置了"循环寻址"（Circular Addressing）、"位码倒置"（Bit-Reversed）指令和其他特殊指令，使得在进行这些运算时，其寻址、排序及计算速度大大提高。

6. 快速的指令周期

采用哈佛结构、流水线操作、专用的硬件乘法-累加器、特殊的指令及集成电路的优化设计，使指令周期可在 20ns 以下。如：TMS320C54x 的运算速度为 100MIPS，即 100 百万条指令每秒；TMS320C6203 的时钟为 300MHz，运算速度为 2400MIPS。

7. 硬件配置强

DSP 芯片具有较强的接口功能，除了具有串行口、定时器、主机接口（HPI）、DMA 控制器、软件可编程等待状态发生器等片内外设，还配有中断处理器、PLL、片内存储器、测试接口等单元电路，可以方便地构成一个嵌入式自封闭控制的处理系统。

高速数据传输能力是 DSP 进行高速实时处理的关键之一。新型的 DSP 大多设置了单独的 DMA 总线及其控制器，在不影响或基本不影响 DSP 处理速度的情况下，进行并行的数据传输，传输速率可以达到数百兆字每秒（16 位）*，但受片外存储器速度的限制。

8. 支持多处理器结构

尽管当前的 DSP 芯片已达到较高的水平，但在一些实时性要求很高的场合，单片 DSP 的处理能力还不能满足要求。如在图像压缩、雷达定位等应用中，若采用单处理器将无法胜任。因此，支持多处理器系统就成为提高 DSP 应用性能的重要途径之一。为了满足多处理器系统的设计，许多 DSP 芯片都采用支持多处理器的结构。如：TMS320C40 提供了 6 个用于处理器间

---

* 以后本书中未标注的"字"，均指 16 位。

高速通信的 32 位专用通信接口，使处理器之间可直接对通，应用灵活、使用方便。

由于支持多处理器结构，从而可以实现完成巨大运算量的多处理器系统，即将算法划分给多个处理器，借助高速通信接口来实现计算任务并行处理的多处理器阵列。

9．省电管理和低功耗

DSP 功耗一般为 0.5~4W，若采用低功耗技术可使功耗降到 0.25W，可用电池供电，适用于便携式数字终端设备。

1.2.3　DSP 芯片的分类

为了适应数字信号处理各种各样的实际应用，DSP 厂商生产出多种类型和档次的 DSP 芯片。在众多的 DSP 芯片中，可以按照下列 3 种方式进行分类。

1．按基础特性分类

这种分类是依据 DSP 芯片的工作时钟和指令类型进行的，可分为静态 DSP 芯片和一致性 DSP 芯片。

如果 DSP 芯片在某时钟频率范围内的任何频率上都能正常工作，除计算速度有变化外，没有性能的下降，则这类 DSP 芯片一般称为静态 DSP 芯片。例如，TI 公司的 TMS320 系列芯片、日本 OKI 电气公司的 DSP 芯片都属于这一类芯片。

如果有两种或两种以上的 DSP 芯片，它们的指令集和相应的机器代码及引脚结构相互兼容，则这类 DSP 芯片被称为一致性 DSP 芯片，例如，TI 公司的 TMS320C54x。

2．按用途分类

按照 DSP 芯片的用途来分类，可以将 DSP 芯片分为通用型芯片和专用型芯片。

通用型 DSP 芯片一般是指可以用指令编程的 DSP，适合于普通的 DSP 应用，具有可编程性和强大的处理能力，可完成复杂的数字信号处理的算法，如 TI 公司的一系列 DSP 芯片。

专用型 DSP 芯片是为特定的 DSP 运算而设计的，通常只针对某一种应用，相应的算法由内部硬件电路实现，适合于数字滤波、FFT、卷积和相关算法等特殊的运算。主要用于要求信号处理速度极快的特殊场合，如 Motorola 公司的 DSP56200 等。

3．按数据格式分类

这是根据 DSP 芯片工作的数据格式来分类的，即按精度或动态范围将通用 DSP 分为定点 DSP 芯片和浮点 DSP 芯片。

数据以定点格式工作的 DSP 芯片称为定点 DSP 芯片。如 TI 公司的 TMS320C1x/C2x、TMS320C2xx/C5x、TMS320C54x/C62xx 系列，AD 公司的 ADSP21xx 系列，AT&T 公司的 DSP16/16A，Motorola 公司的 MC56000 等。大多数定点 DSP 芯片都采用 16 位定点运算，只有少数 DSP 芯片为 24 位定点运算。

数据以浮点格式工作的称为浮点 DSP 芯片。主要产品有：TI 公司的 TMS320C3x/C4x/C67x，AD 公司的 ADSP21xxx 系列，AT&T 公司的 DSP32/32C，Motorola 公司的 MC96002 等。

不同的浮点 DSP 芯片所采用的浮点格式有所不同，有的 DSP 芯片采用自定义的浮点格式，有的 DSP 芯片则采用 IEEE 的标准浮点格式。如 TI 公司的 TMS320C3x 芯片为自定义的浮点格式，而 Motorola 公司的 MC96002、Fujitsu 公司的 MB86232 等为 IEEE 标准浮点格式。

1.2.4　DSP 芯片的应用

自从 20 世纪 70 年代末 DSP 芯片诞生以来，DSP 芯片得到了飞速的发展。DSP 芯片的高速发展，主要得益于集成电路技术的发展和巨大的应用市场。在近 40 年时间里，DSP 芯片已经在许多领域得到广泛的应用。目前，随着 DSP 芯片价格的下降，性价比的提高，DSP 芯片具有巨大的应用潜力。DSP 芯片的应用主要有：

- 信号处理——如数字滤波、自适应滤波、快速傅里叶变换、Hilbert 变换、相关运算、频谱分析、卷积、模式匹配、窗函数、波形产生等；
- 通信——如调制解调器、自适应均衡、数据加密、数据压缩、回波抵消、多路复用、传真、扩频通信、移动通信、纠错编/译码、可视电话、路由器等；
- 语音——如语音编码、语音合成、语音识别、语音增强、语音邮件、语音存储、文本-语音转换等；
- 图形/图像——如二维和三维图形处理、图像压缩与传输、图像鉴别、图像增强、图像转换、模式识别、动画、电子地图、机器人视觉等；
- 军事——如保密通信、雷达处理、声呐处理、导航、导弹制导、全球定位、电子对抗、搜索与跟踪、情报收集与处理等；
- 仪器仪表——如频谱分析、函数发生、数据采集、锁相环、暂态分析、石油/地质勘探、地震预测与处理等；
- 自动控制——如引擎控制、发动机控制、声控、自动驾驶、机器人控制、神经网络控制等；
- 医疗工程——如助听器、X 射线扫描、心电图/脑电图、超声设备、核磁共振、诊断工具、病人监护等；
- 家用电器——如高保真音响、智能玩具与游戏、数字电话/电视、高清晰度电视（HDTV）、变频空调、机顶盒等；
- 计算机——如阵列处理器、图形加速器、工作站、多媒体计算机等。

1.2.5　DSP 芯片的发展现状和趋势

1．DSP 芯片的现状

1980 年以来，DSP 芯片已取得了突飞猛进的发展，主要表现如下：

（1）制造工艺

早期 DSP 采用 4μm 的 NMOS 工艺,现在的 DSP 芯片普遍采用 0.25μm 或 0.18μm 的 CMOS 工艺。芯片引脚从原来的 40 个增加到 200 个以上，需要设计的外围电路越来越少，成本、体积和功耗不断下降。

（2）存储器容量

早期的 DSP 芯片，其片内程序存储器和数据存储器只有几百个单元。目前，片内程序和数据存储器可达到几十千字，而片外程序存储器和数据存储器可达到 16M×48 位和 4G×40 位以上。

（3）内部结构

目前，DSP 内部均采用多总线、多处理器和多级流水线结构，加上完善的接口功能，使 DSP 的系统功能、数据处理能力和与外部设备的通信功能都有了很大的提高。

如：TMS320C6201 有 8 个并行处理单元（包括 6 个 32 位 ALU 和 2 个 16 位乘法器）、片内 1M 位的 SRAM、32 位外部总线（4G×8 位的寻址空间）、32 个 32 位运算寄存器、2 个定时器、4 个外部中断、2 个串行口、一个 16 位主机接口、4 个 DMA 通道，其流水线分为取指、解码和执行 3 个阶段，共计 11 级。另外，它还是一种主频为 200MHz 的定点 DSP，一个时钟周期可执行 8 条指令，每秒最高可进行 16 亿次的定点运算。

（4）运算速度

近20年的发展，使DSP的指令周期从400ns缩短到10ns以下，其相应的速度从2.5MIPS提高到2000MIPS以上。如TMS320C6201执行一次1024点复数FFT运算的时间只有66μs。

（5）高度集成化

集滤波、A/D、D/A、ROM、RAM和DSP内核于一体的模拟混合式DSP芯片已有较大的发展和应用。

（6）运算精度和动态范围

由于输入信号动态范围和迭代算法可能带来误差积累，因此对单片DSP的精度提出了较高的要求。DSP的字长已从8位增加到32位，累加器的长度也增加到40位，从而提高了运算精度。同时，采用超长字指令字（VLIW）结构和高性能的浮点运算，扩大了数据处理的动态范围。

（7）开发工具

具有较完善的软件和硬件开发工具，如：软件仿真器Simulator、在线仿真器Emulator、C编译器等，给开发应用带来了很大方便。值得一提的是CCS（Code Composer Studio）开发工具，它是TI公司针对自己的DSP产品开发的集成开发环境。CCS的功能十分强大，集成了代码的编辑、编译、链接和调试等诸多功能，而且支持C/C++和汇编语言的混合编程。开放式的结构允许用户外扩用户自身的模块，它的出现大大简化了DSP的开发工作。

2．国内DSP的发展现状

目前，我国的DSP产品主要来自国外。1983年，TI公司的第一代产品TMS32010最先进入中国市场，之后TI公司通过提供DSP培训课程，使该公司DSP产品的市场份额不断扩大。现在TI公司的DSP产品约占国内市场的90%，其余的市场份额由AD、Motorola、NEC等公司占有。

相对国外DSP应用开发的情况，我国还存在着相当大的差距。近年来，在国内一些DSP专业用户的推动下，DSP的应用在我国获得突飞猛进的发展。除此之外，国内许多高校相继建立了DSP实验室，开设了相关的课程，这对DSP在我国的发展起到了关键性的作用。

进入21世纪后，数字消费类电子产品进入增长期，市场呈现高增长态势，普及率大幅度提高，从而带动了DSP市场的高速发展。此外，计算机、通信和消费类电子产品的数字化融合也为DSP提供了进一步的发展机会。目前，DSP在VoIP、网络音频（Internet Audio）、DSL、3G/4G、电机控制等需要实时处理大量数据的应用中发挥着重要作用。

对于DSP的发展，我国与国外相比不论在硬件方面，还是在软件方面都存在着很大的差距，还有很长的一段路要走。我们对DSP的应用前景充满希望和信心，也盼望有更多的高校、科研机构和开发公司开展DSP的应用研究，为推动DSP技术的发展、振兴我国的电子工业作出贡献。

3．DSP技术的发展趋势

未来的10年，全球DSP产品将向着高性能、低功耗、加强融合和拓展多种应用的趋势发展，DSP芯片将越来越多地渗透到各种电子产品中，成为各种电子产品尤其是通信类电子产品的技术核心。

（1）DSP的内核结构将进一步改善

多通道结构和单指令多重数据（SIMD）、特大指令字组（VLIW）将在新的高性能处理器中占主导地位，如AD公司的ADSP-2116x。

（2）DSP和微处理器的融合

低成本的微处理器（MPU）是一种执行智能定向控制任务的通用处理器，它能很好地执行智能控制任务，但是对数字信号的处理功能很差。而DSP的功能正好与之相反。在许多应用中均需要同时具有智能控制和数字信号处理两种功能，如数字蜂窝电话就需要监测和声音处理功能。因此，把 DSP 和微处理器结合起来，用单一芯片的处理器实现这两种功能，将加速智能电话、无线网络产品的开发，同时简化设计，减小 PCB 体积，降低功耗和整个系统的成本。例如，有多个处理器的 Motorola 公司的 DSP5665x，有协处理器功能的 Massan 公司的 FILU-200，把 MPU 功能扩展成 DSP 和 MPU 功能的 TI 公司的 TMS320C27xx，以及 Hitachi 公司的 SH-DSP，都是 DSP 和 MPU 融合在一起的产品。互联网和多媒体的应用将进一步加速这一融合过程。

（3）DSP 和高档 CPU 的融合

大多数高档 MCU，如 Pentium 和 PowerPC 都是 SIMD 指令组的超标量结构，速度很快。LSI Logic 公司的 LSI401Z 采用高档 CPU 的分支预示和动态缓冲技术，结构规范，利于编程，不用进行指令排队，使得性能大幅度提高。

（4）DSP 和 SoC 的融合

SoC（System on Chip）是指把一个系统集成在一块芯片上，称为片上系统。这个系统包括 DSP 和系统接口软件等。比如，Virata 公司购买了 LSI Logic 公司的 ZSP400 处理器内核使用许可证，将其与系统软件如 USB、10BaseT、以太网、UART、GPIO、HDLC 等一起集成在芯片上，应用在 xDSL 上，得到了很好的经济效益。

（5）DSP 和 FPGA 的融合

FPGA 是现场可编程门阵列器件。它和 DSP 集成在一块芯片上，可实现宽带信号处理，大大提高信号处理速度。Xilinx 公司的 Virtex-II FPGA 对快速傅里叶变换（FFT）的处理可提高 30 倍以上，它的芯片中有自由的 FPGA 可供编程。Xilinx 公司开发出一种称作 Turbo 卷积编/译码器的高性能内核，设计者可以在 FPGA 中集成一个或多个 Turbo 内核，它支持多路大数据流，大大节省开发时间，使功能的增加或性能的改善非常容易。因此，在无线通信、多媒体等领域将有广泛应用。

（6）实时操作系统 RTOS 与 DSP 的结合

最初，DSP 系统的开发者除了开发需要实时实现的核心算法，还要自己设计系统软件框架，作为目标代码的一部分一起运行。随着应用的不同，核心算法和控制框架也是多种多样的。有时核心算法可以从专业公司购买，结合自己的应用开发系统组成新的产品。

随着 DSP 处理能力的增强，芯片结构越来越复杂，甚至有些芯片在其片内集成了多个芯核，如何充分使用器件的资源，使其物尽其用已成为 DSP 开发中的重点和难点之一。另外，DSP 系统越来越复杂，使得软件的规模越来越大，往往需要运行多个任务，各任务间的通信、同步等问题就变得非常突出。随着 DSP 性能和功能的日益增强，对 DSP 应用提供 RTOS 的支持已成为必然的结果。

（7）DSP 的并行处理结构

为了提高 DSP 芯片的运算速度，各 DSP 厂商纷纷在 DSP 芯片中引入并行机制，主要分为片内并行和片间并行。TI 公司的 TMS320C8x 是一种紧耦合、多指令、多数据流（MIMD）的单片多处理器系统。在这个系统中，采用交叉开关结构来代替传统的总线互连。这样，可以在同一时刻将不同的 DSP 与不同的任一存储器连通，大大提高数据的传输速率，使得多处理器并行处理数据传输的瓶颈问题得以缓解。TI 公司的 TMS320C6200 则通过超长指令字结构（VLIW）来实现并行处理。在 CPU 内部，多个功能单元并发工作，共享大型的寄存器堆，由 VLIW 的长指令来同步各个功能单元并行执行各种操作。这两款 DSP 芯片均采用片内并行，而 AD 公司的 ADSP2106x 和 ADSP21160 则可以方便地实现多 DSP 片间并行处理。

（8）功耗越来越低

新一代消费性商品和宽带通信是 DSP 技术的最重要的应用市场，如移动电话、个人医疗产品等都采用电池供电，并需要尽可能长的使用时间。DSP 芯片是这些产品的核心器件，降低它的功耗可以延长电池的寿命，增加产品的使用时间，减轻电池的重量。

随着超大规模集成电路技术和先进的电源管理设计技术的发展，DSP 芯片内核的电源电压将会越来越低。TMS320C6200 系列产品从 TMS320C6201 的 1.5V 内核电压，下降到 TMS320C6400 系列的 1.1V，甚至更低。除了内核单元，外围装置、存储器的功耗也在不断下降。这样，整个 DSP 的功耗随之下降。

目前人类的生活已迈入数字化时代，DSP 技术的应用将日益多样化，应用的多样性使得 DSP 的开发用户对 DSP 器件提出了不同的要求，DSP 器件不再是一块独立的芯片，将会演变成构件的内核。设计师要选择合适的 DSP 内核，再配上专用的逻辑和存储器形成专用的 DSP 方案，以满足应用的需要。

1.3 DSP 系统

1.3.1 DSP 系统的构成

通常，一个典型的 DSP 系统应包括抗混叠滤波器、数据采集 A/D 转换器、数字信号处理器（DSP）、D/A 转换器和低通滤波器等，其组成框图如图 1.3.1 所示。

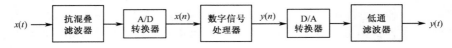

图 1.3.1 典型的 DSP 系统组成框图

系统的输入信号 $x(t)$ 有各种各样的形式，可以是语音信号、传真信号，也可以是视频信号，还可以是来自电话线的已调数据信号。

DSP 系统的处理过程：

① 将输入信号 $x(t)$ 进行抗混叠滤波，滤掉高于折叠频率的分量，以防止信号频谱的混叠；

② 经采样和 A/D 转换器，将滤波后的信号转换为数字信号 $x(n)$；

③ 数字信号处理器对 $x(n)$ 进行处理，得到数字信号 $y(n)$；

④ 经 D/A 转换器，将 $y(n)$ 转换成模拟信号；

⑤ 经低通滤波器，滤除高频分量，得到平滑的模拟信号 $y(t)$。

需要指出的是，DSP 系统可以由一个 DSP 芯片和外围电路组成，也可以由多个 DSP 芯片及外围电路组成，这完全取决于对信号处理的要求。另外，并不是所有的 DSP 系统都必须包含框图中所有的部分。例如，语音识别系统的输出并不是连续变化的波形，而是识别的结果，如数字、文字等。

1.3.2 DSP 系统的特点

数字信号处理系统以数字信号处理为基础，因此具有数字处理的全部优点。

（1）接口方便

DSP 系统提供了灵活的接口，可以与其他以现代数字技术为基础的系统或设备相互兼容，这样系统接口所实现的某种功能要比模拟系统与这些系统接口容易得多。

（2）编程方便

DSP系统中的可编程DSP芯片可使设计人员在开发过程中灵活方便地对软件进行修改和升级，可以将C语言与汇编语言结合使用。

（3）具有高速性

DSP系统的运行速度较高，很多DSP芯片运行速度高达10GMIPS以上。

（4）稳定性好

DSP系统以数字信号处理为基础，受环境温度及噪声的影响较小，可靠性高，无器件老化现象。

（5）精度高

16位数字系统可以达到10^{-5}的精度。

（6）可重复性好

模拟系统的性能受元器件参数性能影响比较大，而数字系统基本不受影响，因此数字系统便于测试、调试和大规模生产。

（7）集成方便

DSP系统中的数字部件有高度的规范性，便于大规模集成。

当然，数字信号处理也存在一定的缺点。例如，对于简单的信号处理任务，如与模拟交换线的电话接口，若采用DSP则使成本增加。DSP系统中的高速时钟可能带来高频干扰和电磁泄露等问题，而且DSP系统消耗的功率也较大。此外，DSP技术更新的速度快，对数学知识要求高，开发和调试工具还不尽完善。

虽然DSP系统存在着一些缺点，但其突出的优点已经使其在通信、语音、图像、雷达、生物医学、工业控制、仪器仪表等许多领域得到越来越广泛的应用。

1.3.3 DSP系统的设计过程

对于一个DSP应用系统，其设计的过程如图1.3.2所示。依据设计过程，其设计步骤可以分为如下几个阶段。

（1）明确设计任务，确定设计目标

在进行DSP应用系统设计之前，首先要明确设计任务，写出设计任务书。在设计任务书中，应根据设计题目和要求，准确、清楚地描述系统的功能和完成的任务，描述的方式可以用人工语言描述，也可以用流程图或算法描述。然后根据任务书来选择设计方案，确定设计目标。

（2）算法模拟，确定性能指标

此阶段主要是根据设计任务和设计目标,确定系统的性能指标。首先应根据系统的要求进行算法仿真和高级语言（如 MATLAB）模拟实现，以确定最佳算法，然后根据算法初步确定相应的参数。

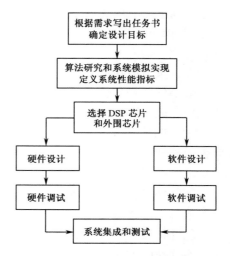

图 1.3.2　DSP应用系统设计流程图

（3）选择DSP芯片和外围芯片

根据算法的要求（如运算速度、运算精度和存储器的需求等）来选择DSP芯片和外围芯片。

（4）设计实时的DSP应用系统

这个阶段主要完成系统的硬件设计和软件设计。首先，应根据选定的算法和DSP芯片，对系统的各项功能是用软件实现还是硬件实现进行初步的分工。然后根据系统的要求进行硬件和软件设计。硬件设计主要根据设计要求，完成 DSP 芯片外围电路和其他电路（如转换、控制、存储、输出、输入等电路）的设计。而软件设计主要根据系统的要求和所设计的硬件电路，编写相应的 DSP 汇编程序，也可以采用 C 语言编程或 C 语言与汇编语言混合编程。

（5）硬件和软件调试

硬件和软件调试可借助开发工具完成。硬件调试一般采用硬件仿真器进行，而软件调试一般借助 DSP 开发工具进行，如软件模拟器、DSP 开发系统或仿真器等。软件调试时，可在 DSP 上执行实时程序和模拟程序，通过比较运行的结果来判断软件设计是否正确。

（6）系统集成和测试

当完成系统的软硬件设计和调试后，将进入系统的集成和调试阶段。所谓系统的集成是将软硬件结合组装成一台样机，并在实际系统中运行，以评估样机是否达到所要求的性能指标。若系统测试结果符合指标，则样机的设计完成。在实际的测试过程中，由于软硬件调试阶段的环境是模拟的，因此在系统测试中往往会出现一些精度不够、稳定性不好等问题。对于这种情况，一般通过修改软件的方法来解决。如果仍无法解决，则必须调整硬件，此时的问题就比较严重了。

1.3.4　DSP 芯片的选择

在进行 DSP 系统设计时，选择合适的 DSP 芯片是非常重要的一个环节。通常依据系统的运算速度、运算精度和存储器的需求等来选择 DSP 芯片。只有选定了 DSP 芯片，才能进一步设计其外围电路及系统的其他电路。总的来说，DSP 芯片的选择应根据实际应用系统的需要而定。不同的 DSP 应用系统由于应用场合、应用目的等不尽相同，对 DSP 芯片的选择也不同。一般来说，选择 DSP 芯片时应考虑如下一些因素。

1. DSP 芯片的运算速度

DSP 芯片的运算速度是最重要的一个性能指标，也是选择 DSP 芯片时所要考虑的一个主要因素。DSP 芯片的运算速度可以用以下几种性能指标来衡量。

① 指令周期：即执行一条指令所需的时间，通常以 ns（纳秒）为单位。如果 DSP 芯片平均在一个周期内可以完成一条指令，则该周期等于 DSP 主频的倒数。如 TMS320VC5402-100 芯片在主频为 100MHz 时的指令周期为 10ns。

② MAC 时间：即完成一次乘法-累加运算所需要的时间。大部分 DSP 芯片可在一个指令周期内完成一次乘法和一次加法操作，如 TMS320VC5402-100 的 MAC 时间为 10ns。

③ FFT 运算时间：即运行一个 N 点 FFT 程序所需的时间。由于 FFT 运算涉及的运算在数字信号处理中非常有代表性，因此 FFT 运算时间常用来作为综合衡量 DSP 芯片运算能力的一个指标。

④ MIPS：即每秒执行百万条指令。如 TMS320VC5402-100 的处理能力为 100MIPS，即每秒可执行 1 亿条指令。

⑤ MOPS：即每秒执行百万次操作。如 TMS320C40 的运算能力为 275MOPS。

⑥ MFLOPS：即每秒执行百万次浮点操作。如 TMS320C31 在主频为 40MHz 时的处理能力为 40MFLOPS。

⑦ BOPS：即每秒执行十亿次操作。如 TMS320C80 的处理能力为 2BOPS。

2. DSP 芯片的价格

价格也是选择 DSP 芯片所需考虑的一个重要因素。若采用价格昂贵的 DSP 芯片，即使性能再高，其应用范围肯定会受到一定的限制。因此，芯片的价格是 DSP 应用产品能否规模化、民用化的重要决定因素。在系统的设计过程中，应根据实际系统的应用情况来选择一个价格适中的 DSP 芯片。当然，由于 DSP 芯片发展迅速，DSP 芯片的价格往往下降较快，因此，在系统的开发阶段，可选用某种价格稍贵的 DSP 芯片，等到系统开发完毕后，其价格可能已经下降一半甚至更多。

3. DSP 芯片的运算精度

定点 DSP 芯片的字长通常为 16 位，如 TMS320 系列。但有些公司的定点芯片为 24 位，如 Motorola 公司的 MC56001 等。浮点芯片的字长一般为 32 位，累加器为 40 位。虽然合理地设计系统算法可以提高和保证运算精度，但需要相应地增加程序的复杂性和运算量。通常在算法确定后折中考虑。

4. DSP 芯片的硬件资源

不同的 DSP 芯片所提供的硬件资源是不相同的，如片内 RAM、ROM 的数量，外部可扩展的程序和数据存储空间，总线接口，I/O 接口等。即使是同一系列的 DSP 芯片（如 TI 的 TMS320C54x 系列），不同型号的芯片，其内部硬件资源也有所不同。

5. DSP 芯片的开发工具

快捷、方便的开发工具和完善的软件支持是开发大型、复杂 DSP 应用系统的必备条件。如果没有开发工具的支持，那么开发一个复杂的 DSP 系统几乎是不可能的。所以，在选择 DSP 芯片的同时必须注意其开发工具的支持情况，包括软件和硬件的开发工具等。如 TI 公司推出的 Code Composer Studio 集成开发环境、eXpressDSP 实时软件技术、DSP/BIOS 和 TM'dDSP 算法标准为用户快速开发实时、高效的应用系统提供了帮助。

6. DSP 芯片的功耗

在某些 DSP 应用场合，功耗也是一个需要特别注意的问题。如便携式的 DSP 设备、手持设备、野外应用的 DSP 设备等都对功耗有特殊的要求。目前，3.3V 供电的低功耗高速 DSP 芯片已大量使用。

7. 其他因素

选择 DSP 芯片还应考虑封装的形式、质量标准、供货情况、生命周期等。

通常情况下，定点 DSP 芯片的价格较便宜，功耗较低，但运算精度稍低。而浮点 DSP 芯片的优点是运算精度高，且 C 语言编程调试方便，但价格稍贵，功耗也较大。例如，TI 公司的 TMS320C2/C54 系列属于定点 DSP 芯片，低功耗和低成本是其主要的特点。而 TMS320C3x/C4x/C67x 属于浮点 DSP 芯片，运算精度高，用 C 语言编程方便，开发周期短，但同时其价格和功耗也相对较高。

1.4 DSP 产品简介

在生产通用 DSP 芯片的厂家中，最有影响的有：AD 公司、Lucent 公司、Motorola 公司、TI 公司（美国德州仪器公司）和 NEC 公司。

1. AD 公司

定点 DSP：ADSP21xx 系列　　16 位　40MIPS；

浮点 DSP：ADSP21020 系列　32 位　25MIPS；

并行浮点 DSP：ADSP2106x 系列　32 位　40MIPS；

超高性能 DSP：ADSP21160 系列　32 位　100MIPS。

2．Lucent 公司

定点 DSP：DSP16 系列　　16 位　　40MIPS；

浮点 DSP：DSP32 系列　　32 位　　12.5MIPS。

3．Motorola 公司

定点 DSP：DSP56000 系列　　24 位　　16MIPS；

浮点 DSP：DSP96000 系列　　32 位　　27MIPS。

4．NEC 公司

定点 DSP：μPD77Cxx 系列　　16 位；

μPD770xx 系列　　16 位；

μPD772xx 系列　　24 位或 32 位。

5．TI 公司

该公司自 1982 年推出第一款定点 DSP 芯片以来，相继推出定点、浮点和多处理器 3 类运算特性不同的 DSP 芯片，主要按照 DSP 的运算速度、运算精度和并行处理能力分类，每类产品的结构相同，只是片内存储器和片内外设配置不同。其中：

C2x、C24x 称为 C2000 系列，16 位，主要用于数字控制系统；

C54x、C55x 称为 C5000 系列，16 位，主要用于功耗低、便于携带的通信终端；

C62x、C64x 和 C67x 称为 C6000 系列，32/64 位，主要用于高性能复杂的通信系统，如移动通信基站。

本 章 小 结

本章作为 DSP 的绪论，对 DSP 基本知识、DSP 芯片的特点及发展现状和趋势做了简要介绍；然后比较详细地介绍了 DSP 系统的基本特征和设计过程；最后对世界上几大生产厂商的 DSP 芯片产品进行了简单的介绍。通过本章的学习，对数字信号处理基本知识、DSP 芯片、DSP 系统和 DSP 的产品有所熟悉和了解，为后续内容的学习奠定一定的基础。

思考题与习题

1.1　数字信号处理的实现方法一般有哪几种？

1.2　简要叙述 DSP 芯片的发展概况。

1.3　可编程 DSP 芯片有哪些特点？

1.4　什么是哈佛结构和冯·诺依曼结构？它们有什么区别？

1.5　什么是流水线技术？

1.6　什么是定点 DSP 芯片和浮点 DSP 芯片？它们各有什么优缺点？

1.7　DSP 技术的发展趋势主要体现在哪些方面？

1.8　简述 DSP 系统的构成和工作过程。

1.9　简述 DSP 系统的设计步骤。

1.10　DSP 系统有哪些特点？

1.11　在进行 DSP 系统设计时，应如何选择合理的 DSP 芯片？

1.12　TMS320VC5416-160 的指令周期是多少毫秒？它的运算速度是多少 MIPS？

第 2 章　TMS320C54x 的硬件结构

内容提要：TMS320C54x 芯片是一种特殊结构的微处理器，为了快速实现数字信号处理运算，采用了流水线指令执行结构和相应的并行处理结构，可在一个周期内对数据进行高速的算术运算和逻辑运算。本章主要介绍 TMS320C54x（简称'C54x）芯片的硬件结构，重点对芯片的引脚功能、CPU 结构、内部存储器、片内外设电路、系统控制及内外部总线进行讨论。通过本章的学习，可以全面地了解'C54x 芯片的硬件资源。

知识要点：
- 引脚功能；
- 内外部总线结构；
- CPU 结构；
- 内部存储器结构；
- 片内外设电路；
- 系统控制等。

教学建议：本章建议学时数为 7~10 学时，重点讲授内外部总线结构、CPU 结构、内部存储器结构、片内外设电路等。

2.1　'C54x 的基本结构

'C54x 是 TI 公司为实现低功耗、高速实时信号处理而专门设计的 16 位定点数字信号处理器，采用改进的哈佛结构，具有高度的操作灵活性和运行速度，适应于远程通信等实时嵌入式应用的需要，现已广泛地应用于无线电通信系统中。

'C54x 具有的主要优点如下：

- 围绕 1 组程序总线、3 组数据总线和 4 组地址总线而建立的改进哈佛结构，提高了系统的多功能性和操作的灵活性；
- 具有高度并行性和专用硬件逻辑的 CPU 设计，提高了芯片的性能；
- 具有完善的寻址方式和高度专业化指令系统，更适应于快速算法的实现和高级语言编程的优化；
- 模块化结构设计，使派生器件得到了更快的发展；
- 采用先进的 IC 制造工艺，降低了芯片的功耗，提高了芯片的性能；
- 采用先进的静态设计技术，进一步降低了功耗，使芯片具有更强的应用能力。

'C54x 系列 DSP 芯片种类很多，但结构基本相同，主要由中央处理器（CPU）、内部总线控制、特殊功能寄存器、数据存储器（RAM）、程序存储器（ROM）、I/O 接口（扩展功能）、串行口、主机接口（HPI）、定时器、中断系统等 10 个部分组成，其内部结构如图 2.1.1 所示。

各部分功能如下：

（1）中央处理器（CPU）

它是 DSP 芯片的核心。为了满足运算速度的需要，采用了流水线指令执行结构和相应的并行处理结构，可在一个周期内对数据进行高速的算术运算和逻辑运算。

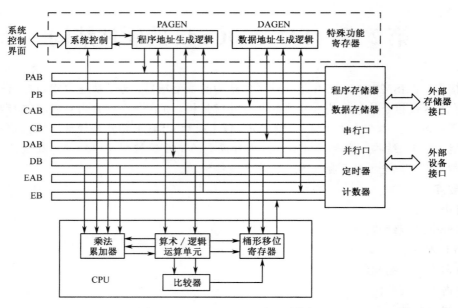

图 2.1.1　TMS320C54x 内部结构图

（2）内部总线结构

'C54x 有 8 组 16 位总线：1 组程序总线、3 组数据总线和 4 组地址总线，可在一个指令周期内产生两个数据存储地址，实现流水线并行数据处理。

（3）特殊功能寄存器

'C54x 共有 26 个特殊功能寄存器，用来对片内各功能模块进行管理、控制、监控。它们位于具有特殊功能的 RAM 区。

（4）数据存储器（RAM）

'C54x 有两种片内数据存储器。

① 双寻址 RAM（DARAM）：在一个指令周期内，可对其进行两次存取操作，一次读出和一次写入。

② 单寻址 RAM（SARAM）：在一个指令周期内，只能进行一次存取操作。

不同型号的'C54x，其 DARAM 和 SARAM 的容量和存取速度不同。

（5）程序存储器（ROM）

'C54x 的程序存储器可由 ROM 和 RAM 配置而成，即程序存储空间可以定义在 ROM 上，也可以定义在 RAM 中。当需要高速运行程序时，可将片外 ROM 中的程序调入片内 RAM 中，以提高程序的运行速度，降低对外部 ROM 的速度要求，增强系统的整体抗干扰性能。不同的'C54x 器件，ROM 的容量配置不同。

（6）I/O 接口（扩展功能）

'C54x 只有两个通用 I/O 引脚（$\overline{\text{BIO}}$ 和 XF）。$\overline{\text{BIO}}$ 主要用来监测外部设备的工作状态，而 XF 用来发信号给外部设备。

另外，'C54x 还配有主机接口（HPI）、同步串行口和 64K 字 I/O 空间，HPI 和串行口可以通过设置，用作通用 I/O。而 64K 字的 I/O 空间可通过外加缓冲器或锁存电路，配合外部 I/O 读/写控制时序构成片外外设的控制电路。

（7）串行口

不同型号的'C54x，所配置的串行口功能不同。可分为 4 种：标准同步串行口（SP）、缓冲同步串行口（BSP）、多通道缓冲同步串行口（McBSP）和时分复用串行口（TDM）。

（8）主机接口（HPI）

HPI 是一个与主机通信的并行口，主要用于 DSP 与其他总线或 CPU 进行通信。信息可通过'C54x 的片内存储器与主机进行数据交换。不同型号的器件配置不同的 HPI 接口，可分为 8 位标准 HPI 接口、8 位增强型 HPI 接口和 16 位增强型 HPI 接口。

（9）定时器

定时器是一个软件可编程的计数器，用来产生定时中断。可通过设置特定的状态来控制定时器的停止、恢复、复位和禁止。

（10）中断系统

'C54x 的中断系统具有硬件中断和软件中断，不同型号配置不同（最多可配置 17 个）。

硬件中断：由外围设备信号引起的中断，分为片外外设引起的硬件中断、片内外设引起的硬件中断。

软件中断：由程序指令（INTR、TRAP 和 RESET）引起的中断。

中断管理的优先级为 11~16 个固定级，有 4 种工作方式。

2.2 'C54x 的主要特性和外部引脚

2.2.1 'C54x 的主要特性

1．CPU

① 采用先进的多总线结构，通过 1 组程序总线、3 组数据总线和 4 组地址总线来实现。

② 40 位算术逻辑运算单元 ALU，包括 1 个 40 位桶形移位寄存器和 2 个独立的 40 位累加器（ACCA 和 ACCB）。

③ 17×17 位并行乘法器，与 40 位专用加法器相连，可用于进行非流水线的单周期乘法-累加（MAC）运算。

④ 比较、选择、存储单元（CSSU），可用于 Viterbi 译码器的加法-比较-选择运算。

⑤ 指数编码器，是一个支持单周期指令 EXP 的专用硬件。可以在一个周期内计算 40 位累加器数值的指数。

⑥ 配有两个地址生成器，包括 8 个辅助寄存器和 2 个辅助寄存器算术运算单元（ARAU）。

2．存储器

① 可访问的最大存储空间为 64K 字的程序存储器、64K 字的数据存储器及 64K 字的 I/O 空间。在 TMS320VC548 和 TMS320VC549 中，存储空间可扩展至 8M 字。

② 片内 ROM，可配置为程序存储器和数据存储器。

③ 片内 RAM 有两种类型，即双寻址 RAM（DARAM）和单寻址 RAM（SARAM）。

3．指令系统

① 支持单指令重复和块指令重复操作。

② 支持存储器块传送指令。

③ 支持 32 位长操作数指令。

④ 具有支持 2 操作数或 3 操作数的读指令。

⑤ 具有能并行存储和并行加载的算术指令。

⑥ 支持条件存储指令及中断快速返回指令。

4．在片外围电路

① 具有软件可编程等待状态发生器。

② 设有可编程分区转换逻辑电路。

③ 带有内部振荡器或外部时钟源的片内锁相环（PLL）发生器。

④ 支持全双工操作的串行口，可进行 8 位或 16 位串行通信。分为：标准同步串行口（SP）、缓冲同步串行口（BSP）、多通道缓冲同步串行口（McBSP）和时分复用串行口（TDM）。

⑤ 带 4 位预定标计数器的 16 位可编程定时器。

⑥ 设有与主机通信的并行口（HPI）。

⑦ 具有外部总线判断控制，以断开外部的数据总线、地址总线和控制总线。

⑧ 数据总线具有总线保持器特性。

5．电源

① 具有多种节电模式。可用 IDLE1、IDLE2 和 IDLE3 指令来控制芯片功耗，使 CPU 工作在省电方式。

② 可在软件控制下，禁止 CLKOUT 引脚输出信号。

6．片内仿真接口

具有符合 IEEE1149.1 标准的片内仿真接口。

7．速度

① 5.0V 电压的器件，其速度可达到 40MIPS，指令周期为 25ns。

② 3.3V 电压的器件，其速度可达到 80MIPS，指令周期为 12.5ns。

③ 2.5V 电压的器件，其速度可达到 100MIPS，指令周期为 10ns。

④ 1.8V 电压的器件，其速度可达到 200MIPS，每个核的指令周期为 10ns。

2.2.2 ’C54x 的引脚功能

’C54x 芯片采用 CMOS 制造工艺，整个系列的型号基本上都采用塑料或陶瓷四方扁平封装形式式（TQFP）。不同的器件型号，其引脚的个数不同。下面以 TMS320VC5402 为例介绍’C54x 引脚的名称及功能。

TMS320VC5402 共有 144 个引脚，引脚分布如图 2.2.1 所示。按其功能可分为电源引脚、时钟引脚、控制引脚、地址和数据引脚、串行口引脚、主机接口（HPI）引脚、通用 I/O 引脚和测试引脚 8 个部分。

1．电源引脚

TMS320VC5402 采用双电源供电，其引脚有：

● CV_{DD}（16、52、68、91、125、142），电压为 +1.8V，为 CPU 内核提供的专用电源；

● DV_{DD}（4、33、56、75、112、130），电压为 +3.3V，为各 I/O 引脚提供的电源；

● V_{SS}（3、14、34、40、50、57、70、76、93、106、111、128），接地。

2．时钟引脚

TMS320VC5402 的时钟发生器由内部振荡器和锁相环 PLL 构成，其引脚功能见表 2.2.1。

3．控制引脚

控制引脚用来产生和接收外部器件的各种控制信号，引脚功能见表 2.2.2。

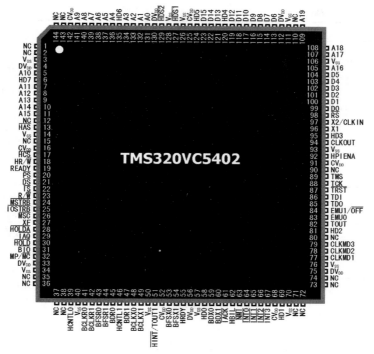

图 2.2.1 TMS320VC5402 封装引脚图（顶视图）

表 2.2.1 TMS320VC5402 时钟引脚的功能

引脚名称	引脚序号	I/O/Z	功能说明
CLKOUT	94	O/Z	主时钟输出引脚。其周期为 CPU 的时钟周期。当 EMU1/$\overline{\text{OFF}}$ 为低电平时，该引脚呈高阻状态
CLKMD1 CLKMD2 CLKMD3	77 78 79	I	设定时钟工作模式引脚，用来硬件配置时钟模式。利用这 3 个引脚，可以选择不同的时钟方式，如晶振方式、外部时钟方式和各种锁相环系数
X2/CLKIN	97	I	由晶振接到内部振荡器的输入引脚。若使用内部振荡器，用来外接晶体的一个引脚；若使用外部时钟，该引脚接外部时钟，作为外部时钟输入
X1	96	O	由内部振荡器接到外部晶振的输出引脚。若使用内部振荡器，用来外接晶体的一个引脚且通过电容接地；若使用外部时钟，该引脚悬空
TOUT	82	O/Z	定时器输出引脚。当片内定时器减到 0 时，该引脚发出一个脉冲，可以给外部器件提供一个精确的时钟信号；当 EMU1/$\overline{\text{OFF}}$ 为低电平时，该引脚呈高阻状态

表 2.2.2 TMS320VC5402 控制引脚的功能

引脚名称	引脚序号	I/O/Z	功能说明
$\overline{\text{RS}}$	98	I	复位引脚，低电平有效。用于芯片的复位。在正常工作情况下，此引脚至少保持 2 个时钟周期的低电平，器件才能可靠复位
$\overline{\text{MSTRB}}$	24	O/Z	外部存储器选通信号，低电平有效。扩展外部存储器时，用来选通外部存储器。在保持方式或 EMU1/$\overline{\text{OFF}}$ 为低电平时，该引脚呈高阻状态
$\overline{\text{PS}}$ $\overline{\text{DS}}$ $\overline{\text{IS}}$	20 21 22	O/Z	外部程序存储器、数据存储器和 I/O 空间选择信号，低电平有效。分别用来选择外部程序存储器、数据存储器和 I/O 设备。在保持方式或 EMU1/$\overline{\text{OFF}}$ 为低电平时，这些引脚呈高阻状态

引脚名称	引脚序号	I/O/Z	功能说明
$\overline{\text{IOSTRB}}$	25	O/Z	I/O 选通信号，低电平有效。用来选通外部 I/O 设备 在保持方式或 EMU1/$\overline{\text{OFF}}$ 为低电平时，该引脚呈高阻状态
R/$\overline{\text{W}}$	23	O/Z	读/写信号。用来指示 CPU 与外部器件通信时的数据传送方向 当该引脚为 0 时，进行读操作，只有进行一次写操作时，该引脚为 1 在保持方式或 EMU1/$\overline{\text{OFF}}$ 为低电平时，该引脚呈高阻状态
READY	19	I	数据准备好输入信号。当该引脚为高电平时，表明外部器件已经准备好传送数据。若外部器件未准备好，则该引脚为低电平，处理器将等待一个周期，然后再检测 READY 信号
$\overline{\text{HOLD}}$	30	I	保持输入信号。低电平有效。当该引脚为 0 时，表示外部电路请求控制地址、数据和控制总线。当芯片响应时，地址、数据和控制总线呈高阻状态
$\overline{\text{HOLDA}}$	28	O/Z	$\overline{\text{HOLD}}$ 的响应信号。当该引脚为 0 时，表示处理器已处于保持状态，地址、数据和控制总线处于高阻状态，允许外部电路使用三总线 在保持方式或 EMU1/$\overline{\text{OFF}}$ 为低电平时，该引脚呈高阻状态
$\overline{\text{MSC}}$	26	O/Z	微状态完成信号。当内部编程的 2 个或 2 个以上软件等待状态执行到最后一个状态时，该引脚变为低电平。若将 $\overline{\text{MSC}}$ 与 READY 连接，则可在最后一个内部等待状态完成后，再插入一个外部等待状态 当 EMU1/$\overline{\text{OFF}}$ 为低电平时，该引脚呈高阻状态
MP/$\overline{\text{MC}}$	32	I	DSP 芯片工作方式选择信号。用来确定芯片是工作在微处理器方式还是微型计算机方式。当芯片复位时，此引脚为 0，芯片工作在微型计算机方式，片内 ROM 映射到程序存储器高地址空间。在微处理器方式时，处理器对片外存储器寻址
$\overline{\text{IAQ}}$	29	O/Z	指令地址采集信号。当此引脚为低电平时，表明一条正在执行的指令地址出现在地址总线上 当 EMU1/$\overline{\text{OFF}}$ 为低电平时，该引脚呈高阻状态
$\overline{\text{IACK}}$	61	O/Z	中断响应信号。当该引脚有效时，表示处理器接收一次中断，程序计数器将按照地址总线所指定的位置取出中断向量 当 EMU1/$\overline{\text{OFF}}$ 为低电平时，该引脚呈高阻状态
$\overline{\text{INT0}}$ $\overline{\text{INT1}}$ $\overline{\text{INT2}}$ $\overline{\text{INT3}}$	64 65 66 67	I	外部中断请求信号。它们的优先级顺序为：$\overline{\text{INT0}}$、$\overline{\text{INT1}}$、$\overline{\text{INT2}}$、$\overline{\text{INT3}}$。这些中断请求信号可以用中断屏蔽寄存器和中断方式位屏蔽，也可通过中断标志寄存器进行查询和复位
$\overline{\text{NMI}}$	63	I	非屏蔽中断。它是一个不能通过 INTM 或 IMR 方式对其屏蔽的外部中断。当 $\overline{\text{NMI}}$ 有效时，处理器将从非屏蔽中断向量单元取指

4．地址和数据引脚

TMS320VC5402 芯片共有 20 个地址引脚，可寻址 1M 字的外部程序存储空间、64K 字外部数据存储空间和 64K 字的片外 I/O 空间。这 20 个引脚为 A0(131)~A3(134)，A4(136)~A9(141)，A10(5)，A11(7)~A15(11)，A16(105)，A17(107)~A19(109)。

在保持方式或 EMU1/$\overline{\text{OFF}}$ 为低电平时，A15~A0 呈高阻状态，A19~A16 用于扩展程序存储器寻址。

TMS320VC5402 芯片共有 16 条数据引脚，用于在处理器、外部数据存储器、程序存储器和 I/O 器件之间进行 16 位数据并行传输。其引脚为 D0(99)~D5(104)，D6(113)~D12(119)，D13(121)~D15(123)。

在下列情况下，D15~D0 将呈现高阻状态：

- 当没有输出时；
- 当 $\overline{\text{RS}}$ 有效时；
- 当 $\overline{\text{HOLD}}$ 有效时；
- 当 EMU1/$\overline{\text{OFF}}$ 为低电平时。

5. 串行口引脚

TMS320VC5402 有两个 McBSP 串行口，用于这两个串行口工作的引脚见表 2.2.3。

表 2.2.3　TMS320VC5402 串行口引脚的功能

引脚名称	引脚序号	I/O/Z	功能说明
BCLKR0 BCLKR1	41 42	I	McBSP 0 和 McBSP 1 的接收时钟。用于对来自数据接收（BDR）引脚和传送至 McBSP 接收移位寄存器（BRSR）的数据进行定时。在 McBSP 传送数据期间，这个信号必须存在。若不用 McBSP，可将它们作为输入端，通过 McBSP 控制寄存器（BSPC）的 IN0 位检查它们的状态
BCLKX0 BCLKX1	48 49	I/O/Z	McBSP 0 和 McBSP 1 的发送时钟。用于对来自 McBSP 发送移位寄存器（BXSR）和传送至数据发送引脚（BDX）的数据进行定时。若 McBSP 移位寄存器的 MCM 位清 0，BCLKX 可作为一个输入端，从外部输入发送时钟。当 MCM 位置 1 时，BCLKX 由内部时钟驱动，其时钟频率等于 CLKOUT 频率×1/（CLKDV+1）。若不使用 McBSP，可将该引脚作为输入端，通过 BSPC 中的 IN1 位检测它们的状态。当 EMU1/$\overline{\text{OFF}}$ 为低电平时，BCLKX0 和 BCLKX1 呈高阻状态
BDR0 BDR1	45 47	I	McBSP 数据接收端。串行数据通过该引脚的串行输入，传送到 McBSP 接收移位寄存器 BRSR 中
BDX0 BDX1	59 60	O/Z	McBSP 数据发送端。来自 McBSP 发送移位寄存器 BXSR 中的数据，经该引脚串行发送 当没有发送数据或 EMU1/$\overline{\text{OFF}}$ 为低电平时，BDX0 和 BDX1 呈高阻状态
BFSR0 BFSR1	43 44	I	用于接收输入的帧同步脉冲。在该脉冲的下降沿对数据接收过程进行初始化，并启动 BRSR 时钟进行定时
BFSX0 BFSX1	53 54	I/O/Z	用于发送输出的帧同步脉冲。在该脉冲的下降沿对数据发送过程进行初始化，并启动 BRSX 时钟进行定时。复位后，在默认的条件下，该引脚被设置为输入。当 BSPC 中的 TXM 位置 1 时，该引脚可通过软件选择，设置为输出，帧同步发送脉冲由内部时钟驱动。当 EMU1/$\overline{\text{OFF}}$ 为低电平时，此引脚呈高阻状态

6. 主机接口（HPI）引脚

HPI 是一个 8 位并行口，用来与主设备或主处理器接口，实现 DSP 与主设备或主处理器间的通信。用于 HPI 的引脚见表 2.2.4。

表 2.2.4　TMS320VC5402 主机接口引脚的功能

引脚名称	引脚序号	I/O/Z	功能说明
$\overline{\text{HCS}}$	17	I	片选信号。作为 HPI 的使能输入端，每次寻址期间必须为低电平
$\overline{\text{HAS}}$	13	I	地址选通信号。若主机的地址和数据总线复用，则此引脚连接到主机的地址锁存端，其信号的下降沿锁存字节识别主机控制信号；若主机地址与数据总线分开，则此引脚为高电平
$\overline{\text{HDS1}}$ $\overline{\text{HDS2}}$	127 129	I	数据选通信号。由主机控制 HPI 数据传输

引脚名称	引脚序号	I/O/Z	功能说明
HBIL	62	I	字节识别信号。用来判断主机送来的数据是第 1 字节还是第 2 字节:当 HBIL=0 时,主机送来的数据为第 1 字节,否则为第 2 字节
HD7,HD6 HD5,HD4 HD3,HD2 HD1,HD0	6,135 124,120 95,81 69,58	I/O/Z	双向并行数据总线。当没有传送数据或 $\overline{\text{EMU1/OFF}}$ 为低电平时,这些数据总线呈高阻状态 这些引脚和数据总线可复用
HCNTL0 HCNTL1	39 46	I	主机控制信号。用于主机选择所要的寻址寄存器。主机通过这两个引脚信号的不同组合选择通信控制内容
HR/$\overline{\text{W}}$	18	I	主机对 HPI 接口的读/写信号。高电平时主机读 HPI,低电平时主机写 HPI
HRDY	55	O/Z	HPI 已将数据准备好信号。高电平时表示 HPI 已准备好数据,准备执行一次数据传送;低电平时表示 HPI 忙 当 $\overline{\text{EMU1/OFF}}$ 为低电平时,HRPY 呈高阻状态
$\overline{\text{HINT}}$ /TOUT1	51	O/Z	HPI 向主机请求的中断信号。当芯片复位时,此信号为高电平 当 $\overline{\text{EMU1/OFF}}$ 为低电平时,此引脚呈高阻状态
HPIENA	92	I	HPI 模块选择信号。若选择 HPI,则此引脚接高电平;若此引脚悬空或接地,将不能选择 HPI 模块 当复位信号 $\overline{\text{RS}}$ 变为高电平时,采样 HPIENA 信号

7．通用 I/O 引脚

'C54x 芯片都有两个通用的 I/O 引脚。

① XF（27），外部标志输出信号，用于发送信号给外部设备。通过编程设置，可以控制外设工作。

② $\overline{\text{BIO}}$（31），控制分支转移的输入信号，用来监测外部设备状态。当 $\overline{\text{BIO}}$ = 0 时，执行条件转移指令。

8．测试引脚

'C54x 芯片具有符合 IEEE1149.1 标准的片内仿真接口，其引脚有：

● TCK（88），IEEE1149.1 标准测试时钟输入引脚。通常是一个占空比为 50% 的方波信号。在 TCK 的上升沿，将输入信号 TMS 和 TDI 在测试访问口 TAP 处的变化，记录在 TAP 控制器、指令寄存器或所选定的测试数据寄存器中。TAP 输出（TDO）的变化发生在 TCK 的下降沿。

● TDI（86），IEEE1149.1 标准测试数据输入引脚。在 TCK 的上升沿，将该引脚记录到所选定的指令寄存器或数据寄存器中。

● TDO（85），IEEE1149.1 标准测试数据输出引脚。在 TCK 的下降沿，将所选定的寄存器（指令寄存器或数据寄存器）中的内容从该引脚输出。

● TMS（89），IEEE1149.1 标准测试方式选择引脚。在 TCK 的上升沿，该串行控制输入信号被记录到 TAP 的控制器中。

● $\overline{\text{TRST}}$（87），IEEE1149.1 标准测试复位引脚。当该引脚为高电平时，DSP 芯片由 IEEE1149.1 标准扫描系统控制工作；若该引脚悬空或接低电平，则芯片按正常方式工作。

● EMU0（83），仿真器中断 0 引脚。当 $\overline{\text{TRST}}$ 为低电平时，为了保证 $\overline{\text{EMU1/OFF}}$ 的有效性，EMU0 必须为高电平。当 $\overline{\text{TRST}}$ 为高电平时，EMU0 作为仿真系统的中断信号，并由 IEEE1149.1 标准扫描系统来定义其是输入还是输出。

• EMU1/$\overline{\text{OFF}}$ （84），仿真器中断 1 引脚/关断所有输出引脚。当 $\overline{\text{TRST}}$ 为高电平时，该引脚作为仿真系统的中断信号，并由 IEEE1149.1 标准扫描系统来决定它是输入还是输出。当 $\overline{\text{TRST}}$ 为低电平时，该引脚被设置为 $\overline{\text{OFF}}$ 特性，将所有的输出设置为高阻状态。

2.3　'C54x 的内部总线结构

DSP 芯片的基本特点是采用了哈佛总线结构，因此，与其他微处理器在结构上有较大的不同。'C54x 的结构是以 8 组 16 位总线为核心，形成了支持高速指令执行的硬件基础。8 组总线分为 1 组程序总线、3 组数据总线和 4 组地址总线。

1．程序总线

程序总线 PB 主要用来传送取自程序存储器的指令代码和立即操作数。程序总线既可以将程序存储空间的操作数据（如系数表）送至数据存储空间的目标地址中，以实现数据移动；也可以将程序存储空间的操作数据传送至乘法器和加法器中，以便执行乘法-累加操作。程序总线的这种功能与双操作数的特性相结合，可支持在一个周期内执行 3 操作数指令，如 FIRS 指令。

2．数据总线

在'C54x 内部结构中，3 条数据总线（CB、DB 和 EB）分别与不同的功能单元相连接，可将 CPU、程序地址产生逻辑 PAGEN、数据地址产生逻辑 DAGEN、片内外设和数据存储器等连接在一起。

CB 和 DB 总线用来传送从数据存储器读出的数据，而 EB 用来传送写入存储器的数据。

3．地址总线

'C54x 的地址总线共有 4 组，分别为 PAB、CAB、DAB 和 EAB，主要用来提供执行指令所需的地址。

'C54x 可以利用辅助寄存器算术运算单元（ARAU0 和 ARAU1），在一个周期内产生两个数据存储器的地址。

'C54x 还为片内通信提供了片内双向总线，用于寻址片内外围电路。这组双向总线通过 CPU 接口内的总线交换器与 DB 总线和 EB 总线连接。利用这组总线进行读/写操作，需要 2 个或更多的周期，具体时间取决于外围电路的结构。

表 2.3.1 列出了各种读/写操作所用到的总线情况。

表 2.3.1　各种读/写操作所用到的总线情况

读/写方式	地址总线				程序总线	数据总线		
	PAB	CAB	DAB	EAB	PB	CB	DB	EB
程序读	√				√			
程序写	√							√
单数据读			√				√	
双数据读		√	√			√	√	
32 位长数据读		√（hw）	√（lw）			√（hw）	√（lw）	
单数据写				√				√
数据读/数据写			√	√			√	√
双数据读/系数读	√	√	√		√	√	√	
外设读			√				√	
外设写				√				√

注：hw＝高 16 位字，lw＝低 16 位字。

2.4 'C54x 的中央处理器

中央处理器（CPU）是 DSP 器件的核心部件，其性能直接关系到 DSP 器件的性能。对于所有的'C54x 器件，中央处理器（CPU）是通用的。为了满足处理速度的要求，'C54x 的 CPU 采用了流水线指令执行结构和相应的并行结构设计，使其能在一个指令周期内，高速地完成多项算术运算。CPU 的基本组成如下：

- 40 位算术逻辑运算单元（ALU）；
- 2 个 40 位累加器（ACCA、ACCB）；
- 1 个支持-16~31 位的桶形移位寄存器；
- 乘法-累加单元（MAC）；
- 比较、选择和存储单元（CSSU）；
- 指数编码器；
- CPU 状态和控制寄存器。

2.4.1 算术逻辑运算单元（ALU）

'C54x 使用 40 位的算术逻辑运算单元和 2 个 40 位累加器，可完成宽范围的算术逻辑运算，对于大多数运算都能在单周期内完成。ALU 的功能框图如图 2.4.1 所示。

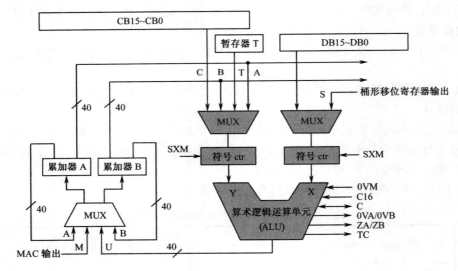

图 2.4.1 ALU 的功能框图

'C54x 的大多数算术逻辑运算指令都是单周期指令，其运算结果通常自动送入目的累加器 A 或 B。但在执行存储器到存储器的算术逻辑运算指令时（如 ADDM、ANDM、ORM 和 XORM），其运算结果则存入指令指定的目的存储器。

1. ALU 的输入和输出

根据输入源的不同，ALU 采用不同的输入方式。

（1）ALU 的 X 输入源

① 来自桶形移位寄存器输出的操作数。

② 来自数据总线 DB 中的操作数，通常为数据存储器的数值。

（2）ALU 的 Y 输入源

① 来自累加器 A 或 B 中的数据；

② 来自数据总线 CB 中的操作数，通常为数据存储器的数值；

③ 来自暂存器 T 中的操作数。

（3）ALU 输入数据的预处理

当 16 位数据存储器操作数通过数据总线 DB 或 CB 输入时，ALU 将采用以下两种方式对操作数进行预处理。

① 若数据存储器操作数在低 16 位，则：

当 SXM=0 时，高 24 位（39~16 位）用 0 填充；

当 SXM=1 时，高 24 位（39~16 位）扩展为符号。

② 若数据存储器操作数在高 16 位，则：

当 SXM=0 时，39~32 位和 15~0 位用 0 填充；

当 SXM=1 时，39~32 位扩展为符号，15~0 位用 0 填充。

SXM 为符号位扩展方式控制位，位于状态寄存器 ST1 的 8 位。

（4）ALU 的输出

ALU 的输出为 40 位运算结果，通常被送至累加器 A 或 B。

2. 溢出处理

ALU 的饱和逻辑可以对运算结果进行溢出处理。当发生溢出时，将运算结果调整为最大正数（正向溢出）或最小负数（负向溢出）。这种功能对滤波器计算非常有用。

当运算结果发生溢出时：

① 若 OVM=0，则对 ALU 的运算结果不进行任何调整，直接送入累加器。

② 若 OVM=1，则需对 ALU 的运算结果进行调整。

当正向溢出时，将 32 位最大正数 007FFFFFFFH 装入累加器；

当负向溢出时，将 32 位最小负数 FF80000000H 装入累加器。

③ 状态寄存器 ST0 中与目标累加器相关的溢出标志 OVA/OVB 被置 1。

用户可以用 SAT 指令对累加器进行饱和处理，而不必考虑 OVM 值。溢出发生后，溢出标志位 OVA/OVB 被置 1，直到复位或执行溢出条件指令。

3. 进位位 C

ALU 有一个与运算结果有关的进位位 C，位于 ST0 的 11 位。和其他微处理器一样，进位位 C 受大多数 ALU 操作指令的影响，包括算术操作、循环操作和移位操作。

进位位 C 的功能：

① 用来指明是否有进位发生；

② 用来支持扩展精度的算术运算；

③ 可作为分支转移、调用、返回和条件操作的执行条件。

进位位 C 不受装载累加器操作、逻辑操作、非算术运算和控制指令的影响，仅用于算术操作的溢出管理。可通过寄存器操作指令 RSBX 和 SSBX，对进位位 C 进行置 1 或清 0。当 DSP 芯片硬件复位后，进位位 C 置 1。

4. 双 16 位算术运算

若要将 ST1 中的 C16 置位，则 ALU 进行双 16 位算术运算，即在一个时钟周期内完成两个 16 位数的算术运算，进行两次 16 位加法或两次 16 位减法运算。

双 16 位算术运算对于 Viterbi 加法/比较/选择操作特别有用。

5．其他控制位

除 SXM、OVM、C、C16、OVA、OVB 外，ALU 还有两个控制位：

- TC——测试/控制标志，位于 ST0 的 12 位；
- ZA/ZB——累加器结果为 0 标志位。

2.4.2　累加器 A 和 B

'C54x 芯片有两个独立的 40 位累加器 A 和 B，可以作为 ALU 或 MAC 的目标寄存器，存放运算结果，也可以作为 ALU 或 MAC 的一个输入。

在执行并行指令（LD‖MAC）和一些特殊指令（MIN 和 MAX）时，两个累加器中的一个用于装载数据，而另一个用于完成运算。

累加器 A 和 B 之间的唯一区别是累加器 A 的 31~16 位（即高阶位 AH）能被用作乘法-累加单元中的乘法器输入，而累加器 B 则不能。

累加器 A 和 B 都可以分为 3 部分，如图 2.4.2 所示。

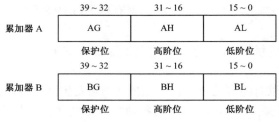

图 2.4.2　累加器 A 和 B 的结构

保护位（AG、BG）用作算术计算时的数据位余量，以防止迭代运算中的溢出，如自动校正时的某些溢出。

累加器的各部分 AG、BG、AH、BH、AL、BL 都是存储器映像寄存器，可以使用寄存器寻址的方式对其进行操作。

使用 STH、STL、STLM 和 SACCD 等指令或并行存储指令，可将累加器的内容存放到数据存储器中。在存储过程中，有时需要对累加器的内容进行移位操作。当右移时，AG 和 BG 中的各数据位分别移至 AH 和 BH；当左移时，AL 和 BL 中的各数据分别移至 AH 和 BH，而 AL 和 BL 的低位添 0。

注意：上述移位操作是在将累加器的内容存入存储器的过程中完成的。由于移位操作在移位寄存器中进行，因此操作后累加器中的内容保持不变。

【例 2.4.1】　假设累加器 A=FF 0123 4567H，分别执行带移位的 STH 和 STL 指令后，数据存储单元 T 中的结果如下：

```
STH    A,8,T     ;A 内容左移 8 位后,AH 存入 T 中,T=2345H,A 的内容不变
STH    A,-8,T    ;A 内容右移 8 位后,AH 存入 T 中,T=FF01H,A 的内容不变
STL    A, 8,T    ;A 内容左移 8 位后,AL 存入 T 中,T=6700H,A 的内容不变
STL    A,-8,T    ;A 内容右移 8 位后,AL 存入 T 中,T=2345H,A 的内容不变
```

2.4.3　桶形移位寄存器

'C54x 的 40 位桶形移位寄存器主要用于累加器或数据区操作数的定标。它能将输入数据进行 0~31 位的左移和 0~16 位的右移,即支持-16~31 位的移位。所移动的位数可由 ST1 中的 ASM 或被指定的暂存器 T 决定。

桶形移位寄存器由多路选择器 MUX、符号控制 SC、移位寄存器和写选择电路 MSW/LSW 等构成，其功能框图如图 2.4.3 所示。

1. 桶形移位寄存器的输入

从图 2.4.3 可以看出，40 位桶形移位寄存器的输入数据为以下数据中的任何一个：

① 取自 DB 数据总线的 16 位输入数据；

② 取自 DB 和 CB 扩展数据总线的 32 位输入数据；

③ 来自累加器 A 或 B 的 40 位输入数据。

2. 桶形移位寄存器的输出

桶形移位寄存器的输出接至：

① 算术逻辑运算单元 ALU 的一个输入端；

② 经写选择电路（MSW/LSW）输出至 EB 总线。

3. 桶形移位寄存器的功能

桶形移位寄存器主要是为输入的数据定标，其功能：

① 在进行 ALU 运算之前，对输入数据进行数据定标；

② 对累加器中的内容进行算术或逻辑移位；

③ 对累加器进行归一化处理；

④ 在累加器的内容存入数据存储器之前，对存储数据进行定标。

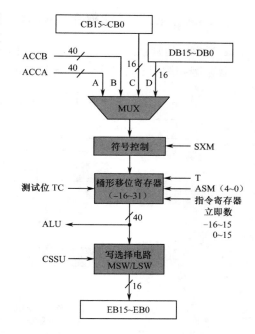

图 2.4.3　桶形移位寄存器功能框图

4. 桶形移位寄存器的操作

（1）完成操作数的符号位扩展

根据 SXM 位控制操作数进行带符号位/不带符号位扩展。当 SXM=1 时，完成符号位扩展，否则，禁止符号位的扩展。有些指令，如 LDU、ADDS 和 SUBS，其操作数为无符号数，不执行符号位的扩展，也不必考虑 SXM 位。

（2）完成操作数的移位

根据指令中的移位数控制操作数的移位。移位数全部用二进制补码表示，正值时完成左移，负值时完成右移。移位数有 3 种形式。

① 立即数，取值范围：-16~15；

② 状态寄存器 ST1 中的移位方式位 ASM，共计 5 位，取值范围：-16~15；

③ 数据暂存器 T 中的低 6 位数值，取值范围：-16~31。

这种移位操作能使 CPU 完成数据的定标、位提取、扩展算术和溢出保护等操作。

【例 2.4.2】　对累加器 A 执行不同的移位操作。

```
ADD    A,-4, B       ;累加器 A 右移 4 位后加到累加器 B 中
ADD    A,ASM,B       ;累加器 A 按 ASM 规定的移位数移位后加到累加器 B
NORM   A             ;按暂存器 T 中的数值对累加器归一化
```

桶形移位寄存器和指数译码器可以将累加器中的数值在一个周期内进行归一化处理。

例如，40 位累加器 A 中的定点数为 FF FFFF F001。先用 EXP　A 指令，求得它的指数为 13H，存放在暂存器 T 中。然后再执行 NORM　A 指令，可在单个周期内将原来的定点数分成尾数 FF 8008 0000 和指数 13H 两个部分。

2.4.4 乘法-累加单元（MAC）

'C54x 的乘法-累加单元 MAC 是由乘法器、加法器、符号控制、小数控制、零检测器、舍入器、饱和逻辑和暂存器几部分组成的，其功能框图如图 2.4.4 所示。

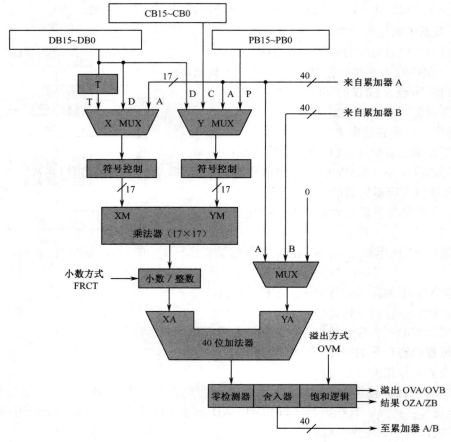

图 2.4.4 乘法-累加单元功能框图

MAC 单元具有强大的乘法-累加运算功能，可在一个流水线周期内完成 1 次乘法运算和 1 次加法运算。在数字滤波（FIR 和 IIR 滤波）及自相关等运算中，使用乘法-累加运算指令可以大大提高系统的运算速度。

MAC 单元包含一个 17×17 位硬件乘法器，可完成有符号数和无符号数的乘法运算。

乘法器的 XM 输入数据来自暂存器 T、累加器 A 的 32~16 位以及由 DB 总线提供的数据存储器操作数；而 YM 输入的数据可以取自累加器 A 的 32~16 位、由 DB 总线和 CB 总线提供的数据存储器操作数以及由 PB 总线传送过来的程序存储器操作数。乘法器的输出经小数控制电路接至加法器的 XA 输入端。

MAC 单元的乘法器能进行有符号数、无符号数以及有符号数与无符号数的乘法运算，根据操作数的不同情况需进行以下处理。

① 若是两个有符号数相乘，则在进行乘法运算之前，先对两个 16 位乘数进行符号位扩展，形成 17 位有符号数后再进行相乘。扩展的方法是：在每个乘数的最高位前增加一个符号位，其值由乘数的最高位决定。

② 若是两个无符号数相乘，则在两个 16 位乘数的最高位前面添加 "0"，扩展为 17 位乘数后再进行乘运算。

③ 若是有符号数与无符号数相乘，则有符号数在最高位前添加 1 个符号位，其值由最高位决定，而无符号数在最高位前面添加 "0"，然后两个操作数相乘。

由于乘法器在进行两个 16 位二进制补码相乘时会产生两个符号位，因此为提高运算精度，在状态寄存器 ST1 中设置了小数方式控制位 FRCT。当 FRCT=1 时，乘法结果左移一位，消去多余的符号位，相应的定标值加 1。

在乘法-累加单元中，加法器的 XA 输入取自乘法器的输出，而 YA 的输入数据来自累加器 A 或 B。加法器的运算结果输出到目标累加器 A 或 B。此外，加法器还包含零检测器、舍入器和饱和逻辑电路。其中，舍入器用来对运算结果进行舍入处理，即将目标累加器中的内容加上 2^{15}，然后将累加器的低 16 位清 0。有些乘法指令，如 MAC（乘法-累加指令）、MAS（乘法-减法指令）和 MPY（乘法指令）等，若带有后缀 R，则表示该指令要对运算结果进行舍入处理。

2.4.5 比较、选择和存储单元（CSSU）

'C54x 的比较、选择和存储单元（CSSU）是一个特殊用途的硬件电路，专门用来完成 Viterbi 算法中的加法/比较/选择（ACS）操作。CSSU 单元由比较电路 COMP、状态移位寄存器 TRN 和状态比较寄存器 TC 组成，其功能框图如图 2.4.5 所示。

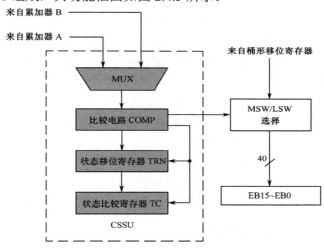

图 2.4.5　比较、选择和存储单元功能框图

CSSU 单元主要完成累加器的高阶位与低阶位之间最大值的比较，即选择累加器中较大的字，并存储在数据存储器中。其工作过程如下：

① 比较电路 COMP 将累加器 A 或 B 的高阶位与低阶位进行比较；

② 比较结果分别送入状态移位寄存器 TRN 和状态比较寄存器的 TC 位中，记录比较结果以便程序调试；

③ 比较结果送入写选择电路，选择较大的数据；

④ 将选择的数据通过总线 EB 存入指定的存储单元。

例如，CMPS 指令可以对累加器的高阶位和低阶位进行比较，并选择较大的数存放在指令所指定的存储单元中。指令格式如下：

CMPS A,*AR1

功能：对累加器 A 的高 16 位字（AH）和低 16 位字（AL）进行比较。

若 AH>AL，则 AH→*AR1，TRN 左移 1 位，0→TRN(0)，0→TC；

若 AH<AL，则 AL→*AR1，TRN 左移 1 位，1→TRN(0)，1→TC。

在 CMPS 指令执行的过程中，状态移位寄存器 TRN 将自动记录比较的结果，这在 Viterbi 算法中非常有用。

CSSU 与 ALU 配合操作，可以实现数据通信与模式识别领域常用的快速加法/比较/选择（ACS）的运算，如支持均衡器和通道译码器所用的各种 Viterbi 算法。

2.4.6 指数编码器（EXP）

在数字信号处理中，为了提高计算精度，常采用数值的浮点表示法，即把一个数值分为指数部分和位数部分。指数部分为数值的阶次，位数部分为数值的有效值。例如，十进制数值 12345，其浮点数为 0.12345×10^5。为了满足这种运算要求，在'C54x 中提供了指数编码器和指数指令。

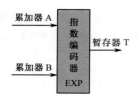

图 2.4.6 指数编码器

指数编码器如图 2.4.6 所示。它是一个用于支持指数运算指令的专用硬件，可以在单周期内执行 EXP 指令，求累加器中数的指数值。该指数值以二进制补码的形式存入暂存器 T 中，范围为 8~31 位。实际上，累加器中数值的指数值等于前面的多余位数减去 8，即为消去多余符号位而将累加器中的数值移动的位数。当累加器中的数值超过 32 位时，该指数为负数。

有了指数编码器，可以使用 EXP 和 NORM 指令对累加器的数值进行归一化处理。NORM 指令可以根据 T 暂存器中的内容，在单周期内对累加器的数值进行移位。如果 T 暂存器中的内容为负值，则使累加器中的数值产生右移，并且归一化累加器中 32 位范围内的任何数值。下面的例子可以说明对累加器 A 进行归一化处理的过程。

【例 2.4.3】 完成对累加器 A 的归一化处理

```
EXP     A              ;多余符号位–8→T 暂存器
ST      T,EXPONENT     ;将保存在 T 暂存器中的指数存入指定的数据存储器中
NORM    A              ;对累加器 A 进行归一化处理,即 A 按 T 中的内容移位
```

2.4.7 CPU 状态和控制寄存器

'C54x 提供了 3 个 16 位寄存器来作为 CPU 状态和控制寄存器，它们分别为：状态寄存器 0（ST0）、状态寄存器 1（ST1）和处理器工作方式状态寄存器（PMST）。

ST0 和 ST1 中包含各种工作条件和工作方式的状态，PMST 中包含存储器的设置状态和其他控制信息。由于这些寄存器都是存储器映像寄存器，因此可以很方便地对它们进行如下数据操作：

- 将它们快速地存放到数据存储器；
- 由数据存储器对它们进行加载；
- 用子程序或中断服务程序保存和恢复处理器的状态。

1. 状态寄存器 0（ST0）

ST0（Status 0）主要用于反映处理器的寻址要求和计算的中间运行状态，其结构如图 2.4.7 所示。

	15~13	12	11	10	9	8~0
ST0	ARP	TC	C	OVA	OVB	DP

图 2.4.7　状态寄存器 0

状态寄存器 ST0 各状态位的功能见表 2.4.1。

表 2.4.1　状态寄存器 ST0 各状态位的功能

位	名　称	复位值	功　　能
15~13	ARP	0	辅助寄存器指针。用来选择使用单操作数间接寻址时的辅助寄存器。当 DSP 处在标准方式（CMPT=0）时，ARP=0
12	TC	1	测试/控制标志位。TC 用来保存 ALU 测试位操作的结果。TC 受 BIT、BITF、BITT、CMPM、CMPR、CMPS 以及 SFTC 等指令的影响。可由 TC 的状态控制条件分支转移、子程序调用，并判断返回是否执行 当下列条件成立，TC=1： ·由 BIT 或 BITT 指令所测试的位等于 1 ·当执行 CMPM、CMPR 或 CMPS 比较指令时，比较一个数据存储单元的值与一个立即操作数、AR0 与另一个辅助寄存器或者一个累加器的高字与低字的条件成立 ·用 SFTC 指令测试某个累加器的第 31 位和第 30 位彼此不相同
11	C	1	进位位标志。当执行加法运算产生进位时，C=1；当执行减法运算产生借位时，C=0。除了带 16 位移位的加法（ADD）或减法（SUB），若加法无进位，则加法运算后 C=0；若减法无借位，则减法运算后 C=1 移位和循环指令（ROR、ROL、SFTA 和 SFTL）以及 MIN、MAX、ABS 和 NEG 指令也影响进位位 C
10	OVA	0	累加器 A 的溢出标志位。无论是 ALU 还是 MAC 中的加法器，当运行结果送入累加器 A 且发生溢出时，OVA 置位 1，直到复位或者利用 AOV 和 ANOV 条件执行 BC[D]、CC[D]、RC[D]、XC 指令为止。RSBX 指令也能清除 OVA 位
9	OVB	0	累加器 B 的溢出标志位。无论是 ALU 还是 MAC 中的加法器，当运行结果送入累加器 B 且发生溢出时，OVB=1，直到复位或者利用 BOV 和 BNOV 条件执行 BC[D]、CC[D]、RC[D]、XC 指令为止。RSBX 指令也能清除 OVB 位
8~0	DP	0	数据存储器页指针。DP 的 9 位数与指令字中的低 7 位结合在一起，形成一个 16 位直接寻址方式下的数据存储器地址。如果 ST1 中的编辑方式位 CPL=0，上述操作就可执行。DP 字段可用 LD 指令加载一个短立即数或者从数据存储器对它加载

2. 状态寄存器 1（ST1）

ST1（Status 1）主要用于反映处理器的寻址要求、设置计算的初始状态、I/O 及中断控制，其各位的定义如图 2.4.8 所示。

	15	14	13	12	11	10	9	8	7	6	5	4~0
ST1	BRAF	CPL	XF	HM	INTM	0	OVM	SXM	C16	FRCT	CMPT	ASM

图 2.4.8　状态寄存器 1

状态寄存器 ST1 各状态位的功能见表 2.4.2。

表 2.4.2　状态寄存器 ST1 各状态位的功能

位	名 称	复位值	功　　能
15	BRAF	0	块重复操作标志位。BRAF 指示当前是否在执行块重复操作： BRAF = 0，表示不执行块重复操作。当块重复计数器（BRC）减到小于 0 时，BRAF 被清 0 BRAF = 1，表示当前正在执行块重复操作。当执行 RPTB 指令时，BRAF 被自动置 1
14	CPL	0	直接寻址编辑方式位。CPL 指示直接寻址采用何种指针： CPL = 0，选用数据页指针 DP 的直接寻址方式 CPL = 1，选用堆栈指针 SP 的直接寻址方式
13	XF	1	XF 引脚状态位。该位表示外部标志 XF 引脚的状态。XF 引脚是一个通用输出引脚。用 RSBX 和 SSBX 指令，可对 XF 进行复位和置位
12	HM	0	保持方式位。当处理器响应 $\overline{\text{HOLD}}$ 信号时，HM 用来指示处理器是否继续执行内部操作： HM = 0，处理器从内部程序存储器取指，继续执行内部操作，而将外部接口置成高阻状态 HM = 1，处理器暂停内部操作
11	INTM	1	中断方式位。用来屏蔽或开放所有可屏蔽中断： INTM = 0，开放全部可屏蔽中断；INTM=1 关闭所有可屏蔽中断 SSBX 指令可以置 INTM 为 1，RSBX 指令可以将 INTM 清 0。当复位或执行可屏蔽中断（INTR 指令或外部中断）时，INTM 置 1。当执行一条 RETE 或 RETF 指令（从中断返回）时，INTM 清 0。INTM 不影响不可屏蔽中断（ $\overline{\text{RS}}$ 和 $\overline{\text{NMI}}$ ）。INTM 位不能用存储器写操作来设置
10		0	此位总是读为 0
9	OVM	0	溢出方式位。OVM 用来确定发生溢出时以什么样的数值加载目标累加器 OVM = 0，ALU 或 MAC 的加法器中的溢出结果，像正常情况一样直接加载到目标累加器 OVM = 1，若发生正数溢出，则目标累加器置成正的最大值（00 7FFF FFFFh） 若发生负数溢出，则目标累加器置成负的最大值（FF 8000 0000h） OVM 可分别由 SSBX 和 RSBX 指令置位和复位
8	SXM	1	符号位扩展方式位。SXM 用来确定是否进行符号位扩展： SXM = 0，表明数据进入 ALU 之前禁止符号位扩展 SXM = 1，表明数据进入 ALU 之前允许符号位扩展 SXM 不影响某些指令的定义，如 ADDS、LDU 和 SUBS 指令不管 SXM 值，都禁止符号位扩展。SXM 可分别由 SSBX 和 RSBX 指令置位和复位
7	C16	0	双 16 位/双精度算术运算方式位。C16 用来决定 ALU 的算术运算方式： C16 = 0，ALU 工作在双精度算术运算方式 C16 = 1，ALU 工作在双 16 位算术运算方式
6	FRCT	0	小数方式位。当 FRCT = 1，乘法器输出左移 1 位，以消去多余的符号位
5	CMPT	0	修正方式位，CMPT 用来决定 ARP 是否可以修正： CMPT = 0，在间接寻址单个数据存储器操作数时，不能修正 ARP。当 DSP 工作在这种方式时，ARP 必须置 0 CMPT = 1，在间接寻址单个数据存储器操作数时，可修正 ARP，当指令正在选择辅助寄存器 0（AR0）时除外
4~0	ASM	0	累加器移位方式位。5 位字段的 ASM 规定一个从-16~15 的移位值（2 的补码值）。凡带并行存储的指令以及 STH、STL、ADD、SUB、LD 指令都能利用这种移位功能。可以从数据存储器或者用 LD 指令（短立即数）对 ASM 加载

3．处理器工作方式状态寄存器（PMST）

PMST（Processor Mode Status）主要用来设置和控制处理器的工作方式，反映处理器的工作状态，其结构如图 2.4.9 所示。

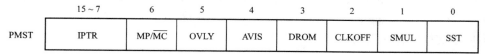

图 2.4.9　处理器工作方式状态寄存器（PMST）

寄存器 PMST 各状态位的功能见表 2.4.3。

表 2.4.3　处理器工作方式状态寄存器（PMST）各状态位的功能

位	名　称	复 位 值	功　　　能
15~7	IPTR	1FFh	中断向量指针。用来指示中断向量所驻留的 128 字程序存储器的位置 在引导装载操作时，用户可以将中断向量重新映射到 RAM 复位时，这些位全都置 1。复位向量总是驻留在程序存储空间的地址 FF80h。RESET 指令不影响这个字段
6	MP/$\overline{\text{MC}}$	取决于 MP/$\overline{\text{MC}}$ 引脚上的状态	微处理器/微型计算机工作方式位。用来确定是否允许使用片内程序存储器 ROM： MP/$\overline{\text{MC}}$ = 0，芯片工作在微型计算机方式，允许使能并寻址片内 ROM MP/$\overline{\text{MC}}$ = 1，芯片工作在微处理器方式，不能使用片内 ROM 复位时，CPU 采样 MP/$\overline{\text{MC}}$ 引脚上的逻辑电平，并且将 MP/$\overline{\text{MC}}$ 位置成此值，直到下一次复位，不再对 MP/$\overline{\text{MC}}$ 引脚采样。RESET 指令不影响此位。MP/$\overline{\text{MC}}$ 位也可以用软件的方法置位或复位
5	OVLY	0	RAM 重复占位标志。OVLY 用来控制片内双寻址数据 RAM 块是否可以映射到程序存储空间： OVLY = 0，片内双寻址数据 RAM 只能在数据存储空间寻址，而不能在程序存储空间寻址 OVLY = 1，片内双寻址数据 RAM 可以映射到程序存储空间和数据存储空间，但数据页 0（00h~7Fh）不能映射到程序存储空间
4	AVIS	0	地址可见位控制位。该位用来设置在地址引脚上是否可以看到内部程序存储空间的地址总线： AVIS = 0，外部地址总线不能随内部程序地址一起变化。控制总线和数据不受影响，地址总线受总线上的最后一个地址驱动 AVIS = 1，允许内部程序存储空间地址出现在'C54x 的引脚上，可用来跟踪内部程序地址。当中断向量驻留在片内存储器时，可允许中断向量与 $\overline{\text{IACK}}$ 一起译码
3	DROM	0	数据 ROM 位。DROM 用来控制片内 ROM 是否可以映射到数据空间： DROM = 0，片内 ROM 不能映射到数据存储空间 DROM = 1，片内 ROM 的一部分可以映射到数据存储空间
2	CLKOFF	0	CLKOUT 时钟输出关断位。当 CLKOFF = 1 时，禁止 CLKOUT 引脚输出，且保持为高电平
1	SMUL	N/A	乘法饱和方式位。当 SMUL = 1 时，在用 MAC 或 MAS 指令进行累加以前，对乘法结果进行饱和处理。仅当 OVM = 1 和 FRCT = 1 时，SMUL 位才起作用 注意：只有 LP 器件有此位，其他器件为保留位
0	SST	N/A	存储饱和位。当 SST=1 时，对存储前的累加器值进行饱和处理。饱和操作是在移位操作执行完之后进行的。执行下列指令可以进行存储前的饱和处理：STH、STL、STLM、DST、ST‖ADD、ST‖LT、ST‖MACR[R]、ST‖MAS[R]、ST‖MPY 及 ST‖SUB。数据存储前的饱和处理按以下步骤进行： ① 根据指令要求对累加器的 40 位数据进行移位（左移或右移） ② 将 40 位数据饱和处理成 32 位数。饱和操作与 SXM 位有关（饱和处理时，总是假设数为正数） 如果 SXM = 0，则生成 32 位数。如果数值大于 7FFF FFFFh，则生成 7FFF FFFFh 如果 SXM = 1，则生成以下 32 位数： • 如果数值大于 7FFF FFFFh，则生成 7FFF FFFFh • 如果数值小于 8000 0000h，则生成 8000 0000h ③ 按指令要求将数据存入存储器 ④ 在整个操作期间，累加器中的内容保持不变

2.5 'C54x 的存储空间结构

'C54x 共有 192K 字的可寻址存储空间。这 192K 字的存储空间分成 3 个独立的可选择空间，分别为：

- 64K 字的程序存储空间；
- 64K 字的数据存储空间；
- 64K 字的 I/O 空间。

所有的'C54x 芯片都包括内部随机存储器（RAM）和只读存储器（ROM）。内部 RAM 又分为单寻址 RAM（SARAM）和双寻址 RAM（DARAM）两种类型。

① 双寻址 RAM（DARAM）由存储器内的一些分块组成。由于每个 DARAM 块在单周期内能被访问 2 次，因此在同一个周期内，CPU 可以对 DARAM 进行读和写操作。

② 单寻址 RAM（SARAM）也由存储器分块组成。每个 SARAM 块在单周期内只能被访问 1 次，即每个周期只能进行 1 次读或写操作。

通常，DARAM 和 SARAM 被映射到数据存储空间用来存储数据，也可以映射到程序存储空间用来存储程序代码。

'C54x 的并行结构和内部 RAM 的双寻址能力，可使 CPU 在任何一个给定的周期内同时执行 4 次存储器操作，包括 1 次取指、2 次读操作数和 1 次写操作数。与外部存储器相比，内部存储器具有以下几个优点：

- 不需要插入等待状态；
- 与外部存储器相比，成本低；
- 比外部存储器功耗小。

在'C54x 芯片中，不同型号的芯片其内部存储器的配置有所不同。表 2.5.1 列出了各种'C54x 内部存储器的资源配置。

表 2.5.1 'C54x 内部存储器的资源配置

存储器类型	'C541	'C542	'C543	'C545	'C546	'C548	'C549	'C5402	'C5410	'C516	'C5420
ROM/字	28K	2K	2K	48K	48K	2K	16K	4K	16K	16K	0
程序/字	20K	2K	2K	32K	32K	2K	16K	4K	16K	16K	0
程序/数据/字	8K	0	0	16K	16K	0	16K	4K	0	0	0
DARAM/字	5K	10K	10K	6K	6K	8K	8K	16K	8K	64K	32K
SARAM/字	0	0	0	0	0	24K	24K	0	56K	64K	168K

2.5.1 存储空间结构

'C54x 的存储空间由可选择的 3 个相互独立存储空间（程序、数据和 I/O 空间）组成，共计 192K 字。在任何一个存储空间内，RAM、ROM、EPROM、EEPROM、Flash 或存储器映像外围设备都可以驻留在片内或者片外。因此，'C54x 的存储器结构具有很大的灵活性。

'C54x 所有内部和外部程序存储器及内部和外部数据存储器分别统一编址。内部 RAM 总是映射到数据存储空间，但也可以映射到程序存储空间。根据用户的设置，ROM 可以灵活地映射到程序存储空间，同时也可以部分地映射到数据存储空间。

TMS320VC5402 存储器配置结构如图 2.5.1 所示。

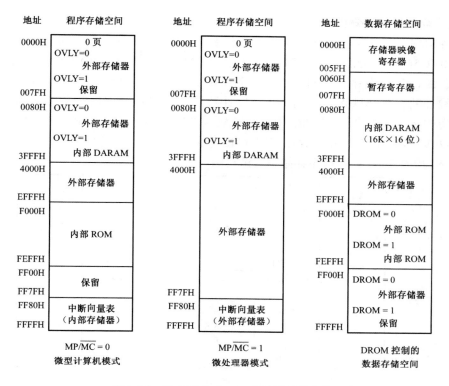

图 2.5.1 TMS320VC5402 存储器配置结构

从图 2.5.1 可以看出，'C54x 的存储器结构与处理器工作方式状态寄存器（PMST）的设置有关，用户可以通过 PMST 中的 3 个控制位（MP/$\overline{\text{MC}}$、OVLY 和 DROM）来配置存储器空间。

2.5.2 程序存储空间

程序存储空间用来存放要执行的指令和执行中所需的系数表。TMS320VC5402 共有 20 条地址线，可寻址 1M 字的外部程序存储器。它的内部 ROM 和 DARAM 可通过软件映射到程序存储空间。当存储单元映射到程序存储空间时，CPU 可自动地按程序存储器对它们进行寻址。如果程序地址生成器（PAGEN）产生的地址处于外部存储器，CPU 就自动地对外部存储器寻址。

1．程序存储空间的配置

程序存储空间可通过 PMST 寄存器的 MP/$\overline{\text{MC}}$ 和 OVLY 控制位来设置内部存储器的映射地址。

（1）MP/$\overline{\text{MC}}$ 控制位用来决定程序存储空间是否使用内部存储器

当 MP/$\overline{\text{MC}}$ = 0 时，程序存储空间 4000H~EFFFH 定义为外部存储器，而 F000H~FEFFH 定义为内部 ROM，FF80H~FFFFH 定义为内部存储器。其工作方式为微型计算机模式。

当 MP/$\overline{\text{MC}}$ = 1 时，程序存储空间 4000H~FFFFH 全部定义为外部存储器。其工作方式为微处理器模式。

（2）OVLY 控制位用来决定程序存储空间片内和片外的分配以及是否使用内部 DARAM

当 OVLY = 0 时，程序存储空间 0000H~3FFFH 全部定义为外部存储器，不使用内部 DARAM，此时内部 DARAM 只作为数据存储器使用。

当 OVLY = 1 时，0000H~007FH 保留，程序无法占用。0080H~3FFFH 定义为内部 DARAM，即内部 DARAM 同时被映射到程序存储空间和数据存储空间。

2．程序存储空间的分页扩展

在'C54x 系列芯片中，有些芯片采用分页扩展的方法，使程序存储空间可扩展到 1~8M 字，如 TMS320VC5409 和 TMS320VC5416 可扩展到 8M 字，而 TMS320VC5402 只有 20 条外部程序地址总线，其程序存储空间只能扩展到 1M 字。为了实现分页扩展，这些 DSP 芯片增加了一个额外的存储器映像寄存器——程序计数器扩展寄存器 XPC，以及 6 条寻址扩展程序存储空间的指令（FB[D]、FBACC[D]、FCALA[D]、FCALL[D]、FRET[D]和 FRETE[D]）。

TMS320VC5402 的整个程序存储空间（1M 字）分成 16 页，每页共计 64K 字。如图 2.5.2 所示为 TMS320VC5402 扩展程序存储空间结构图。

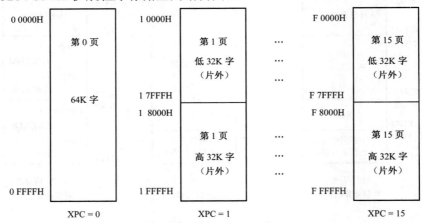

图 2.5.2　TMS320VC5402 扩展程序存储空间结构图

从图 2.5.2 可以看出，在第 1~15 页中，每页分为两部分，低 32K 字和高 32K 字。如果 $MP/\overline{MC}$=0，那么内部 ROM 只能在第 0 页被寻址，不能映射到程序存储空间的其他页。

如果 OVLY=1，程序存储空间就使用内部 DARAM。此时，不论 XPC 为何值，扩展程序存储空间的所有低 32K 字（x 0000H~x 7FFFH）都被映射到内部 RAM（0000H~7FFFH）中。

扩展程序存储器的页号由 XPC 寄存器设定，XPC 映射到数据存储器的 001EH 单元。硬件复位时，XPC 被置 0。

3．内部 ROM

从表 2.5.1 可以看出，不同型号的芯片其内部 ROM 的配置有所不同，其容量在 2~48K 字之

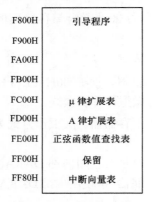

图 2.5.3　TMS320VC5402
内部 ROM 的内容

间。TMS320VC5402 有 4K 字的内部 ROM。当 $MP/\overline{MC}$ = 0，这 4K 字的 ROM 被映射到程序存储空间的地址范围为 F000H~FFFFFH，其中高 2K 字 ROM 中的内容是由 TI 公司定义的，如图 2.5.3 所示。这 2K 字程序存储空间（F800H~FF80H）中包含如下内容：

- 引导程序，从串行口、外部存储器、I/O 接口、主机接口进行自动加载引导程序；
- 256 字 μ 律扩展表；
- 256 字 A 律扩展表；
- 256 字正弦函数值查找表；
- 保留；
- 中断向量表。

当处理器复位时，复位、中断及陷阱向量将被映射到程序存储空间的 FF80H。复位后，这些向量可以被重新映射到程序存储空间的任何一页的开头。利用这种特性，可以很方便地将中断向量表从引导 ROM 中转移到其他存储区域，然后再从存储器映射中移走 ROM。

2.5.3 数据存储空间

数据存储空间用来存放执行指令所使用的数据，包括需要处理的数据或数据处理的中间结果。

1. 数据存储空间的配置

'C54x 的数据存储空间共有 64K 字，采用片内和片外存储器统一编址。除了含有 SARAM 和 DARAM，还可通过软件将内部 ROM 映射到数据存储空间。用户可以通过设置 PMST 中的 DROM 位，将部分内部 ROM 映射到数据存储空间。若 DROM = 0，内部 ROM 不映射到数据存储空间；若 DROM = 1，部分内部 ROM 映射到数据存储空间，并且当 MP/$\overline{\text{MC}}$ = 0 时，内部 ROM 同时映射到数据存储空间和程序存储空间。每次复位时，处理器将对 DROM 位清 0。

图 2.5.1 给出了 TMS320VC5402 数据存储空间的结构，0000H~005FH 为存储器映像寄存器（MMR）空间，0060H~007FH 为暂存寄存器空间，0080H~3FFFH 为片内 DARAM 数据存储空间，4000H~EFFFH 为外部数据存储空间，F000H~FFFFH 为 DROM 设定的数据存储空间。DROM 控制位用来决定数据存储空间是否使用内部 ROM：

当 DROM = 0 时，F000H~FEFFH 定义为外部 ROM，FF00~FFFFFH 为外部数据存储空间，此时数据存储空间不使用内部 ROM；

当 DROM = 1 时，F000~FEFFH 定义为内部 ROM，FF00~FFFFFH 保留。

在 'C54x 的数据存储空间中，前 1K 字的数据存储空间包括存储器映像 CPU 寄存器（0000H~001FH）和存储器映像外设寄存器（0020H~005FH）、32 字暂存寄存器（0060H~007FH）以及 896 字 DARAM（0080H~03FFH），这部分的配置如图 2.5.4 所示。

从 0080H 开始，按每 80H（128）个存储单元为一个数据块，将 DARAM 分成若干个数据块，其目的是便于 CPU 的并行操作，提高芯片的高速处理能力。分块以后，用户可以在同一个周期内从同一块 DARAM 中取出两个操作数，并将数据写入另一块 DARAM 中。

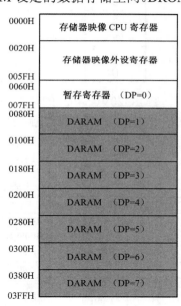

图 2.5.4　前 1K 字数据存储空间配置

数据存储器可以驻留在片内或映射到片外 RAM 中。当处理器发出的数据地址处于片内数据存储空间范围内时，可直接对片内数据存储器寻址。当数据存储器地址产生器（DAGEN）发出的地址不在片内数据存储空间范围内，处理器就会自动地对外部数据存储器寻址。

2. 存储器映像寄存器

在 'C54x 的数据存储空间中，前 80H 个单元（数据页 0）包含 CPU 寄存器和片内外设寄存器。这些寄存器全部映射到数据存储空间，所以也称作存储器映像寄存器 MMR。采用寄存器映射的方法，可以简化 CPU 和片内外设的访问方式，使程序对寄存器的存取、累加器与其他寄存器之间的数据交换变得十分方便。

TMS320VC5402 的 CPU 寄存器共 27 个，映射到数据存储空间的地址为 0x0000H~ 0x001FH，主要用于程序的运算处理和寻访方式的选择及设定。CPU 访问这些寄存器时，不需要插入等待时间。表 2.5.2 列出了 27 个 CPU 寄存器的名称和地址。

表 2.5.2　存储器映像 CPU 寄存器

地址(Hex)	寄存器符号	寄存器名称	地址(Hex)	寄存器符号	寄存器名称
0	IMR	中断屏蔽寄存器	12	AR2	辅助寄存器 2
1	IFR	中断标志寄存器	13	AR3	辅助寄存器 3
2~5		保留（用于测试）	14	AR4	辅助寄存器 4
6	ST0	状态寄存器 0	15	AR5	辅助寄存器 5
7	ST1	状态寄存器 1	16	AR6	辅助寄存器 6
8	AL	累加器 A 的低阶位	17	AR7	辅助寄存器 7
9	AH	累加器 A 的高阶位	18	SP	堆栈指针
A	AG	累加器 A 的保护位	19	BK	循环缓冲区长度寄存器
B	BL	累加器 B 的低阶位	1A	BRC	块重复寄存器
C	BH	累加器 B 的高阶位	1B	RSA	块重复起始地址
D	BG	累加器 B 的保护位	1C	REA	块重复结束地址
E	T	暂存寄存器	1D	PMST	处理器工作方式寄存器
F	TRN	状态移位寄存器	1E	XPC	程序计数器扩展寄存器
10	AR0	辅助寄存器 0	1F		保留
11	AR1	辅助寄存器 1			

TMS320VC5402 的片内外设寄存器主要用来控制片内外设电路，映射在数据存储空间的 20H~5FH，可作为外设电路的数据存储器。包括串行口通信控制寄存器组、定时器定时控制寄存器组、时钟周期设定寄存器组等。对它们寻址时，需要 2 个时钟周期。

表 2.5.3 列出了 TMS320VC5402 的片内外设寄存器。

表 2.5.3　TMS320VC5402 的片内外设寄存器

地址(Hex)	寄存器符号	寄存器名称	地址(Hex)	寄存器符号	寄存器名称
20	DRR20	McBSP0 数据接收寄存器 2	39	SPSD0	McBSP0 子区数据寄存器
21	DRR10	McBSP0 数据接收寄存器 1	3A~3B	—	保留
22	DXR20	McBSP0 数据发送寄存器 2	3C	GPIOCR	通用 I/O 引脚控制寄存器
23	DXR10	McBSP0 数据发送寄存器 1	3D	GPIOSR	通用 I/O 引脚状态寄存器
24	TIM0	定时器 0 寄存器	3E~3F		保留
25	PRD0	定时器 0 周期计数器	40	DRR21	McBSP1 数据接收寄存器 2
26	TCR0	定时器 0 控制寄存器	41	DRR11	McBSP1 数据接收寄存器 1
27	—	保留	42	DXR21	McBSP1 数据发送寄存器 2
28	SWWSR	软件等待状态寄存器	43	DXR11	McBSP1 数据发送寄存器 1
29	BSCR	分区转换逻辑寄存器	44~47	—	保留
2A	—	保留	48	SPSA1	McBSP1 子区地址寄存器
2B	SWCR	软件等待状态控制寄存器	49	SPSD1	McBSP1 子区数据寄存器
2C	HPIC	主机接口控制寄存器	4A~53	—	保留
2D~2F	—	保留	54	DMPREC	DMA 通道优先级和使能控制寄存器
30	TIM1	定时器 1 寄存器	55	DMSA	DMA 子区地址寄存器
31	PRD1	定时器 1 周期计数器	56	DMSDI	带地址自增的 DMA 子区数据寄存器
32	TCR1	定时器 1 控制寄存器	57	DMSDN	DMA 子区数据寄存器
33~37		保留	58	CLKMD	时钟方式寄存器
38	SPSA0	McBSP0 子区地址寄存器	59~5F	—	保留

2.5.4 I/O 空间

'C54x 除了程序和数据存储空间，还提供了一个具有 64K 字的 I/O 空间，主要用于对片外设备的访问。可以使用输入指令 PORTR 和输出指令 PORTW 对 I/O 空间寻址。在对 I/O 空间访问时，除了使用数据总线和地址总线，还要用到 $\overline{\text{IOTRB}}$、$\overline{\text{IS}}$ 和 R/$\overline{\text{W}}$ 控制线。其中，$\overline{\text{IOTRB}}$ 和 $\overline{\text{IS}}$ 用于选通 I/O 空间，R/$\overline{\text{W}}$ 用于控制访问方向。

2.6 'C54x 的片内外设电路

为了满足数据处理的需要，'C54x 除了提供哈佛结构的总线、功能强大的 CPU 以及大容量的存储空间，还提供了必要的片内外部设备。不同型号的'C54x 芯片，所配置的片内外设有所不同，这些片内外设主要包括：

- 通用 I/O 引脚；
- 定时器；
- 时钟发生器；
- 主机接口（HPI）；
- 串行通信接口；
- 软件可编程等待状态发生器；
- 可编程分区转换逻辑。

1．通用 I/O 引脚

每种'C54x 芯片都为用户提供了两个通用的 I/O 引脚：$\overline{\text{BIO}}$ 和 XF。

$\overline{\text{BIO}}$（Branch I/O）为分支转移控制输入引脚，用来监控外部设备的运行状态。在实时控制系统中，当执行对时间要求很严格的循环程序时，往往不允许外部中断干预。此时，可以用 $\overline{\text{BIO}}$ 引脚代替中断与外设连接，通过查询此引脚的状态控制程序的流向，以避免中断引起的失控现象。

例如：

```
XC    2,BIO    ;若满足条件(BIO=0),则执行其后的 1 条双字或 2 条单字指令
               ;否则，执行 2 条 NOP(空操作)指令
```

XF 为外部标志输出引脚，主要用于程序向外设传输标志信息。可通过对状态寄存器 ST1 中的 XF 位的置位或复位，使该引脚输出高电平或低电平，从而控制外设工作。

例如：

```
SSBX   XF         ;置位 XF 引脚
RSBX   XF         ;复位 XF 引脚
```

通过指令对 XF 引脚的置位和复位，CPU 可向外部设备发出 1 和 0 信号，控制外部设备工作。

2．定时器

'C54x 的定时器是一个带有 4 位预分频器的 16 位减法计数器。该减法计数器每来 1 个时钟周期自动减 1，当计数器减到 0 时产生定时中断。通过编程设置特定的状态可使定时器停止、恢复运行、复位或禁止。

'C54x 的定时器是一个可软件编程的计数器，主要包括以下 3 个存储器映像寄存器。

① 定时设定寄存器 TIM。它是一个 16 位减法计数器，映射到数据存储空间的 0024H 单元。复位或定时器中断（TINT）时，TIM 内装入 PRD 寄存器的值（定时时间），并进行自动减 1 操作。

② 定时周期寄存器 PRD。16 位的存储器映像寄存器，位于数据存储空间的 0025H 单元，用来存放定时时间常数。每次复位或 TINT 中断时，将定时时间装入 TIM 寄存器。

③ 定时控制寄存器 TCR。16 位的存储器映像寄存器，位于数据存储空间的 0026H 单元，用来存储定时器的控制位和状态位，包括定时器分频系数 TDDR、预标定计数器 PSC、控制位 TRB 和 TSS 等。

定时中断的周期为

$$T\times(\text{TDDR}+1)\times(\text{PRD}+1)$$

其中，T 为时钟周期，TDDR 和 PRD 分别为定时器的分频系数和时间常数。

若要关闭定时器，只要将 TCR 的 TSS 位置 1，就能切断时钟输入，定时器停止工作。当不需要定时器时，关闭定时器可以减小器件的功耗。

3. 时钟发生器

时钟发生器主要用来为 CPU 提供时钟信号，由内部振荡器和锁相环（PLL）电路两部分组成。可通过内部的晶振或外部的时钟源驱动。

锁相环电路具有频率放大和信号提纯的功能，利用 PLL 的特性，可以锁定时钟发生器的振荡频率，为系统提供高稳定的时钟频率。锁相环能使时钟源乘上一个特定的系数，得到一个比内部 CPU 时钟频率低的时钟源。

4. 主机接口（HPI）

主机接口（Host Port Interface，HPI）是 'C54x 芯片具有的一种 8 位或 16 位的并行口部件，主要用于 DSP 与其他总线或主处理机进行通信。

HPI 接口通过 HPI 控制寄存器（HPIC）、地址寄存器（HPIA）、数据寄存器（HPID）和 HPI 内存块实现与主机通信。其主要特点：

① 接口所需要的外部硬件少；
② HPI 接口允许芯片直接利用一个或两个数据选通信号；
③ 有一个独立的或复用的地址总线；
④ 有一个独立的或复用的数据总线与微控制单元 MCU 连接；
⑤ 主机和 DSP 可独立地对 HPI 接口操作；
⑥ 主机和 DSP 握手可通过中断方式来完成；
⑦ 主机可以通过 HPI 接口直接访问 CPU 的存储空间，包括存储器映像寄存器；
⑧ 主机还可以通过 HPI 接口装载 DSP 的应用程序、接收 DSP 运行结果或诊断 DSP 运行状态。

5. 串行通信接口

'C54x 内部具有功能很强的高速、全双工串行通信接口，可以和其他串行器件直接接口。不同型号的芯片配有不同的串行口，可分为标准同步串行口（SP）、缓冲同步串行口（BSP）、多通道缓冲同步串行口（McBSP）和时分复用串行口（TDM）。表 2.6.1 给出了不同型号 'C54x 芯片的串行口配置。

表 2.6.1 'C54x 芯片的串行口

串 行 口	'C541	'C542	'C543	'C545	'C546	'C548	'C549	'C5402	'C5409	'C5410	'C5416	'C5420
标准同步串行口（SP）	2	0	0	1	1	0	0	0	0	0	0	0
缓冲同步串行口（BSP）	0	1	1	1	1	2	2	0	0	0	0	0
多通道缓冲同步串行口（McBSP）	0	0	0	0	0	0	0	2	3	3	3	6
时分复用串行口（TDM）	0	1	1	0	0	1	1	0	0	0	0	0

（1）标准同步串行口（SP）

它是一个高速、全双工、双缓冲的串行口，提供了与编码器、A/D 转换器等串行设备之间通信的接口，可实现数据的同步发送和接收，能完成 8 位字或 16 位字的串行通信。如果一个芯片有多个标准同步串行口，则它们具有相同的结构和特性，彼此相互独立。

每个串行口都带有用于发送数据的发送数据寄存器 DXR 和发送移位寄存器 XSR 以及用于接收数据的接收数据寄存器 DRR 和接收移位寄存器 RSR，并能以 1/4 时钟周期频率工作。在进行数据的接收和发送时，串行口能产生可屏蔽的收、发中断（RINT 和 XINT），通过软件来管理数据的接收和发送。整个过程由串行口控制寄存器 SPC 控制。

（2）缓冲同步串行口（BSP）

这是一种增强型同步串行口，在标准同步串行口的基础上增加了一个自动缓冲单元 ABU。ABU 的功能是利用专用总线，控制串行口直接与'C54x 的内部存储器进行数据交换，节省了串行通信时间，提高了数据传输速率。

BSP 有非缓冲方式和自动缓冲方式两种工作模式。这两种工作模式都提供了包括可编程控制的串行口时钟、帧同步信号、可选择时钟和帧同步信号的正负极性等增强功能，能以每帧 8 位、10 位、12 位和 16 位传输数据，最大操作频率为 CLKOUT。

（3）时分复用串行口（TDM）

TDM 是一个允许数据时分多路的同步串行口。既能工作在同步方式，也能工作在 TDM 方式。TDM 可以与外部多个应用接口实现方便灵活的数据交换，最多可与 8 个外部器件接口通信，这种接口在多处理器应用中得到了广泛的使用。

（4）多通道缓冲同步串行口（McBSP）

McBSP 是一个高速、全双工、多通道缓冲串行口，可以直接与其他'C54x、编码器以及系统中的其他串行口器件通信。它可以提供全双工通信、连续数据流的双缓冲数据寄存器、接收和发送独立的帧和时钟信号，可以直接与 T1/E1 帧接口。

McBSP 在外部通道选择电路的控制下，采用分时的方式实现多通道串行通信，与以前的串行口相比，具有很大的灵活性：

① 串行口的接收、发送时钟既可由外部设备提供，也可由内部时钟提供；

② 帧同步信号和时钟信号的极性可编程；

③ 信号的发送和接收既可单独运行，也可结合在一起配合工作；

④ McBSP 可由 CPU 控制运行，也可以脱离 CPU 直接通过内存的读取操作来单独运行；

⑤ 具有多通道通信能力，可达 128 个通道；

⑥ 数据的宽度可在 8、12、16、20、24 和 32 位中选择，并可对数据进行 A 律和 μ 律压缩和扩展。

6. 软件可编程等待状态发生器

软件可编程等待状态发生器能把外部总线周期扩展到最多 14 个时钟周期，这样可以方便地与慢速的外部可编程存储器和 I/O 设备接口。它不需要任何外部硬件，只由软件完成。在访问外部存储器时，软件可编程等待状态寄存器（SWWSR）可为每 32K 字的程序、数据存储单元块和 64K 字的 I/O 空间确定 0~14 个等待状态。

7. 可编程分区转换逻辑

可编程分区转换逻辑也称为可编程存储器（段）转换逻辑。当访问过程跨越程序或数据存储器边界时，可编程分区转换逻辑会自动插入一个时钟周期。当存储过程由程序存储器转向数据存储器时，也会插入一个时钟周期。这一附加周期可以使存储器在其他器件驱动总线之前允许存储器释放总线，以避免总线竞争。转换的存储块的大小由存储器转换寄存器（BSCR）确定。

2.7 'C54x 的系统控制

'C54x 芯片的系统控制由程序计数器（PC）、硬件堆栈、PC 相关的硬件、外部复位信号、中断、状态寄存器和重复计数器（RC）等组成。本节将对'C54x 的程序地址生成以及流水线操作、系统复位、中断操作、省电和保持方式进行介绍。

2.7.1 程序地址的生成

'C54x 的程序存储器用来存放应用程序的代码、系数表和立即数。CPU 取指操作时，首先由程序地址生成器（PAGEN）产生地址，再将地址加载到程序地址总线 PAB，由 PAB 寻址存放程序存储器中的代码、系数表和立即数。

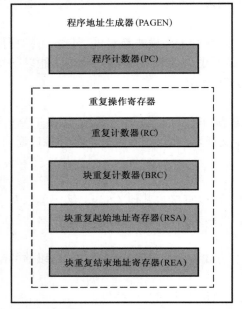

图 2.7.1 程序地址生成器（PAGEN）的组成框图

1. 程序地址生成器（PAGEN）

程序地址生成器（PAGEN）通常由程序计数器（PC）、重复计数器（RC）、块重复计数器（BRC）、块重复起始地址寄存器（RSA）、块重复结束地址寄存器 REA 等 5 个寄存器组成。其中，BRC、RSA 和 REA 为存储器映像寄存器，地址分别为 1AH、1BH 和 1CH。另外，在有扩展程序存储空间的芯片中，还要有一个扩展程序计数器 XPC，以便能对扩展的程序存储空间进行寻址。PAGEN 的组成框图如图 2.7.1 所示。

2. 程序计数器

'C54x 的程序计数器（PC）是一个 16 位计数器，用来保存某个内部或外部程序存储器的地址。这个地址就是即将取指的某条指令、即将访问的某个 16 位立即操作数或系数表在程序存储器中的地址。

对 PC 的加载有以下几种方法。

① 当进行复位操作时，用地址 FF80H 加载 PC。

② 当程序是顺序执行时，则 PC 被增量加载，即 PC＝PC＋1。

③ 当分支转移发生时，用紧跟在分支转移指令后面的 16 位立即数加载 PC。若由累加器分支转移，则用累加器的低阶位（低 16 位）内容加载 PC。

④ 当执行块重复指令时，若 PC＋1 等于块重复结束地址 REA＋1，则用块重复起始地址 RSA 加载 PC。

⑤ 当执行子程序调用时，将 PC＋2 的值压入堆栈（保护现场），然后将调用指令下一个长立即数加载至 PC。若累加器调用子程序，则保护现场后，用累加器的低阶位（低 16 位）内容加载 PC。

⑥ 当执行子程序返回指令时，将压入堆栈的值从栈顶取出，加载到 PC（恢复现场），回到原来的程序处继续执行。

⑦ 当进行硬件中断或软件中断时，将 PC 值压入堆栈，并将适当的中断向量地址加载 PC。

⑧ 当执行中断返回时，将压入堆栈的值从栈顶取出，加载到 PC（恢复现场），继续执行被中断的程序。

2.7.2 流水线操作

流水线操作是 DSP 芯片不同于一般单片机的主要硬件工作机制。流水线操作可以减少指令的执行时间，提高 DSP 的运行速度，增强 DSP 的处理能力。

流水线操作是指各条指令以时钟周期为单位，相差一个时钟周期而连续并行工作的情况。其原理是：将指令分成几个子操作，每个子操作由不同的操作阶段完成。这样，每隔一个时钟周期，每个操作阶段就可以进入一条新指令。因此在同一个时钟周期内，在不同的操作阶段可以处理多条指令，相当于并行执行了多条指令。

1. 流水线操作的概念

'C54x 的流水线操作是由 6 个操作阶段或时钟周期组成的，这 6 个操作阶段彼此相互独立。在任何一个时钟周期内，可以有 1~6 条不同的指令同时工作，每条指令可在不同的周期内工作在不同的操作阶段。'C54x 的流水线结构如图 2.7.2 所示。

T_1	T_2	T_3	T_4	T_5	T_6
P（预取指）	F（取指）	D（译码）	A（寻址）	R（读数）	X（执行）

图 2.7.2　流水线结构示意图

在'C54x 的流水线中，一条指令分为预取指、取指、译码、寻址、读数和执行 6 个操作阶段。各操作阶段的功能如下。

预取指 P：在 T_1 内，CPU 将 PC 中的内容加载到程序地址总线 PAB，找到指令代码的存储单元。

取指 F：在 T_2 内，CPU 从选中的程序存储单元中取出指令代码加载到程序总线 PB。

译码 D：在 T_3 内，CPU 将 PB 中的指令代码加载到指令译码器 IR，并对 IR 中的内容进行译码，产生执行指令所需要的一系列控制信号。

寻址 A：即寻址操作数。在 T_4 内，根据指令的不同，CPU 将数据 1 或数据 2 的读地址或同时将两个读地址分别加载到数据地址总线 DAB 和 CAB 中，并对辅助寄存器或堆栈指针进行修正。

读数 R：在 T_5 内，CPU 将读出的数据 1 和数据 2 分别加载到数据总线 DB 和 CB 中。若是并行操作指令，在完成上述操作的过程中，同时将数据 3 的写地址加载到数据地址总线 EAB 中。

执行 X：在 T_6 内，CPU 按照操作码要求执行指令，并将写数据 3 加载到数据总线 EB 中，写入指定的存储单元。

流水线的前两阶段——预取指和取指是完成指令的取指操作。在预取指阶段，装入一条新指令的地址；在取指阶段，读出这条指令代码。如果是多字指令，那么要几个这样的取指操作才能将一条指令代码读出。

流水线的第 3 阶段是对所取指令进行译码操作，产生执行指令所需要的一系列控制信号，用来控制指令的正确执行。

接下来的寻址和读数阶段是读操作数。如果指令需要，就在寻址阶段加载一个或两个操作数的地址；在读数阶段，读出一个或两个操作数。

一个写操作在流水线中要占用两个阶段，即读数和执行阶段。读数阶段，在 EAB 上加载一个写操作数的数据地址；执行阶段，从 EB 总线装操作数，并将数据写入存储空间。

在'C54x 的流水线操作中，存储器的存取操作要占用两个阶段。第 1 阶段，用存储单元的地址加载地址总线；第 2 阶段，对存储单元进行读/写操作。'C54x 存储器操作在流水线上的各种情况如下。

（1）取指（单周期）

预取指 P	取指 F	译码 D	寻址 A	读数 R	执行 / 写数 X
加载 PAB	从 PB 读				

（2）执行读单操作数指令

例如： LD *AR1,A   ;单周期指令,读单操作数

预取指 P	取指 F	译码 D	寻址 A	读数 R	执行 / 写数 X
			加载 DAB	从 DB 读	

（3）执行读双操作指令

例如： MAC *AR2+,*AR3,A   ;单周期指令,读双操作数

预取指 P	取指 F	译码 D	寻址 A	读数 R	执行 / 写数 X
			加载 DAB 和 CAB	从 DB 和 CB 读	

（4）执行写单操作数指令

例如： STH A,*AR1   ;单周期指令,写单操作数

预取指 P	取指 F	译码 D	寻址 A	读数 R	执行 / 写数 X
				加载 EAB	写至 EB

（5）执行写双操作数指令

例如： DST A,*AR1   ;双周期指令,写两个操作数

预取指 P	取指 F	译码 D	寻址 A	读数 R	执行 / 写数 X
				加载 EAB	写至 EB
				加载 EAB	写至 EB

（6）执行读单操作数和写单操作数指令

例如： ST   A,*AR2
      || LD   *AR3,B   ;单周期并行加载存储指令,读单操作数和写单操作数

预取指 P	取指 F	译码 D	寻址 A	读数 R	执行 / 写数 X
			加载 DAB	从 DB 读出并加载 EAB	写至 EB

2. 分支转移的流水线操作

根据是否使用加延时的指令，分支转移的流水线操作可分为两种工作类型，即无延迟分支转移和延迟分支转移。

（1）无延迟分支转移

为了便于分析，将流水线操作图画成一组交错行，每行代表一条指令字通过流水线的每个

阶段。每行的左侧标有指令的助记符、一个操作数、两条多周期指令或流水线的一次嵌入。执行阶段所跨过的顶端数字为执行该指令所需的周期数。

例如，延迟分支转移程序。

地址	指令代码		注释
a1, a2	B	b1	;4 个周期,两字的无延迟分支转移指令
a3	i3		;任意单周期,单字指令
a4	i4		;任意单周期,单字指令
…	…		
b1	j1		

对应的流水线工作情况如图 2.7.3 所示。

周期 1：将分支转移指令地址 a1 加载至 PAB。

周期 2、3：取出转移指令的两个指令字（即取指）。

周期 4、5：对 i3 和 i4 指令取指。这两条指令位于分支转移指令之后，虽然已经取指，但流水线不会使其进入译码阶段。当转移指令的第 2 个字译码以后，用新的值 b1 加载 PAB。

周期 6、7：分支转移指令的两个字进入执行阶段。同时，在周期 6 将从地址 b1 处对 j1 指令进行取指操作，在周期 7 对 j1 指令译码。

周期 8、9：由于 i3 和 i4 指令不被执行，因此在周期 8 和 9 中，转移指令的执行阶段无任何操作，这两个周期被消耗掉。这就是分支转移指令需要 4 个周期的原因。

周期 10：执行 j1 指令。

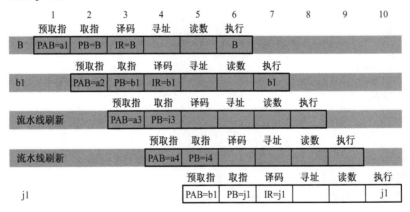

图 2.7.3　无延迟分支转移指令流水线

从图 2.7.3 可以看出，分支转移指令从周期 6 进入执行到周期 10（即 j1 指令进入执行阶段）共花费了 4 个周期，由于无延迟分支转移指令对 i3 和 i4 只取值不执行，因此总共需要 4 个周期。

（2）延迟分支转移

延迟分支转移指令允许其后面的 2 个单周期指令（如 i3 和 i4）执行完毕，因此采用延迟分支转移指令可以节省 2 个机器周期。

例如，延迟分支转移程序。

地址	指令代码		注释
a1, a2	BD	b1	;4 个周期,两字的延迟分支转移指令
a3	i3		;任意单周期,单字指令
a4	i4		;任意单周期,单字指令
…	…		
b1	j1		

对应的流水线工作情况如图 2.7.4 所示。

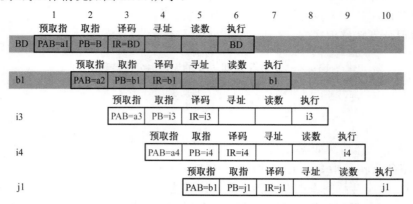

图 2.7.4 延迟分支转移指令流水线

周期 6、7：执行延迟分支转移指令，需要 2 个周期。

周期 8、9：执行 i3 和 i4 指令，需要 2 个周期。

由于延迟分支转移指令允许紧随其后的 2 条单周期单字指令执行，因此，使用时可将转移指令前的 2 条单周期单字指令放在转移指令之后，从而使转移指令成为 2 周期指令。

【例 2.7.1】 分别用分支转移指令 B 和 BD 编写程序如下，试分析各程序所需要的周期。

利用分支转移指令 B 编程		利用分支转移指令 BD 编程	
LD	@x,A	LD	@x,A
ADD	@y,A	ADD	@y,A
STL	A,@s	STL	A,@s
LD	@s,T	LD	@s,T
MPY	@z,A	BD	next
STL	A,@r	MPY	@z,A
B	next	STL	A,@r

这两段程序均完成 $R = (x+y) \times z$ 运算，操作结束后转至 next。除 B 和 BD 指令外，其他指令均为单周期单字指令。

采用分支转移 B 指令编写的程序，共有 8 个指令字，需要 10 个周期。

在采用延迟分支转移指令编写的程序中，由于将 BD 指令前移 2 个字，并允许其后的 2 条单周期单字指令执行。因此，执行后 3 条指令（即 BD、MPY 和 STL 指令）共需要 4 个周期，整个程序只需要 8 个周期。

由上可见，采用具有延迟功能的指令，只要合理安排前后指令的顺序，就可以节省周期。具有延迟操作功能的指令见表 2.7.1。

表 2.7.1 具有延迟操作功能的指令

指令	说 明	字数	周期	指令	说 明	字数	周期
BD	无条件分支转移	2	2	FBD	无条件远程分支转移	2	2
BACCD	按累加器规定的地址转移	1	4	FCALLD	无条件远程调用子程序	2	2
BANZD	当辅助寄存器为 0 时转移	2	2	FRETD	远程返回	1	4
BCD	条件分支转移	2	3	FRETED	开中断，从远程中断返回	1	4
CALAD	按累加器规定的地址调用子程序	1	4	RCD	条件返回	1	3
CALLD	无条件调用子程序	2	2	RETD	返回	1	3

指 令	说 明	字 数	周 期	指 令	说 明	字 数	周 期
CCD	有条件调用子程序	2	3	RETED	开中断，从中断返回	1	3
FBACCD	按累加器规定的地址远程分支转移	1	4	RETFD	开中断，从中断快速返回	1	1
FCALAD	按累加器规定的地址远程调用子程序	1	4	RPTBD	块重复指令	2	2

注意：延迟操作指令后面只有 1~4 个字的空隙，其后的指令不能使用其他分支指令或重复指令，而在 CALLD 或 RETD 的空隙不能使用 PUSH 和 POP 指令。

3．条件执行的流水线操作

'C54x 只有一条条件执行指令，且为单字单周期指令。条件执行指令的格式：

    XC   n,cond [, cond [, cond]]

功能：执行指令时，先判断给定条件 cond 是否满足。若满足，则连续执行紧随其后的 n 条指令；若不满足，则连续执行 n 条 NOP 指令（空操作）。

例如，采用条件执行指令的程序如下：

地址	指令代码		注释
a1	i1		;任意单周期,单字指令
a2	i2		;任意单周期,单字指令
a3	XC	n,cond	;单周期,单字指令
a4	i4		;任意单周期,单字指令
a5	i5		;任意单周期,单字指令

对应的流水线工作情况如图 2.7.5 所示。

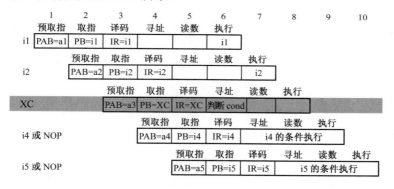

图 2.7.5　条件执行指令的流水线

周期 3：XC 指令地址 a3 加载 PAB。

周期 4：对 XC 指令取值。

周期 5：对 XC 指令寻址，求解 XC 指令的条件。若条件满足，则 i4 和 i5 指令进入译码阶段并执行；若不满足，则不对 i4 和 i5 指令译码，执行空操作。

从图 2.7.5 可以看出，在周期 6，i1 和 i2 指令还没有执行完，它们对 XC 指令的判断条件不会产生影响。如果 XC 指令的判断条件由指令 i1 和 i2 的结果给出，则会得出错误的判断。因此，决定 XC 指令判断条件的指令应放在 i1 指令之前。另外，XC 指令的判断条件与实际执行之间有 2 个周期的时间空隙，若在此期间有其他运算改变条件，如发生中断等，将会造成错误的运行结果。因此，应在条件执行指令前屏蔽所有可能产生的中断或其他改变指令规定条件的运算。

4．存储器的流水线操作

'C54x 片内存储器分为双寻址存储器和单寻址存储器。因此，流水线操作分为两种情况。

（1）双寻址存储器的流水线操作

'C54x 的内部双寻址存储器（DARAM）分成若干独立的块，CPU 可以在单个周期内对其访问 2 次，如：

- 在单个周期内允许同时访问不同的 DARAM 块；
- CPU 同时处理两条指令访问不同的存储块；
- 处于流水线不同阶段的两条指令，可以同时访问同一个存储块。

上述 3 种对存储器的操作，均不会发生时序冲突，因为两次访问分别发生在时钟周期的前半周期和后半周期。表 2.7.2 列出了各种半周期的访问 DARAM 块的情况。

表 2.7.2　访问 DARAM 块

操作类型	完成时间
利用 PAB/PB 总线进行取指	前半周期
利用 DAB/DB 总线读取第一个操作数	前半周期
利用 CAB/CB 总线读取第二个操作数	后半周期
利用 EAB/EB 总线写数据操作数	后半周期

图 2.7.6 给出不同情况下访问 DARAM 的半周期寻址图。为了简化，省略了所有地址总线的加载。

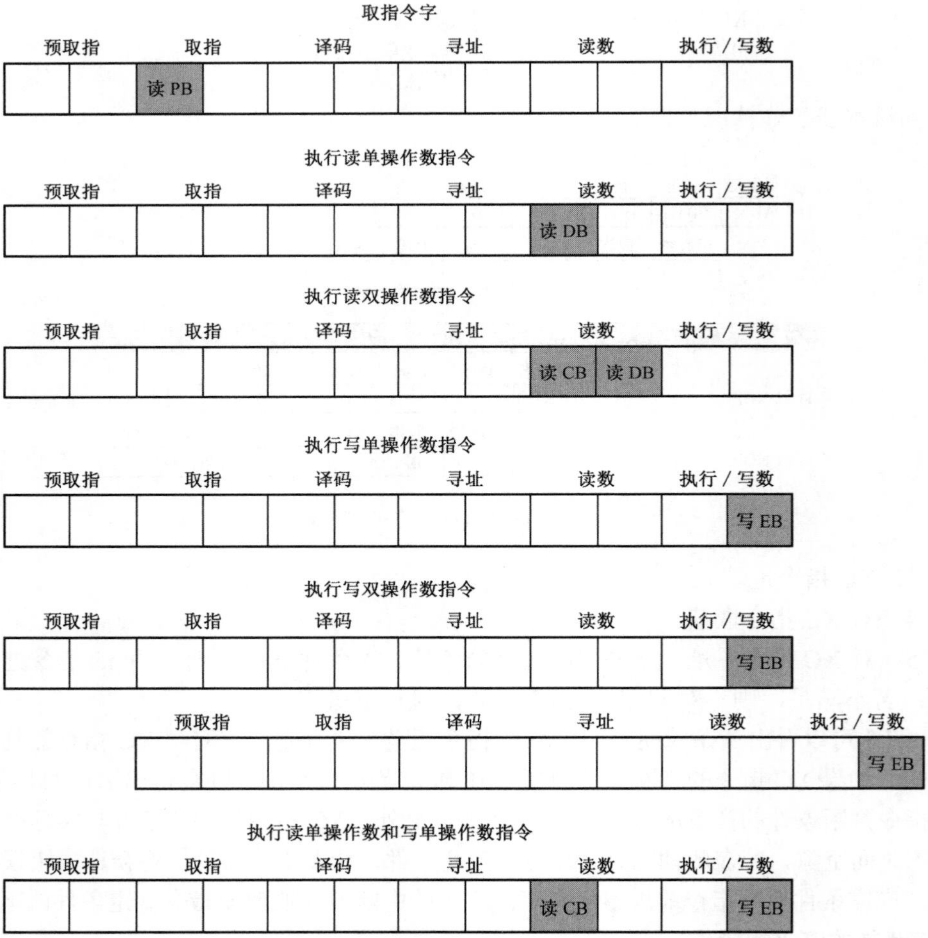

图 2.7.6　访问 DARAM 的半周期寻址图

由于 CPU 的资源有限，当 CPU 正在处理的指令同时访问 DARAM 的同一存储器块时，可能会发生时序冲突。如同时从同一存储器块取指或取操作数（都在前半周期）；或者同时对同一存储器块进行写操作和读第 2 操作数（都发生在后半周期），都会发生时序冲突。当发生流水线冲突时，CPU 通过将写操作延迟一个周期，或通过插入一个空周期来自动解决时序冲突。

例如，当执行下列程序发生时序冲突时，CPU 能对取指自动延迟一个周期。

```
LD   *AR2+,A      ;AR2 指向程序驻留的 DARAM
i2                ;假定 i2 指令不访问 DARAM
i3                ;假定 i3 指令不访问 DARAM
i4
```

当第 1 条指令读操作数时，i4 指令正在取指，故发生时序冲突。此时，CPU 对 i4 的取指延迟一个周期来解决时序冲突。对应的流水线工作情况如图 2.7.7 所示。

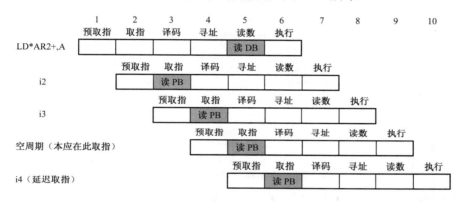

图 2.7.7　取指和读操作数发生的时序冲突

（2）单寻址存储器的流水线操作

'C54x 的单寻址存储器包括单寻址读/写存储器 SARAM、单寻址只读存储器 ROM 和 DROM。这两类存储器在流水线中的操作基本相同，只是 ROM 和 DROM 不能进行写操作。

在'C54x 存储空间中，单寻址存储器也是分块的，CPU 可以在单周期内对每个存储块访问一次，只要不同时访问同一个存储器块就不会发生时序冲突。

对于单寻址存储器，当指令有两个存储器操作数进行读或写时，若两个操作数指向同一个单寻址存储器块，则在流水线上会发生时序冲突。在这种情况下，CPU 先在原来的周期上执行一次寻址操作，并将另一次寻址操作自动地延迟一个周期，如：

```
MAC   * AR2+,* AR3+%,A,B
```

在这条指令中，若 AR2 和 AR3 指向同一单寻址存储器块，则该指令需要 2 个时钟周期。

5. 流水线的等待周期

'C54x 的流水线结构允许多条指令同时利用 CPU 的内部资源。由于 CPU 的资源有限，当多于一个流水线上的指令同时访问同一资源时，可能发生时序冲突。其中，有些冲突可以由 CPU 自动插入延迟来解决，但还有一些未保护性冲突是 CPU 无法自动解决的，需通过调整程序语句人为解决，如加入空操作或重新安排程序语句。

（1）流水线冲突

可能产生未保护性流水线冲突的硬件资源：

- 辅助寄存器（AR0~AR7）；
- 重复块长度寄存器（BK）；

- 堆栈指针（SP）；
- 暂存器（T）；
- 处理器工作方式状态寄存器（PMST）；
- 状态寄存器（ST0和ST1）；
- 块重复计数器（BRC）；
- 存储器映像累加器（AG、AH、AL、BG、BH、BL）。
- 对于上述的存储器映像寄存器，如果在流水线中同时对它们进行寻址，就有可能发生未保护性流水线冲突。'C54x发生流水线冲突情况分析示意图如图2.7.8所示。

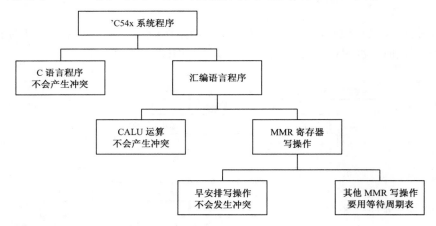

图2.7.8 流水线冲突情况分析示意图

从图2.7.8可以看出，在'C54x的源程序中，如果采用C语言编写程序的源代码，经CCS编译器产生的代码就不会产生流水线冲突。如果采用汇编语言编写源程序，那么算术运算操作（CALU）或在初始化时设置MMR寄存器，也不会发生流水线冲突。因此，在绝大多数情况下，流水线冲突是不会发生的，只有某些MMR寄存器的写操作容易发生冲突。

【例2.7.2】   分析下列指令的流水线冲突。

```
STLM       A,AR1
LD         *AR1,B
```

上述两条指令的流水线操作图如图2.7.9所示。其中，"W"表示对AR1写操作，"N"表示指令需要AR1的值。

两条指令分别在各自的流水线上并行工作。第一条指令对AR1的写操作是在第一条流水线的T6后半周期进行的；而第二条指令对AR1进行间接寻址是在第二条流水线的T4前半周期进行的，在时序上提前了2个时钟周期。很显然，第一条指令还没有准备好AR1数据，第二条指令就已开始对AR1进行寻址读操作，这样运行结果会产生错误。解决办法是采用保护性指令：

```
STM    #1k,AR1
LD     *AR1,B
```

STM为双字节指令，占用2条流水线并行工作。流水线操作图如图2.7.10所示。

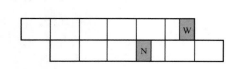

图2.7.9 流水线操作图

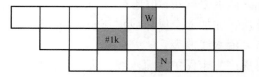

图2.7.10 无流水线冲突的流水线操作图

- 第二条流水线的 T3 取操作数#1k；
- 第一条流水线的 T5 将取来的常数写入 AR1；
- 第三条流水线的 T4 完成对 AR1 的间接寻址。

采用保护性指令后，使读—写—读 3 条流水线在相邻的 3 个周期内完成，既节省了指令操作时间，又避免了流水线的时序冲突。

（2）等待周期表

当指令对 MMR、ST0、ST1 和 PMST 等硬件资源进行写操作时，有可能造成流水线冲突。解决的办法是在写操作指令的后面插入若干条 NOP 指令。例如，对于例 2.7.2 的程序，可在 STLM 指令后插入 2 条 NOP 指令，可以消除流水线冲突。相应的流水线操作图如图 2.7.11 所示。

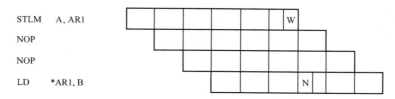

图 2.7.11　加入 NOP 后的流水线操作图

上述情况加入 2 条 NOP 指令后，可以避免流水线冲突，但程序的运行时间比原来延长了 2 个周期。加入的 NOP 指令越多，延长的时间越长。对于插入 NOP 指令的数量，可以依据等待周期表来选择。

等待周期表给出了对 MMR 及控制字段进行写操作的各种指令所需插入的等待周期数。为了避免流水线冲突，可以根据等待周期表来选择插入 NOP 指令的数量。流水线操作等待周期表见表 2.7.3。

表 2.7.3　流水线操作等待周期表

控制范围	0 周期	1 周期	2 周期	3 周期	5 周期	6 周期
T	STM　#1k,T MVDK　Smem,T LD　Smem,T LD　Smem,T ‖ ST	所有其他存储操作，包括 EXP				
ASM	LD　#k5,ASM LD　Smem,ASM	所有其他存储操作				
DP CPL= 0	LD　#k9,DP LD　Smem,DP	STM #1k,ST0 ST #1k,ST0	所有其他存储操作			
SXM C16 FRCT OVM		所有存储操作包括 SSXM 和 RSXM				
A 或 B		修正累加器后，读 MMR				
RPTB[D] 之前 BRC	STM　#1k,BRC ST　#1k,BRC MVDK　Smem,BRC MVMD　MMR,BRC	所有其他存储操作	SRCCD（循环）			
DROM			STM ST MVDK MVMD	所有其他存储操作		

控制范围	0 周期	1 周期	2 周期	3 周期	5 周期	6 周期
OVLY IPTR MP/$\overline{\text{MC}}$					STM ST MVDK MVMD	所有其他存储操作
BRAF						RSBX
CPL				RSBX SSBX		
ARx	STM ST MVDK MVMM MVMD	POPM POPD 其他 MV 的	STLM STH STL 所有其他存储操作			
BK		STM ST MVDK MVMM MVMD	POPM 其他 MV 的	STLM STH STL 所有其他存储操作		
SP	若 CPL= 0 STM MVDK MVMM MVMD	若 CPL= 1 STM MVDK MVMM MVMD	若 CPL= 0 STLM STH STL 所有其他存储操作	若 CPL= 1 STLM STH STL 所有其他存储操作		
当 CPL=1 时隐含 SP 改变		FRAME POM/POPD PSHM/PSHD				

对于双字指令或三字指令都会提供隐含的保护周期,因此,有时可以不需要插入 NOP 指令。例如:

```
SSBX    SXM              ;需要一个等待周期
NOP                      ;插入一个空操作
LD      @x,B             ;无隐含保护周期
```

根据表 2.7.3 得知,SSBX SXM 指令需要一个等待周期。由于其后的 LD @x,B 指令为单字指令,不提供隐含保护周期,因此,在 SSBX SXM 指令后应插入一条 NOP 指令。

又如:

```
SSBX    SXM              ;需要一个等待周期
LD      * (x),B          ;隐含一个等待周期,故无须 NOP
```

由于 LD *(x),B 指令为双字指令,隐含一个保护周期,故 SSBX SXM 指令后,可不用插入 NOP 指令。

2.7.3 系统的复位

和其他微处理器芯片一样,'C54x 芯片设有复位输入引脚 $\overline{\text{RS}}$。当加在这个引脚上的电平发生变化时,程序将从指定的存储地址 FF80H 单元开始执行。当时钟电路工作后,只要在 $\overline{\text{RS}}$ 引脚上出现 2 个外部时钟周期以上的低电平,芯片内部所有电路的寄存器都将被初始化复位。若 $\overline{\text{RS}}$ 保持低电平,则芯片始终处于复位状态。只有当此引脚变为高电平后,芯片内部的程序才

可以从 FF80H 单元开始执行。

当'C54x 芯片处于复位期间时，处理器将进行如下操作：

将工作方式寄存器 PMST 中的中断向量指针 IPTR 置成 1FFH，MP/$\overline{\text{MC}}$ 位置成与 MP/$\overline{\text{MC}}$ 引脚相同的状态；

- 使状态寄存器 ST0=1800H；
- 将状态寄存器 ST1 中的中断方式位 INTM 置 1，关闭所有可屏蔽中断；
- 使程序计数器 PC=FF80H；
- 使扩展程序计数器 XPC=0000H；
- 使中断标志寄存器 IFR=0000H；
- 使数据总线处于高阻状态；
- 使控制总线均处于无效状态；
- 将地址总线置为 FF80H；
- 使 $\overline{\text{IACK}}$ 引脚产生中断响应信号；
- 产生同步复位信号，对外围电路初始化；
- 将下列状态位置为初始值：

ARP = 0	ASM = 0	AVIS = 0	BRAF = 0	C = 1	C16 = 0
CLKOFF = 0	CMPT = 0	CPL = 0	DP = 0	DROM = 0	FRCT = 0
HM = 0	INTM = 1	OVA = 0	OVB = 0	OVLY = 0	OVM = 0
SXM = 1	TC = 1	XF = 1			

注意：复位期间对其余的状态位和堆栈指针 SP 没有进行初始化。因此，用户在程序中必须对它们进行初始化。若 MP/$\overline{\text{MC}}$ = 0，则处理器从内部程序存储器开始执行，否则将从外部程序存储器开始执行。

在复位期间，芯片在程序控制器控制的节奏下，由各寄存器控制各种片内功能，因此复位状态决定了芯片的最初情况。同时，在复位时，芯片的各引脚也处于不同状态，了解初始状态有助于进行外设控制设计。

2.7.4 中断操作

中断系统是为计算机系统提供实时操作、多任务和多进程操作的关键部件。一般来说，中断信号是由外设（如 ADC）向 CPU 传送数据或者外设（如 DAC）向 CPU 提取数据的硬件设备而产生的，也可以由定时器（用于产生特殊信号）产生。当 CPU 响应中断时，将暂时停止当前程序的执行，而去执行中断服务程序（ISR）。

'C54x 的中断系统既支持软件中断，也支持硬件中断。软件中断是由程序指令（INTR、TRAP 或 RESET）产生的中断，硬件中断是由外围设备信号产生的中断。硬件中断有两种形式：

- 受外部中断信号触发的外部硬件中断；
- 受片内外设电路信号触发的内部硬件中断。

当同时有多个硬件中断出现时，'C54x 将按照中断优先级别的高低对它们进行中断响应，其中 1 为最高优先级。TMS320VC5402 中断源和中断优先级见表 2.7.4。

表 2.7.4 TMS320VC5402 中断源和中断优先级

中断序号	中断名称	中断地址	中断优先级	功　能
0	$\overline{\text{RS}}$ /STINR	00H	1	复位（硬件复位和软件复位）
1	$\overline{\text{NMI}}$ /SINT16	04H	2	不可屏蔽中断

中断序号	中断名称	中断地址	中断优先级	功能
2	SINT17	08H	—	软件中断#17
3	SINT18	0CH	—	软件中断#18
4	SINT19	10H	—	软件中断#19
5	SINT20	14H	—	软件中断#20
6	SINT21	18H	—	软件中断#21
7	SINT22	1CH	—	软件中断#22
8	SINT23	20H	—	软件中断#23
9	SINT24	24H	—	软件中断#24
10	SINT25	28H	—	软件中断#25
11	SINT26	2CH	—	软件中断#26
12	SINT27	30H	—	软件中断#27
13	SINT28	34H	—	软件中断#28
14	SINT29	38H	—	软件中断#29
15	SINT30	3CH	—	软件中断#30
16	$\overline{INT0}$/SINT0	40H	3	外部中断#0
17	$\overline{INT1}$/SINT1	44H	4	外部中断#1
18	$\overline{INT2}$/SINT2	48H	5	外部中断#2
19	TINT0/SINT3	4CH	6	内部定时器 0 中断
20	BRINT0/SINT4	50H	7	McBSP0 接收中断
21	BXINT0/SINT5	54H	8	McBSP0 发送中断
22	保留(DMAC0)/SINT6	58H	9	保留（默认）或 DMA 通道 0 中断，由 DMPREC 寄存器选择
23	TINT1(DMAC1)/SINT7	5CH	10	内部定时器 1 中断（默认）或 DMA 通道 1 中断，由 DMPREC 寄存器选择
24	$\overline{INT3}$/SINT8	60H	11	外部中断#3
25	HPINT/ SINT9	64H	12	HPI 中断
26	BRINT1(DMAC2)/SINT10	68H	13	McBSP1 接收中断（默认）或 DMA 通道 2 中断，由 DMPREC 寄存器选择
27	BXINT1(DMAC3)/SINT11	6CH	14	McBSP1 发送中断（默认）或 DMA 通道 3 中断，由 DMPREC 寄存器选择
28	DMAC4/SINT12	70H	15	DMA 通道 4 中断
29	DMAC5/SINT13	74H	16	DMA 通道 5 中断
		78H~7FH	—	保留

不论是软件中断还是硬件中断，'C54x 的中断都可以分成两大类。

（1）可屏蔽中断

可用软件设置来屏蔽或开放的中断。'C54x 最多可以支持 16 个用户可屏蔽中断（SINT15~SINT0）。但有的处理器只用了其中的一部分，如 TMS320VC5402 只有 13 个可屏蔽中断。有些中断有两个名称，因为这些中断可以通过软件或硬件进行初始化。对 TMS320VC5402 来说，这 13 个中断的硬件名称为：

- $\overline{INT3}$~$\overline{INT0}$（外部中断）；
- BRINT0、BXINT0、BRINT1 和 BXINT1（串行口中断）；

- TINT0、TINT1（定时器中断）；
- DMAC4、DMAC5（DMA 中断）；
- HPINT（HPI 中断）。

（2）非屏蔽中断

这些中断都是不能屏蔽的中断。'C54x 对这一类中断总是响应的，并从主程序转移到中断服务程序。'C54x 的非屏蔽中断包括所有的软件中断，以及两个外部硬件中断 $\overline{RS}$（复位）和 $\overline{NMI}$（也可以用软件进行 $\overline{RS}$ 和 $\overline{NMI}$ 中断）。$\overline{RS}$ 是一个对'C54x 所有操作方式产生影响的非屏蔽中断，而 $\overline{NMI}$ 中断不会对'C54x 的任何操作方式产生影响。

$\overline{NMI}$ 中断响应时，所有其他的中断将被禁止。

有关中断标志寄存器（IFR）和中断屏蔽寄存器（IMR）的应用，将在 7.5 节中进行讨论。

2.7.5 省电和保持方式

'C54x 有多种省电工作方式，可以使 CPU 暂时处于休眠状态。此时，CPU 进入暂停工作状态，功耗减小，但保持 CPU 中的内容。当省电方式结束后，CPU 可以继续正常工作。

'C54x 有 4 种省电方式，可以通过执行 IDLE1、IDLE2 和 IDLE3 这 3 条指令，或者使外部 $\overline{HOLD}$ 信号为低电平，同时置位 HM 状态位（使 CPU 处于保持状态）来实现。这些省电方式分别为闲置方式 1、闲置方式 2、闲置方式 3 和保持方式。表 2.7.5 给出了 4 种省电工作方式。

表 2.7.5　4 种省电工作方式

操作/特性		IDLE1	IDLE2	IDLE3	$\overline{HOLD}$
CPU 处于暂停工作状态		√	√	√	√
CPU 时钟停止工作		√	√	√	
外围电路时钟停止工作			√	√	
锁相环（PLL）停止工作				√	
外部地址总线处于高阻状态					√
外部数据总线处于高阻状态					√
外部控制总线处于高阻状态					√
因其他原因结束省电工作方式	$\overline{HOLD}$ 变为高电平				√
	内部可屏蔽硬件中断	√			
	外部可屏蔽硬件中断	√	√	√	
	$\overline{NMI}$	√	√	√	
	$\overline{RS}$	√	√	√	

1. 闲置方式 1（IDLE1）

在这种方式下，CPU 除时钟外所有的工作都停止。由于系统时钟仍在工作，因此外设电路可以继续工作，CLKOUT 引脚保持有效。可用 IDLE1 指令，使 CPU 进入闲置方式 1 状态。用唤醒中断来结束 CPU 的闲置方式 1。

2. 闲置方式 2（IDLE2）

这种省电方式可以使片内外设和 CPU 停止工作，使系统功耗明显减少。可用 IDLE2 指令进入闲置方式 2。结束时不能采用闲置方式 1 的方法来唤醒这种省电方式，可用外部中断来结束闲置方式 2，其方法是：用一个 10ns 的窄脉冲加到外部中断引脚（$\overline{RS}$、$\overline{NMI}$ 和 $\overline{INTx}$），通过外部中断来结束闲置方式 2。闲置方式 2 结束后，所有的外设都将复位。

3．闲置方式 3（IDLE3）

这种方式是一种完全关闭模式，除了具有闲置方式 2 的功能，还可以终止锁相环 PLL 的工作，大幅度地降低系统功耗。可用 IDLE3 指令进入闲置方式 3，用外部中断来结束。和闲置方式 2 一样，IDLE3 结束后，所有的外设将被复位。

4．保持方式

保持方式是另一种省电方式。在这种方式下，CPU 的地址总线、数据总线和控制总线处于高阻状态。可以通过设定 HM 位的值，用保持方式来终止 CPU 运行。

这种方式由 $\overline{HOLD}$ 信号初始化，如果 HM=1，则 CPU 停止运行，CPU 的三总线（地址、数据和控制总线）为高阻状态；如果 HM=0，则 CPU 的三总线处于高阻状态，但 CPU 继续运行。当 $\overline{HOLD}$ 信号无效时结束保持方式。

这种方式不会停止 CPU 片内外设的工作，如定时器和串行口等，无论 $\overline{HOLD}$ 和 HM 为何值，这些片内外设都会一直运行。

5．其他省电方式

'C54x 除了具有上述 4 种省电方式，还有两种省电方式：外部总线关断和 CLKOUT 关断。

'C54x 可以通过将分区开关控制寄存器（BSCR）的第 0 位置 1 的方法，关断片内的外部接口时钟，使接口处于低功耗状态。复位时，该位被清 0，片内的外设接口时钟开放。

CLKOUT 关断功能使得'C54x 可以利用指令来禁止 CLKOUT 信号。其方法是：用软件指令将处理器工作方式寄存器 PMST 中的 CLKOFF 位置 1，从而关断 CLKOUT 引脚的输出。复位时，CLKOUT 引脚有效。

2.8　'C54x 的外部总线

'C54x 的外部总线具有很强的系统接口能力，可与外部存储器以及 I/O 设备相连，能对 64K 字的数据存储空间，64K 字的程序存储空间，以及 64K 字的 I/O 空间进行寻址。独立的空间选择信号 $\overline{DS}$、$\overline{PS}$ 和 $\overline{IS}$ 允许进行物理上分开的空间选择。接口的外部数据准备输入信号（READY）与片内软件可编程等待状态发生器一起，可以使处理器与各种不同速度的存储器和 I/O 设备连接。接口的保护方式能使外部设备对'C54x 的外部总线进行控制，使外部设备可以访问程序存储空间、数据存储空间和 I/O 空间的资源。

2.8.1　外部总线接口

1．外部总线的组成

'C54x 的外部总线由数据总线、地址总线及一组控制总线所组成，可以用来寻址'C54x 的外部存储器和 I/O 接口。表 2.8.1 列出了'C54x 的主要外部总线接口信号。

外部接口总线是一组并行口，有两个互相独立且相互排斥的选通信号 $\overline{MSTRB}$ 和 $\overline{IOSTRB}$。$\overline{MSTRB}$ 信号用于访问外部程序或数据存储器，$\overline{IOSTRB}$ 用于访问 I/O 设备。R/$\overline{W}$ 读/写信号则控制数据的传送方向。

READY 和片内软件可编程等待状态发生器允许 CPU 与不同速度的存储器及 I/O 设备进行数据交换。当与慢速器件通信时，CPU 处于等待状态，直到慢速器件完成了它的操作，并发出 READY 信号后才继续运行。

表 2.8.1　'C54x 的主要外部总线接口信号

信号名称	'C541,'C542,'C543, 'C545,'C546	'C548,'C549,'C5409, 'C5410,'C5416	'C5402	'C5420	说　明
A*i*~A0	15~0	22~0	19~0	17~0	地址总线
D15~D0	15~0	15~0	15~0	15~0	数据总线
$\overline{\text{MSTRB}}$	√	√	√	√	外部存储器选通信号
$\overline{\text{PS}}$	√	√	√	√	程序存储空间选择信号
$\overline{\text{DS}}$	√	√	√	√	数据存储空间选择信号
$\overline{\text{IOSTRB}}$	√	√	√	√	I/O 设备选通信号
$\overline{\text{IS}}$	√	√	√	√	I/O 空间选择信号
R/$\overline{\text{W}}$	√	√	√	√	读/写信号
READY					数据准备好信号
$\overline{\text{HOLD}}$	√	√	√	√	保持请求信号
$\overline{\text{HOLDA}}$	√	√	√	√	$\overline{\text{HOLD}}$ 的响应信号
$\overline{\text{MSC}}$					微状态完成信号
$\overline{\text{IAQ}}$	√	√	√	√	指令地址采集信号
$\overline{\text{IACK}}$	√	√	√	√	中断响应信号

$\overline{\text{HOLD}}$ 信号可以使'C54x 工作在保持方式，将外部总线控制权交给外部控制器，直接控制程序存储空间、数据存储空间和 I/O 之间的数据交换。

CPU 寻址片内存储器时，外部数据总线处于高阻状态，而地址总线及存储器选择信号（$\overline{\text{PS}}$、$\overline{\text{DS}}$ 和 $\overline{\text{IS}}$）均保持以前的状态。此外，$\overline{\text{MSTRB}}$、$\overline{\text{IOSTRB}}$、R/$\overline{\text{W}}$、$\overline{\text{IAQ}}$ 及 $\overline{\text{MSC}}$ 信号均保持无效状态。

如果处理器工作方式状态寄存器（PMST）中的地址可见位（AVIS）置 1，那么 CPU 执行指令时的内部程序存储器的地址就出现在外部地址总线上，同时 $\overline{\text{IAQ}}$ 信号有效。

2．外部总线的优先级别

'C54x 的处理器共有 8 组 16 位片内总线，这 8 组总线包括 1 组程序总线 PB、3 组数据总线 CB、DB、EB 以及 4 组地址总线 PAB、CAB、DAB、EAB。由于采用流水线结构，因此 CPU 可以同时对这些总线进行存取操作。但对于外部总线，CPU 在每个时钟周期内只能对它们寻址一次，否则，将会产生流水线冲突。例如，在一个并行指令周期内，CPU 寻址外部存储器两次（如一次取指，一次读操作数或写操作数），那么就会发生流水线冲突。对于下面的指令顺序，如果数据存储器和程序存储器都在片外，将会发生外部总线操作的流水线冲突。

```
    ST      T,*AR6              ;Smem 写操作
    LD      *AR4+,A             ;Xmem 和 Ymem 读操作
    || MAC  *AR5+,B
```

由于数据和程序存储器都在片外，且一条单操作数写指令后紧跟一条双操作数读指令，因此将出现流水线冲突。对于这种外部总线上的流水线冲突，CPU 可根据流水线操作的优先级别自动解决。外部总线操作的优先级别如图 2.8.1 所示。

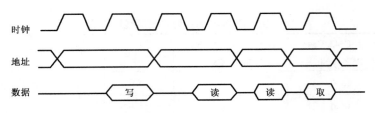

图 2.8.1　外部总线操作的优先级别

从图 2.8.1 可以看出，在一个时钟周期内，若 CPU 对外部总线进行一次取指操作、两次读操作和一次写操作时，外部总线优先级别为数据寻址比程序存储器取指具有较高的优先权。在所有的 CPU 数据寻址完成之后，才能够进行程序存储器取指操作。

2.8.2　外部总线等待状态控制

'C54x 片内有两个控制 CPU 等待状态的部件——软件可编程等待状态发生器和可编程分区转换逻辑，这两个部件用来控制外部总线工作，分别受两个存储器映像寄存器——软件等待状态寄存器（SWWSR）和可编程分区转换逻辑寄存器（BSCR）的控制。

1．软件可编程等待状态发生器

软件可编程等待状态发生器可以通过编程来延长总线的等待周期，最多可达到 7~14 个机器周期，这样可以方便地使'C54x 与慢速的片内存储器和 I/O 器件接口。若外部器件要求插入的等待周期大于 7~14 个时钟周期，可以利用硬件 READY 线来实现。当所有的外部器件都配置在 0 等待状态时，加到等待状态发生器的内部时钟将被关断，器件工作在省电状态。

（1）软件等待状态寄存器（SWWSR）

软件可编程等待状态发生器受 16 位软件等待状态寄存器（SWWSR）的控制，它是一个存储器映像寄存器，其数据存储空间的地址为 0028H。

'C54x 的外部扩展程序存储空间和数据存储空间分别由两个 32K 字的存储块组成，I/O 空间由 64K 字块组成。这 5 个字块空间在 SWWSR 中都相应地有一个 3 位字段，用来定义各个空间插入等待状态的数目，如图 2.8.2 所示。

图 2.8.2　SWWSR 寄存器

在 SWWSR 中，每 3 位字段规定的插入等待状态的最小数为 0（不插等待周期），最大数为 7（111B）。表 2.8.2 列出了 SWWSR 各字段功能的详细说明。复位时，SWWSR=7FFFH，使外部存取状态为最大等待周期。这样能确保处理器初始化期间，CPU 能够与外部慢速设备正常通信。

表 2.8.2　SWWSR 各字段的功能

位　号	名　称	复 位 值	功　　能
15	保留/XPA	0	对于'C542，'C546 为保留位 对于'C548，'C549，'C5402，'C5409，'C5410，'C5420 为扩展程序存储器地址控制位 XPA=0，不扩展；XPA＝1，扩展。所选的程序存储器地址由程序字段决定

位号	名称	复位值	功　能
4~12	I/O 空间	111b	I/O 空间字段。此字段值（0~7）是对 I/O 空间 0000~FFFFH 插入的等待状态数
11~9	数据存储空间	111b	数据存储空间字段。此字段值（0~7）是对数据存储空间 8000~FFFFH 插入的等待状态数
8~6	数据存储空间	111b	数据存储空间字段。此字段值（0~7）是对数据存储空间 0000~7FFFH 插入的等待状态数
5~3	程序存储空间	111b	程序存储空间字段。对于'C541，'C542，'C546，此字段值（0~7）对应程序存储空间 8000~FFFFH 所插入的等待状态数 对于'C548，'C549，'C5402，'C5409，'C5410，'C5420，此字段值（0~7）是对下列程序存储空间插入的等待状态数。XPA＝0：xx 8000~xx FFFFH；XPA＝1：40 0000~7F FFFFH
2~0	程序存储空间	111b	程序存储空间字段。对于'C541，'C542，'C546，此字段值（0~7）对应程序存储空间 0000~7FFFH 所插入的等待状态数 对于'C548，'C549，'C5402，'C5409，'C5410，'C5420，此字段值（0~7）是对下列程序存储空间插入的等待状态数。XPA＝0：xx 0000~xx 7FFFH；XPA＝1：00 0000~3F FFFFH

对于'C549，'C5402，'C5410，'C5420 等器件，除了有一个软件等待状态寄存器 SWWSR，还配有软件等待状态控制寄存器 SWCR，它位于内存映像寄存器的 002BH 处。图 2.8.3 为 SWCR 寄存器结构。

SWSM 位用来确定扩展最大的等待周期。当 SWSM＝1 时，等待状态由扩展最大等待状态周期决定，可以达到 7~14 个时钟周期。

（2）等待状态发生器

图 2.8.4 给出了'C54x 外部程序存储空间的软件可编程等待状态发生器逻辑框图。

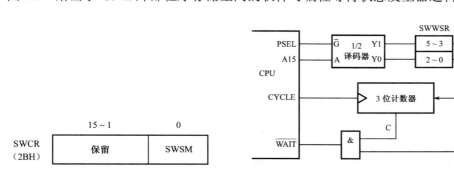

图 2.8.3　SWCR 寄存器结构　　　　图 2.8.4　软件可编程等待状态发生器逻辑框图

当 CPU 对外部程序存储空间进行寻址时，通过译码器将 SWWSR 中相应的字段值装载到计数器。如果这个字段值不为 0，就会向 CPU 发出一个"没有准备好"信号，等待状态计数器启动工作。没有准备好的情况一直保持到计数器减到 0 和外部 READY 线置 1 为止。当计数器减到 0 时，C 为高电平。从图 2.8.4 可知，$\overline{\text{WAIT}} = \text{C} \cdot \text{READY}$。

当计数器减到 0（C＝1），且外部 READY 也为高电平时，CPU 的 $\overline{\text{WAIT}}$ 信号由低变高，结束等待状态。需要说明的是，只有软件编程等待状态插入 2 个以上时钟周期时，CPU 才在 CLKOUT 信号的下降沿检测外部 READY 信号。

2. 可编程分区转换逻辑

可编程分区转换逻辑允许'C54x 在外部存储器分区之间切换时，不需要外部为存储器插入等待状态。但当跨越外部程序或数据存储空间中的存储器分区界线寻址时，或在访问越过程序存储器到数据存储器时，可编程分区转换逻辑自动插入一个周期。

插入的附加周期可以使存储器在其他器件驱动总线之前先释放掉总线，从而防止总线竞争。分区转换由可编程分区转换逻辑寄存器（BSCR）定义，该寄存器是一个存储器映像寄存器，地址为 0029H。BSCR 寄存器的组成如图 2.8.5 所示。

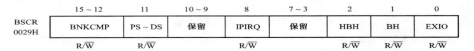

图 2.8.5　BSCR 寄存器的组成

BSCR 寄存器的各位功能见表 2.8.3。

表 2.8.3　BSCR 寄存器功能表

位	名　称	复位值	功　　能
15~12	BNKCMP	—	分区对照位。用来屏蔽一个地址的高 4 位，定义外部存储器分区的大小。例如，如果 BNKCMP=1111B，则地址的最高 4 位被屏蔽掉，结果分区为 4K 字空间。分区的大小从 4K 字到 64K 字，BNKCMP 与分区大小的关系如下： 表格见下方
11	PS~DS	—	程序存储空间读-数据存储空间读寻址位。用来决定在连续进行程序-数据读或者数据读-程序读寻址之间是否插入一个额外的周期： PS~DS=0，不插入。在这种情况下，除跨越分区边界外，其他情况不插入额外的周期 PS~DS=1，插入一个额外的周期
10~9	保留位	—	
8	IPIRQ	—	CPU 处理器之间的中断请求位
7~3	保留位	—	
2	HBH	—	HPI 总线保持位
1	BH	0	总线保持器位。用来控制总线保持器： BH=0，关断总线保持器，解除总线保持 BH=1，接通总线保持器。数据总线保持在原先的逻辑电平
0	EXIO	0	关断外部总线接口位。用来控制外部总线： EXIO=0，外部总线接口处于接通状态 EXIO=1，关断外部总线接口。在完成当前总线周期后，地址总线、数据总线和控制总线信号均变成无效：A(15~0)保持原状态，D(15~0)为高阻状态，$\overline{PS}$、$\overline{DS}$、$\overline{IS}$、$\overline{MSTRB}$、$\overline{IOSTRB}$、$R/\overline{W}$、$\overline{MSC}$ 以及 $\overline{IAQ}$ 为高电平。PMST 中的 DROM、$MP/\overline{MC}$ 和 OVLY 位以及 ST1 中的 HM 位都不能被修改

（15~12 位 BNKCMP 功能表）

BNKCMP				屏蔽的最高有效位	分区大小
位 15	位 14	位 13	位 12		
0	0	0	0	—	64K 字
1	0	0	0	15	32K 字
1	1	0	0	15~14	16K 字
1	1	1	0	15~13	8K 字
1	1	1	1	15~12	4K 字

EXIO 与 BH 位用来控制外部地址和数据总线的使用。正常操作情况下，这两位都应置 0。若要降低功耗，特别是对于那些很少使用的外部存储器，可将 EXIO 与 BH 位置 1。

BNKCMP 位用来屏蔽一个地址的高 4 位，可定义外部存储器分区的大小。其取值只有 5 种，分别为 1111B、1110B、1100B、1000B 和 0000B，其他值是不允许的。

'C54x 的可编程分区转换逻辑可以在下列几种情况下自动插入一个附加周期：

- 当对程序存储器进行一次读操作之后，紧随其后对不同的存储器分区进行另一次程序存储器读或数据存储器读操作；
- 当 PS～DS 位置 1 时，读一次程序存储器之后，紧跟着进行一次数据存储器读操作；
- 当 PS～DS 位置位时，一次数据存储器读操作之后，紧跟着进行一次程序存储器读操作；
- 对数据存储器进行一次读操作之后，紧跟着对一个不同的存储器分区进行另一次程序存储器或数据存储器读操作；
- 对于'C548、'C549 等器件，一次程序存储器读操作之后，紧跟着对不同页程序存储器进行另一次读操作。

图 2.8.6 给出了存储器分区转换时插入附加周期的时序图。图 2.8.7 给出了连续进行程序存储器读操作和数据存储器读操作之间插入附加周期的时序图。

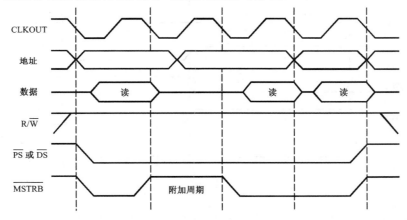

图 2.8.6　存储器读操作之间分区转换时序图

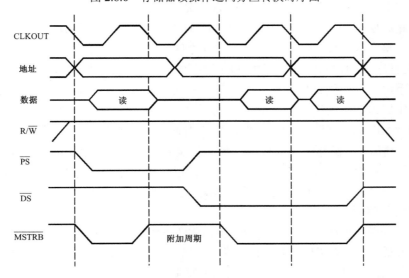

图 2.8.7　程序存储器读操作和数据存储器读操作之间分区转换时序图

2.8.3 外部总线接口时序

所有外部总线的读/写操作都是在整数个 CLKOUT（时钟）周期内完成的。从 CLKOUT 信号的一个下降沿开始，到下一个下降沿所需的时间定义为 CLKOUT 信号的一个周期。某些不需要插入等待周期的外部总线寻址，通常需要 2 个时钟周期，例如存储器写操作、I/O 写和 I/O 读等操作。而存储器读操作只需要一个时钟周期。如果一个存储器读操作之后紧跟着一次存储器写操作，或者相反，那么存储器读操作就要多出半个周期。下面以零等待状态寻址为例，介绍外部接口时序图。

存储器寻址时序图和 I/O 寻址时序图反映了 'C54x 进行存储器和 I/O 操作时各信号之间的时序关系，这对于正确使用外部总线接口十分重要。

1. 存储器寻址时序图

图 2.8.8 给出了存储器读—读—写操作时序图。

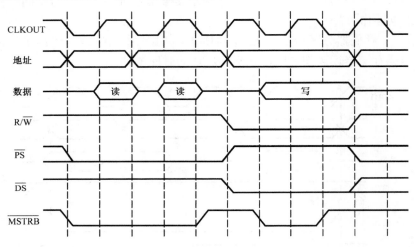

图 2.8.8　存储器读—读—写操作时序图

从图 2.8.8 中可以看出，CLKOUT 开始时，$\overline{DS}=1$，$\overline{PS}=\overline{MSTRB}=0$，第一个周期进行第一次程序存储器读操作，第二个周期进行第二次程序存储器读操作，而第三个周期为读—写转换周期。在此周期内 $\overline{PS}$ 和 $\overline{MSTRB}$ 由低变高，而 $\overline{DS}$ 由高变低，为数据写做准备。第四个周期完成写操作。整个读—读—写操作过程需要 4 个时钟周期。

图 2.8.9 是程序空间插入一个等待周期的存储器读—读—写操作的时序图。

通常情况下，存储器读操作需要 1 个周期，扩展后插入 1 个周期，成为 2 个周期，而数据程序空间写操作仍为 2 个周期。

图 2.8.10 给出了由 $\overline{MSTRB}$ 控制的无等待周期的存储器写—写—读操作的时序图。当 $\overline{MSTRB}$ 由低变高后，写操作的地址总线和数据总线继续保持约半个周期的有效。当 R/$\overline{W}$ 改变时，在每个写周期结束瞬间 $\overline{MSTRB}$ 变为高电平，以防止存储器被再次改写。因此，每次存储器写操作需要 2 个时钟周期，而紧随其后的读操作也需要 2 个周期。

2. I/O 寻址时序图

在没有插入等待周期的情况下，对 I/O 设备读/写操作时，分别需要占用 2 个周期。通常情况下，地址总线变化发生在 CLKOUT 的下降沿。只有当 I/O 寻址之前是一次存储器寻址，则地址总线的变化发生在上升沿。$\overline{IOSTRB}$ 的低电平发生在时钟的上升沿到下一个上升沿之间。

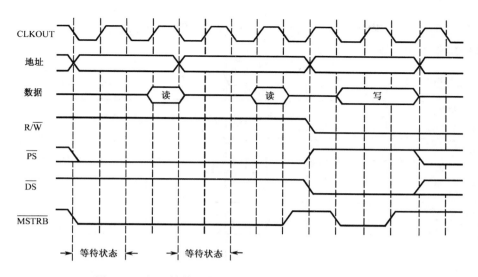

图 2.8.9　插入等待周期的存储器读—读—写操作时序图

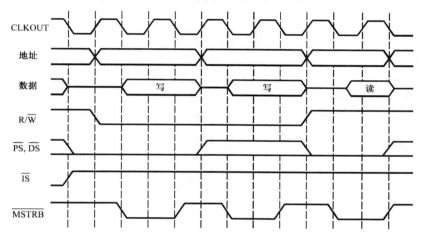

图 2.8.10　存储器写—写—读操作时序图

图 2.8.11 为没有插入等待周期的 I/O 接口读—写—读操作时序图。

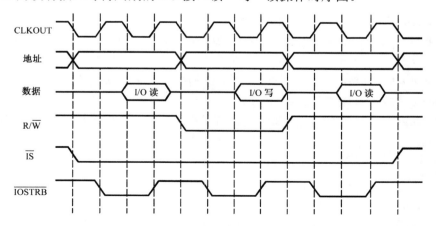

图 2.8.11　没有插入等待周期的 I/O 接口读—写—读操作时序图

图 2.8.12 是插入一个等待周期的 I/O 接口读—写—读操作时序图，每次进行 I/O 接口读/写操作时都将延长一个周期。

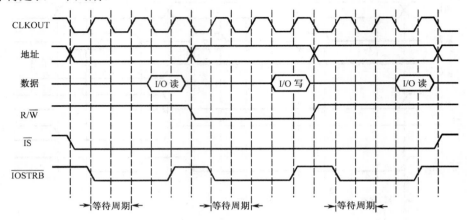

图 2.8.12 插入等待周期的 I/O 接口读—写—读操作时序图

本 章 小 结

本章讨论了'C54x 芯片的硬件结构，重点对芯片的内部总线结构、中央处理器 CPU、存储空间结构、片内外设、系统控制以及外部总线进行了介绍。由于'C54x 完善的体系结构，并配备了功能强大的指令系统，因此使得芯片处理速度快、适应性强。同时，芯片采用了先进的集成电路技术及模块化设计，使得芯片功耗小、成本低，在移动通信等实时嵌入式系统中得到了广泛的应用。

思考题与习题

2.1　'C54x 芯片的基本结构包括哪些部分？

2.2　'C54x 芯片的 CPU 主要由哪几部分组成？

2.3　处理器工作方式状态寄存器 PMST 中的 MP/$\overline{\text{MC}}$、OVLY 和 DROM 3 个状态位对'C54x 的存储空间结构各有何影响？

2.4　'C54x 芯片的片内外设主要包括哪些电路？

2.5　'C54x 芯片的流水线操作共有多少个操作阶段？每个阶段执行什么任务？完成一条指令都需要哪些操作周期？

2.6　'C54x 芯片的流水线冲突是怎样产生的？有哪些方法可以避免流水线冲突？

2.7　'C54x 芯片的串行口有哪几种类型？

2.8　TMS320VC5402 共有多少个可屏蔽中断？它们分别是什么？$\overline{\text{RS}}$ 和 $\overline{\text{NMI}}$ 属于哪一类中断源？

2.9　试分析下列程序的流水线冲突，画出流水线操作图。如何解决流水线冲突？

```
STLM    A,AR0
STM     #10,AR1
LD      * AR1,B
```

2.10　试根据等待周期表，确定下列程序段需要插入几个 NOP 指令。

① LD   @ GAIN,T   ② STLM B,AR2   ③ MAC   @ x,B
  STM   # input,AR1   STM   # input,AR3   STLM B,ST0
  MPY   * AR1+,A   MPY   * AR2+,* AR3+,A   ADD   @ table,A,B

第3章 TMS320C54x的指令系统

内容提要：’C54x 的指令系统包含助记符指令和代码指令两种形式。助记符指令是一种采用助记符号表示的类似于汇编语言的指令；代码指令是一种比汇编语言更高级，类似于高级语言的代码形式指令，具有接近汇编语言的特点。两种指令具有相同的功能。’C54x 的开发平台支持两种指令的相互转换。本章着重介绍助记符指令的分类及基本功能。

知识要点：

- 寻址方式；
- ’C54x 的指令表示方法；
- ’C54x 的指令系统。

教学建议：’C54x 的指令系统较普通单片机的指令系统复杂，有许多特殊的指令及用法，需要加以注意。建议学时数 5 学时。

3.1 寻 址 方 式

根据程序的要求采用不同的寻址方式，可以大大缩短程序的运行时间并提高代码效率。’C54x 的寻址方式可以分为数据寻址和程序寻址两种。由于程序代码和数据都要存放在 DSP 存储器里，因此只有对程序存储器和数据存储器的准确寻址和访问，才能保证程序的正确运行。

’C54x 有 7 种基本的数据寻址方式：立即寻址、绝对寻址、累加器寻址、直接寻址、间接寻址、存储器映像寄存器寻址和堆栈寻址。表 3.1.1 列出了寻址方式中用到的一些缩略语名称及其含义。

表 3.1.1 部分寻址缩略语名称及其含义

名　　称	含　　义
Smem	16 位单寻址操作数
Xmem	16 位双寻址操作数，用于双操作数或部分单操作数指令，从 DB 数据总线上读取
Ymem	16 位双寻址操作数，用于双操作数指令，从 CB 数据总线上读取
dmad	16 位立即数：数据存储器地址（0～65 535）
pmad	16 位立即数：程序存储器地址（0～65 535）
PA	16 位立即数：I/O 接口地址（0～65 535）
src	源累加器（A 或 B）
dst	目的累加器（A 或 B）
1k	16 位长立即数

3.1.1 立即寻址

立即寻址主要用于初始化，其特点是指令中包含一个固定的立即数，因此没有寻找数据地址的过程。一条指令中的立即数有短立即数和长立即数两类。短立即数长度为 3，5，8 或 9 位，可以放在一个字长的指令（单字指令）中；长立即数长度为 16 位，应该放在两个字长的指令（双字指令）中。立即数的长度由使用的指令类型决定。表 3.1.2 列出了支持立即数的指令，并指出了立即数的位数。

表 3.1.2　支持立即数的指令

3 位或 5 位立即数	8 位立即数	9 位立即数	16 位立即数				
LD	FRAME	LD	ADD	ADDM	AND	ANDM	BITF
	LD		CMPM	LD	MAC	OR	ORM
	RPT		RPT	RPTZ	ST	STM	SUB
			XOR	XORM			

在立即寻址方式指令中，应在数值或符号前面加一个"#"，表示是一个立即数，以区别于地址。例如，将一个十六进制数 80H，装入累加器 A 的指令为：

　　　LD　＃80H,A

3.1.2　绝对寻址

绝对寻址利用 16 位地址寻址存储单元，其特点是指令中包含一个固定地址。16 位地址可以用其地址标号或程序中定义的符号常数来表示。由于绝对地址代码的位数为 16 位，因此绝对地址寻址的指令至少应为 2 个字长。绝对寻址有以下 4 种类型。

1．数据存储器地址（dmad）寻址

该寻址类型用于确定操作数存于数据存储单元的地址。语法是使用一个程序标号或一个数字来指定数据存储空间的一个地址。例如，将数据存储器 EXAM1 地址单元中的数据复制到 AR5 寄存器所指向的数据存储单元中，即：

　　　MVKD　EXAM1,＊AR5

其中，EXAM1 是 16 位地址 dmad 值。

2．程序存储器地址（pmad）寻址

该寻址类型用于确定程序存储器中的一个地址。语法是使用一个符号或具体的数字来指定程序存储空间的一个地址。例如，将程序存储器 TABLE 地址单元中的内容复制到 AR2 寄存器所指向的数据存储单元中，即：

　　　MVPD　TABLE,＊AR2

其中，TABLE 是 16 位地址 pmad 值。

3．端口（PA）寻址

该寻址类型是用一个符号或一个数字来确定外部 I/O 接口的地址。例如，把一个数从端口为 FIFO 的 I/O 接口复制到 AR5 寄存器所指向的数据存储单元中，即：

　　　PORTR　FIFO,＊AR5

其中，FIFO 是 I/O 接口地址 PA。

4．＊(1k)寻址

该寻址类型是使用一个指定数据存储空间的地址来确定数据存储器中的一个地址。例如，把地址为 PN 的数据存储单元中的数据装到累加器 A 中，即：

　　　LD　＊(PN),A

＊(1k)寻址的语法允许所有使用单数据存储器寻址的指令去访问数据存储空间的任意单元，而不改变 DP 的值，也不用对 AR 进行初始化。这种寻址可用于支持单数据存储器操作数的指令。当采用绝对寻址方式时，指令长度将在原来的基础上增加一个字。值得注意的是，使用＊(1k)寻址方式的指令不能与循环指令（RPT，RPTZ）一起使用。

3.1.3 累加器寻址

累加器寻址是将累加器的内容作为地址去访问程序存储器单元,即将累加器中的数作为地址,用来对存放数据的程序存储器寻址。有两条指令可以采用累加器寻址。

(1) READA   Smem

把累加器 A 所确定的程序存储器单元中的一个字,传送到 Smem 所确定的数据存储单元中。

(2) WRITA   Smem

把 Smem 所确定的数据存储单元中的一个字,传送到累加器 A 所确定的程序存储器单元中。

以上两条指令,在重复方式下执行,可以用来每次对累加器 A 的内容增加 1。注意:对不同的'C54x 芯片,有的使用累加器的低 16 位作为程序存储器的地址,也有的使用低 23 位(如'C548、'C549)来作为程序存储器的地址。

3.1.4 直接寻址

直接寻址是利用数据指针和堆栈指针寻址的,其特点是数据存储器地址由基地址(数据页指针 DP 或堆栈指针 SP)和偏移地址共同构成,共 16 位。基地址位于数据存储器地址的高 9 位,偏移地址位于数据存储器地址的低 7 位。图 3.1.1 和表 3.1.3 分别给出了直接寻址指令代码的格式以及各位的说明。

15～8	7	6～0
操作码	I = 0	偏移地址

图 3.1.1   直接寻址指令代码的格式

表 3.1.3   直接寻址的各位说明

位	名　称	功　　能
15~8	操作码	这 8 位包含了指令的操作码
7	I	I = 0,表示指令使用的寻址方式为直接寻址
6~0	偏移地址	这 7 位包含了指令的偏移地址

DP 和 SP 都可以与偏移地址结合产生实际的地址。位于状态寄存器 ST1 的 CPL 位(直接寻址编辑方式)可以选择采用哪种方式生成实际地址。

① 当 CPL＝0,以数据页指针 DP 中的 9 位为高位,以指令中的 7 位为低位,共同构成 16 位数据存储单元的地址,如图 3.1.2 所示。

15～7	6～0
9 位数据页指针 DP 值	7 位 IR 值

图 3.1.2   CPL = 0 时 16 位数据存储单元的地址

② 当 CPL=1 时,将堆栈指针 SP 的 16 位地址与指令中的 7 位地址相加,形成 16 位的数据存储器地址,如图 3.1.3 所示。

因为 DP 地址的范围为 0~511(2^9-1),所以以数据页指针 DP 为基准的直接寻址把存储器分成 512 页。7 位偏移地址的范围为 0~127,所以每页有 128 个可以访问的单元,即由 DP 值确定是 512 页中的哪一页,由偏移地址确定是该页中的哪一个单元。DP 值可以由 LD 指令装入,RESET 指令将

DP 赋为 0。重新上电以后，所有程序都需要对数据页指针 DP 进行初始化。

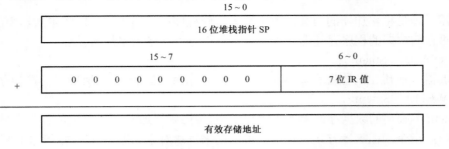

图 3.1.3　CPL=1 时 16 位数据存储单元的地址

SP 可以指向存储器中的任意一个地址。偏移地址可以指向当前页中具体的单元，从而允许访问存储器任意基地址中连续的 128 个单元。

3.1.5　间接寻址

间接寻址利用辅助寄存器的内容作为地址指针来访问存储器。'C54x 有 8 个 16 位辅助寄存器（AR0~AR7），每个寄存器都可以用来寻址 64K 字数据存储空间中的任何一个单元。两个辅助寄存器算术运算单元（ARAU0 和 ARAU1）可以根据辅助寄存器的内容进行操作，完成 16 位无符号数算术运算。

间接寻址的灵活性体现在：不仅能从存储器中读或写一个单 16 位的数据操作数，而且能在一条指令中访问两个数据存储单元（即从两个独立的存储器单元读数据，或读一个存储器单元的同时写另一个存储器单元，或读/写两个连续的存储器单元）。

1. 单操作数间接寻址

图 3.1.4 列出了单操作数间接寻址指令的格式，指令位的说明见表 3.1.4。

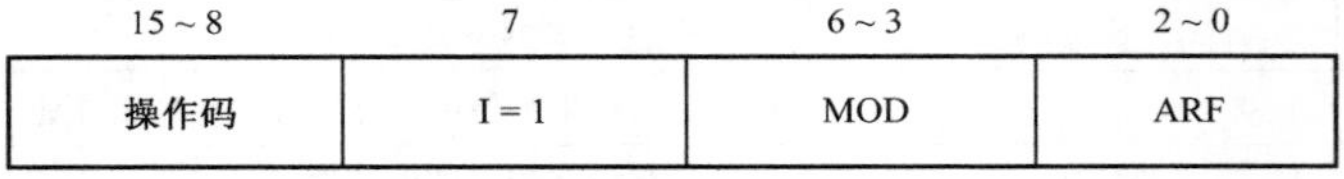

15~8	7	6~3	2~0
操作码	I = 1	MOD	ARF

图 3.1.4　单操作数间接寻址指令的格式

表 3.1.4　单操作数间接寻址指令的各位说明

位	名　称	功　　能
15~8	操作码	8 位域包含了指令的操作码
7	I	I=1，表示指令的寻址方式为间接寻址
6~3	MOD	4 位的方式域定义了间接寻址的类型
2~0	ARF	3 位辅助寄存器域定义了寻址所使用的辅助寄存器，ARF 由状态寄存器 ST1 中的兼容方式位（CMPT）决定： ① CMPT = 0，标准方式。ARF = 0，确定辅助寄存器，而不管 ARP 位。在这种方式下 ARP 不能被修改，必须一直设为 0 ② CMPT = 1，兼容方式。若 ARF = 0，用 ARP 来选择辅助寄存器；否则，用 ARF 来确定，且当访问完成后，把 ARF 的值装入 ARP。汇编指令中的 * AR0 表示了 ARF 所选择的辅助寄存器

表 3.1.5 列出了 16 中单操作数间接寻址的功能及其说明。

表 3.1.5 单操作数间接寻址的功能及其说明

MOD 域	语法	功 能	说 明
0000	* ARx	地址 = ARx	ARx 中的内容是数据存储器地址
0001	* ARx–	地址 = ARx ARx = ARx – 1	寻址结束后，ARx 中地址减 1[①]
0010	* ARx+	地址 = ARx ARx = ARx + 1	寻址结束后，ARx 中地址加 1[②]
0011	* +ARx	地址 = ARx + 1 ARx = ARx + 1	ARx 地址加 1 后，再寻址[①②③]
0100	* ARx–0B	地址 = ARx ARx = B（ARx – AR0）	寻址结束后，用反向传送错位的方法从 ARx 中减去 AR0 的值
0101	* ARx–0	地址 = ARx ARx = ARx – AR0	寻址结束后，从 ARx 中减去 AR0 的值
0110	* ARx+0	地址 = ARx ARx = ARx + AR0	寻址结束后，把 AR0 加到 ARx
0111	* ARx+0B	地址 = ARx ARx = B（ARx+AR0）	寻址结束后，用反向传送进位的方法将 AR0 加到 ARx
1000	* ARx–%	地址 = ARx ARx = Circ（ARx–1）	寻址结束后，ARx 中的地址值按循环减的方法减 1[①]
1001	* ARx–0%	地址 = ARx ARx = Circ（ARx – AR0）	寻址结束后，按循环减的方法从 ARx 中减去 AR0 中的值
1010	* ARx+%	地址 = ARx ARx = Circ（ARx + 1）	寻址结束后，ARx 中的地址值按循环加的方法加 1[①]
1011	* ARx+0%	地址 = ARx ARx = Circ（ARx + AR0）	寻址结束后，按循环加的方法将 AR0 中的值加到 ARx
1100	* ARx（1k）	地址 = ARx + 1k ARx = ARx	以 ARx 与 16 位数之和作为数据存储器的地址，寻址结束后，ARx 中的值不变
1101	* +ARx（1k）	地址 = ARx + 1k ARx = ARx + 1k	将一个 16 位带符号数加到 ARx，然后寻址[③]
1110	* +ARx（1k）%	地址 = Circ（ARx + 1k） ARx = Circ（ARx + 1k）	将一个 16 位带符号数按循环加的方法加到 ARx，然后寻址[③]
1111	*（1k）	地址 = 1k	利用 16 位无符号数作为地址寻址数据存储器（相当于绝对寻址方式）[③]

注：① 寻址 16 位字时增/减量为 1，32 位字时增/减量为 2；② 这种方式只能用写操作指令；③ 这种方式不允许对存储器映像寄存器寻址。

表 3.1.5 中还有两种特殊的间接寻址方式：循环寻址和位倒序寻址，下面逐一进行介绍。

（1）循环寻址

在信号处理常用的卷积、相关、FIR 滤波算法中，都需要在存储器中实现一个循环缓冲区，它是一个包含最新数据的滑动窗口。在寻址计算过程中，新进来的数据会覆盖较早的数据。循环寻址是实现循环缓冲区的关键。循环缓冲区的长度值由循环缓冲区长度寄存器（BK）确定。

长度为 R 的循环缓冲区必须从 N 位地址的边界开始，其中 N 是满足 $2^N > R$ 的最小整数，即循环缓冲区基地址的 N 个最低有效位必须是 0。例如，长度 $R=32$ 的循环缓冲区，必须从地址 xxxx xxxx xx00 0000$_2$ （$N=6$，$2^6 > 32$）开始，且这 32 个值必须装入 BK 中。

循环缓冲区的有效基地址（EFB）就是用户选定的辅助寄存器（ARx）的低 N 位置 0 后所得到的值。循环缓冲区的尾基地址（EOB）通过用 BK 的低 N 位代替 ARx 的低 N 位得到。循环缓冲区的 index 就是 ARx 的低 N 位，步长（step）就是加到辅助寄存器或从辅助寄存器中减去的值。循环寻址的算法为：

If $0 \leqslant$ index + step $<$ BK;
  index = index + step
Else if   index + step $\geqslant$ BK;
  index = index +step $-$ BK
Else if   index + step $<$ 0;
  index = index + step + BK

上述循环寻址算法，实际上是以 BK 中的值为模的取模运算。

循环寻址时，首先要指定一个辅助寄存器（ARx）指向循环缓冲区，循环缓冲区的最低地址应置于 2^N 的边界（2^N 大于循环缓冲区的长度）且步长应小于或等于循环缓冲区的长度。

（2）位倒序寻址

位倒序寻址可以提高 FFT 等算法的效率。例如 16 点 FFT 的位倒序寻址见表 3.1.6。

表 3.1.6 位倒序寻址

存储单元地址	变换结果	位码倒序	位码倒序寻址结果
0000	X(0)	0000	X(0)
0001	X(8)	1000	X(1)
0010	X(4)	0100	X(2)
0011	X(12)	1100	X(3)
0100	X(2)	0010	X(4)
0101	X(10)	1010	X(5)
0110	X(6)	0110	X(6)
0111	X(14)	1110	X(7)
1000	X(1)	0001	X(8)
1001	X(9)	1001	X(9)
1010	X(5)	0101	X(10)
1011	X(13)	1101	X(11)
1100	X(3)	0011	X(12)
1101	X(11)	1011	X(13)
1110	X(7)	0111	X(14)
1111	X(15)	1111	X(15)

由表 3.1.6 可知，如果按照位倒序的方式寻址，就可以将乱序的结果整序。要达到这一目的，在 'C54x 中是非常方便的。为简化起见，假设辅助寄存器都是 8 位字长，AR1 中存放数据存储

器的基地址（0110 0000$_2$），指向 X(0) 的存储单元。设定 AR0 中的值为 0000 1000$_2$（是 FFT 长度的一半）。再利用以下两条指令，可以将整序后的 FFT 变换结果从外设端口 PA 输出：

```
RPT      # 15
PORTW    * AR1+0B,PA
```

2．双操作数间接寻址

双操作数间接寻址用于完成执行 2 次读操作或者 1 次读同时并行 1 次写操作（用 ‖ 表示）。这些指令代码都是 1 个字长，而且只能以间接寻址方式进行操作。

两个数据存储器操作数由 Xmem 和 Ymem 表示（见表 3.1.1）。Xmem 是读操作数，Ymem 在读两个操作数时表示读操作数，在 1 次读同时并行 1 次写时中表示写操作数。

如果在并行存储指令中（如 ST ‖ LD），源操作数和目的操作数指向相同的位置，则写到目的地址以前进行读操作；如果双操作数指令（如 ADD）指向具有不同寻址模式的同一个辅助寄存器，则用 Xmod 所定义的方式进行寻址。

图 3.1.5 和表 3.1.7 分别列出了双操作数间接寻址指令代码的格式以及各位的说明。

15～8	7	6	5	4	3	2	1	0
操作码	Xmod		Xar		Ymod		Yar	

图 3.1.5　双操作数间接寻址指令代码的格式

表 3.1.7　双操作数间接寻址的各位说明

位	名　称	功　能
15~8	操作码	8 位代码包含了指令的操作码
7~6	Xmod	定义了用于寻址 Xmem 操作数的间接寻址方式的类型
5~4	Xar	2 位代码确定了存储 Xmem 地址的辅助寄存器
3~2	Ymod	定义了用于寻址 Ymem 操作数的间接寻址方式的类型
1~0	Yar	2 位代码确定了存储 Ymem 地址的辅助寄存器

因为只有 2 位可用于选择辅助寄存器，所以根据 Xar 或 Yar 的值可以选择 4 个寄存器。例如 AR2~AR5，表 3.1.8 列出了 Xar 或 Yar 值同辅助寄存器的对应关系。

表 3.1.9 列出了双操作数间接寻址的类型。

表 3.1.8　Xar 或 Yar 值同辅助寄存器的对应关系

Xar 或 Yar 值	辅助寄存器
00	AR2
01	AR3
10	AR4
11	AR5

表 3.1.9　双操作数间接寻址的类型

语法	功　能	说　明
*ARx	地址 ＝ ARx	ARx 中的内容是数据存储器地址
*ARx–	地址 ＝ ARx ARx ＝ ARx–1	寻址后，ARx 的地址减 1
*ARx+	地址 ＝ ARx Arx ＝ ARx+1	寻址后，ARx 的地址加 1
*ARx+0%	地址 ＝ ARx ARx ＝ Circ(ARx+AR0)	寻址后，AR0 以循环寻址方式加到 ARx 中

3.1.6 存储器映像寄存器寻址

存储器映像寄存器（MMR）寻址用于修改存储器映像寄存器的值，而不影响当前数据页指针（DP）或堆栈指针（SP）的值。因为 DP 和 SP 的值不需要修改，所以写寄存器操作的开销最小。存储器映像寄存器寻址可以工作在直接和间接寻址方式下。有以下两种产生 MMR 地址的方法。

① 在直接寻址方式下，高 9 位数据存储器地址被置 0（不管当前 DP 或 SP 的值如何），利用指令中的低 7 位地址访问 MMR。

② 在间接寻址方式下，高 9 位数据存储器地址被置 0，按照当前辅助寄存器中的低 7 位地址访问 MMR。访问结束后，辅助寄存器的高 9 位被强制置 0。

有 8 条指令可以进行存储器映像寄存器寻址，即

LDM	MMR,dst
MVDM	dmad,MMR
MVMD	MMR,dmad
MVMM	MMRx,MMRy
POPM	MMR
PSHM	MMR
STLM	src,MMR
STM	# 1k,MMR

3.1.7 堆栈寻址

系统堆栈用于在发生中断或子程序调用时自动存放程序计数器（PC）中的值，也能用来保护现场或传送参数。'C54x 的堆栈是从高地址向低地址方向填入的。CPU 使用一个 16 位堆栈指针（SP）来对堆栈进行管理，SP 始终指向存放在堆栈中的最后一个元素。有 4 条指令使用堆栈寻址方式：

- PSHD，将数据存储器中的一个数压入堆栈；
- PSHM，将一个存储器映像寄存器中的值压入堆栈；
- POPD，从堆栈弹出一个数到数据存储单元；
- POPM，从堆栈弹出一个数到存储器映像寄存器。

执行压入堆栈操作时，先减小 SP 后再将数据压入堆栈；而执行堆栈弹出操作时，则先从堆栈弹出数据，然后再增加 SP 的值。

3.2 'C54x 指令的表示方法

'C54x 的助记符指令由操作码和操作数两部分组成。在进行汇编以前，操作码和操作数都用助记符表示。在介绍'C54x 指令系统之前，先介绍指令系统要用到的符号和缩略语。

3.2.1 指令系统中的符号

'C54x 指令系统所使用的符号和缩略语见表 3.2.1。

表 3.2.1 指令系统中的符号和缩略语

符 号	含 义
A	累加器 A
ACC	累加器

符　　号	含　　义
ALU	算术逻辑运算单元
AR	辅助寄存器（泛指）
ARx	特指某一辅助寄存器（0≤x≤7）
ARP	ST0 中的 3 位辅助寄存器指针位，指出当前辅助寄存器为 AR（ARP）
ASM	ST1 中的 5 位累加器移动方式位（-16≤ASM≤15）
B	累加器 B
BRAF	ST1 中的执行块重复指令标志位
BRC	块重复计数器
BITC	BITC 是 4 位数，由它决定用位测试指令测试所指定数据存储单元中的哪一位（0≤BITC≤15）
C16	ST1 中的双 16 位/双精度算术运算方式位
C	ST0 中的进位位
CC	2 位条件代码（0≤CC≤3）
CMPT	ST1 中的 ARP 修正方式位
CPL	ST1 中的直接寻址编辑方式位
cond	表示一种条件的操作数，用于条件执行指令
[d]，[D]	延迟方式
DAB	D 地址总线
DAR	DAB 地址寄存器
dmad	16 位立即数表示的数据存储器地址（0≤dmad≤65 535）
Dmem	数据存储器操作数
DP	ST0 中的 9 位数据页指针（0≤DP≤511）
dst	目的累加器（A 或 B）
dst_	另一个目的累加器：如果 dst＝A，则 dst_＝B；如果 dst＝B，则 dst_＝A
EAB	E 地址总线
EAR	EAB 地址寄存器
extpmad	23 位立即数表示的程序存储器地址
FRCT	ST1 中的小数方式位
hi（A）	累加器 A 的高 16 位（31~16 位），即高阶位 AH
HM	ST1 中的保持方式位
IFR	中断标志寄存器
INTM	ST1 中的中断屏蔽位
K	少于 9 位的短立即数
K3	3 位立即数（0≤K3≤7）
K5	5 位立即数（-16≤K5≤15）
K9	9 位立即数（0≤K9≤511）
lk	16 位长立即数
Lmem	利用长字寻址的 32 位单数据存储器操作数
mmr，MMR	存储器映像寄存器
MMRx，MMRy	存储器映像寄存器，AR0~AR7 或 SP
n	XC 指令后面的字数，n＝1 或 2

符　号	含　义
N	RSBX 和 SSBX 指令中指定修改的状态寄存器： N=0，状态寄存器 ST0 N=1，状态寄存器 ST1
OVA	ST0 中的累加器 A 的溢出标志
OVB	ST0 中的累加器 B 的溢出标志
OVdst	目的累加器（A 或 B）的溢出标志
OVdst_	另一个目的累加器（A 或 B）的溢出标志
OVsrc	源累加器（A 或 B）的溢出标志
OVM	ST1 中的溢出方式位
PA	16 位立即数表示的端口地址（0≤PA≤65 535）
PAR	程序存储器地址寄存器
PC	程序计数器
pmad	16 位立即数表示的程序存储器地址（0≤pmad≤65 535）
Pmem	程序存储器操作数
PMST	处理器工作方式状态寄存器
prog	程序存储器操作数
[R]	舍入选项
rnd	舍入
RC	重复计数器
RTN	RETF[D]指令中用到的快速返回寄存器
REA	块重复结束地址寄存器
RSA	块重复起始地址寄存器
SBIT	用 RSBX 和 SSBX 指令所修改的指定状态寄存器的位号（4 位数）（0≤SBIT≤15）
SHFT	4 位移位数（0≤SHFT≤15）
SHIFT	5 位移位数（−16≤SHIFT≤15）
Sind	间接寻址的单数据存储器操作数
Smem	16 位单数据存储器操作数
SP	堆栈指针
src	源累加器（A 或 B）
ST0，ST1	状态寄存器 0，状态寄存器 1
SXM	ST1 中的符号扩展方式位
T	暂存器
TC	ST0 中的测试/控制标志位
TOS	堆栈顶部
TRN	状态转移寄存器
TS	由暂存器 T 的 5~0 位所确定的移位数（−16≤TS≤31）
uns	无符号数
XF	ST1 中的外部标志状态位
XPC	程序计数器扩展寄存器
Xmem	在双操作数指令以及某些单操作数指令中所用的 16 位双数据存储器操作数
Ymem	在双操作数指令中所用的 16 位双数据存储器操作数

3.2.2　指令系统中的运算符

表 3.2.2 列出了指令系统中所用的运算符号及运算的优先级。

表 3.2.2　指令系统中所用的运算符号及运算的优先级

符　　号	运　　算	运算的优先级
+　-　~　!	取正、取负、按位求补、逻辑负	从右到左
*　/　%	乘法、除法、求模	从左到右
+　-	加法、减法	从左到右
^	指数	从左到右
〈〈　　〉〉	左移、右移	从左到右
<　≤	小于、小于或等于	从左到右
>　≥	大于、大于或等于	从左到右
≠　!=	不等于	从左到右
=	等于	从左到右
&	按位与运算（AND）	从左到右
∧	按位异或运算（exclusive OR）	从左到右
|	按位或运算（OR）	从左到右

3.3　'C54x 的指令系统

　　'C54x 的指令系统共有 129 条基本指令，由于操作数的寻址方式不同，因此由它们可以派生至 205 条指令。按指令的功能分类，可以分成数据传送指令、算术运算指令、逻辑运算指令、程序控制指令、并行操作指令和重复操作指令。

3.3.1　数据传送指令

　　数据传送指令用于从存储器中将源操作数传送到目的操作数所指定的存储器中。'C54x 的数据传送指令包括装载指令、存储指令、混合装载和存储指令。

　　装载指令共 21 条，用于将立即数或存储器内容赋给目的寄存器。表 3.3.1 列出了这些指令的语法表示、运行结果及相关注释。

表 3.3.1　装载指令的语法表示、运行结果及相关注释

语法表示	运行结果	相关注释
DLD Lmem,dst	dst = Lmem	把长字装入累加器 ACC
LD　Smem,dst	dst = Smem	把操作数装入累加器 ACC
LD　Smem,TS,dst	dst = Smem << TS	操作数按 TREG(5~0)移位后装入 ACC
LD　Smem,16,dst	dst = Smem << 16	操作数左移 16 位后装入 ACC
LD　Smem [,SHIFT],dst	dst = Smem << SHIFT	操作数移位后装入 ACC
LD　Xmem,SHFT,dst	dst = Xmem << SHFT	操作数 Xmem 移位后装入 ACC
LD　# K,dst	dst = # K	把短立即数装入 ACC
LD　# 1k[,SHFT],dst	dst = # 1k << SHFT	长立即数移位后装入 ACC
LD　# 1k,16,dst	dst = # 1k << 16	长立即数左移 16 位后装入 ACC
LD　src,ASM [,dst]	dst = src << ASM	源累加器按 ASM 移位后装入目的累加器
LD　src [,SHIFT][,dst]	dst = src << SHIFT	源累加器移位后装入目的累加器
LD　Smem,T	T = Smem	把单数据存储器操作数装入暂存器 T
LD　Smem,DP	DP = Smem (8~0)	把单数据存储器操作数装入 DP
LD　# K9,DP	DP = # K9	把 9 位操作数装入 DP
LD　# K5,ASM	ASM = # K5	把 5 位操作数装入 ASM 中

语法表示	运行结果	相关注释
LD #K3,ARP	ARP = #K3	把 3 位操作数装入 ARP 中
LD Smem,ASM	ASM = Smem (4~0)	把操作数的 4~0 位装入 ASM
LDM MMR,dst	dst = MMR	把存储器映像寄存器装入累加器
LDR Smem,dst	dst (31~16) = rnd (Smem)	把存储器值装入 ACC 的高端
LDU Smem,dst	dst = uns (Smem)	把不带符号的存储器值装入累加器
LTD Smem	T = Smem, (Smem+1) = Smem	把单数据存储器值装入暂存器 T, 并且插入延迟

存储指令共 18 条，用于将源操作数或立即数存入指定存储器或寄存器。表 3.3.2 列出了存储指令的语法表示、运行结果及注释。

表 3.3.2 存储指令的语法表示、运行结果及注释

语法表示	运行结果	注 释
DST src,Lmem	Lmem = src	把累加器值存放到长字中
ST T,Smem	Smem = T	存储暂存器 T 的值
ST TRN,Smem	Smem = TRN	存储 TRN 的值
ST #1k,Smem	Smem = #1k	存储长立即操作数
STH src,Smem	Smem = src (31~16)	把 ACC 的高端（31~16）存放到数据存储器
STH src,ASM,Smem	Smem = src (31~16) << ASM	ACC 的高端按 ASM 移位后存放到数据存储器
STH src,SHFT,Xmem	Xmem = src (31~16) << SHFT	ACC 的高端移位后存放到数据存储器
STH src [,SHIFT],Smem	Smem = src (31~16) << SHIFT	ACC 的高端移位后存放到数据存储器（2 字）
STL src,Smem	Smem = src (15~0)	把 ACC 的低端（15~0）存放到数据存储器
STL src,ASM,Smem	Smem = src (15~0) << ASM	ACC 的低端按 ASM 移位后存放到数据存储器
STL src,SHFT,Xmem	Xmem = src (15~0) << SHFT	ACC 的低端移位后存放到数据存储器
STL src [,SHIFT],Smem	Smem = src (15~0) << SHIFT	ACC 的低端移位后存放到数据存储器（2 字）
STLM src,MMR	MMR = src (15~0)	把 ACC 的低端（15~0）存放到存储器映像寄存器
STM #1k,MMR	MMR = #1k	把长立即数存放到存储器映像寄存器
CMPS src,Smem	cmps (src, Smem)	比较、选择并存储两者中最大值
SACCD src,Xmem,cond	If (cond) Xmem = src << (ASM-16)	条件存储累加器的值
SRCCD Xmem,cond	If (cond) Xmem = BRC	条件存储块循环计数器
STRCD Xmem,cond	If (cond) Xmem = T	条件存储暂存器 T 的值

混合装载和存储指令共 12 条，这些指令的语法表示、运行结果及注释见表 3.3.3。

表 3.3.3 混合装载和存储指令的语法表示、运行结果及注释

语法表示	运行结果	注 释
MVDD Xmem,Ymem	Ymem = Xmem	在数据存储器内部传送数据
MVDK Smem,dmad	dmad = Smem	数据存储器内部指定地址传送数据
MVDM dmad,MMR	MMR = dmad	数据存储器向存储器映像寄存器（MMR）传送数据
MVDP Smem,pmad	pmad = Smem	数据存储器把数据传送到程序存储器
MVKD dmad,Smem	Smem = dmad	数据存储器内部指定地址传送数据
MVMD MMR,dmad	dmad = MMR	MMR 向指定地址传送数据
MVMM MMRx,MMRy	MMRy = MMRx	在存储器映像寄存器之间传送数据
MVPD pmad,Smem	Smem = pmad	程序存储器向数据存储器传送数据
PORTR PA,Smem	Smem = PA	从端口把数据读到数据存储器

语法表示	运行结果	注　释
PORTW　Smem,PA	PA = Smem	把存储器的数据写到端口
READA　Smem	Smem = Pmem(A)	按累加器 A 寻址读程序存储器，并将数据存入数据存储器
WRITA　Smem	Pmem(A) = Smem	把数据单元中的数据，按累加器 A 寻址存入程序存储器

3.3.2　算术运算指令

'C54x 的算术指令具有运算功能强、指令丰富等特点，包括加法指令（ADD）、减法指令（SUB）、乘法指令（MPY）、乘法-累加指令（MAC）、乘法-减法指令（MAS）、双字运算指令（DADD）及特殊应用指令等。

（1）加法指令

加法指令共 13 条，见表 3.3.4。

表 3.3.4　加法指令

语法表示	运行结果	注　释
ADD　Smem,src	src = src + Smem	操作数加到 ACC 中
ADD　Smem,TS,src	src = src + Smem << TS	操作数移位后加到 ACC 中
ADD　Smem,16,src [,dst]	dst = src + Smem << 16	把左移 16 位的操作数加到 ACC 中
ADD　Smem [,SHIFT],src [,dst]	dst = src + Smem << SHIFT	把移位后的操作数加到 ACC 中
ADD　Xmem,SHFT,src	src = src + Xmem << SHFT	把移位后的操作数加到 ACC 中
ADD　Xmem,Ymem,dst	dst = Xmem << 16 + Ymem << 16	两个操作数分别左移 16 位，然后相加
ADD　#lk[,SHFT],src [,dst]	dst = src + #lk << SHFT	长立即数移位后加到 ACC 中
ADD　#lk,16,src [,dst]	dst = src + #lk << 16	把左移 16 位的长立即数加到 ACC 中
ADD　src [,SHIFT][,dst]	dst = dst + src << SHIFT	累加器移位后相加
ADD　src,ASM [,dst]	dst = dst + src << ASM	累加器按 ASM 移位后相加
ADDC　Smem,src	src = src + Smem + C	带有进位位的加法
ADDM　#lk,Smem	Smem = Smem + #lk	把长立即数加到存储器中
ADDS　Smem,src	src = src + uns (Smem)	与 ACC 进行不带符号扩展的加法

（2）减法指令

减法指令共 13 条，见表 3.3.5。

表 3.3.5　减法指令

语法表示	运行结果	注　释
SUB　Smem,src	src = src − Smem	从累加器中减去一个操作数
SUB　Smem,TS,src	src = src − Smem << TS	从累加器中减去移位后的操作数
SUB　Smem,16,src [,dst]	dst = src − Smem << 16	左移 16 位再与 ACC 相减
SUB　Smem [,SHIFT],src [,dst]	dst = src − Smem << SHIFT	操作数移位后再与 src 相减
SUB　Xmem,SHFT,src	dst = src − Xmem << SHFT	操作数移位后再与 src 相减
SUB　Xmem,Ymem,dst	dst = Xmem << 16 − Ymem << 16	两个操作数分别左移 16 位，然后相减
SUB　#lk[,SHFT],src [,dst]	dst = src − #lk << SHFT	长立即数移位后与 ACC 相减
SUB　#lk,16,src [,dst]	dst = src − #lk << 16	长立即数左移 16 位后与 ACC 相减
SUB　src [,SHIFT][,dst]	dst = dst − src << SHIFT	移位后的 src 与 dst 相减
SUB　src,ASM [,dst]	dst = dst − src << ASM	src 按 ASM 移位后与 dst 相减

（续表）

语法表示	运行结果	注　释
SUBB　Smem,src	src = src − Smem − $\overline{C}$	带借位的减法
SUBC　Smem,src	If（src−Smem<<15）→ 0 src =（src − Smem << 15）<< 1 + 1, Else src = src<<1	条件减法
SUBS　Smem,src	src = src − uns（Smem）	与 ACC 进行不带符号扩展的减法

（3）乘法指令

乘法指令共 10 条，见表 3.3.6。

表 3.3.6　乘法指令

语法表示	运行结果	注　释
MPY　Smem,dst	dst = T * Smem	暂存器 T 与单数据存储器操作数相乘
MPYR　Smem,dst	dst = rnd（T * Smem）	暂存器 T 与单数据存储器操作数相乘，并进行四舍五入（凑整）
MPY　Xmem,Ymem,dst	dst = Xmem * Ymem，T =Ymem	两个数据存储器操作数相乘
MPY　Smem,#1k,dst	dst = T * #1k	长立即数与单数据存储器操作数相乘
MPY　#1k,dst	dst = T * #1k	长立即数与暂存器 T 的值相乘
MPYA　dst	dst = T * A（32~16）	累加器 A 的高端与暂存器 T 的值相乘
MPYA　Smem	B = Smem * A（32~16），T = Smem	单数据存储器操作数与累加器 A 的高端相乘
MPYU　Smem,dst	dst = uns（T）* uns（Smem）	暂存器 T 与操作数进行无符号数相乘
SQUR　Smem,dst	dst = Smem * Smem，T = Smem	单数据存储器操作数的平方运算
SQUR　A,dst	dst = A（32~16）* A（32~16）	累加器 A 的高端的平方运算

（4）乘法-累加指令和乘法-减法指令

乘法-累加指令和乘法-减法指令，共 22 条，见表 3.3.7。

表 3.3.7　乘法-累加指令和乘法-减法指令

语法表示	运行结果	注　释
MAC　Smem,src	src = src + T * Smem	操作数与暂存器 T 的值相乘后再加到 ACC 中
MAC　Xmem,Ymem,src [,dst]	dst = src + Xmem * Ymem, T = Xmem	两操作数相乘再加到 ACC 中
MAC　#1k,src [,dst]	dst = src + T * #1k	暂存器 T 与长立即数相乘后加到 ACC 中
MAC　Smem,#1k,src [,dst]	dst = src + Smem * #1k, T = Smem	操作数与长立即数相乘后加到 ACC 中
MACR　Smem,src	src = rnd（src + T * Smem）	操作数与暂存器 T 相乘后再加到 ACC 中（凑整）
MACR　Xmem,Ymem,src [,dst]	dst = rnd（src + Xmem * Ymem）， T = Xmem	两操作数相乘后再加到 ACC 中（凑整）
MACA　Smem [,B]	B=B+Smem * A（32~16）， T = Xmem	与累加器 A 的高端相乘，加到累加器 B 中
MACA　T,src [,dst]	dst = src + T * A（32~16）	暂存器 T 的值累加器 A 的高端相乘，加到 ACC 中

语法表示	运行结果	注　释
MACAR　Smem [,B]	B = rnd(B + Smem * A (32~16)), T = Smem	暂存器 T 的值与累加器 A 的高端相乘，加到累加器 B 中（凑整）
MACAR　T,src [,dst]	dst = rnd (src + T * A (32~16))	暂存器 T 的值与累加器 A 的高端相乘，加到 ACC 中（凑整）
MACD　Smem,pmad,src	src = src + Smem * pmad, T = Smem，(Smem+1) = Smem	操作数与程序存储器值相乘再累加/延迟
MACP　Smem,pmad,src	src= src + Smem * pmad, T = Smem	操作数与程序存储器值相乘后再累加
MACSU　Xmem,Ymem,src	src = src + uns(Xmem) * Ymem, T = Xmem	带符号数与无符号数相乘后再累加
MAS　Smem,src	src = src – T * Smem	操作数与暂存器 T 相乘再与 ACC 相减
MASR　Smem,src	src = rnd (src – T * Smem)	操作数与暂存器 T 相乘再与 ACC 相减（凑整）
MAS　Xmem,Ymem,src [,dst]	dst=src–Xmem * Ymem, T = Xmem	两操作数相乘再与 ACC 相减
MASR　Xmem,Ymem,src [,dst]	dst = rnd (src – Xmem * Ymem), T = Xmem	两操作数相乘再与 ACC 相减（凑整）
MASA　Smem [,B]	B = B – Smem * A (32~16), T = Smem	从累加器 B 中减去单数据存储器操作数与累加器 A 高端的乘积
MASA　T,src [,dst]	dst = src–T * A (32~16)	从 src 中减去累加器 A 高端与暂存器 T 的乘积
MASAR　T,src [,dst]	dst = rnd (src – T * A (32 – 16))	从 src 中减去累加器 A 高端与暂存器 T 的乘积（凑整）
SQURA　Smem,src	src = src+ Smem * Smem, T = Smem	源累加器加上操作数的平方
SQURS　Smem,src	src = src – Smem * Smem, T = Smem	源累加器减去操作数的平方

（5）双字算术运算指令

双字算术运算指令共 6 条，见表 3.3.8。

表 3.3.8　双字（32 位）算术运算指令

语法表示	运行结果	注　释
DADD　Lmem,src [,dst]	If　C16 = 0, dst = Lmem + src Else　dst (39~16) = Lmem (31~16) + src (31~16) dst (15~0) = Lmem (15~0) + src (15~0)	把源存储器中的内容加到 32 位长数据存储器操作数 Lmem 中
DADST　Lmem,dst	If　C16 = 0, dst = Lmem + (T << 16 + T) Else　dst (39~16) = Lmem (31~16) + T dst (15~0) = Lmem (15~0) – T	暂存器 T 的值加到 32 位长数据存储器操作数 Lmem 中
DRSUB Lmem,src	If　C16 = 0，src = Lmem – src, Else　src (39~16) = Lmem (31~16) – src (31~16) src (15~0) = Lmem (15~0) – src (15~0)	从 32 位长数据存储器操作数 Lmem 中减去 src 的内容，结果保存在 src 中
DSADT Lmem,dst	If　C16 = 0, dst = Lmem – (T << 16 + T) Else　dst (39~16) = Lmem (31~16) – T dst (15~0) = Lmem (15~0) + T	从 32 位长数据存储器操作数 Lmem 中减/加暂存器 T 的值，结果保存在 dst 中

语法表示	运行结果	注　释
DSUB　Lmem,src	If　C16 = 0，src = src − Lmem Else src（39~16）= src（31~16）− Lmem（31~16） src（15~0）= src（15~0）− Lmem（15~0）	从源累加器中减去 32 位长数据存储器操作数 Lmem 的值
DSUBT　Lmem,dst	If　C16 = 0，dst = Lmem −（T << 16 + T） Else　dst（39~16）= Lmem（31~16）− T 　　　dst（15~0）= Lmem（15~0）− T	从 32 位长数据存储器操作数 Lmem 中减去暂存器 T 的值

（6）特殊运算指令

特殊运算指令共 15 条，见表 3.3.9。

表 3.3.9　特殊运算指令

语法表示	运行结果	注　释
ABDST　Xmem,Ymem	abdst（Xmem,Ymem）	求两向量间的绝对距离
ABS　　src [,dst]	dst = |src|	ACC 的值取绝对值
CMPL　src [,dst]	dst = $\overline{src}$	求 ACC 值的反码
DELAY　Smem	（Smem + 1）= Smem	存储器延迟
EXP　　src	T = exp（src）	求 ACC 的指数
FIRS　　Xmem,Ymem,pmad	B = B + A * pmad, A =（Xmem + Ymem）<< 16	对称 FIR 滤波
LMS　　Xmem,Ymem	B = B + Xmem * Ymem, A = A + Xmem << 16 + 2^{15}	求最小均方值
MAX　　dst	dst = max（A,B）	求(A,B)的最大值
MIN　　dst	dst = min（A,B）	求(A,B)的最小值
NEG　　src [,dst]	dst = − src	求 ACC 的二进制补码
NORM　src [,dst]	dst = src << TS，dst = norm（src,TS）	对带符号数归一化
POLY　Smem	poly（Smem）	求多项式的值
RND　　src [,dst]	dst = src + 2^{15}	把 2^{15} 加到 ACC 中凑整
SAT　　src	saturate（src）	把 ACC 的值饱和成 32 位
SQDST　Xmem,Ymem	sqdst（Xmem + Ymem）	求两向量间距离的平方

3.3.3　逻辑运算指令

’C54x 的逻辑运算指令包括与（AND）指令、或（OR）指令、异或（XOR）指令、移位指令及测试指令，分别叙述如下。

与（AND）指令共 5 条，见表 3.3.10。

表 3.3.10　与（AND）指令

语法表示	运行结果	注　释
AND　　Smem,src	src = src & Smem	单数据存储器读数和 ACC 相与
AND　　#lk[,SHFT],src [,dst]	dst = src & #lk << SHFT	长立即数移位后和 ACC 相与
AND　　#lk,16,src [,dst]	dst = src & #lk << 16	长立即数左移 16 位后和 ACC 相与
AND　　src [,SHIFT][,dst]	dst = dst & src << SHIFT	ACC 的值移位后相与
ANDM　#lk,Smem	Smem = Smem & #lk	单数据存储器操作数和长立即数相与

或（OR）指令共 5 条，见表 3.3.11。

表 3.3.11　或（OR）指令

语法表示		运行结果	注　　释
OR	Smem,src	src = src | Smem	单数据存储器读数和 ACC 相或
OR	#1k[,SHFT],src [,dst]	dst = src | #1k << SHFT	长立即数移位后和 ACC 相或
OR	#1k,16,src [,dst]	dst = src | #1k << 16	长立即数左移 16 位后和 ACC 相或
OR	src [,SHIFT] [,dst]	dst = dst | src << SHIFT	ACC 的值移位后相或
ORM	#1k,Smem	Smem = Smem | #1k	单数据存储器操作数和长立即数相或

异或（XOR）指令共 5 条，见表 3.3.12。

表 3.3.12　异或（XOR）指令

语法表示		运行结果	注　　释
XOR	Smem,src	src = src ∧ Smem	单数据存储器读数和 ACC 相异或
XOR	#1k [,SHFT],src[,dst]	dst = src ∧ #1k << SHFT	长立即数移位后和 ACC 相异或
XOR	#1k,16,src[,dst]	dst = src ∧ #1k << 16	长立即数左移 16 位后和 ACC 相异或
XOR	src [,SHIFT] [,dst]	dst = dst ∧ src << SHIFT	累加器的值移位后相异或
XORM	#1k,Smem	Smem = Smem ∧ #1k	单数据存储器操作数和长立即数相异或

移位指令共 6 条见表 3.3.13。

表 3.3.13　移位指令

语法表示		运行结果	注　　释
ROL	src	带进位位 C 的循环左移	累加器值带 C 循环左移
ROLTC	src	带测试位 TC 的循环左移	累加器值带 TC 位循环左移
ROR	src	带进位位 C 的循环右移	累加器值带 C 循环右移
SFTA	src,SHIFT [,dst]	dst = src << SHIFT（算术移位）	累加器值算术移位
SFTC	src	If src（31）=（30），then src = src << 1	累加器值条件移位
SFTL	src,SHIFT [,dst]	dst = src << SHIFT（逻辑移位）	累加器值逻辑移位

测试指令共 5 条见表 3.3.14。

表 3.3.14　测试指令

语法表示		运行结果	注　　释
BIT	Xmem,BITC	TC = Xmem（15 − BITC）	测试指定位
BITF	Smem,#1k	TC =（Smem & #1k）	测试 Smem 中指定的某些位
BITF	Smem	TC = Smem（15 − T（3 − 0））	测试由暂存器 T 指定位
CMPM	Smem,#1k	TC =（Smem == #1k）	比较单数据存储器操作数和长立即数是否相等
CMPR	CC,ARx	比较 ARx 和 AR0	辅助寄存器 ARx 和 AR0 相比较

3.3.4　程序控制指令

'C54x 的程序控制指令包括分支转移指令、子程序调用指令、中断指令、返回指令、堆栈操作指令及其他程序控制指令，分别叙述如下。

分支转移指令共 6 条，见表 3.3.15。

表 3.3.15　分支转移指令

语法表示	运行结果	注　释
B[D]　pmad	PC = pmad（15~0）	可以选择延时的无条件转移
BACC[D]　src	PC = src（15~0）	转移到 ACC 所指向的地址（可选延时）
BANZ [D]　pmad,Sind	If（Sind ≠ 0），then PC = pmad（15~0）	当辅助寄存器不为 0 时转移
BC[D]　pmad,cond[,cond[,cond]]	If（cond（s）），then PC=pmad（15~0）	可以选择延时的条件转移
FB[D]　extpmad	PC = pmad（15~0），XPC = pmad（22~16）	可以选择延时的远程无条件转移
FBACC[D]　src	PC = src（15~0），XPC = src（22~16）	远程转移到 ACC 所指向的地址

子程序调用指令共 5 条，见表 3.3.16。

表 3.3.16　子程序调用指令

语法表示	运行结果	注　释
CALA[D]　src	--SP = PC，PC = src（15~0）	调用起始地址为 ACC 值的子程序，可以选择延迟
CALL[D]　pmad	--SP = PC，PC = pmad（15~0）	无条件调用，可以选择延迟
CC[D]　pmad,cond[,cond[,cond]]	If（cond（s）），--SP = PC，PC = pmad（15~0）	条件调用，可以选择延迟
FCALA [D]　src	--SP = PC，--SP = XPC，PC = src（15~0），XPC = src（22~16）	远程调用起始地址为 ACC 值的子程序，可以选择延迟
FCALL[D]　extpmad	PC = pmad（15~0），XPC = pmad（22~16）	无条件远程调用，可以选择延迟

中断指令共 2 条，见表 3.3.17。

表 3.3.17　中断指令

语法表示	运行结果	注　释
INTR　K	--SP = PC，PC = IPTR（15~7）+ K << 2，INTM = 1	软件中断
TRAP　K	--SP = PC，PC = IPTR（15~7）+ K<<2	软件中断

返回指令共 6 条，见表 3.3.18。

表 3.3.18　返回指令

语法表示	运行结果	注　释
FRET[D]	XPC = SP++，PC = SP++	远程返回，可以选择延迟
FRETE[D]	XPC = SP++，PC = SP++，INTM = 0	远程返回且允许中断，可以选择延迟
RC[D]　cond[,cond[,cond]]	If（cond（s）），then PC = SP++	条件返回，可以选择延迟
RET[D]	PC = SP++	可以选择延迟的无条件返回
RETE[D]	PC = SP++，INTM = 0	无条件返回且允许中断，可以选择延迟
RETF[D]	PC = RTN，PC++，INTM = 0	无条件快速返回且允许中断，可以选择延迟

堆栈操作指令共 5 条，见表 3.3.19。

表 3.3.19　堆栈操作指令

语法表示	运行结果	注　释
FRAME　K	SP = SP + K	堆栈指针偏移立即数的值
POPD　Smem	Smem = SP++	把数据从堆栈顶弹入数据存储器
POPM　MMR	MMR = SP++	把数据从堆栈顶弹入存储器映像寄存器
PSHD　Smem	--SP = Smem	把数据存储器值压入堆栈
PSHM　MMR	--SP = MMR	把存储器映像寄存器值压入堆栈

其他程序控制指令共 7 条，见表 3.3.20。

表 3.3.20　其他程序控制指令

语法表示	运行结果	注　释
IDLE　K	idle (K)	保持空闲状态直到有中断产生
MAR　Smem	If CMPT = 0，then 修正 ARx If CMPT = 1 且 ARx ≠ AR0， then 修正 ARx，ARP = x If CMPT = 1 且 ARx = AR0， then 修正 AR（ARP）	修改辅助寄存器
NOP	Nop	无任何操作
RESET	Reset	软件复位
RSBX　N,SBIT	SBIT = 0，ST（N，SBIT）= 0	状态寄存器复位
SSBX　N,SBIT	SBIT = 1，ST（N，SBIT）= 1	状态寄存器置位
XC　n,cond[,cond[,cond]]	If (cond (s))，then 执行后面 n 条指令（n = 1 或 2）	条件执行

3.3.5　并行操作指令

'C54x 有一些指令可以充分发挥流水线及硬件乘法器等并行操作的优势。这种指令的数据传送和存储与各种运算同时进行，可充分利用'C54x 的流水线特性，提高代码和时间效率。但使用这类指令应注意前后指令可能引起的流水线冲突问题。

并行操作指令可分为并行装载和存储指令、并行存储和加/减指令、并行存储和乘法指令、并行装载和乘法指令。表 3.3.21~表 3.3.24 列出了这些指令的语法表示、运行结果及注释。

并行装载和存储指令共 2 条，见表 3.3.21。

表 3.3.21　并行装载和存储指令

语法表示	运行结果	注　释
ST　src,Ymem ‖ LD Xmem,dst	Ymem = src << (ASM −16) ‖ dst = Xmem << 16	存储 ACC 和装入累加器并行执行
ST　src,Ymem ‖ LD Xmem,T	Ymem = src << (ASM −16) ‖ T = Xmem	存储 ACC 和装入暂存器 T 并行执行

并行存储和加/减法指令只有 2 条，见表 3.3.22。

并行存储和乘法指令共 5 条，见表 3.3.23。

并行装载和乘法指令共 4 条，见表 3.3.24。

表 3.3.22　并行存储和加/减法指令

语法表示	运行结果	注　释
ST　src,Ymem ‖ ADD　Xmem,dst	Ymem = src <<（ASM − 16） ‖ dst = dst_ + Xmem << 16	存储 ACC 和加法并行执行
ST　src,Ymem ‖ SUB　Xmem,dst	Ymem = src <<（ASM − 16） ‖ dst =（Xmem << 16）− dst_	存储和减法并行执行

表 3.3.23　并行存储和乘法指令

语法表示	运行结果	注　释
ST　src,Ymem ‖ MAC　Xmem,dst	Ymem = src <<（ASM − 16） ‖ dst = dst + T * Ymem	存储累加器内容和乘法-累加操作并行执行
ST　src,Ymem ‖ MACR　Xmem,dst	Ymem = src <<（ASM − 16） ‖ dst = rnd（dst + T * Xmem）	存储累加器内容和乘法-累加操作并行执行，可凑整
ST　src,Ymem ‖ MAS　Xmem,dst	Ymem = src <<（ASM − 16） ‖ dst = dst − T * Xmem	存储累加器内容和乘法-减法操作并行执行
ST　src,Ymem ‖ MASR　Xmem,dst	Ymem = src <<（ASM − 16） ‖ dst = rnd（dst − T * Xmem）	存储累加器内容和乘法-减法操作并行执行，可凑整
ST　src,Ymem ‖ MPY　Xmem,dst	Ymem = src <<（ASM − 16） ‖ dst = T * Xmem	存储累加器内容和乘法操作并行执行

表 3.3.24　并行装载和乘法指令

语法表示	运行结果	注　释
LD　Xmem,dst ‖ MAC　Ymem,dst_	dst = Xmem << 16 ‖ dst_ = dst_ + T * Ymem	装入累加器内容和乘法-累加操作并行执行
LD　Xmem,dst ‖ MACR　Ymem,dst_	dst = Xmem << 16 ‖ dst_ = rnd（dst_ + T * Ymem）	装入累加器内容和乘法-累加操作并行执行，可凑整
LD　Xmem,dst ‖ MAS　Ymem,dst_	dst = Xmem << 16 ‖ dst_ = dst_ − T * Ymem	装入累加器内容和乘法-减法操作并行执行
LD　Xmem,dst ‖ MASR　Ymem,dst_	dst = Xmem << 16 ‖ dst_ = rnd（dst_ − T * Ymem）	装入累加器内容和乘法-减法操作并行执行，可凑整

3.3.6　重复操作指令

'C54x 的重复操作指令可以使紧随其后的一条指令或程序块重复执行，分为单指令重复和程序块重复。重复操作指令共 5 条，见表 3.3.25。

表 3.3.25　重复操作指令

语法表示	运行结果	注　释
RPT　Smem	重复单次，RC = Smem	重复执行下一条指令，计数为单数据存储器操作数
RPT　#K	重复单次，RC = #K	重复执行下一条指令，计数为短立即数
RPT　#lk	重复单次，RC = #lk	重复执行下一条指令，计数为长立即数
RPTB[D]　pmad	块重复，RSA = PC + 2[4]， REA = pmad − 1	可以选择延迟的块重复操作
RPTZ　dst,#lk	重复单次，RC = #lk，dst = 0	重复执行下一条指令并对 ACC 清 0

单指令重复操作是指通过 RPT 或 RPTZ 指令使其下一条指令被重复执行，重复执行的次数由指令操作数给出，其值等于操作数加 1，最大重复次数为 65536。

程序块重复操作可以使紧随 RPTB 指令之后的程序块重复执行，程序块的起始地址（RSA）为 RPTB 指令的下一行，而结束地址（REA）由 RPTB 指令的操作数给出。程序块重复执行的次数由块重复计数器 BRC 的内容来确定。

单指令重复功能可以用于乘法-累加、块移动等指令，以增加指令的执行速度。在重复指令第一次重复之后，那些多周期指令就会成为单周期指令。

可以通过重复指令由多周期变为单周期的指令共 11 条，见表 3.3.26。

表 3.3.26　由多周期变为单周期的指令

语法表示	运行结果	周　期*	周　期
FIRS	对称 FIR 滤波	3	1
MACD	带延时的乘法和数据传送，结果在累加器中	3	1
MACP	乘法和数据传送，结果在累加器中	3	1
MVDK	数据存储区到数据存储区的传送	2	1
MVDM	数据存储器到 MMR 的数据传送	2	1
MVDP	数据存储区到程序存储区的数据传送	4	1
MVKD	数据存储区到数据存储区的数据传送	2	1
MVMD	MMR 到数据区的数据传送	2	1
MVPD	程序存储区到数据存储区的数据传送	3	1
READA	从程序存储区到数据存储区读	5	1
WRITA	从数据存储区向程序存储区写	5	1

注：*为没有使用单指令重复时指令所需要的周期数。

那些利用长偏移修正或绝对寻址的指令都不能使用单指令重复，统称为不可重复指令。 这些指令共 36 条，其中数据传送指令 5 条、算术运算指令 1 条、逻辑运算指令 4 条、程序控制指令 26 条，分别列于表 3.3.27 中。

表 3.3.27　不可重复的指令

指令类别	指令名称
数据传送指令	ADDM　DST　LD ARP（调用辅助寄存器指针 APR）　LD DP（调用数据页指针 DP）　MVMM
算术运算指令	RND
逻辑运算指令	ANDM　CMPR　ORM　XORM（长立即数和数据寄存器相异或）
程序控制指令	B[D]　BACC[D]　BANZ　BC[D]　CALA[D]/CALL[D]　CC[D]　FB[D]　FBACC[D]　FCALA[D] FCALL[D]　FRET[D]　FRETE[D]　IDLE　INTR　RC[D]　RESET　RET[D]　RETE[D] RETF[D]　RPT　RPTB[D]　RPTZ　RSBX　SSBX　TRAP　XC

本 章 小 结

'C54x 指令系统的数据寻址方式分为 7 种，各有不同的特点和应用场合。选择合理的寻址方式，可以获得编程的灵活性和高效性。

① 立即寻址，操作数在指令中，因而运行较慢，需要较多的存储空间。它用于对寄存器的初始化。

② 绝对寻址，可以寻址任一数据存储器中的操作数，运行较慢，需要较多的存储空间。它用于对寻址速度要求不高的场合。

③ 累加器寻址，把累加器内容作为地址指向程序存储器单元。它用于在程序存储器和数据存储器之间传送数据。

④ 直接寻址,指令中包含数据存储器的低 7 位和 DP 或 SP 结合形成 16 位数据存储器地址。

它寻址速度快，用于对寻址速度要求高的场合。

⑤ 间接寻址，利用辅助寄存器内容作为地址指针访问存储器，可寻址 64K 字×16 位字数据存储空间中的任何一个单元。它用于按固定步长寻址的场合。

⑥ 堆栈寻址，用于中断或子程序调用时，将数据保存或从堆栈中弹出。

⑦ 存储器映像寄存器寻址，是基地址为零的直接寻址，寻址速度快。它直接用 MMR 名快速访问数据存储器的 0 页。

思考题与习题

3.1 已知(1030H) = 0050H，AR2 = 1040H，AR3 = 1060H，AR4 = 1080H。

```
MVKD    1030H,*AR2
MVDD    *AR2,*AR3
MVDM    1060H,AR4
```

运行以上程序后，(1030H)、(1040H)、*AR3 和 AR4 的值分别为多少？

3.2 已知(1080H) = 0020H，(1081H) = 0030H。

```
STM     #1080H, AR0
STM     #1081H, AR1
LD      *AR0,16,B
ADD     *AR1,B
```

运行以上程序后，B 等于多少？

3.3 阅读以下程序，分别写出运行结果。

```
        .bss    x,4                         .bss    x,4
        .data                               .data
table:  .word   4,8,16,32           table:  .word   4,8,16,32
        . . .                               . . .
        STM     #x,AR1                      STM     # x,AR1
        RPT     #2                          RPT     #2
        MVPD    table,*AR1+                 MVPD    table,* +AR1
```

3.4 NOP 指令不执行任何操作，它起什么作用？

3.5 'C54x 的数据寻址方式各有什么特点？各应用在什么场合？

第 4 章　汇编语言程序的开发工具

内容提要：可编程 DSP 芯片的开发需要一套完整的软、硬件开发工具，通常可分成代码生成工具和代码调试工具两大类。代码生成工具是指将高级语言或汇编语言编写的 DSP 程序转换成可执行的 DSP 芯片目标代码的工具程序，主要包括汇编器、链接器和 C 编译器及一些辅助工具程序等。代码调试工具包括 C/汇编语言源代码调试器、仿真器等。本章主要介绍代码生成工具。一个或多个 DSP 汇编语言程序经过汇编和链接后，生成目标文件。目标文件格式为公共目标文件格式（Common Object File Format,COFF）。COFF 在编写汇编语言程序时采用代码段和数据段的形式，更利于模块化编程。汇编器和链接器提供伪指令来产生和管理段。采用 COFF 编写汇编程序或高级语言程序时，不必为程序代码或变量指定目标地址，程序可读性和可移植性得到增强。可执行的 COFF 目标文件通过软件仿真程序或硬件在线仿真器的调试后，最后将程序加载到用户的应用系统。

知识要点：
- 'C54x 软件开发过程；
- 汇编语言程序的编写、编辑、汇编和链接过程；
- COFF 段的一般概念、汇编器和链接器处理段的方法。

教学建议：教学时，试比较采用 COFF 编写汇编程序或高级语言程序和未采用 COFF 编写汇编程序或高级语言程序，突出前者较后者的优越性。试比较 COFF 和高级程序语言"结构化"形式的优缺点，找出它们的联系与区别。建议学时数 7 学时。

4.1　'C54x 软件开发过程

'C54x 的应用软件开发主要完成以下的工作。

首先选择编程语言编写源程序。'C54x 提供两种编程语言：汇编语言和 C/C++语言。对于完成一般功能的代码，这两种语言都可使用，但对于一些运算量很大的关键代码，最好采用汇编语言来完成，以提高程序的运算效率。

当源程序编写好后，就要选择开发工具和环境，'C54x 提供了两种开发环境。一种是非集成开发环境。图 4.1.1 给出了'C54x 非集成开发环境软件开发的流程图，图中阴影部分是最常用的软件开发路径，其余部分可任选。

另一种是集成开发环境（Code Composer Studio，CCS）。CCS 在 Windows 操作系统下运行，它集成了非集成开发环境的所有功能，并扩展了许多其他的功能。有关 CCS 方面的书籍很多，本书不做介绍，请读者参阅相关书籍。下面先对非集成开发环境下的开发过程进行简要的说明。

如果源程序采用 C/C++语言，则需调用'C54x 的 C 编译器将其编译成汇编语言，并送入'C54x 的汇编器进行汇编。对于用汇编语言编写的程序，则直接送入汇编器进行汇编，汇编后产生 COFF 目标文件，再用链接器进行链接，生成在'C54x 上可执行的 COFF 目标代码，并利用调试工具对可执行的目标代码进行调试，以保证应用软件正确无误。最后如果需要，可调用 Hex 代码转换工具，将 COFF 目标代码转换成 EPROM 编程器能接受的代码，将代码烧写到 EPROM 中。

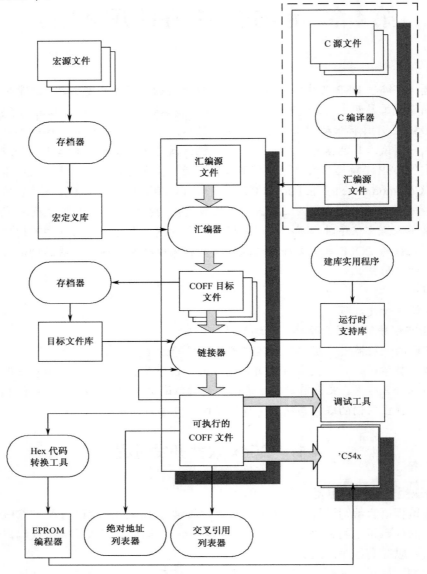

图 4.1.1　'C54x 非集成开发环境软件开发的流程图

下面简要说明图 4.1.1。

① C 编译器（C Compiler）用来将 C/C++语言源程序自动地编译为'C54x 的汇编语言源程序。C 编译器是和汇编语言工具包分开的工具。

② 汇编器（Assembler）用来将汇编语言源文件汇编成机器语言 COFF 目标文件。源文件中包括指令、汇编伪指令及宏伪指令。用户可以用汇编器伪指令控制汇编过程的各个方面，例如源文件清单的格式、数据调整和段内容。

③ 链接器（Linker）将汇编生成的、可重新定位的COFF 目标模块组合成一个可执行的 COFF 目标模块。当链接器生成可执行模块时，它要调整对符号的引用，并解决外部引用的问题。它也可以接收来自存档器中的目标文件，以及链接以前运行时所生成的输出模块。

④ 存档器（Archiver），允许用户将一组文件（源文件或目标文件）集中为一个文档文件库。例如，把若干个宏文件集中为一个宏文件库。汇编时，可以搜索宏文件库，并通过源文件中的宏命令来调用。也可以利用存档器，将一组目标文件集中到一个目标文件库。利用存档器，可以方便地替换、添加、删除和提取库文件。

⑤ 建库实用程序（Library-Build Utility）用来建立用户自己使用的、并用 C/C++语言编写的支持运行的库函数。链接时，用 rts.src 中的源文件代码和 rts.lib 中的目标代码提供标准的支持运行的库函数。

⑥ Hex 代码转换工具可以很方便地将 COFF 目标文件转换成 TI、Intel、Motorola 或 Tektronix 公司的目标文件格式。转换后生成的文件可以下载到 EPROM 编程器，以便对用户的 EPROM 进行编程。

⑦ 绝对地址列表器（Absolute Lister）将链接后的目标文件作为输入，生成.abs 输出文件。对.abs 文件汇编产生包含绝对地址（而不是相对地址）的清单。如果没有绝对地址列表器，那么所生成清单可能是冗长的，并要求进行许多人工操作。

⑧ 交叉引用列表器（Cross-Reference Lister）利用目标文件生成一个交叉引用清单，列出链接的源文件中的符号及它们的定义和引用情况。

开发过程的目的是产生一个可以由'C54x 目标系统执行的模块，然后用以下调试工具（Debug）中的一个对程序代码进行修正或改进。

● C/汇编语言源代码调试器与软件仿真器、评价模块、软件开发系统、软件模拟器等开发工具配合使用。调试器可以完全控制用 C 语言或汇编语言编写的程序。用户程序既可以用 C 语言调试，也可以用汇编语言调试，还可以进行 C 语言和汇编语言混合调试。

● 软件仿真器（Simulator）是一种模拟 DSP 芯片各种功能并在非实时条件下进行软件调试的调试工具，它不需要目标硬件支持，只需在计算机上运行。

● 集成开发环境（CCS）提供了环境设置、源文件编辑、程序调试、跟踪和分析的工具，可帮助用户在软件环境下完成编辑、汇编、链接和数据分析等工作。

● 初学者工具 DSK 是 TI 公司提供给初学者进行 DSP 编程练习的一套廉价的实时软件调试工具。

● 软件开发系统 SWDS 是一块 PC 机 ISA 插卡，可提供低成本的评价和实时软件开发，还可用来进行软件调试，程序在 DSP 芯片上实时运行。与仿真器不同的是，软件开发系统不提供实时硬件调试功能。

● 可扩展的开发系统仿真器（XDS510）用来进行系统级的集成调试，是进行 DSP 芯片软、硬件开发的最佳工具。

● 评价模块（EVM 板）是一种低成本的开发板，在 EVM 板上一般配置了一定数量的硬件资源，可以进行 DSP 芯片评价、性能评估和有限的系统调试。

4.2　汇编语言程序的编辑、汇编和链接过程

汇编语言程序可以在任何一种文本编辑器中进行，如 WORD、EDIT、TC 等。当汇编语言程序编写完成后，还必须经过汇编和链接后才能运行。图 4.2.1 给出了汇编语言程序的编辑、汇编和链接的过程。

1.编辑

利用各种文本编辑器，如 WORD、EDIT 和 TC 等，可编写汇编语言源程序。

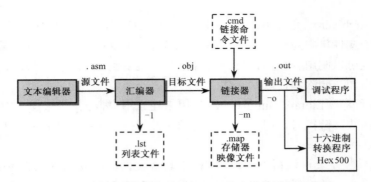

图 4.2.1 汇编语言程序的编辑、汇编和链接过程示意图

2．汇编

当汇编语言源程序编写好以后，可利用'C54x 的汇编器 ASM500，对一个或多个源程序分别进行汇编，并生成.lst（列表）文件和.obj（目标）文件。常用的汇编器命令为：

        asm500   %1   -s   -1   -x

其中，asm500——调用汇编器命令；

%1——用源文件名代入；

-s——将程序所有定义的符号放在目标文件列表中，默认情况下只将全局变量显示到目标文件列表中；

-1——汇编器产生一个列表文件，默认时文件名同汇编文件名，扩展名为.lst；

-x——产生一个交叉汇编表，并将其附加到列表文件的最后。

3．链接

所谓链接，就是利用'C54x 的链接器 LNK500，根据链接器命令文件（.cmd）对已汇编过的一个或多个目标文件（.obj）进行链接，生成存储器映像文件（.map）和输出文件（.out）。

常用的链接器命令为：

        lnk500   %1.cmd

其中，%1 为程序名；.cmd 文件中除了指出输入文件和输出文件，还说明系统中有哪些可用的存储器，以及程序段、数据段、堆栈、复位向量和中断向量等安排在什么地方。

4．调试

对输出文件（.out）调试可以采用多种手段，现简要介绍如下。

（1）利用软件仿真器进行调试

软件仿真器（Simulator）是一种十分方便的软件调试工具，它不需要目标硬件，只要在 PC 机上运行。它可以仿真'C54x 芯片包括中断及输入/输出在内的各种功能，从而可以在非实时条件下完成对用户程序的调试。

（2）利用硬件仿真器进行调试

'C54x 的硬件仿真器（Emulator）为可扩展的开发系统仿真器 XDS510，它是一块不带 DSP 芯片的、插在 PC 机与用户目标系统之间的 ISA 卡，需要用户提供带'C54x DSP 芯片的目标板。因为'C54x（以及'C3x、'C4x、'C5x、'C2xx 和'C62x/'C67x 等）DSP 芯片上都有仿真引脚，所以它们的硬件仿真器称为扫描仿真器。'C54x 的硬件仿真器采用 JTAG IEEE 1149.1 标准，仿真插头共有 14 个引脚,仿真器通过仿真头将 PC 机中的用户程序代码下载到目标系统的存储器中，并在目标系统内实时运行，这给程序调试带来了很大的方便。

（3）利用评价模块进行调试

'C54x 评价模块（EVM 板）是一种带有 DSP 芯片的 PC 机 ISA 插卡。卡上配置有一定数量的硬件资源，如 128KB SRAM 程序/数据存储器、模拟接口、IEEE 1149.1 仿真接口、主机接口、串行口及 I/O 扩展接口等，以便进行系统扩展。用户开发的软件，可以在 EVM 板上运行。通过运行，可以评价 DSP 芯片的性能，以确定 DSP 芯片是否满足应用要求。

5. 固化用户程序

调试完成后，利用 Hex500 格式转换器对 ROM 编程（为掩膜 ROM 提供文件），或对 EPROM 编程，最后安装到用户的应用系统中。

4.3 COFF 的一般概念

汇编器和链接器生成的目标文件，是一个可以由'C54x 执行的文件。这些目标文件的格式称为公共目标文件格式（Common Object File Format，COFF）。

由于在编写汇编语言程序时，COFF 采用代码段和数据段的形式，因此便于模块化的编程，使编程和管理变得更加方便。这些代码段和数据段简称为段。汇编器和链接器提供一些伪指令来建立和管理各种各样的段。本节主要介绍 COFF 段的一般概念，以帮助读者理解汇编语言程序的编写、汇编和链接过程。

4.3.1 COFF 文件的基本单元

COFF 文件有 3 种类型：COFF0、COFF1、COFF2。每种类型的 COFF 文件的标题格式都有所不同，但数据部分却是相同的。'C54x 汇编器和 C 编译器产生的是 COFF2 文件。链接器能够读/写所有类型的 COFF 文件，默认时链接器生成的是 COFF2 文件，采用 "-vn" 链接选项可以选择不同类型的 COFF 文件。

段（Sections）是 COFF 文件中最重要的概念。每个目标文件都分成若干段。所谓段，就是在存储器图中占据相邻空间的代码或数据块。一个目标文件中的每个段都是分开的和各不相同的。所有的 COFF 目标文件都包含以下 3 种形式的段：

- .text 段（代码段），通常包含可执行代码；
- .data 段（数据段），通常包含初始化数据；
- .bss 段（保留空间段），通常为未初始化变量保留存储空间。

此外，汇编器和链接器可以建立、命名和链接自定义段。这种自定义段是编程人员自己定义的段，使用起来与.data、.text 及.bss 段类似。它的好处是在目标文件中与.data、.text 及.bss 分开汇编，链接时作为一个单独的部分分配到存储器中。

COFF 目标文件有以下两种基本类型的段。

（1）初始化段（Initialized Sections）

初始化段中包含数据或程序代码，包括：

- .text 段；
- .data 段；
- .sect 汇编器伪指令建立的自定义段。

（2）未初始化段（Uninitialized Sections）

在存储空间中，它为未初始化数据保留存储空间，包括：

- .bss 段；
- .usect 汇编命令建立的自定义段。

有几个汇编器伪指令可以用来将数据和代码的各个部分与相应的段相联系。汇编器在汇编的过程中，根据汇编命令用适当的段将各部分程序代码和数据连在一起，构成目标文件。链接器的一个任务就是分配存储单元，即把各个段重新定位到目标存储器中，如图 4.3.1 所示。

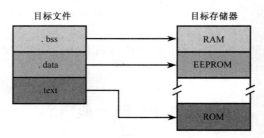

图 4.3.1　目标文件中的段与目标存储器之间的关系

链接器的功能之一是将目标文件中的段重新定位到目标存储器中，该功能称为定位或分配（Allocation）。由于大多数系统都包含几种存储器，因此通过对各个段的重新定位，可以使目标存储器得到更加有效的利用。所有段都可以独立地重新定位，可将任意段放到目标存储器任何已经分配的段。例如，可定义一个包含初始化程序的段，然后将它分配到包含 EPROM 的存储器映射部分。图 4.3.1 说明了在目标文件和虚拟的目标存储器中段之间的关系。

4.3.2　汇编器对段的处理

汇编器对段的处理通过段伪指令来区别各个段，并将段名相同的语句汇编在一起。汇编器有 5 条命令可识别汇编语言程序的各个部分，这 5 条命令分别是：
- .bss　　（未初始化段）
- .usect　（未初始化段）
- .text　　（已初始化段）
- .data　　（已初始化段）
- .sect　　（已初始化段）

1. 未初始化段

.bss 和.usect 命令生成未初始化段。未初始化段就是'C54x 存储器中的保留空间，通常将它们定位到 RAM 区。在目标文件中，这些段中没有确切的内容；在程序运行时，可以利用这些存储空间存放变量。

这两条命令的语法如下：

```
        .bss      符号,字数
符号    .usect    "段名",字数
```

其中，符号——对应于保留的存储空间第一个字的变量名称。这个符号可以让其他段引用，也可以用.global 命令定义为全局符号。

字数——表示在.bss 段或标有名字的段中保留多少个存储单元。

段名——程序员为自定义未初始化段起的名字。

2. 已初始化段

.text、.data 和.sect 命令生成已初始化段。已初始化段中包含可执行代码或初始化数据。这些段中的内容都在目标文件中，当加载程序时再放到'C54x 存储器中。每个已初始化段都是可以重新定位的，并且可以引用其他段中所定义的符号。链接器在链接时会自动处理段间的相互引用。3 条命令的语法如下：

```
     .text    [段起点]
```

```
.data      [段起点]
.sect      "段名"[,段起点]
```

其中，段起点是任选项。如果选用，就是为段程序计数器（SPC）定义的一个起始值。SPC 值只能定义一次，而且必须在第一次遇到这个段时定义。如果默认，则 SPC 从 0 开始。当汇编器遇到.text 或.data 或.sect 命令时，将停止对当前段的汇编（相当于一条结束当前段汇编的命令），然后将紧接着的程序代码或数据汇编到指定的段中，直到再遇到另一条.text、.data 或.sect 命令为止。

当汇编器遇到.bss 或.usect 命令时，并不结束当前段的汇编，只是暂时从当前段脱离出来，并开始对新的段进行汇编。.bss 和.usect 命令可以出现在一个已初始化段的任何位置，而不会对它的内容产生影响。

段的构成要经过一个反复的过程。例如，当汇编器第一次遇到.data 命令时，这个.data 段是空的。接着将紧跟其后的语句汇编到.data 段，直到汇编器遇到一条.text 或.sect 命令。如果汇编器再遇到一条.data 命令，它就将紧跟这条命令的语句汇编后加到已经存在的.data 段中。这样就建立了单一的.data 段，段内数据都被连续地安排到存储器中。

3．命名段

命名段由用户指定，与默认的.text, .data 和.bss 段的使用相同，但它们被分开汇编。例如，重复使用.text 段建成单个.text 段，在链接时，这个.text 段被作为单个单元定位。假如不希望一部分可执行代码（如初始化程序）和.text 段分配在一起，可将它们汇编进一个命名段，这样就可定位在与.text 段不同的地方，也可将初始化的数据汇编到与.data 段不同的地方，或者将未初始化的变量保留在与.bss 段不同的位置。此时，可用以下两个产生命名段的伪指令：

.usect 伪指令产生类似.bss 的段，为变量在 RAM 中保留存储空间。

.sect 伪指令产生类似.text 和.data 的段，可以包含代码或数据。.sect 伪指令产生地址可重新定位的命名段。

这两个伪指令的语法为：

```
符号        .usect      "段名",字数
            .sect       "段名"
```

可以产生多达 32767 个不同的命名段。段名可长达 200 个字符，COFF1 文件仅前 8 个字符有意义。对于.sect 和.usect 伪指令，段名可以作为子段的参考。每次用一个新名字调用这些伪指令时，就产生一个新的命名段。每次用一个已经存在的名字调用这些伪指令时，汇编器就将代码或数据（或保留空间）汇编进相应名称的段。不同的伪指令不能使用相同的名字。也就是说，不能用.usect 创建命名段，然后又用.sect 再创建一个相同名字的段。

4．子段

子段是较大段中的小段。链接器可以像处理段一样处理子段。子段结构可用来对存储空间进行更紧凑的控制，可以使存储器图更加紧密。子段命名的语法为：

```
基段名:    子段名
```

子段的前面为基段名。当汇编器在基段名后面发现冒号，则紧跟其后的段名就是子段名。对于子段，可以单独为其分配存储单元，或者在相同的基段名下与其他段组合在一起。例如，若要在.text 段内建立一个称之为_func 的子段，可以用如下命令：

```
.sect   ".text: _func"
```

子段也有 2 种：用.sect 命令建立的是已初始化段，而用.usect 命令建立的段是未初始化段。

5．段程序计数器（SPC）

汇编器为每个段都安排了一个单独的程序计数器——段程序计数器（Section Program Counters，SPC）。SPC 表示一个程序代码或数据段内当前的地址。开始时汇编器将每个 SPC

置 0，当汇编器将程序代码或数据加到一个段内时，相应的 SPC 值就增加。如果再继续对某个段汇编，则相应的 SPC 值就在先前的数值上继续增加。链接器在链接时要对每个段进行重新定位。

下面举一个应用段命令的例子。例 4.3.1 列出的是一个汇编语言程序经汇编后的.lst 文件（部分）。.lst 文件由 4 个部分组成。

第 1 部分（Field1）：源程序的行号。

第 2 部分（Field2）：段程序计数器。

第 3 部分（Field3）：目标代码。

第 4 部分（Field4）：源程序。

【例 4.3.1】 段命令应用举例。

```
 1
 2                    *********************************************
 3                    **        汇编一个初始化表到.data 段          **
 4                    *********************************************
 5        0000                            .data
 6        0000    0044    coeff    .word        044h,055h,066h
         0001    0055
         0002    0066
 7                    *********************************************
 8                    **         在.bss 段中为变量保留空间           **
 9                    *********************************************
10        0000                       .bss        buffer, 8
11                    *********************************************
12                    **          仍然在.data 段中                  **
13                    *********************************************
14        0003    0456    prt      .word        0456h
15                    *********************************************
16                    **        汇编代码到.text 段                  **
17                    *********************************************
18        0000                            .text
19        0000    100d    add:     LD          0Dh,A
20        0001    f010    aloop:   SUB         #1,A
         0002    0001
21        0003    f842             BC          aloop,AGEQ
         0004    0001'
22                    *********************************************
23                    **      汇编另一个初始化表到.data 段            **
24                    *********************************************
25        0004                            .data
26        0004    00cc    ivals    .word        0CCh, 0DDh, 0EEh
         0005    00dd
         0006    00ee
27                    *********************************************
28                    **        为更多的变量定义另一个段              **
29                    *********************************************
30        0000             var2     .usect       "newvars",2
31        0001             inbuf    .usect       "newvars",8
32                    *********************************************
33                    **        汇编更多代码到.text 段               **
34                    *********************************************
```

Field 1	Field 2	Field 3		Field 4	
35	0005			.text	
36	0005	110a	mpy:	LD	0Ah,B
37	0006	f166	mloop:	MPY	#0Ah,B
	0007	000a			
38	0008	f868		BC	mloop,BNOV
	0009	0006'			
39		*************************************			
40		**	为中断向量. vectors 定义一个自定义段	**	
41		*************************************			
42	0000			.sect	" vectors "
43	0000	0044		.word	044h，088h
44	0001	0088			

在此例中，共建立了 5 个段。

① .text 段内有 10 个字的程序代码。

② .data 段内有 7 个字的数据。

③ . vectors 是一个用.sect 命令生成的自定义段，段内有 2 个字的已初始化数据。

④ .bss 在存储器中为变量保留 8 个存储单元。

⑤ .newvars 是一个用.usect 命令建立的自定义段，它在存储器中为变量保留 10 个存储单元。

例 4.3.1 创建的 5 个段如图 4.3.2 所示。

4.3.3　链接器对段的处理

链接器（Linker）是开发'C54x 必不可少的开发工具之一，它对段处理时有两个主要任务：一是将一个或多个 COFF 目标文件中的各种段作为链接器的输入段，经链接后在一个执行的 COFF 输出模块中建立各个输出段；二是为各个输出段选定存储器地址。链接器有 2 条伪指令支持上述任务。

● MEMORY 伪指令。用来定义目标系统的存储器配置空间，包括对存储器各部分命名，以及规定它们的起始地址和长度。

● SECTIONS 伪指令。此命令告诉链接器如何将输入段组合成输出段，以及将输出段放在存储器中的什么位置。

以上伪指令是链接命令文件（.cmd）的主要内容。

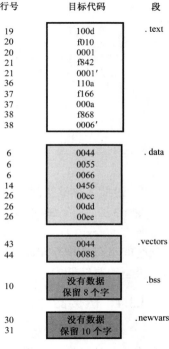

行号	目标代码	段
19	100d	. text
20	f010	
20	0001	
21	f842	
21	0001'	
36	110a	
37	f166	
37	000a	
38	f868	
38	0006'	
6	0044	. data
6	0055	
6	0066	
14	0456	
26	00cc	
26	00dd	
26	00ee	
43	0044	.vectors
44	0088	
10	没有数据 保留 8 个字	.bss
30 31	没有数据 保留 10 个字	.newvars

图 4.3.2　例 4.3.1 创建的 5 个段

1．默认的存储器分配

图 4.3.3 说明了两个文件的链接过程。图中，链接器对目标文件 file1.obj 和 file2.obj 进行链接。每个目标文件中，都有.text、.data 和.bss 段，此外还有自定义段。链接器将两个文件的.text 段结合在一起，以形成一个.text 段，然后再将两个文件的.data 段和.bss 段及最后自定义段结合在一起。如果链接命令文件中没有 MEMORY 和 SECTIONS 命令（默认情况），则链接器就从地址 0080h 开始，一个段接着一个段进行配置，链接过程如图 4.3.3 所示。大多数情况下，系统中配置有各种类型的存储器（RAM、ROM 和 EPROM 等），因此必须将各个段放在所指定的存储器中。

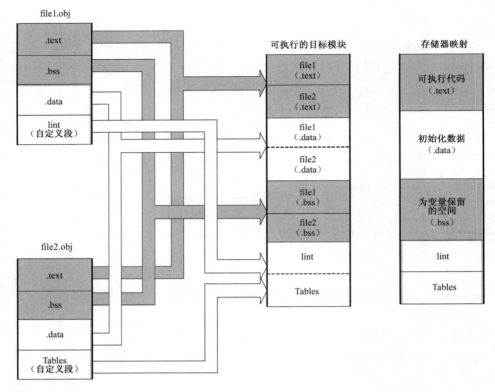

图 4.3.3　两个文件的链接过程

2．段放入存储空间

图 4.3.3 说明了链接器结合段的默认方法，有时希望采用其他的结合方法。例如，可能不希望将所有的.text 段结合在一起形成单个的.text 段，或者希望将命名段放在.data 的前面。大多数存储空间里有各种存储器（RAM、ROM、EPROM 等），数量也各不相同，往往希望将段放在指定类型的存储器中，此时可采用 MEMORY 和 SECTIONS 伪指令。

4.3.4　链接器对程序的重新定位

1．链接器重新定位

汇编器处理每个段都是从地址 0 开始的，而所有需要重新定位的符号（标号）在段内都是相对于地址 0 的。事实上，所有段都不可能从存储器中地址 0 单元开始，因此链接器必须通过以下方法对各个段进行重新定位：

- 将各个段定位到存储空间中，这样一来每个段都能从一个恰当的地址开始；
- 将符号变量调整到相对于新的段地址的位置；
- 将引用调整到重新定位后的符号，这些符号反映了调整后的新符号值。

汇编器在需要引用重新定位的符号处都留了一个重新定位入口。链接器在对符号重新定位时，利用这些入口修正对符号的引用值。下面举例说明。

【例 4.3.2】　有一段采用助记符指令汇编后的程序（列表文件）如下：

```
1                             . ref    X
2                             . ref    Z
3       0000                  . text
4       0000   F073           B    Y              ;产生一个重新定位入口
```

	0001	0006'			
5	0002	F073	B	Z	;产生一个重新定位入口
	0003	0000!			
6	0004	F020	LD	#X,A	;产生一个重新定位入口
	0005	0000!			
7	0006	F7E0		Y: RESET	

在本例中，符号 X、Y 和 Z 需要重新定位。Y 是在这个模块的.text 段中定义的；X 和 Z 是在另一个模块中定义的。当程序汇编时，X 和 Z 的值为 0（汇编器假设所有未定义的外部符号的值为 0），Y 的值为 6（相对于.text 段地址 0 的值）。就这一段程序而言，汇编器形成了 3 个重新定位入口：一个是 X，一个是 Y，另一个是 Z。在.text 段对 X 和 Z 的引用是一次外部引用（列表文件中用符号!表示），而.text 段内对 Y 的引用是一次内部引用（用符号'表示）。

假设链接时 X 重新定位在地址 7100h，.text 段重新定位到从地址 7200h 开始，那么 Y 的重新定位值为 7204h。链接器利用两个重新定位入口，对目标文件中的两次引用进行修正：

f073	B	Y	变成	f073
0004'				7204
f020	LD	#X,A	变成	f020
0000!				7100

在 COFF 目标文件中有一张重新定位入口表。链接器在处理完之后就将重新定位入口消去，以防止在重新链接或加载时重新定位。一个没有重新定位入口的文件称为绝对文件，它的所有地址都是绝对地址。

2．运行时间重新定位

有时，希望将代码装入存储器的一个地方，而在另一个地方运行。例如，一些关键的执行代码必须装在系统的 ROM 中，但希望在较快的 RAM 中运行，链接器提供了一个处理该问题的简单方法，利用 SECTIONS 伪指令选项可让链接器定位两次，开始使用装入关键字设置装入地址，再使用运行关键字设置它的运行地址。装入地址确定段的原始数据或代码装入的地方，而任何对段的使用（如其中的标号）则参考它的运行地址。在应用中必须将该段从装入地址复制到运行地址，这并不能简单地自动进行，因为指定的运行地址是独立的。

如果只为段提供了一次定位（装入或运行），则该段将只定位一次，并且装入地址和运行地址相同。如果提供了两个地址，则段将被自动定位，就好像两个同样大小的不同段一样。

未初始化的段（如.bss）不能装入，所以它仅有的有意义的地址为运行地址，链接器只对没有初始化的段定位一次。如果为它指定了运行地址和装入地址，则链接器将会发出警告并忽略装入地址。

4.3.5　程序装入

链接器产生可执行的 COFF 目标文件。可执行的目标文件模块与链接器输入的目标文件具有相同的 COFF 格式，但在可执行的目标文件中，需要对段进行结合并在目标存储器中进行重新定位。为了运行程序，在可执行模块中的数据必须装入目标存储器。有几种方法可以用来装入程序，选用哪种方法取决于执行环境。下面说明两种常用的情况。

① 'C54x 调试工具（Debugging Tools），包括软件模拟器、XDS 仿真器和集成开发环境 CCS。它们都具有内部的装入器，都包含调用装入器的 LOAD 命令。装入器读取可执行文件，将程序复制到目标系统的存储器中。

② 采用 Hex 代码转换工具。例如，作为汇编语言软件包一部分的 Hex500，将可执行 COFF

目标模块转换成几种其他目标格式文件，然后将转换后的文件用 EPROM 编程器把程序装（烧）进 EPROM。

4.3.6　COFF 文件中的符号

COFF 文件中有一个符号表，主要用来存储程序中有关符号的信息，链接时对符号进行重新定位要用到该表，调试程序也要用到它。

1. 外部符号

所谓外部符号，是在一个模块中定义、又可以在另一个模块中引用的符号。可以用伪指令.def、.ref 或.global 来定义某些符号为外部符号。

- .def 指令在当前模块中定义，并可在别的模块中使用的符号。
- .ref 指令在当前模块中使用、在别的模块中定义的符号。
- .global 指令可以是上面的任何一种情况。

【例 4.3.3】　　以下的代码段说明上面的定义。

```
x:      ADD     #56h,A          ;定义 x
        B       y               ;引用 y
.def    x                       ;x 在此模块中定义,可被别的模块引用
.ref    y                       ;y 在这里引用,它在别的模块中定义
```

汇编时，汇编器把 x 和 y 都放在目标文件的符号表中。当这个文件与其他目标文件链接时，遇到符号 x，就定义了其他文件能识别的 x。同样，遇到符号 y 时，链接器就检查其他文件对 y 的定义。总之，链接器必须使所引用的符号与相应的定义相匹配。如果链接器不能找到某个符号的定义，它就给出不能辨认所引用符号的出错信息。

2. 符号表

每当遇到一个外部符号（无论是定义的还是引用的），汇编器都将在符号表（Symbol Table）中产生一个条目。汇编器还产生一个指到每段的专门符号，链接器使用这些符号来对其他符号重新定位。

汇编器通常不对除上述符号外的任何符号产生符号表入口，因为链接器并不使用它们。例如，标号不包括在符号表中，除非.global 将其声明为全局符号。为了符号调试目的，有时希望程序中的每个符号都在符号表中有一个入口，此时可以在汇编器使用-s 选项来实现。

4.4　源程序的汇编

汇编器的作用是将汇编语言源程序转换成机器语言目标文件。这些目标文件都是 COFF 目标文件格式。汇编语言源程序文件包括汇编命令、汇编语言指令和宏指令。汇编命令用来控制汇编的过程，包括列表格式、符号定义和将源代码放入段的方式等。

汇编器包括如下功能：
① 将汇编语言源程序汇编成一个可重新定位的目标文件（.obj 文件）；
② 根据需要，可以生成一个列表文件（.lst 文件），并对该列表文件进行控制；
③ 将程序代码分成若干个段，每个段的目标代码都由一个 SPC（段程序计数器）管理；
④ 定义和引用全局符号，如果需要可以在列表文件后面附加一张交叉引用表；
⑤ 对条件程序块进行汇编；
⑥ 支持宏功能，允许定义宏命令；
⑦ 为每个目标代码块设置一个 SPC。

4.4.1　汇编程序的运行

'C54x 的汇编程序名为 asm500.exe。要运行汇编程序，可输入如下命令：

asm500　　[input file [object file [listing file]]]　[-options]

其中，asm500——运行汇编程序 asm500.exe 的命令。

input file——汇编源文件名，默认扩展名为.asm。若不输入文件名，则汇编程序会提示输入一个文件名。

object file——汇编程序生成的'C54x 目标文件。若不提供目标文件名，则汇编程序就用输入文件名，.obj 为扩展名。

listing file——汇编程序产生的列表文件名，默认扩展名为.lst。

-options——汇编程序使用的各种选项。常用的选项及其功能见表 4.4.1。

表 4.4.1　汇编程序常见的选项及其功能

选　项	功　能
-@	-@filename（文件名）可以将文件名的内容附加到命令行上。使用该选项，可以避免命令行受行长度的限制。在一个命令文件、文件名或选项参数中包含了嵌入的空格或连字符，则必须使用引号括起来，例如："this-file.asm"
-a	建立一个绝对列表文件。当选用-a 时，汇编器不产生目标文件
-c	使汇编语言文件中大小写没有区别
-d	为名字符号设置初值。格式为-d name[=value]时，与汇编文件被插入 name .set[=value]是等效的。如果 value 被忽略，则名字符号被置为 1
-f	抑制汇编器给没有.asm 扩展名的文件添加上扩展名的默认行为
-g	允许汇编器在源代码中进行代码调试。汇编语言源文件中每行的信息输出到 COFF 文件中。注意，用户不能对已经包含.line 伪指令的汇编代码使用-g 选项（例如由 C/C++编译器运行-g 选项产生的代码）
-h，-help，-?	这些选项的任一个将显示可供使用的汇编器选项的清单
-hc	将选定的文件复制到汇编模块。格式为-hc filename，所选定的文件包含到源文件语句的前面，复制的文件将出现在汇编列表文件中
-hi	将选定的文件包含到汇编模块。格式为-hi filename，所选定的文件包含到源文件语句的前面，所包含的文件不出现在汇编列表文件中
-i	规定一个目录。汇编器可以在这个目录下找到.copy、.include 或.mlib 命令所命名的文件。格式为-i pathname，最多可规定 10 个目录，每条路径名的前面都必须加上-i 选项
-l(英文小写字母 l)	生成一个列表文件
-mf	指定汇编调用扩展寻址方式
-mg	源文件是代数式指令
-q	抑制汇编的标题及所有的进展信息
-r，-r[num]	压缩汇编器由 num 标识的标记。该标记是报告给汇编器的消息，这种消息不如警告严重。若不对 num 指定值，则所有标记都将被压缩
-pw	对某些汇编代码的流水线冲突发出警告
-u	-u name 取消预先定义的常数名，从而不考虑由任何-d 选项所指定的常数
-v	-v value 确定使用的处理器，可用 541,542,543,545,5451p,5461p,548,549 值中的一个

选　　项	功　　能
-s	把所有定义的符号放进目标文件的符号表中。汇编程序通常只将全局符号放进符号表中。当使用-s 选项时，所定义的标号及汇编时定义的常数也都放进符号表内
-x	产生一个交叉引用表，并将它附加到列表文件的最后，还在目标文件上加上交叉引用信息。即使没有要求生成列表文件，汇编程序总还是要建立列表文件的

4.4.2　汇编时的列表文件

汇编器对源程序汇编时，如果采用-1（英文小写字母）选项，那么汇编后将生成一个列表文件。列表文件中包括源程序语句和目标代码。例 4.4.1 给出了一个列表文件的例子，用来说明它的各部分内容。

【例 4.4.1】　列表文件举例。

```
1                    .global    RESET,INT0,INT1,INT2
2                    .global    TINT,RINT,XINT,USER
3                    .global    ISR0,ISR1,ISR2
4                    .global    time,rcv,xmt,proc
5
6        initmac      .macro
7        * initialize   macro
8                    SSBX    OVM                ;禁止上溢
9                    LD   #0,DP                 ;dp=0
10                   LD   #7,ARP                ;arp=ar7
11                   LD   #037h,A               ;acc=03fh
12                    RSBX   INTM               ;使能中断
13                     .endm
14                   *********************************
15                   *              复位中断向量          *
16                   *********************************
17   000000                       .sect   "reset"
18   000000    F073   RESET:   B    init
     000001    0008+
19   000002    F073   INT0:    B    ISR0
     000003    0000!
20   000004    F073   INT1:    B    ISR1
     000005    0000!
21   000006    F073   INT2:    B    ISR2
     000007    0000!
22
23*
24   000000                       .sect   "ints"
25   000000    F073   TINT     B    time
     000001    0000!
26   000002    F073   XINT     B    rcv
     000003    0000!
27   000004    F073   XINT     B    xmt
     000005    0000!
28   000006    F073   USER     B    proc
     000007    0000!
29                   ***************************
```

30			*	初始化处理器	*
31			************************		
32	000008		init:	initmac	
33			* initialize	macro	
34	000008	F7B9	SSBX	OVM	;禁止上溢
35	000009	EA00	LD	#0, DP	;dp=0
36	00000a	F4A7	LD	#7,ARP	;arp=ar7
37	00000b	E837	LD	#037h,A	;acc=03fh
38	00000c	F6BB	RSBX	INTM	;使能中断

Field 1　Field 2　Field 3　　　　　　　Field 4

每个列表文件的顶部有两行汇编程序的标题、一行空行及页号行。.title 命令提供的文件名打印在页号行左侧；页号打印在此行的右侧（为简化起见，这几行例 4.4.1 中均未列出）。

源文件的每行都会在列表文件中生成一行。这一行的内容包括行号、SPC（段程序计数器）值、汇编后的目标代码，以及源程序语句。一条指令可以生成 1 个或 2 个字的目标代码。汇编器为第 2 字单独列一行，并列出 SPC 值和目标代码。

如例 4.4.1 所示，列表文件可以分成 4 个部分。

① Field 1：源程序语句的行号，用十进制数表示。有些语句（如.title）只列行号，不列语句。汇编器还可能在一行的左边加一个字母，表示这一行是从一个包含文件汇编的。汇编器还可能在一行的左边加一个数字，表示这是嵌入的宏展开或循环程序块。

② Field 2：段程序计数器（SPC），用十六进制数表示。所有的段（包括.text、.data、.bss 及标有名字的段）都有 SPC。有些命令对 SPC 不发生影响，此时这部分为空格。

③ Field 3：目标代码，用十六进制数表示。所有指令经汇编后都会产生目标代码。目标代码后面的一些记号表示在链接时需要重新定位。

!：未定义的外部引用。

'：.text 段重新定位。

"：.data 段重新定位。

+：.sect 段重新定位。

−：.bss 和.usect 段重新定位。

④ Field 4：源程序语句。这一部分包含被汇编器搜索到的源程序的所有字符。汇编器可以接受的每行字符数为 200 个。

4.4.3　汇编伪指令

汇编伪指令用于为程序提供数据并指示汇编程序如何汇编源程序，是汇编语言程序的一个重要内容。汇编伪指令可完成以下工作：

- 将代码和数据汇编进指定的段；
- 为未初始化的变量在存储器中保留空间；
- 控制清单文件是否产生；
- 初始化存储器；
- 汇编条件代码块；
- 定义全局变量；
- 为汇编器指定可以获得宏的库；
- 考察符号调试信息。

伪指令和它所带的参数必须书写在一行。在包含汇编伪指令的源程序中，伪指令可以带有标号和注释。虽然标号一般不作为伪指令语法的一部分列出，但是有些伪指令必须带有标号，此时，标号将作为伪指令的一部分出现。

'C54x 汇编器共有 64 条汇编伪指令，根据它们的功能，可以将其分成 9 类。

① 对各种段进行定义的命令，如.bss、.data、.sect、.text、.usect 等。

② 对常数（数据和存储器）进行初始化的命令，如.bes、.byte、.field、.float、.int、.log、.space、.string、.pstring、.xfloat、.xlong、.word 等。

③ 对准 SPC 的命令，如.align 等。

④ 对输出列表文件格式化的命令，如.drlist、.drnolist 等。

⑤ 引用其他文件的命令，如.copy、.def、.global、.include、.mlib、.ref 等。

⑥ 控制条件汇编的命令，如.break、.else、.elseif、.endif、.endloop、.if、.loop 等。

⑦ 定义宏的命令，如.macro、.endm、.var 等。

⑧ 在汇编时定义符号的命令，如.asg、.endstruct、.equ、.eval、.label、.set、.struct 等。

⑨ 执行其他功能的命令，如.algebraic、.emsg、.end、.mmregs、.mmsg、.newblock、.sblock、.version、.vmsg 等。

1. 定义段的伪指令

定义段的伪指令用于定义相应的汇编语言程序的段。表 4.4.2 列出了定义段的伪指令的助记符（粗体字部分）及语法格式和注释。

表 4.4.2　定义段的伪指令

伪指令助记符及语法格式	描　　述
.bss symbol, size in words [,blocking] [, alignment]	为未初始化的数据段.bss 保留存储空间（单位为字）
.data	指定.data 后面的代码为数据段（通常包含初始化的数据）
.sect "section name"	定义初始化的命名段（可以包含可执行代码或数据）
.text	指定.text 后面的代码为代码段（通常包含可执行的代码）
symbol **.usect** "section name", size in words [,blocking] [,alignment flag]	为未初始化的命名段保留空间（单位为字）。类似.bss 伪指令，但允许保留与.bss 段不同的空间

关于汇编器、链接器对段的处理将在其他章节中详细说明。

例 4.4.2 以实例说明了如何应用定义段的伪指令。该例是一个输出清单文件,第一列为行号,第二列为 SPC 的值，每段有它自己的 SPC。当代码第一次放在段中时，其 SPC 等于 0。在其他的代码段被汇编后，若继续将代码汇编进该段，则它的 SPC 继续计数，就好像没有受到干扰。在例 4.4.2 中的伪指令执行以下任务：

.text 初始化值为 1，2，3，4，5，6，7，8 的字；

.data 初始化值为 9，10，11，12，13，14，15，16 的字；

var_defs 初始化值为 17，18 的字；

.bss 保留 19 个字的空间；

.usect 保留 20 个字的空间。

.bss 和**.usect** 伪指令既不结束当前的段也不开始新段，它们保留指定数量的空间，然后汇编器开始将代码或数据汇编进当前的段。

【例 4.4.2】　段伪指令的使用。

```
1          *********************************************
2          *          开始汇编到.text 段                *
3          *********************************************
```

```
4    000000                              .text
5    000000    0001                      .word      1,2
     000001    0002
6    000002    0003                      .word      3,4
     000003    0004
7
8               ****************************************
9               *        开始汇编到.data 段                *
10              ****************************************
11   000000                              .data
12   000000    0009                      .word      9,10
     000001    000A
13   000002    000B                      .word      11,12
     000003    000C
14
15              ****************************************
16              *    开始汇编到命名的初始化段                 *
17              *    var_defs                           *
18              ****************************************
19   000000                      .sect      "var_defs"
20   000000    0011                      .word      17,18
     000001    0012
21
22              ****************************************
23              *        再继续汇编到.data 段               *
24              ****************************************
25   000004                              .data
26   000004    000D                      .word      13,14
     000005    000E
27   000000                              .bss       sym,19      ;在.bss 段中保留空间
28   000006    000F                      .word      15,16      ;仍然在.data 段中
     000007    0010
29
30              ****************************************
31              *        再继续汇编到.text 段               *
32              ****************************************
33   000004                              .text
34   000004    0005                      .word      5,6
     000005    0006
35   000000              usym            .usect     "xy",20     ;在 xy 中保留空间
36   000006    0007                      .word      7,8        ;仍然在.text 段中
     000007    0008
```

2. 初始化常数的伪指令

初始化常数的伪指令为当前段的汇编常数值。表 4.4.3 列出了初始化常数的伪指令的助记符（粗体字部分）及语法格式和描述。

表 4.4.3　初始化常数的伪指令

伪指令助记符及语法格式	描　　述
.byte value$_1$ [,…, value$_n$]	初始化当前段里的一个或多个连续字。每个值的宽度被限制为 8 位，即把 8 位的值放入当前段的连续字
.char value$_1$ [,…, value$_n$]	初始化当前段里的一个或多个连续字。每个值的宽度被限制为 8 位，即把 8 位的值放入当前段的连续字

伪指令助记符及语法格式	描　　述
.field value [,size in bits]	初始化一个可变长度的域，将单个值放入当前字的指定位域中
.float value [,..., value_n]	初始化一个或多个 IEEE 的单精度（32 位）浮点数，即计算浮点数的单精度（32 位）IEEE 浮点表示，并将它保存在当前段的两个连续的字中。该伪指令自动对准最接近的长字边界
.xfloat value_1 [,..., value_n]	初始化一个或多个 IEEE 的单精度（32 位）浮点数，即计算浮点数的单精度（32 位）IEEE 浮点表示，并将它保存在当前段的两个连续的字中。该伪指令不自动对准最接近的长字边界
.int value_1 [,..., value_n]	初始化一个或多个 16 位整数，即把 16 位的值放到当前段的连续的字中
.short value_1 [,..., value_n]	初始化一个或多个 16 位整数，即把 16 位的值放到当前段的连续的字中
.word value_1 [,..., value_n]	初始化一个或多个 16 位整数，即把 16 位的值放到当前段的连续的字中
.double value_1 [,..., value_n]	初始化一个或多个 IEEE 双精度（64 位）浮点数，即计算浮点数的单精度（32 位）IEEE 浮点表示，并将它存储在当前段的 2 个连续的字中。该伪指令自动对准长字边界
.long value_1 [,..., value_n]	初始化一个或多个 32 位整数，即把 32 位的值放到当前段的 2 个连续的字中
.string "string_1 [,...," string_n"]"	初始化一个或多个字符串，即把一个或多个字符串放进当前段

【**例 4.4.3**】　图 4.4.1 比较了.byte，.int，.long，.xlong，.float，.xfloat，.word 和.string 伪指令。在这个例子中，假定已经汇编了以下的代码：

```
1    000000  00aa                      .byte    0AAh,0BBh
     000001  00bb
2    000002  0ccc                      .word    0CCCh
3    000003  0eee                      .xlong   0EEEEFFFh
     000004  efff
4    000006  eeee                      .long    EEEEFFFFh
     000007  ffff
5    000008  dddd                      .int     DDDDh
6    000009  3fff                      .xfloat  1.99999
     00000a  ffac
7    00000c  3fff                      .float   1.99999
     00000d  ffac
8    00000e  0068                      .string  "help"
     00000f  0065
     000010  006c
     000011  0070
```

3. 对准 SPC 的伪指令

对准 SPC 的伪指令包括：**.align** 伪指令和**.even** 伪指令。表 4.4.4 列出了对准 SPC 的伪指令的助记符（粗体字部分）及语法格式和描述。

① **.align** 伪指令的操作数必须在 2^0~2^{16} 之间且等于 2 的幂。例如：

操作数为 1 时，对准 SPC 到字的边界；

操作数为 2 时，对准 SPC 到长字/偶字的边界；

操作数为 128 时，对准 SPC 到页面的边界；

没有操作数时，.align 伪指令默认为页面边界。

② **.even** 伪指令等效于指定**.align** 伪指令的操作数为 1 的情形。当**.even** 操作数为 2 时，将 SPC 对准到下一个长字的边界。任何在当前字中没有使用的位都填充 0。

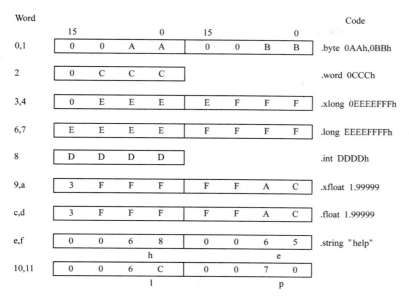

図 4.4.1　初始化常数的伪指令

表 4.4.4　对准 SPC 的伪指令

伪指令助记符及语法格式	描　　述
.align [size in words]	用于将 SPC 对准在 1~128 字的边界
.even	用于使 SPC 指到下一个字的边界

【例 4.4.4】　图 4.4.2 说明了 .align 伪指令的使用情况。假定汇编了以下的代码：

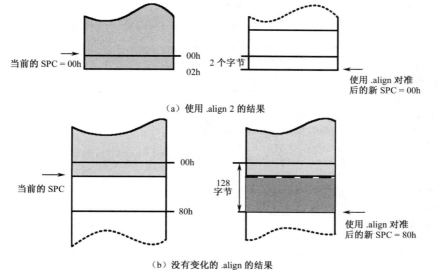

（a）使用 .align 2 的结果

（b）没有变化的 .align 的结果

图 4.4.2　.align 伪指令的使用

```
1    000000   4000           .field    2,3
2    000000   4160           .field    11,8
3                            .align    2
4    000002   0045           .string   "Errorcnt"
     000003   0072
     000004   0072
```

```
                000005    006f
                000006    0072
                000007    0063
                000008    006e
                000009    0074
     5                                          .align
     6          000080    0004                  .byte       4
```

4. 格式化输出清单文件的伪指令

格式化输出清单文件的伪指令用于格式化输出清单文件，见表 4.4.5。

表 4.4.5　格式化输出清单文件的伪指令

伪指令助记符及语法格式	描　述
.drnolist	用于抑制某些伪指令在清单文件中的出现①
.drlist	允许.drnolist 抑制的伪指令在清单文件中重新出现
.fclist	允许按源代码在清单文件中列出条件为假的代码块。汇编器的默认状态
.fcnolist	只列出实际汇编的条件为真的代码块
.length page length	调节清单文件输出页面的长度。可针对不同的输出设备灵活调节输出页面的长度
.list	允许汇编器将所选择的源语句输出到清单文件
.nolist	禁止汇编器将所选择的源语句输出到清单文件
.mlist	允许列出所有的宏扩展和循环块。汇编器的默认状态
.mnolist	禁止列出所有的宏扩展和循环块
.option {B | L | M | R | T | W | X}	用于控制清单文件的某些功能②
.page	把新页列在输出清单文件中
.sslist	允许列出替代符号扩展
.ssnolist	禁止列出替代符号扩展
.title "string"	在每页的顶部打印文件标题
.width page width	调节清单文件页面的宽度

注：① **.drnolist** 伪指令用于抑制下述伪指令在清单文件中出现：

.asg,　.eval,　.1ength,　.mnolist,　.var,　.break,　.fclist,　.mlist,

.sslist,　.width,　.emsg,　.fcnolist,　.mmsg,　.ssnolist,　.wmsg

② **.option** 伪指令有以下操作数：

A　允许列出所有的伪指令和数据，并展开宏和循环；

B　将.byte 伪指令限制在一行中；

D　将伪指令的列表限制在一行，并关闭某些伪指令的列出（与.drnolist 效果相同）；

H　将.half 和.short 伪指令的列表限制在一行；

L　将.long 伪指令的列表限制在一行；

M　在清单文件中关闭宏扩展；

N　关闭清单文件（执行.nolist）；

O　允许列出清单文件（执行.list）；

R　复位 B，M，T 和 W 选项；

T　将.string 伪指令的列表限制在一行；

W　将.word 伪指令的列表限制在一行；

X　产生符号交叉引用清单文件（也可在调用汇编器时采用-x 选项调用汇编器产生交叉清单文件）。

5. 引用其他文件的伪指令

引用其他文件的伪指令为引用其他文件提供信息，见表 4.4.6。

表 4.4.6　引用其他文件的伪指令

伪指令助记符及语法格式	描　　述
.copy　["]filename["]	通知汇编器开始从其他文件读取源程序语句[①]
.include　["]filename["]	通知汇编器开始从其他文件读取源程序语句[①]
.def　$symbil_1[,..., symbil_n]$	识别定义在当前模块中但可被其他模块使用的符号
.global　$symbil_1[,..., symbil_n]$	声明当前符号为全局符号。对定义了的符号，其作用相当于.def；对没有定义的符号，其作用相当于.ref
.ref　$symbil_1[,..., symbil_n]$	识别在当前模块中使用的但在其他模块中定义的符号[②]

注：① 当汇编器完成了从 copy / include 的文件中读取源程序语句后，立即返回到当前的文件，从紧跟在.copy 或.include 伪指令之后的当前文件读取源程序语句。从复制（copy）的文件中读取的源程序语句将输出到清单文件中，但从包含（include）的文件中读取的源程序语句将不出现在清单文件中。

　　② 汇编器会把该符号标记为没有定义的外部符号，并将它送入目标符号表中，以便链接器可以分辨它的定义。

6．条件汇编伪指令

条件汇编伪指令用来通知汇编器按照表达式计算出的结果的真假，决定是否对某段代码块进行汇编。有两组伪指令用于条件代码块的汇编。

① **.if / .elseif / .else / .endif** 伪指令，用于通知汇编器按照表达式的计算结果，对某段代码块进行条件汇编。要求表达式和伪指令必须完全在同一行指定。

② **.loop / .break / .endloop** 伪指令，用于通知汇编器按照表达式的计算结果重复汇编一个代码块。要求表达式和伪指令必须完全在同一行指定。

条件汇编伪指令见表 4.4.7。

表 4.4.7　条件汇编伪指令

伪指令助记符及语法格式	描　　述
.if well-defined expression	标记条件代码块的开始，仅当.if 条件为真时对紧接着的代码块进行汇编
.elseif well-defined expression	若.if 条件为假，而.elseif 条件为真时对紧接着的代码块进行汇编
.else well-defined expression	若.if 条件为假时对紧接着的代码块进行汇编
.endif	标记条件代码块的结束，并终止该条件代码块
.loop [well-defined expression]	按照表达式确定的次数进行重复汇编的代码块的开始。表达式是循环的次数
.break [well-defined expression]	若.break 表达式为假，通知汇编器继续重复汇编；而当表达式为真时，跳到紧接着.endloop 后面的代码
.endloop	标记代码块的结束

7．定义宏的伪指令

常用的定义宏的伪指令见表 4.4.8。

表 4.4.8　定义宏的伪指令

伪指令助记符及语法格式	描　　述
macname **.macro** [$parameter_1$][,...$parameter_n$] 　　model statements or macro directives 　　**.endm**	定义宏
.endm	中止宏
.var　$sym_1[,sym_2,..., sym_n]$	定义宏替代符号

8. 汇编符号伪指令

汇编符号伪指令用于使符号名与常数值或字符串等价起来。汇编符号伪指令见表 4.4.9。

表 4.4.9　汇编符号伪指令

伪指令助记符及语法格式	描　　述
.asg ["]character string["], substitution symbol	把一个字符串赋给一个替代符号。替代符号也可以重新被定义
.eval well-defined expression, substitution symbol	计算一个表达式，将其结果转换成字符串，并将字符串赋给替代符号。 用于操作计数器
.label symbol	定义一个特殊的符号，用来指向在当前段内的装载地址①
symbol **.set** value	用于给符号赋值。符号被存在符号表中，而且不能被重新定义
.struct	设置类似 C 语言的结构体。.tag 伪指令把结构体赋给一个标号
.endstruct	结束结构体
.union	建立类似 C 语言的 union（联合）定义
.endunion	结束 union（联合）

注：① .label 伪指令特别适用于装入地址与运行地址不同的情况下。例如，用户可能要将一段关键的代码块装入较慢的片外存储器，但在运行时将它移到高速片内存储器，以节省空间。

.struct / .endstruct 伪指令允许将信息组织到结构体中，以便将同类的元素分在一组。然后由汇编器完成结构体成员偏移地址的计算。**.struct / .endstruct** 伪指令不分配存储器，只是简单地产生一个可重复使用的符号模板。

.tag 将结构体与一个标号联系起来，**.tag** 伪指令不分配存储器，且结构体的标记符必须在使用之前先定义好。

【例 4.4.5】　.struct / .endstruct 伪指令举例。

```
1                  REAL_REC    .struct           ;结构体标记
2        0000      NOM         .int              ;member1 = 0
3        0001      DEN         .int              ;member2 = 1
4        0002      REAL_LEN    .endstruct        ;real_len = 2
5
6  000000  0001-   ADD   REAL + REAL_REC.DEN, A
7                                                ;访问结构体成员
8
9  000000                       .bss REAL, REAL_LEN
```

.union / .endunion 伪指令通过创建符号模板，提供在相同的存储区域内管理多种不同的数据类型的方法。**.union** 不分配任何存储器，它允许类型和大小不同的定义临时存储在相同存储空间。**.tag** 伪指令将 union 属性与一个标号联系起来，可以定义一个 union 并给定一个标记符，以后可用.**tag** 伪指令将它声明为结构体的一个成员。当 union 没有标记符时，它的所有成员都将进入符号表，每个成员有唯一的名称。当 union 定义在结构体内时，对这样的 union 的引用必须通过包括它的结构体来实现。

【例 4.4.6】　.union / .endunion 伪指令举例。

```
1                             .global employid
2              xample         .union            ;union 标记
3        0000  ival           .word             ;menber1 = int
4        0000  fval           .float            ;menber2 = float
5        0000  sval           .string           ;menber3 = string
```

| 6 | | 0002 | real_len | .endunion | ;real_len = 2 |

7					
8	000000			.bss employid, real_len	;指定空间
9					
10			employid	.tag xample	;声明结构体的实例
11	000000	0000-		ADD employid.fval, A	;访问 union 成员

9. 其他伪指令

表 4.4.10 列出了常用的其他伪指令。

表 4.4.10　常用的其他伪指令

伪指令助记符及语法格式	描　　述
.end	终止汇编，位于源程序的最后一行
.far_mode	通知汇编器调用为远程调用
.mmregs	为存储器映像寄存器定义符号名。使用.mmregs 的功能和对所有的存储器映像寄存器执行.set 伪指令相同
.newblock	用于复位局部标号
.version [value]	确定运行指令的处理器，每个'C54x 都有一个与之对应的值
.emsg string	把错误消息送到标准的输出设备
.mmsg string	把汇编时间消息送到标准的输出设备
.wmsg string	把警告消息送到标准的输出设备

.newblock 伪指令用于复位局部标号。局部标号是形式为$n 或 name?的符号，当它们出现在标号域时被定义。局部标号可用作跳转指令的操作数的临时标号。**.newblock** 伪指令通过它们被使用后将它们复位的方式来限制局部标号的使用范围。

以下 3 个伪指令可以允许用户定义自己的错误和警告消息。

① **.emsg** 伪指令以与汇编器同样的方式对产生错误、增加错误计数，并防止汇编器产生目标文件。

② **.mmsg** 伪指令的功能与**.emsg** 和**.wmsg** 伪指令相似，但它不增加错误计数或警告计数，也不影响目标文件的产生。

③ **.wmsg** 伪指令的功能与**.emsg** 伪指令相似，但它增加警告计数，不增加错误计数，它也不影响目标文件的产生。

4.4.4　宏定义和宏调用

'C54x 汇编器支持宏指令语言。如果程序中有一段程序需要执行多次，就可以把这一段程序定义（宏定义）为一条宏指令，然后在需要重复执行这段程序的地方调用这条宏指令（宏调用）。利用宏指令，可以使源程序变得简短。

宏的使用分以下 3 个步骤。

① 定义宏。在调用宏时，必须首先定义宏。有两种方法定义宏。

- 可在源文件的开始定义宏，或者在.include/.copy 文件中定义。
- 在宏库中定义。宏库是由存档器（Archiver）以存档格式产生的文件集。宏库中的每一成员包含一个与成员对应的宏定义。可通过.mlib 指令访问宏库。

② 调用宏。在定义宏之后，可在源程序中使用宏名作为助记符调用它，这一步称为调用宏。

③ 扩展宏。在源程序调用宏指令时，汇编器将对宏指令进行扩展。扩展时汇编器将变量传递给宏参数，按宏定义取代调用宏语句，然后再对源代码进行汇编。在默认情况下，扩展宏将

出现在清单文件中。若不需要扩展宏出现在清单文件中，则可通过伪指令.mnolist 来实现。当汇编器遇到宏定义时，将宏名称放进操作码表中并将重新定义前面已经定义过的与之具有相同名称的宏、库成员、伪指令或指令助记符。用这种方法可以扩展指令和伪指令的功能及加入新的指令。

宏指令与子程序一样，都是重复执行某一段程序，但两者是有区别的，主要区别有两点。

① 宏指令和子程序都可以被多次调用，但是把子程序汇编成目标代码的过程只进行一次，而在用到宏指令的每个地方都要对宏指令中的语句逐条进行汇编。

② 在调用前，因为子程序不使用参数，故子程序所需要的寄存器等都必须事先设置好；而对于宏指令来说，由于可以使用参数，因此调用时只要直接代入参数就行了。

宏指令可以在源程序的任何位置上定义，当然必须在用到它之前先定义好。宏定义也可以嵌套，即在一条宏指令中调用其他的宏指令。

宏定义的格式如下：

```
macname    .macro[parameter 1][,…,parameter n]
model statements or macro directives
[.mexit]
.endm
```

其中，macname——宏名称，必须将名称放在源程序标号域；

.macro——用来说明该语句为宏定义的第一行伪指令，必须放在助记符操作码位置；

[parameter n] ——任选的替代符号，就像是宏指令的操作数；

model statements——这些都是每次宏调用时要执行的指令或汇编命令；

macro directives——用于控制宏指令展开的命令；

[.mexit] ——相当于一条 goto.endm 语句。当检测确认宏展开将失败时，.mexit 命令是有用的；

.endm——结束宏定义。

如果希望在宏定义中包含注释，但又不希望这些注释出现在扩展宏中，则需要在注释前面加上感叹号"！"。如果希望这些注释出现在扩展宏中，则需在注释前面加上"＊"或"；"。宏指令定义好之后，就可以在后面的源程序中调用了。

宏调用的格式如下：

```
[label][:]   macname    [parameter 1][,...,parameter n]
```

其中，label 是任选项，macname 为宏名称，写在助记符操作码的位置上，其后是替代的参数，参数的数目应与宏指令定义的相等。

当源程序中调用宏指令时，汇编时就将宏指令展开。在宏展开时，汇编器将实际参数传递给宏参数，再用宏定义替代宏调用语句，并对其进行汇编。

例 4.4.7 是宏定义、宏调用和宏展开的一个例子。

【例 4.4.7】　宏定义、宏调用和宏展开举例。

```
1                 *
2
3                 *                    add3
4                 *
5                 *                    ADDRP=P1+P2+P3
6
7       add3          .macro    P1,P2,P3,ADDRP
8
9                          LD        P1,A
```

10			ADD	P2,A
11				
12			ADD	P3,A
13			STL	A,ADDRP
14			.endm	
15				
16				
17			.global abc,def,ghi,adr	
18	000000		add3	abc,def,ghi,adr
19	000000	1000!	LD	abc,A
20	000001	0000!	ADD	def,A
21	000002	0000!	ADD	ghi,A
22	000003	8000!	STL	A,adr

4.5 链接器的使用

链接器的主要任务是：根据链接命令文件（.cmd 文件），将一个或多个 COFF 目标文件链接起来，生成存储器映像文件（.map）和可执行输出文件（.out）（COFF 目标模块），如图 4.5.1 所示。

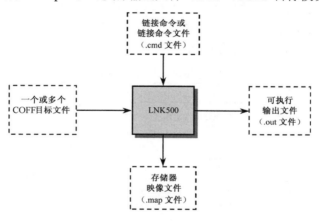

图 4.5.1 链接时的输入、输出文件

链接器提供命令语言用来控制存储器结构、输出段的定义及将变量与符号地址建立联系，通过定义和产生存储器模型来构成系统存储器。该语言支持表达式赋值和计算，并提供两个强有力的伪指令 MEMORY 和 SECTIONS 用于编写命令文件。

在链接过程中，链接器将各个目标文件合并起来，并完成以下工作：

- 将各个段配置到目标系统存储器；
- 对各个符号和段进行重新定位，并给它们指定一个最终的地址；
- 解决输入文件之间未定义的外部引用。
- 本节主要介绍'C54x 链接器的运行方法、链接命令文件的编写及多个文件系统的链接等内容。

4.5.1 链接器的运行

1. 运行链接程序

'C54x 的链接程序名为 lnk500.exe。运行链接程序有 3 种命令：

```
lnk500
lnk500    file1.obj    file2.obj    -o    link.out
lnk500    linker.cmd
```

说明：① 使用第一种命令时，链接器会提示如下信息：

Command files，要求输入一个或多个命令文件；

Object files [.obj]，要求输入一个或多个需要链接的目标文件，默认扩展名为.obj，文件名之间要用空格或逗号分开；

Output Files [a.out]，要求输入一个链接器所生成的输出文件名；

Options，要求附加一个链接选项，选项前加短线，也可在命令文件中安排链接选项。

② 使用第二种命令时，链接器以 file1.obj 和 file2.obj 为目标文件进行链接，生成一个名为 link.out 的可执行输出文件。

③ 使用第三种命令时，需将链接的目标文件、链接选项及存储器配置要求等编写到链接文件 linker.cmd 中。

以第二种命令为例，链接命令文件 linker.cmd 应包含如下内容：

```
file1.obj
file2.obj
-o    link.out
```

2. 链接器选项

在链接时，一般通过链接器选项（如前面的-o 选项）控制链接操作。链接器选项前必须加一短线 "-"。除-l（小写英文字母）和-i 选项外，其他选项的先后顺序并不重要。选项之间可以用空格分开。表 4.5.1 中列出了常用的'C54x 链接器选项。

表 4.5.1   'C54x 链接器常用选项

选　项	含　义
-a	生成一个绝对地址的、可执行的输出模块。所建立的绝对地址输出文件中不包含重新定位信息。如果既不用-a 选项，也不用-r 选项，链接器就像规定-a 选项那样处理
-ar	生成一个可重新定位、可执行的目标模块。这里采用了-a 和-r 两个选项（可以分开写成-a -r，也可以连在一起写成-ar），与-a 选项相比，-ar 选项还在输出文件中保留有重新定位信息
-e global_symbol	定义一个全局符号，这个符号所对应的程序存储器地址就是使用开发工具调试这个链接后的可执行文件时程序开始执行时的地址（称为入口地址）。当加载器将一个程序加载到目标存储器时，程序计数器（PC）被初始化到入口地址，然后从这个地址开始执行程序
-f fill_vale	对输出模块各段之间的空单元设置一个 16 位数值（fill_value）。如果不用-f 选项，则这些空单元都置 0
-i dir	更改搜索文档库算法，先到 dir（目录）中搜索。此选项必须出现在-l 选项之前
-l filename	命名一个文档库文件作为链接器的输入文件；filename 为文档库的某个文件名。此选项必须出现在-i 选项之后
-m filename	生成一个.map 映像文件，filename 是映像文件的文件名。.map 文件中说明存储器配置，输入、输出段布局及外部符号重新定位后的地址等
-o filename	对可执行输出模块命名。如果默认，则此文件名为 a.out
-r	生成一个可重新定位的输出模块。当利用-r 选项且不用-a 选项时，链接器生成一个不可执行文件。例如：k500 -r file1.obj file2.obj 此链接命令将 file1.obj 和 file2.obj 两个目标文件链接起来，并建立一个名为 a.out（默认情况）的可重新定位的输出模块。输出文件 a.out 可以与其他的目标文件重新链接，或者在加载时重新定位

4.5.2 链接命令文件的编写与使用

链接命令文件将链接的信息放在一个文件中，这在多次使用同样的链接信息时，可以方便地调用。在命令文件中可使用两个十分有用的伪指令 MEMORY 和 SECTIONS，用来指定实际应用中的存储器结构和地址分配。在命令行中不能使用这两个伪指令，命令文件为 ASCII 文件，可包含以下内容。

① 输入文件名，用来指定目标文件、存档库或其他命令文件。注意：当命令文件调用其他命令文件时，该调用语句必须是最后一句，链接器不能从被调用的命令文件中返回。

② 链接器选项，它们在命令文件中的使用方法与在命令行中相同。

③ MEMORY 和 SECTIONS 伪指令，MEMORY 用来指定目标存储器结构，SECTIONS 用来控制段的构成与地址分配。

④ 赋值说明，用于给全局符号定义和赋值。

对于如下链接器命令：

```
lnk500   a.obj   b.obj   -m   prog.map   -o   prog.out
```

可以将上述命令行中的内容写成一个链接命令文件 link.cmd（扩展名为.cmd，文件名自定），其内容如下：

```
a.obj                    /*第一个输入文件名*/
b.obj                    /*第二个输入文件名*/
-m    prog.map           /*指定 map 文件的选项*/
-o    prog.out           /*指定输出文件的选项*/
```

执行链接器命令：

```
lnk500   link.cmd
```

就可以将两个目标文件 a.obj 和 b.obj 链接起来，并生成一个映像文件 prog.map 和一个可执行输出文件 prog.out，其效果与前面带-m 和-o 选项的链接命令文件完全一样。

链接器按照命令文件中的先后次序处理输入文件。如果链接器认定一个文件为目标文件，就对它链接；否则就假定它是一个命令文件，并从中读出命令并进行处理。链接器对命令文件名的大小写是敏感的。空格和空行没有意义，但可以用作定界符。

例 4.5.1 给出了链接命令文件的一个例子。

【例 4.5.1】 链接命令文件举例。

```
a.obj   b.obj            /*输入文件名*/
-o    prog.out           /*指定输出文件的选项*/
-m    prog.map           /*指定 map 文件的选项*/
MEMORY                   /*MEMORY 伪指令*/
{
PAGE 0: ROM:             origin=1000h,length=0100h
PAGE 1: RAM:             origin=0100h,length=0100h
}
SECTIONS                 /*SECTIONS 伪指令*/
{
.text        : >ROM
.data        : >ROM
.bss         : >RAM
}
```

在链接命令文件中，也可以加注释。注释的内容包含在/*……*/中。

注意：在链接命令文件中，不能采用下列符号作为段名或符号名：

align	DSECT	len	o	run
ALIGN	f	length	org	RUN
attr	fill	LENGTH	origin	SECTIONS
ATTR	FILL	load	ORIGIN	spare
block	group	LOAD	page	type
BLOCK	GROUP	MEMORY	PAGE	TYPE
COPY	l（英文小写字母）	NOLOAD	range	UNION

4.5.3　目标库

目标库是包含全部目标文件的存档文件。通常将一组有关的模块组合在一起形成一个库。利用存档器可建立主要的库。当指定目标库作为链接器的输入时，链接器将在库中搜索没有分辨的外部引用，并包括库中那些定义有这些引用的任何成员。使用目标库可减少链接的时间和可执行模块的长度。一般而言，若在链接时指定含有函数的目标文件，则不管是否使用都得链接；但若相同的函数放在目标库中，则仅在引用时才将它包括进来。指定库的次序是很重要的，同一个库可按需要多次指定，每次搜索时都包括它。另外，可使用−x 选项确定搜索的方式。库中有一个全局符号表，列出了定义在库中的所有外部符号，链接器通过该表进行搜索直到确定不能使用该库分辨更多的引用为止。以下的例子链接了几个文件和库。假设：

① 输入文件 f1.obj 和 f2.obj 均引用了一个名为 clrscr 的外部函数；
② 输入文件 f1.obj 引用了符号 origin；
③ 输入文件 f2.obj 引用了符号 fillclr；
④ 库 libc.libc 的成员 Member 0 包含了 origin 的定义；
⑤ 库 libc.liba 的成员 Member 3 包含了 fillclr 的定义；
⑥ 两个库的成员 Member 1 都定义了 clrscr。

若输入命令：

   lnk500 f1.obj liba.lib f2.obj libc.lib

则各引用的分辨如下：

① 库 libc.liba 的成员 Member 1 满足对 clrscr 的引用，因为 f2.obj 引用它之前，库被搜索并定义了 clrscr；
② 库 libc.libc 的成员 Member 0 满足对 origin 的引用；
③ 库 libc.liba 的成员 Member 3 满足对 fillclr 的引用。

但如果输入命令：

   lnk500 f1.obj f2.obj libc.lib liba.lib

则所有对 clrscr 的引用都由库 libc.libc 的成员 Member 1 满足。

若链接文件没有一个引用定义在库中的符号，则可用−u 选项强迫链接器包括库的成员。下例在链接器全局符号表中产生一个没有定义的符号 rout1，即：

   lnk500 −u rout1 libc.lib

若库 libc.lib 的任何成员定义了 rout1，链接器将包括这些成员。链接器不可能控制单个库成员的分配，库成员按 SECTIONS 伪指令默认的算法进行分配。

4.5.4　MEMORY 命令

链接器应确定输出各段放在存储器的什么位置。要达到这个目的，首先应有一个目标存储器的结构。MEMORY 命令就用来规定目标存储器的结构。通过这条命令，可以定义系统中所包含的各种形式的存储器，以及它们占据的地址范围。

'C54x DSP 芯片的型号不同或者所构成的系统的用处不同，其存储器配置也不相同。通过 MEMORY 命令，可以进行各种各样的存储器配置，在此基础上再用 SECTIONS 命令将各输出段定位到所定义的存储器。

【例 4.5.2】　使用 MEMORY 伪指令的链接命令文件的例子。

```
file1.obj   file2.obj                    /*输入文件*/
-o    Prog.out                           /*选项*/
MEMORY
{
PAGE 0:        ROM:          origin=C00h, length=1000h
PAGE 1:        SCRATCH:      origin=60h, length=20h
               ONCHIP:       origin=80h, length=200h
```

例 4.5.2 中 MEMORY 命令所定义的系统，其存储器配置如下。

　　程序存储器：4K 字 ROM，起始地址为 C00h，取名为 ROM。

　　数据存储器：32 字 RAM，起始地址为 60h，取名为 SCRATCH。

　　　　　　　512 字 RAM，起始地址为 80h，取名为 ONCHIP。

MEMORY 命令的一般语法如下：

```
MEMORY
{
  PAGE 0:      name 1[(attr)] :    origin=constant, length=constant;
  PAGE n:      name n[(attr)] :    origin=constant, length=constant;
}
```

在链接命令文件中，MEMORY 命令用大写字母，紧随其后并用花括号括起的是一个定义存储器范围的清单。其中：

PAGE——对存储空间加以标记，每个 PAGE 代表一个完全独立的地址空间，页号 n 最多可规定为 255，取决于目标存储器的配置。通常 PAGE 0 定义为程序存储器，PAGE 1 定义为数据存储器。如果没有规定 PAGE，则链接器就默认为 PAGE 0。

name——对存储空间取名。一个存储器名字可以包含 8 个字符，A~Z、a~z、$、.、_均可。对链接器来说，这个名字并没有什么特殊的含义，它们只不过用来标记存储器的地址区间而已。另外，存储空间都是内部记号，因此不需要保留在输出文件或者符号表中。不同 PAGE 上的存储空间可以取相同的名字，但在同一 PAGE 内的名字不能相同，且不能重叠配置。

attr——这是一个任选项，为 name 规定 1~4 个属性。如果有选项，则应写在括号内。当输出段定位在存储器时，可利用属性加以限制。属性选项共有 4 项：

R——规定可以对存储器执行读操作；

W——规定可以对存储器执行写操作；

X——规定存储器可以装入可执行的程序代码；

I——规定可以对存储器进行初始化。

如果一项属性都没有选，就可以将输出段不受限制地定位到任何一个存储器位置。任何一个没有规定属性的存储器（包括所有默认方式的存储器）都有全部 4 项属性。

origin——规定存储空间的起始地址。输入 origin、org 或 o 都可以。这个值是一个 16 位二进制常数，也可以用十进制数、八进制数或十六进制数表示。

fill——这是一个任选项（不常用，在语法中未列出），为没有定位输出段的存储器空单元填充一个数，输入 fill 或 f 均可。这个值是 2 字节的整型常数，也可以是十进制数、八进制数或十六制数，如 fill=0FFFFh。

length——可简写为 len 或 l，指定存储空间的长度，其值以字为单位，可以是十进制、八进制或十六进制的 16 位数。

4.5.5 SECTIONS 命令

SECTIONS 命令的任务如下：
- 说明如何将输入段组合成输出段；
- 在可执行程序中定义输出段；
- 规定输出段在存储器中的存放位置；
- 允许重新命名输出段。

SECTIONS 命令的一般语法如下：

```
SECTIONS
{
    name:[property,property,property,...]
    name:[property,property,property,...]
    name:[property,property,property,...]
}
```

在链接命令文件中，SECTIONS 命令用大写字母，紧随其后并用花括号括起的是关于输出段的详细说明。每个输出段的说明都从段名开始。段名后面是一行说明段的内容和如何给段分配存储单元的性能参数。一个段可能的性能参数有：

① Load allocation，由它定义将输出段加载到存储器中的什么位置。

    语法：load=allocation 或者用大于号代替 "load="

         >allocation   或者省掉 "load="

         allocation

其中，allocation 是关于输出段地址的说明，即给输出段分配存储单元。具体写法有多种形式，例如：

```
.text:  load=0x1000            ;将输出段.text 定位到一个特定的地址
.text:  load>ROM               ;将输出段.text 定位到命名为 ROM 的存储空间
.bss:   load>(RW)              ;将输出段.bss 定位到属性为 R、W 的存储空间
.text:  align=0x80             ;将输出段.text 定位到从地址 0x80 开始
.bss:   load=block(0x80)       ;将输出段.bss 定位到一个 n 字存储器块的任何一个位置
                               ;（n 为 2 的幂次方）
.text:  PAGE 0                 ;将输出段.text 定位到 PAGE 0
```

如果要用到一个以上的参数，则可以将它们排成一行，例如：

```
.text:>ROM (align(16)PAGE(2))
```

② Run allocation，由它定义输出段在存储器的什么位置上开始运行。

    语法：run=allocation   或者用大于号代替等号

         run>allocation

链接器为每个输出段在目标存储器中分配两个地址：一个是加载的地址，另一个是执行程序的地址。通常，这两个地址是相同的，可以认为每个输出段只有一个地址。有时要想把程序的加载区分开（先将程序加载到 ROM，然后在 RAM 中以较快的速度运行），只要用 SECTIONS命令让链接器对这个段定位两次就行了。一次设置加载地址，另一次设置运行地址。例如：

```
.fir:   load=ROM,run=RAM
```

③ Input_sections，用它定义由哪些输入段组成输出段。

    语法：{input_sections}

大多数情况下，在 SECTIONS 命令中不列出每个输入文件的输入段的段名，即：

```
SECTIONS
{
    .text:
    .data:
```

```
      .bss
    }
```

这样，在链接时，链接器就将所有输入文件的.text 段链接成.text 输出段（其他段也一样）。当然，也可以明确地用文件名和段名来规定输入段，即：

```
SECTIONS
{
  .text:                          /*创建.text 输出段*/
  {
  f1.obj.(text)                   /*链接来自 f1.obj 文件中的.text 段*/
  f2.obj(sec1)                    /*链接来自 f2.obj 文件中的 sec1 段*/
  f3.obj                         /*链接来自 f3.obj 文件中的所有段*/
  f4.obj(.text,sec2)             /*链接来自 f4.obj 文件中的.text 段和 sec2 段*/
  }
}
```

④ Section type，用它为输出段定义特殊形式的标记。

    语法：   type=COPY   或者

                type=DSECT   或者

                type=NOLOAD

这些参数将对程序的处理产生影响，这里就不做介绍了。

⑤ Fill value，对未初始化空单元定义一个数值。

    语法：   fill=value   或者

                name：…{…}=value

最后，需要说明的是，在实际编写链接命令文件时，许多参数是不一定要用的，因而可以大大简化。

如果没有利用 MEMORY 和 SECTIONS 命令，链接器就按默认算法来定位输出段：

```
MEMORY
{
  PAGE 0:   PROG:   origin=0x0080,   length=0xFF00
  PAGE 1:   DATA:   origin=0x0080,   length=0xFF80
}
SECTIONS
{
  .text:      PAGE=0
  .data:      PAGE=0
  .cinit:     PAGE=0
  .bss:       PAGE=1
}
```

在默认 MEMORY 和 SECTIONS 命令的情况下，链接器将所有的.text 输入段链接成一个.text 输出段——可执行的输出文件；所有的.data 输入段组合成.data 输出段。又将.text 和.data 段定位到配置为 PAGE 0 上的存储器，即程序存储空间。所有的.bss 输入段则组合成一个.bss 输出段，并由链接器定位到配置为 PAGE 1 上的存储器，即数据存储空间。

如果输入文件中含有自定义已初始化段（如上面的.cinit 段），则链接器将它们定位到程序存储器，紧随.data 段之后；如果输入文件中含有自定义未初始化段，则链接器将它们定位到数据存储器，并紧随.bss 段之后。

4.5.6 多个文件的链接实例

这里通过两个例子介绍多个文件的链接方法。为了便于说明，下面给出一个源程序实例。

```
******************************************************************
*                        example.asm                           *
******************************************************************
            .title      "example.asm"
            .mmregs
stack       .usect      "STACK",10h         ;为堆栈指定空间
            .bss        a,4                  ;为变量分配 9 个字的空间
            .bss        x,4
            .bss        y,1
            .def        start
            .data
table:      .word       1,2,3,4              ;变量初始化
            .word       8,6,4,2
            .text
start:      STM         # 0,SWWSR            ;插入 0 个等待状态
            STM         # STACK + 10h,SP     ;设置堆栈指针
            STM         # a,AR1              ;AR1 指向 a
            RPT         # 7                  ;移动 8 个数据
            MVPD        table,*AR1+          ;从程序存储器到数据存储器
            CALL        SUM                  ;调用 SUM 子程序
end:        B           end
SUM:        STM         # a, AR3             ;子程序执行
            STM         # x, AR4
            RPTZ        A, # 3
            MAC         *AR3+,*AR4+,A
            STL         A,@ y
            RET
            .end
```

下面以 example.asm 源程序为例，将复位向量列为一个单独的文件，对两个目标文件进行链接。

① 编写复位向量文件 vectors.asm，见例 4.5.3。

【例 4.5.3】 复位向量文件 vectors.asm。

```
*******************************************
*       example.asm  源程序复位向量        *
*******************************************
  .title   "vectors.asm"
  .ref     start
  .sect    ".vectors"
  B        start
  .end
```

vectors.asm 文件中引用了 example.asm 中的标号"start"，这是在两个文件之间通过.ref 和.def 命令实现的。

② 编写源程序，以 example.asm 为例。example.asm 文件中.ref start 用来定义语句标号 start 的汇编命令，start 是源程序.text 段开始的标号，供其他文件引用。

③ 分别对两个源文件 example.asm 和 vector.asm 进行汇编，生成目标文件 example.obj 和 vectors.obj。

④ 编写链接命令文件 example.cmd。此命令文件链接 examples.obj 和 vectors.obj 两个目标

文件（输入文件），并生成一个映像文件 example.map 及一个可执行输出文件 example.out，标号"start"是程序的入口。

假设目标存储器的配置如下：

程序存储器

      EPROM   E000h~FFFFh（片外）

数据存储器

      SARAM   0060h~007Fh（片内）

      DARAM   0080h~017Fh（片内）

链接命令文件如例 4.5.4 所示。

【例 4.5.4】 链接命令文件 example.cmd。

```
vectors.obj
example.obj
-o      example.out
-m      example.map
-e      start
MEMORY
{
    PAGE 0:
            EPROM:       org=0E000h,len=100h
            VECS:        org=0FF80h, len=04h
    PAGE 1:
            SPRAM:       org=0060h, len=20h
            DARAM:       org=0080h, len=100h
}
SECTIONS
{
    .text               :>EPROM      PAGE 0
    .data               :>EPROM      PAGE 0
    .bss                :>SPRAM      PAGE 1
    STACK               :>DARAM      PAGE 1
    .vectors            :>VECS       PAGE 0
}
```

在例 4.5.4 中，程序存储器配置了一个空间 VECS，它的起始地址为 0FF80h，长度为 04h，并将复位向量段.vectors 放在 VECS 空间。这样一来，'C54x 复位后，首先进入 0FF80h，再从 0FF80h 复位向量处跳转到主程序。

在 example.cmd 文件中，有一条命令-e start，是软件仿真器的入口地址命令，这是为了软件仿真时在屏幕上从 start 语句标号处显示程序清单，且 PC 也指向 start (0E000h)。

⑤ 链接。链接后生成一个可执行输出文件 example.out 和映像文件 example.map（见例 4.5.5）。

【例 4.5.5】 映像文件 example.map。

```
OUTPUT    FILE      NAME:     <example.out>
ENTRY     POINT     SYMBOL:   "start"  address:  0000e000
MEMORY  CONFIGURATION
        name        origin          length        attributes      fill
        _____      _____          _____        _____          _____

PAGE 0:  EPROM     0000e000        000000100      RWIX
         VECS      0000FF80        000000004      RWIX
PAGE 1:  SPRAM     00000060        000000020      RWIX
```

| | DARAM | 00000080 | 000000100 | RWIX |

SECTION ALLOCATION MAP

output section	page	origin	length	attributes/input sections
.text	0	0000e000	00000016	
		0000e000	00000000	vectors.obj(.text)
		0000e000	00000016	example.obj(.text)
.data	0	0000e016	00000008	
		0000e016	00000000	vectors.obj(.data)
		0000e016	00000008	example.obj(.data)
.bss	1	00000060	00000009	UNINITIALIZED
		00000060	00000000	vectors.obj(.bss)
		00000060	00000009	example.obj(.bss)
STACK	1	00000080	00000010	UNINITIALIZED
		00000080	00000010	example.obj(STACK)
.vectors	0	0000ff80	00000002	
		0000ff80	00000002	vectors.obj(.vectors)
.xref	0	00000000	0000008c	COPY SECTION
		00000000	00000016	vectors.obj(.xref)
		00000016	00000076	example.obj(.xref)

GLOBAL SYMBOLS

address	name	address	name
00000060	.bss	00000060	.bss
0000e016	.data	00000069	end
0000e000	.text	0000e000	.start
0000e01e	edata	0000e000	.text
00000069	end	0000e016	etext
0000e016	etext	0000e016	.data
0000e000	start	0000e01e	.edata

[7 symbols]

上述可执行输出文件 example.out 装入目标系统后就可以运行了。系统复位后，PC 首先指向 0FF80h，这是复位向量地址。在这个地址上，有一条 B start 指令，程序马上跳转到 start 语句标号，从程序起始地址 0e000h 开始执行主程序。

本 章 小 结

本章介绍了在'C54x 的汇编器和链接器产生的 COFF（公共目标文件格式），着重介绍了其最小单位——段，并讨论了汇编器和链接器对段的处理，同时还附有丰富的实例，对从源程序—目标文件—可执行目标文件—存储器中的可执行文件的全过程做了全面深入的阐述。COFF 文件格式鼓励编程人员在用汇编语言或高级语言编程时采用基于代码段和数据段的概念，而不是一条条命令或一个个数据，不必为程序代码指定目标地址。采用这种目标文件格式更利于模块化编程，程序的可读性强，可移植性好。

思考题与习题

4.1　软件开发环境有哪几种？在非集成开发环境中，软件开发常采用哪些部分？

4.2　什么是 COFF？它有什么特点？

4.3　说明.text 段、.data 段和.bss 段分别包含什么内容？

4.4　编程人员如何定义自己的程序段？

4.5　链接器对段是如何处理的？

4.6　什么是程序的重新定位？

4.7　宏定义、宏调用和宏展开分别指的是什么？

4.8　链接器能完成什么工作？在链接命令文件中，MEMORY 命令和 SECTIONS 命令的任务是什么？

第5章 TMS320C54x 的汇编语言程序设计

内容提要： 汇编语言程序设计是应用软件设计的基础，主要任务是利用汇编指令和伪指令编写源程序以完成指定的功能。源程序可以包含以下内容：汇编语言指令、汇编伪指令、宏伪指令和规定的数字与字符。本章将结合实例介绍'C54x 汇编语言程序设计的基本方法。

知识要点：
- 汇编语言源程序的格式、常数、字符串、符号和表达式的规定；
- 堆栈的使用方法；
- 分支、循环、调用、返回等控制程序；
- 加法、乘法、除法、长字和并行等算术运算程序；
- 单指令、块重复、循环嵌套等重复操作程序；
- 数据块传送程序；
- 小数运算程序及浮点运算程序等。

教学建议： 本章建议学时为 6 学时。考虑到'C54x 汇编语言程序设计的指令、基本的设计方法同基于单片机的汇编语言很类似，但也有一些值得注意的特殊概念和用法，因此，在教学中应在对比两者的相似性的同时强调各自的特殊性，以避免混淆。

5.1 概　　述

'C54x 汇编语言源程序由源语句组成，这些语句可以包含汇编语言指令、汇编伪指令和注释等。程序的编写必须符合一定的格式，以便汇编器将源文件转换成机器语言的目标文件。下面将介绍汇编语言源程序的格式，以及各种常数、符号、字符串和表达式的规定。

5.1.1 汇编语言源程序格式

汇编语言源程序以 .asm 为扩展名，可以用任意的编辑器编写源代码。一句程序占源程序的一行，长度可以是源代码编辑器格式允许的长度，但汇编器每行最多读 200 个字符。若一行源语句的字符数的长度超过了 200 个字符，则汇编器将自行截去行尾的多余字符，并发出一个警告。因此，语句的执行部分必须限制在 200 个字符以内。

1. 源文件格式

助记符指令源语句的每行通常包含 4 个部分：标号区、助记符区、操作数区和注释区。助记符指令语法格式如下：

```
[label][:]      mnemonic        [operand list]      [;comment]
标号区          助记符区        操作数区            注释区
```

【例 5.1.1】 助记符指令源语句举例。

```
NANHUA        .set 1                    ;符号 NANHUA＝1 中
Begin:         LD    #NANHUA, AR1       ;将 1 加载到 AR1
```

汇编语句的书写格式应遵循一定的规则。这些规则包括：

① 所有语句必须以一个标号、空格、星号或分号开始；

② 标号是可选项，若使用标号，则标号必须从第一列开始；

③ 包含一个汇编伪指令的语句必须在一行中完全指定；

④ 每个区必须用一个或多个空格分开，Tab 字符与空格等效；

⑤ 程序中注释是可选项，如果注释从第一列开始，则前面必须标上星号（*）或分号（;），在其他列开始的注释前面必须以分号开头；

⑥ 如果源程序很长，需要书写若干行，则可以在前一行用反斜杠字符（\）结束，余下部分接着在下一行继续书写。

2．标号区

所有汇编指令和大多数汇编伪指令（.set 和.equ 例外，它们需要标号）前面都可以选择带有语句标号。使用语句标号时，必须从源语句第一列开始。标号最多为 32 个字符，由字母、数字及下画线和美元符号（A~Z，a~z，0~9，_ 和$）等组成。标号分大小写，且第一个字符不能用数字。标号后面可以带冒号（:），但冒号并不属于标号名的一部分。若不使用标号，则语句的第一列必须是空格、星号或者分号。

在使用标号时，标号的值是段程序计数器（SPC）的当前值。例如，若使用.word 伪指令初始化几个字，则标号将指到第一个字。

【例 5.1.2】 标号格式举例。

这是一段经过汇编器汇编后的源程序，标号 Start 的值为 40h：

```
         …        …
9    000000                                           ;假设汇编了某个其他代码
10   000040    000A    Start:  .word   0Ah,3,7
     000041    0003
     000042    0007
```

在一行中的标号本身是一个有效的语句。标号将段程序计数器（SPC）的当前值赋给标号，等效于下列伪指令语句：

```
label          .set   $                              ;$提供 SPC 的当前值
```

如果标号单独占一行，它将指到下一行的指令（SPC 不增加）：

```
3    000043                     Here:
4    000043    0003             .word    3
```

3．助记符区和操作数区

在助记符指令中，紧接在标号区后面的是助记符区和操作数区。

（1）助记符区

助记符区跟在标号区的后面。助记符指令可以是汇编语言指令、汇编伪指令、宏伪指令等。助记符区不能从第一列开始，若从第一列开始，将被认为是标号。助记符区可以包含如下的操作码：

① 机器指令助记符，一般用大写；

② 汇编伪指令、宏伪指令，以英文句号"."开头，且为小写；

③ 宏调用。

（2）操作数区

操作数区是跟在助记符区后面的一系列操作数，由一个和多个空格分开。操作数可以是符号、常数或符号与常数组合的表达式。操作数之间一定要用逗号","分开。有的指令没有操作数，如 NOP、RESET、RET 等。

对操作数前缀的规定。汇编器允许将常数、符号或表达式作为地址、立即数或间接地址。指令的操作数遵循以下规定：

① 前缀"#"后面的操作数是一个立即数。使用"#"符号作为前缀，则汇编器将操作数作

为立即数。如果操作数是地址，则汇编器会把地址处理为一个值，而不使用地址的内容。例如：

```
Label:    ADD    # 99, B
```

操作数# 99（十进制数）是一个立即数。汇编器将 99（十进制数）加到指定的累加器 B 中。如果用户执行一个移位操作，就要在移位数前面加上前缀"#"。

② 前缀"*"后面的操作数是一个间接地址。使用"*"符号作为前缀，则汇编器将操作数作为间接地址，即把操作数的内容作为地址。例如：

```
Label:    LD    * AR3, B
```

操作数*AR3 指定一个间接地址。该指令将引导汇编器找到寄存器 AR3 的内容所指定的地址，然后将该地址中的内容装进指定的累加器 B。

对伪指令的立即数的规定。通常，把符号"#"加在立即数前面来构成立即数代码，主要与指令一同使用。例如：

```
SUB    # 18, B
```

此语句使汇编器将累加器 B 的内容与立即数 18 相减后的结果放到累加器 B 中。在某些情况下，立即数也可以作为伪指令的操作数，但伪指令并不常使用立即数。例如：

```
.byte    18
```

此语句中没有使用立即数，汇编器把操作数看作一个值。

4．注释区

注释是任选项。注释可以由 ASCII 码和空格组成。注释在汇编源程序清单中要显示，但不影响汇编。源语句中仅有注释时也是有效语句。如果注释从某一行的任意一列开始，则注释必须以分号（;）开头；如果注释从第一列开始，则可以用分号（;）或星号（*）开头。例如：

```
11      000000        .bss; sym, 19          ;保留空间于.bss 中
;*****************************************
*          改变段，允许第 5 个'mylab' 定义                    *
;*****************************************
```

5.1.2　汇编语言中的常数与字符串

1．常数

汇编器支持以下几种类型的常数（常量）。

（1）二进制整型常量

二进制整型常量最多由 16 位二进制数字（0 或 1）组成，后缀为 B（或 b）。如果数字小于16 位，则汇编器将其右边对齐，并在前面补零。例如：

10001000B	136（十进制数）或 88（十六进制数）
0111100b	60（十进制数）或 3C（十六进制数）
10b	2（十进制数）或 2（十六进制数）
10001111B	143（十进制数）或 8F（十六进制数）

（2）八进制整型常量

八进制整型常量最多由 6 位八进制数字（0~7）组成，后缀为 Q（或 q）或前缀为 0（零）。例如：

100011Q	32777（十进制数）或 8009（十六进制数）
124q	84（十进制数）或 54（十六进制数）

对八进制常数也可使用 C 语言的记号，即加前缀 0。

0100011	32777（十进制数）或 8009（十六进制数）
0124	84（十进制数）或 54（十六进制数）

（3）十进制整型常量

十进制整型常量由一串十进制数字组成，无后缀，取值范围为：−32768~32767 或 0~65535。例如：

2118	2118（十进制数）或 846（十六进制数）
65535	65535（十进制数）或 0FFFF（十六进制数）
−32768	−32768（十进制数）或 8000（十六进制数）

（4）十六进制整型常量

十六进制整型常量最多由 4 位十六进制数字（十进制数 0~9 及字母 A~F 和 a~f，不分大小写）组成，带后缀 H（或 h）。它必须以数字（0~9）开始，也可以加前缀 0x。若数字小于 4 位十六进制数字，则汇编器将其右边对齐。例如：

| 0DH | 14（十进制数）或 000D（十六进制数） |
| 12BCH | 4796（十进制数）或 12BC（十六进制数） |

对十六进制常数也可使用 C 语言的记号，即加前缀 0x。例如：

| 0x0D | 14（十进制数）或 000D（十六进制数） |
| 0x12BC | 4796（十进制数）或 12BC（十六进制数） |

（5）浮点整型常量

浮点整型常量由一串十进制数字组成，可以带小数点、分数和指数部分。浮点数的表示方法为

$$[\pm][n].\ [n]\ [E\,|\,e]\ [\pm]\ [n]$$

这里 n 代表一串十进制数字，浮点数前可带加、减号（+或−），且小数点必须指定。例如 99.e9 是有效的数，但 99e9 非法。以下表示方法都是合法的：.314，3.14，−.314e−19。

（6）符号常数

在程序中使用.set 伪指令给一个符号赋值，该符号就成为一个汇编符号常数，等效于一个常数。为了使用表达式中的常数，赋给符号的常数必须是绝对值。例如，将常数值 18 赋给符号 nan_hua，即：

```
nan_hua        .set        18
LD             # nan_hua,A
```

也可以用.set 伪指令将符号常数赋给寄存器名。此时，该符号变成了寄存器的替代名。例如：

```
AuxR1      .set      AR1
MVMM       AuxR1,SP
```

一般来讲，汇编器在内部都用 32 位保存常量。注意，常量不能进行符号扩展。例如，0ACH 等于十六进制数 00AC 或十进制数 172，不等于−84。

（7）字符常数

字符常数是包括单引号在内的字符串。若一对单引号之间没有字符，则值为0。每个字符在内部都表示为 8 位 ASCII 码。例如：

| 'a' | 内部表示为 61h |
| 'B' | 内部表示为 42h |

2．字符串

字符串是由双引号括起来的一串字符。字符串的最大长度是可以变化的，由要求字符串的伪指令来设置。字符在内部用 8 位 ASCII 码来表示。例如：

| "example" | 定义了一个长度为 7 的字符串：example |

字符串可以用在.copy 伪指令中的文件名、.sect 伪指令中的段名、.setsect 伪指令中的段地址初始化及.byte 数据初始化伪指令中的变量名等场合。应特别注意字符常数与字符串的差别，即字符常数代表单个整数值，而字符串代表一串字符。

5.1.3 汇编源程序中的符号

汇编源程序中的符号用于标号、常数和替代字符。符号名最多可长达 200 个字符，由字母、数字及下画线和美元符号（A~Z，a~z，0~9，_和$）等组成。标号分大小写，例如：ABC，Abc，abc 是 3 个不同的符号。在调用汇编器时使用–c 选项，可以不分大小写。在符号中，第 1 位不能是数字，并且符号中不能含空格。

1. 标号

用作标号（label）的符号代表在程序中对应位置的符号地址。通常标号是局部变量，在一个文件中局部使用的标号必须是唯一的。助记符操作码和汇编伪指令名（不带前缀“.”）为有效标号。标号还可以作为.global，.ref，.def 或.bss 等汇编伪指令的操作数。如：

```
                    .global        label
lable1              NOP
                    ADD            label,B
                    B              label1
```

2. 符号常数

符号也可被设置成常数值。这样可以用有意义的名称来代表一些重要的常数值，提高程序的可读性。伪指令.set 和.struct/.tag/.endstruct 可以用来将常数赋给符号名。注意：符号常数不能被重新定义。

【例 5.1.3】 定义符号常数举例。

```
N                   .set           512                  ;定义常数
buffer              .set           4 * N
nzg1                .set           1
nzg2                .set           2
nzg3                .set           3
item                .struct                             ;item 结构定义
                    .int           nzg1                 ;常数偏移 nzg1 = 1
                    .int           nzg2                 ;常数偏移 nzg2 = 2
                    .int           nzg3                 ;常数偏移 nzg3 = 3
tang_ning           .endstruct
array               .tag           item                 ;声明数组
                    .bss           array,tang_ning * N
```

3. 定义符号常数（-d 选项）

汇编器使用-d 选项可以将常数值与一个符号等同起来。定义以后，在汇编源文件中可用符号代替和它等同的值。-d 选项的格式如下：

```
asm500     -d     name = [value]
```

name 是所要定义的符号名称。value 是要赋给符号的值。若 value 省略，则符号的值设置为 1。在汇编源程序中，可以用表 5.1.1 所列的伪指令来检测符号。

表 5.1.1 检测类型及伪指令

检 测 类 型	使用的伪指令
存在	.if $isdefed("name")
不存在	.if $isdefed("name") = 0
与值相等	.if name = value
与值不相等	.if name != value

注意：内部函数$isdefed 中的变量必须括在双引号内，表明变量按字面解释而不作为替代字符。

4. 预先定义的符号常数

汇编器有若干预先定义的符号，包括：

① $（美元符号），代表段程序计数器（SPC）的当前值；

② 寄存器符号 AR0~AR7；

③ _large_model，指定存储器模式。默认值为 0，由-mk 选项可以设置为 1。

5. 替代符号

可将字符串值（变量）赋给符号，这时符号名与该变量等效，成为字符串的别名。这种用来代表变量的符号称为替代符号。当汇编器遇到替代符号时，将用字符串值替代它。和符号常数不同，替代符号可以被重新定义。可在程序中的任何地方将变量赋给替代符号。例如：

```
.asg "high",AR2          ;寄存器 AR2
```

6. 局部标号

局部标号是一种特殊的标号，使用的范围和影响是临时性的。局部标号可用以下方法定义：

① 用$n 来定义，这里 n 是 0~9 的十进制数。

② 用 name?定义，其中 name 是任何一个合法的符号名。汇编器用后面跟着一个唯一的数值的句点（period）代替问号。当源代码被扩展时，在清单文件中看不到这个数值。用户不能将这种标号声明为全局变量。正常的标号必须是唯一的（仅能声明一次），在操作数区域中可以作为常数使用。然而，局部标号可以被取消定义，并可以再次被定义或自动产生。局部标号不能用伪指令来定义。局部标号可以用以下 4 种方法之一来取消定义或复位：使用.newblock 伪指令；改变段（利用伪指令.sect，.text 或.data）；通过进入一个 include 文件（指定.include 或.copy 伪指令）；通过离开一个 include 文件（达到 include 文件的结尾）。

下面以实例说明局部标号$n 的格式。该例中假设符号 ADDRA，ADDRB，ADDRC 已经在前面做了定义。

【例 5.1.4】 合法、非法局部标号$n 举例。

（1）合法使用局部标号的代码段

```
Label1:     LD      ADDRA,A        ;将 ADDRA 装入累加器 A
            SUB     ADDRB,A        ;减去地址 B
            BC      $1,ALT         ;如果小于 0,则分支转移到$1
            LD      ADDRB,A        ;否则将 ADDRB 装入累加器 A
            B       $2             ;分支转移到$2
    $1      LD      ADDRA,A        ;将 ADDRA 装入累加器 A
    $2      ADD     ADDRC,A        ;加上 ADDRC
            .newblock              ;取消$1 的定义,使它可被再次使用
            BC      $1,ALT         ;若小于 0,则分支转移到$1
            STL     A,ADDRC        ;存 ACC 的低 16 位到 ADDRC
    $1      NOP
```

（2）非法使用局部标号的代码段

```
Label1:     LD      ADDRA,A        ;将 ADDRA 装入累加器 A
            SUB     ADDRB,A        ;减去地址 B
            BC      $1,ALT         ;若小于 0,则分支转移到$1
            LD      ADDRB,A        ;否则将 ADDRB 装入累加器 A
            B       $2             ;分支转移到$2
    $1      LD      ADDRA,A        ;$1:将 ADDRA 装入累加器 A
    $2      ADD     ADDRC,A        ;$2:加上 ADDRC
            BC      $1,ALT         ;若小于 0,则分支转移到$1
            STL     A,ADDRC        ;将 ACC 的低 16 位存入 ADDRC
    $1      NOP                    ;错误:$1 被多次重复定义
```

下面的例子说明了 name? 形式的局部标号的使用。

【例 5.1.5】　　name? 形式的局部标号的使用方法。

```
;***************************************************************
;                        局部标号'mylab'的第 1 个定义
;***************************************************************
            nop
 mylab?     nop
            b           mylab?
;***************************************************************
;           .copy"a.inc"       ;包括文件中有'mylab'的第 2 个定义
;***************************************************************
mylab?      nop                 ;从包括文件中退出复位后,'mylab'的第 3 个定义
            b           mylab?
;***************************************************************
;在宏中'mylab'的第 4 个定义,为了避免冲突,宏使用不同的名称空间
;***************************************************************
maymac      .macro
mylab?      nop
            b           mylab?
            .endm
;***************************************************************
;mymac              ;宏调用。引用'mylab'的第 3 个定义,注意定义
;b mylab?           ;既不被宏调用复位,也不和定义在宏中的相同名称冲突
;***************************************************************
;                        改变段,允许'mylab'的第 5 个定义
;***************************************************************
            .sect       "Secto_One"
            nop
mylab?      .word       0
            nop
            nop
            b           mylab?
;***************************************************************
;           newblock 伪指令,允许'mylab'的第 6 个定义
;***************************************************************
            .newblock
mylab?      .word       0
            nop
            nop
            b           mylab?
```

5.1.4　汇编源程序中的表达式

表达式可以是常数、符号，或者是由算术运算符隔开的一系列常数和符号。有效表达式值的范围为-32768~32767。影响表达式计算顺序的因素主要有以下 3 个。

① 圆括号( )。圆括号内的表达式最先计算。特别应注意的是，不能用花括号{ }或方括号[ ]代替圆括号( )。

② 优先级。'C54x 汇编器使用与 C 语言相似的优先级，见第 3 章表 3.2.2。优先级高的运算先计算，例如：8+4/2=10，先进行 4/2 运算。

③ 从左到右运算。当圆括号和优先级不决定运算顺序时，具有相同的优先级的运算按从左到右的顺序计算，与 C 语言相似。例如：8/4*2=4，而 8/(4*2)=1。

1．运算符

第 3 章表 3.2.2 列出了可用在表达式中的运算符。'C54x 汇编器使用与 C 语言相似的优先级。注意，表中取正（＋）、取负（－）和乘（*）比二进制形式有较高的优先级。

2．条件表达式

汇编器支持关系运算符，可以用于任何表达式，这对条件汇编特别有用。有以下几种关系运算符：

＝ 等于	＝＝ 等于	!= 不等于
>= 大于或等于	<= 小于或等于	> 大于 < 小于

当条件表达式为真时，值为 1，否则为 0。表达式两边的操作数类型必须相同。

3．有效定义的表达式

某些汇编器要求以有效定义的表达式作为操作数。操作数是汇编符号常数或链接时可重新定位的符号。有效定义的表达式是指表达式中的符号或汇编符号常数在表达式之前就已经定义了。有效定义的表达式的计算必须是绝对的。

【例 5.1.6】　有效定义的表达式。

```
            .data
label1   .word     0
         .word     1
         .word     2
label2   .word     3
X        .set      50h
goodsym1 .set      100h + X        ;因为 X 的值在引用前已经定义,故这是一个有效定义的表达式
goodsym2 .set      $               ;对前面定义的局部标号的所有引用,包括当前的 SPC($),都被
goodsym3 .set      label1          ;认为是定义良好的
goodsym4 .set      label2-label1   ;虽然标号 label1 和 label2 不是绝对符号,因为它们是定义在同一
                                   ;段内的局部标号,故可以在汇编器中计算它们的差,这个差是绝
                                   ;对的,所以,表达式是定义良好的
```

【例 5.1.7】　无效定义的表达式。

```
         .global   Y
badsym1  .set      Y               ;因为 Y 是外部的且在当前文件中未定义,故对汇编器而言是
badsym2  .set      50h + Y         ;未知的,所以不能用于有效定义的表达式
badsym3  .set      50h + Z         ;尽管 Z 在当前文件定义了,但定义出现在引用表达式之后。
Z        .set      60h             ;所有出现在有效定义中的表达式的符号和常量都必须在引用
                                   ;前进行定义
```

4．表达式上溢和下溢

汇编时执行了算术运算以后，汇编器将检查上溢和下溢的条件。无论出现上溢或下溢，它都会发出一个值被截断了的警告。汇编器不检查乘法的溢出状态。

5．可重新定位符号和合法表达式

表 5.1.2 列出了有关绝对符号、可重新定位符号以及外部符号的有效操作。表达式不能包含可重新定位符号和外部符号的乘或除，表达式中也不能包含对其他的段可重新定位但不能被分辨的符号。

用.global 伪指令定义为全局的符号和寄存器也可以用在表达式中。在表 5.1.2 中，这些符号和寄存器被声明为外部符号。可重新定位的寄存器也可以用在表达式中，这些寄存器的地址相对于定义它们的寄存器段是可重新定位的，除非将它们声明为外部符号。

以下例子说明了在表达式中绝对符号和可重新定位符号的使用方法。

```
         .global   extern_1                  ;定义在外部模块中
```

```
intern_1:          .word "D"                    ;可重新定位,在现行模块中定义
LAB1:              .set    2                     ;LAB1＝2 不可重新定位(绝对符号)
intern_2                                         ;可重新定位,在现行模块中定义
```

表 5.1.2　带有绝对符号和可重新定位符号的表达式

如果 A 为…	并且 B 为…	A+B 为…	A−B 为…
绝对	绝对	绝对	绝对
绝对	外部	外部	非法
绝对	可重新定位	可重新定位	非法
可重新定位	绝对	可重新定位	可重新定位
可重新定位	可重新定位	非法	绝对*
可重新定位	外部	非法	非法
外部	绝对	外部	外部
外部	可重新定位	非法	非法
外部	外部	非法	非法

*：A 和 B 必须在同一个段里，否则非法。

【例 5.1.8】　所有合法表达式都可以化简为以下两种形式之一：可重新定位符号±绝对符号，或绝对值。

单操作数运算仅能应用于绝对值，不能应用于可重新定位符号。表达式简化为仅含有可重新定位符号是非法的。例如：

```
LD   extern_1 – 10,B                ;合法
LD   10-extern_1,B                  ;不能将可重新定位符号变为负
LD   extern_1/10,B                  ;不能将可重新定位符号乘除
LD   intern_1 + extern_1,B          ;无效的加操作
```

【例 5.1.9】　下面语句中的第一句是合法的，尽管 intern_1 和 intern_2 是可重新定位符号，但因为它们在相同的段，故它们的差是绝对的，然后加上一个可重新定位符号，该句可化简为"绝对值+可重新定位符号"，因而是合法的。第二句非法是因为两个可重新定位符号的和不是一个绝对的值。

```
LD   intern_1 – intern_2 + extern_1,B        ;合法
LD   intern_1 + intern_2 + extern_1,B        ;非法
LD   intern_1 + extern_1 – intern_2,B        ;非法
```

第三句看起来和第一句一样，但因为计算顺序是从左到右，汇编器会先将 intern_1 与 extern_1 相加，因而非法。可见，表达式的计算应考虑外部符号在表达式中的位置。

5.2　堆栈的使用方法

当调用中断服务程序或子程序时，需要将程序计数器 PC 的值和一些重要的寄存器值进行压栈保护，以便程序返回时能从间断处继续执行。'C54x 提供一个用 16 位堆栈指针（SP）寻址的软件堆栈。当向堆栈中压入数据时，堆栈是从高地址向低地址方向填入的。在压入操作时先将 SP 减 1，然后将数据压入堆栈；在弹出操作时先从堆栈弹出数据，然后将 SP 加 1。

如果程序中要使用堆栈，则必须先进行设置，方法如下：

```
size      .set       120
stack     .usect     "STACK",size
          STM        # stack + size,SP
```

上述语句在数据 RAM 空间开辟一个堆栈区。前两句在数据 RAM 中自定义一个名为 STACK 的保留空间，共 120 个单元。第 3 句将这个保留空间的高地址（# stack + size）赋给 SP，作为栈底。

设置好堆栈之后，就可以使用堆栈了，例如：

```
CALL   pmad    ;(SP) – 1→SP,(PC) + 2→TOS,pmad→PC
RET            ;(TOS)→PC,(SP) + 1→SP
```

堆栈区的大小可以按照以下步骤来确定：

① 先开辟一个较大的堆栈区，用已知数填充。

```
        LD         # –9224,B
        STM        # length, AR1
        MVMM       SP, AR4
loop：  STL        B, * AR4–
        BANZ       loop,* AR1–
```

执行以上程序后，堆栈区中的所有单元均填充 0DBF8h（即 –9224），如图 5.2.1（a）所示。

② 运行程序。

③ 检查堆栈中的数值，如图 5.2.1（b）所示，从中可以找出堆栈实际用的存储单元数量。

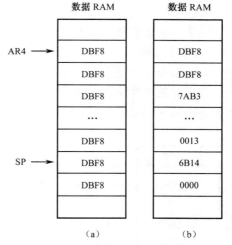

图 5.2.1　堆栈区大小的确定

5.3　控 制 程 序

'C54x 具有丰富的程序控制指令，利用这些指令可以执行分支转移、子程序调用、子程序返回、条件操作及循环操作等控制操作。

5.3.1　分支操作程序

程序控制中的分支操作包括：分支转移、子程序调用、子程序返回和条件操作。

1. 分支转移程序

通过传送控制指令到程序存储器的其他位置，分支转移会中断连续的指令流。分支转移会影响在 PC 中产生和保存的程序地址。通常可以把分支转移操作分成两种形式：无条件分支转移和条件分支转移，两者都可以带延时操作和不带延时操作，见表 5.3.1。

表 5.3.1　分支转移指令

分　类	指　令	说　明	周　期　数
无条件分支转移	B[D]	用该指令指定的地址加载 PC	4/2
	BACC[D]	用累加器的低 16 位指定的地址加载 PC	6/4
条件分支转移	BC[D]	如果满足指令给定条件，则用该指令指定的地址加载 PC	5/3 , 3|3
	BANG[D]	如果当前选择辅助寄存器不等于 0,则用该指令指定的地址加载 PC	4|2 , 2|2
远分支转移	FB[D]	用该指令指定的地址加载 PC 和 XPC	4/2
	FBACC[D]	用累加器的低 23 位指定的地址加载 PC 和 XPC	6/4

注："5/3"表示条件成立为 5 个时钟周期，不成立为 3 个时钟周期。"4|2 , 2|2"表示：在无延时的情况下，条件成立为 4 个时钟周期，不成立为 2 个时钟周期；在有延时的情况下，条件成立为 2 个时钟周期，不成立为 2 个时钟周期。

无条件分支转移是无条件执行的，而条件分支转移要在满足一个或多个条件时才执行。远分支转移允许分支转移到扩展存储器。

【例 5.3.1】 分支转移举例。

```
        STM    #1088H, AR0        ;将地址 1088H 装入 AR0
        LD     #1000H, A          ;将操作数#1000H 装入 ACC
LOOP:   SUB    *AR0, A            ;将 A 中的内容减去以 AR0 内容为地址的存储数据,其结果装入 A
        BC     LOOP, AGT, AOV     ;若累加器 A>0 且溢出,则转至 LOOP,否则往下执行
```

2. 子程序调用程序

与分支转移一样，通过传送控制指令到程序存储器的其他位置，子程序调用会中断连续的指令流，但与分支转移不同的是，这种传送是临时的。当函数的子程序被调用时，紧跟在调用后的下一条指令的地址保存在堆栈中。这个地址用于返回调用程序并继续执行调用前的程序。子程序调用操作分成两种形式：无条件调用和条件调用，两者都可以带延时操作和不带延时操作，见表 5.3.2。

表 5.3.2 子程序调用指令

分 类	指 令	说 明	周 期 数
无条件调用	CALL[D]	将返回的地址压入堆栈，并用该指令指定的地址加载 PC	4/2
	CALA[D]	将返回的地址压入堆栈，用累加器 A 或 B 指定的地址加载 PC	6/4
条件调用	CC[D]	如果满足指令给定条件，则将返回的地址压入堆栈，并用该指令指定的地址加载 PC	5|3 , 3|3
远调用	FCALL [D]	将 XPC 和 PC 压入堆栈，并用该指令指定的地址加载 PC 和 XPC	4/2
	FCALA [D]	将 XPC 和 PC 压入堆栈，用累加器的低 23 位指定的地址加载 PC 和 XPC	6/4

无条件调用是无条件执行的，条件调用和无条件调用操作相同，但是条件调用要在满足一个或多个条件时才执行。远调用允许对扩展存储器的子程序或函数进行调用。

【例 5.3.2】 子程序调用举例。

```
        STM    #1000H, AR0       ;将地址 1000H 装入 AR0
        STM    #1010H, AR1       ;将地址 1010H 装入 AR1
        STM    #1020H, AR2       ;将地址 1020H 装入 AR2
        CALL   new               ;调子程序 new
        STH    A,*AR2+           ;将 A 中高阶位存入以 AR2 内容为地址的存储单元
        STL    A,*AR2            ;将 A 中低阶位存入以 AR2 内容为地址的存储单元
new:    MPY    *AR0,* AR1, A     ;以 AR0 和 AR1 的内容为地址的数据相乘放入 ACC 中
        RET                      ;子程序返回
```

3. 子程序返回程序

子程序返回程序可以使程序重新在被中断的连续指令处继续执行。返回指令通过弹出堆栈的值（包含将要执行的下一条指令的地址）到程序计数器（PC）中来实现返回功能。'C54x 可以执行无条件返回和条件返回，并且它们都可以带延时或不带延时，如表 5.3.3 所示。

表 5.3.3 子程序返回指令

分 类	指 令	说 明	周 期 数
无条件返回	RET[D]	将堆栈顶部的返回地址加载到 PC	5/3
	RETE[D]	将堆栈顶部的返回地址加载到 PC，并使能可屏蔽中断	5/3
	RETF[D]	将 RTN 寄存器中的返回地址加载到 PC，并使能可屏蔽中断	3/1
条件返回	RC[D]	如果满足指令给定条件，则将堆栈顶部的返回地址加载到 PC	5|3 , 3|3

分　类	指　　令	说　　　明	周期数
远返回	FCALL [D]	将堆栈顶部的值弹出加载到 XPC，将堆栈中下一个值弹出加载到 PC	6/4
	FCALA [D]	将堆栈顶部的值弹出加载到 XPC，将堆栈中下一个值弹出加载到 PC，并使能可屏蔽中断	6/4

无条件返回是无条件执行的。通过使用条件返回指令，可以给被调用函数或中断服务程序（ISR）更多的可能返回路径，以便根据被处理的数据选择返回路径。远返回允许从扩展存储器的子程序或函数返回。

4．条件操作程序

’C54x 的一些指令只有在满足一个或多个条件后才被执行。表 5.3.4 列出了这些条件指令所需的条件及对应的操作数。

表 5.3.4　条件指令所需的条件和相应的操作数

条　件	说　　　明	操作数	条　件	说　　　明	操作数
A = 0	累加器 A 等于 0	AEQ	B = 0	累加器 B 等于 0	BEQ
A ≠ 0	累加器 A 不等于 0	ANEQ	B ≠ 0	累加器 B 不等于 0	BNEQ
A < 0	累加器 A 小于 0	ALT	B < 0	累加器 B 小于 0	BLT
A ≤ 0	累加器 A 小于等于 0	ALET	B ≤ 0	累加器 B 小于等于 0	BLET
A > 0	累加器 A 大于 0	AGT	B > 0	累加器 B 大于 0	BGT
A ≥ 0	累加器 A 大于等于 0	AGET	B ≥ 0	累加器 B 大于等于 0	BGET
AOV = 1	累加器 A 溢出	AOV	BOV = 1	累加器 B 溢出	BOV
AOV = 0	累加器 A 不溢出	ANOV	BOV = 0	累加器 B 不溢出	BNOV
C = 1	ALU 进位位置 1	C	C = 0	ALU 进位位置 0	NC
TC = 1	测试/控制标志位置 1	TC	TC = 0	测试/控制标志位置 0	NTC
$\overline{BIO}$ 低	BIO 信号为低电平	BIO	$\overline{BIO}$ 高	BIO 信号为高电平	NBIO
无	无条件操作	UNC			

在条件操作时也可以要求多个条件，只有所有条件满足时才被认为条件满足。特别要注意的是，条件的组合有一定要求和规律，只有某些组合才有意义。为此，把操作数分成两组，每组又分成 2~3 类，分组规律见表 5.3.5。

表 5.3.5　分组规律

第 1 组		第 2 组		
A 类	B 类	A 类	B 类	C 类
AEQ	BEQ	TC	C	BIO
ANEQ	BNEQ	NTC	NC	NBIO
AGET	BGET			
AGT	BGT			
ALET	BLET			
ALT	BLT			
AOV	BOV			
ANOV	BNOV			

选用条件时应注意以下几点。

① 第 1 组：最多可选两个条件，组内两类条件可以"与"/"或"，但不能在组内同一类中选择两个操作数"与"/"或"。当选择两个条件时，累加器必须是同一个。例如，可以同时选择 AGT 和 AOV，但不能同时选择 AGT 和 BOV。

② 第 2 组：最多可选 3 个条件，可以从组内 3 类中各选一个操作数"与"/"或"，但不能在组内同一类中选两个操作数"与"/"或"。例如，可以同时测试 TC、C 和 BIO，但不能同时测试 NTC、C 和 NC。

③ 组与组之间的条件只能"或"。

【例 5.3.3】 条件分支转移。

```
BC    sub, BLET           ;若累加器 B≤0,则转至 sub,否则往下执行
BC    start, AGET, AOV    ;若累加器 A≥0 且溢出,则转至 start,否则往下执行
BC    loop,NTC           ;若 TC＝0,则转向 loop,否则往下执行
```

写在单条指令中的多个（2~3 个）条件是"与"逻辑关系。如果需要两个条件相"或"，则只能分两行写成两条指令。例如，例 5.3.3 中第一条指令改为"若累加器 A 大于 0 或溢出，则转移至 sub"，可以写成如下两条指令：

```
BC    sub,AGT
BC    sub,AOV
```

5.3.2 循环操作程序

在程序设计时，经常需要重复执行某一段程序。利用 BANZ（当辅助寄存器不为 0 时转移）指令执行循环计数和操作是十分方便的。

【例 5.3.4】 计算 $y = \sum_{i=1}^{10} x_i$，主要程序如下：

```
        .bss      x,10
        .bss      y,1
        STM       # x,AR1
        STM       # 9,AR2
        LD        # 0,A
loop：  ADD       *AR1＋,A
        BANZ      loop,*AR2－
        STL       A,@y
```

本例中用 AR2 作为循环计数器，设初值为 9，共执行 10 次加法。也就是说，应用迭代次数减 1 后加载循环计数器。

5.4　算术运算程序

基本的算术运算包括：加/减法运算、乘法运算、除法运算、长字和并行运算。下面结合例子逐一介绍它们的使用方法。

5.4.1 加/减法运算和乘法运算

在数字信号处理中，加法运算和乘法运算是最常见的算术运算，以下举几个例子。

【例 5.4.1】 计算 $y = a \times x + b$。

```
LD        @ a, T
MPY       @ x,B
```

```
        ADD         @ b,B
        STL         B, @ y
```
【例 5.4.2】　计算 $y = x1 \times a1 + x2 \times a2$。
```
        LD          @ x1, T
        MPY         @ a1, B
        LD          @ x2, T
        MAC         @ a2, B
        STL         B, @ y
        STH         B, @ y + 1
```

以上例子中使用的指令都是单周期指令。

【例 5.4.3】　计算 $y = \sum_{i=1}^{4} a_i x_i$。

```
*****************************************************************
*                        example.asm                          *
*****************************************************************
            .title      "example.asm"
            .mmregs
stack       .usect      "STACK",10h         ;为堆栈指定空间
            .bss        a,4                 ;为变量分配 9 个字的空间
            .bss        x,4
            .bss        y,1
            .def        start
            .data
table:      .word       1,2,3,4             ;变量初始化
            .word       8,6,4,2
            .text
start:      STM         #0,SWWSR            ;插入 0 个等待状态
            STM         #STACK + 10h,SP     ;设置堆栈指针
            STM         #a,AR1              ;AR1 指向 a
            RPT         #7                  ;移动 8 个数据
            MVPD        table,*AR1+         ;从程序存储器到数据存储器
            CALL        SUM                 ;调用 SUM 子程序
end:        B           end
SUM:        STM         #a, AR3             ;子程序执行
            STM         #x, AR4
            RPTZ        A, # 3
            MAC         *AR3+,*AR4+,A
            STL         A,@ y
            RET
            .end
```

5.4.2　除法运算

在'C54x 中没有除法器硬件，也就没有专门的除法指令。但是，利用条件减法指令（SUBC 指令）加上重复指令 "RPT #15" 就可以实现两个无符号数的除法运算。条件减法指令的功能如下：

```
SUBC   smem，src        ;(src)–(smem)<<15→ALU 输出
                        ;如果 ALU 输出≥0,则(ALU 输出)<<1＋1→src，否则(src)<<1→src
```

下面考虑这样一种情形：当 |被除数| ≥ |除数| 时，商为整数。

【例 5.4.4】 编写 16348÷512 的程序段。

```
             .bss      num.1
             .bss      den.1
             .bss      quot.1
             .data
table:       .word     66 * 32768 /10      ;0.66        （16384）
             .word     −33 * 32768 /10     ;−0.33       （512）
             .text
start:.      STM       # num,AR1
             RPT       # 1
             MVPD      table, * AR1+        ;传送两个数据至分子、分母单元
             LD        @den, 16, A          ;将分母移到累加器 A(31~16)
             MPYA      @num                 ;(num) * A(32~16)→B,获取商的符号（在累加器 B 中）
             ABS       A                    ;分母取绝对值
             STH       A,@den               ;分母绝对值存回原处
             LD        @num,A               ;分子→A(32~16)
             ABS       A                    ;分子取绝对值
             RPT       # 15                 ;16 次减法重复操作,完成除法
             SUBC      @den,A
             XC        1,BLT                ;如果 B<0（商为负数），则需要变号
             NEG       A
             STL       A,@quot              ;保存商
```

例 5.4.4 的运行结果见表 5.4.1。

表 5.4.1 例 5.4.4 的运行结果

被 除 数	除 数	商（十六进制数）	商（十进制数）
16384	512	0xC020	32
66 * 32768/100(0.66)	−33 * 32768/100（−0.33）	0xFFFE	−2

5.4.3 长字运算和并行运算

1．长字运算

'C54x 可以利用 32 位长操作数进行长字运算。进行长字运算时，需使用长字指令，如：

```
DLD      Lmem,dst          ;dst = Lmem
DST      src,Lmem          ;Lmem = src
DADD     Lmem,src[,dst]    ;dst = src + Lmem
DSUB     Lmem,src[,dst]    ;dst = src − Lmem
DRSUB    Lmem,src[,dst]    ;dst = Lmem − src
```

以上指令中除 DST 指令（存储 32 位数要用 E 总线两次，需 2 个时钟周期）外，其余都是单字单周期指令，也就是在单个周期内同时利用 C 总线和 D 总线，得到 32 位操作数。

长操作数指令中存在高 16 位和低 16 位操作数在存储器中的排列方式问题。由于按指令中给出的地址存取的总是高 16 位操作数，因此，就有以下两种数据排列方法。

（1）偶地址排列法

指令中给出的地址为偶地址，存储器中低地址存放高 16 位操作数。

【例 5.4.5】 偶地址排列法举例。

```
             .bss      a,2
             .bss      y,2
             .data
table:       .word     06CACH,0BD90H
             .text
             …
```

```
            STM      #a,AR1
            RPT      #1
            MVPD     table, *AR1+
            STM      #a, AR3
            DLD      *AR3+,A
```

执行前：　A = 00 0000 0000h　　　　执行后：　A = 00 6CAC BD90h
　　　　　AR3 = 0100h　　　　　　　　　　　　AR3 = 0102h
　　　　　(0100h)= 6CACh(高字)　　　　　　　　(0100h)= 6CACh
　　　　　(0101h)= BD90h(低字)　　　　　　　　(0101h)= BD90h

（2）奇地址排列法

指令中给出的地址为奇地址，存储器中低地址存放低 16 位操作数。

【例 5.4.6】　奇地址排列法举例。

```
            .bss      a,2
            .bss      y,2
            .data
table:      .word     06CACH,0BD90H
            .text
            …
            STM       # a，AR1
            RPT       # 1
            MVPD      table,* AR1−
            STM       # a,AR3
            DLD       * AR3+,A
```

执行前：　A = 00 0000 0000h　　　　执行后：　A = 00 BD90 6CACh
　　　　　AR3 = 0101h　　　　　　　　　　　　AR3 = 0103h
　　　　　(0100h)= 6CACh(低字)　　　　　　　　(0100h)= 6CACh
　　　　　(0101h)= BD90h(高字)　　　　　　　　(0101h)= BD90h

在使用时应选定一种方法。推荐采用偶地址排列法，将高 16 位操作数放在偶地址存储单元中。编写汇编语言程序时，应注意将高位字放在数据存储器的偶地址存储单元中。

【例 5.4.7】　计算 $Z_{32} = X_{32} + Y_{32}$。

标准运算　　　　　　　　　　　　　　长字运算

```
.bss      xhi,1                       .bss      xhi,2,1,1
.bss      xlo,1                       .bss      yhi,2,1,1
.bss      yhi,1                       .bss      zhi,2,1,1
.bss      ylo,1                       …
.bss      zhi,1                       DLD       @ xhi,A
.bss      zlo,1                       DADD      @ yhi, A
…                                     DST       A, @ zhi
LD        @ xhi,16,A                  （3 个字,3 个周期）
ADDS      @ xlo,A
ADD       @ yhi,16,A
ADDS      @ ylo,A
STH       A,@ zhi
STL       A,@ zlo
（6 个字,6 个周期）
```

2．并行运算

并行运算是指同时利用 D 总线和 E 总线参与运算。D 总线用来执行加载或算术运算，E 总线用来存放先前的结果。

并行运算指令有 4 种：并行加载和乘法指令，并行加载和存储指令，并行存储和乘法指令，以及并行存储和加/减法指令。所有并行指令都是单字单周期指令。表 5.4.2 列出了并行运算指令的例子。应注意的是，并行运算时存储的是前面的运算结果，存储之后再进行加载或算术运算。这些指令都工作在累加器的高位，并且大多数的并行运算指令都会受 ASM（累加器移位方式）位的影响。

表 5.4.2　并行运算指令举例

指　　令	举　　例	操 作 说 明
LD ‖ MAC[R] LD ‖ MAS[R]	LD Xmem,dst ‖ MAC[R] Ymem[,dst2]	dst = Xmem<<16 dst2 = dst2 + T * Ymem
ST ‖ LD	ST src,Ymem ‖ LD Xmem,dst	Ymem = src<<(ASM−16) dst = Xmem<<16
ST ‖ MPY ST ‖ MAC[R] ST ‖ MAS[R]	ST src,Ymem ‖ MAC[R] Xmem,dst	Ymem = src<<(ASM−16) dst = dst + T * Xmem
ST ‖ ADD ST ‖ SUB	ST src,Ymem ‖ ADD Xmem,dst	Ymem = src<<(ASM−16) dst = dst + Xmem<<16

【例 5.4.8】　编写计算 $z = x + y$ 和 $f = e + d$ 的程序段。

在此程序段中用到了并行加载和存储指令，即在同一时钟周期内利用 D 总线加载和 E 总线存储。

```
.bss      x,3
.bss      d,3
STM       #x,AR5
STM       #d,AR2
LD        #0,ASM
LD        * AR5+,16,A
ADD       * AR5+,16,A
ST        A,* AR5
 ‖ LD     * AR2+,B
ADD       * AR2+,16,B
STH       B,* AR2
```

【例 5.4.9】　编写计算 $Z_{64} = W_{64} + X_{64} - Y_{64}$ 的程序段。

W、X、Y 和结果 Z 都是 64 位数，它们都由两个 32 位的长字组成。利用长字运算指令可以完成 64 位数的加/减法。

```
    W3    W2    W1    W0       (W64)
+   X3    X2   C X1    X0      (X64) 低 32 位相加产生进位 C
−   Y3    Y2   C' Y1    Y0     (Y64) 低 32 位相减产生借位 C'
    ─────────────────────────  ──────
    Z3    Z2    Z1    Z0       (Z64)
```

```
DLD     @ w1,A      ;A = w1w0
DADD    @ x1,A      ;A = w1w0 + x1x0,产生进位 C
DLD     @ w3,B      ;B = w3w2
ADDC    @ x2,B      ;B = w3w2 + x2 + C
ADD     @ x3,16,B   ;B = w3w2 + x3x2 + C
DSUB    @ y1,A      ;A = w1w0 + x1x0 − y1y0,产生错位 C'
DST     A,@ z1      ;z1z0 = w1w0 + x1x0 − y1y0
SUBB    @ y2,B      ;B = w3w2 + x3x2 + C − y2 − C'
SUB     @ y3,16,B   ;B = w3w2 + x3x2 + C −y3y2 − C'
DST     B,@ z3      ;z3z2 = w3w2 + x3x2 + C − y3y2 − C'
```

因为没有带进（借）位的长字加/减法指令，所以上述程序中只能用 16 位带进（借）位指令 ADDC 和 SUBB。

5.5　重复操作程序

'C54x 的重复操作是指使 CPU 重复执行一条指令或一段指令，可以分为单指令重复和块程序重复。具体来讲，使用 RPT（重复下一条指令）、RPTZ（累加器清 0 并重复下一条指令）能重复执行下一条指令；而 RPTB（块重复指令）用于重复执行代码块若干次。利用这些指令进行循环比用 BANZ 指令要快得多。

5.5.1　单指令重复操作

重复指令 RPT 或 RPTZ 允许重复执行紧随其后的那一条指令。下一条指令重复执行的次数由该指令的操作数决定，并且等于操作数加 1。即如果要重复执行 $N+1$ 次，则重复指令中应规定计数值为 N。该数值保存在 16 位重复计数器（RC）寄存器中，一条指令的最大重复次数为 65536。注意：RC 寄存器只能由 RPT 或 RPTZ 加载，不能由其他指令对其赋值。

由于重复指令在执行时只需要取指一次，因此在进行循环操作时，使用重复指令要比使用 BANZ 指令效率高得多。特别是对于乘法-累加和数据传送这样的多周期指令，在执行一次之后就变成了单周期指令，大大提高了运行速度。

【例 5.5.1】　对一个数组进行初始化：x[8] = {0, 0, 0, 0, 0, 0, 0, 0}。

```
    .bss      x,8
    STM       # x,AR1
    LD        # 0,A
    RPT       A,# 7
    STL       A,* AR1+
```

或者用 RPTZ 代替 LD 和 RPT：

```
    .bss      x,8
    STM       # x,AR1
    RPTZ      # 7
    STL       A,* AR1+
```

应指出的是，在执行重复操作期间，除芯片复位（即利用 $\overline{RS}$ 引脚复位）外所有中断被禁止，直到重复循环完成。'C54x 会响应 $\overline{HOLD}$ 信号，若 HM=0，则 CPU 继续执行重复操作，若 HM= 1，则暂停重复操作。

5.5.2　块程序重复操作

用于块程序重复操作的指令为 RPTB 和 RPTBD（带延时的指令），可以重复代码块 $N+1$ 次，N 是保存在块重复计数器（BRC）的值。因此，使用块程序重复指令必须先用 STM 指令将所要重复的次数（N）加载到块重复计数器（BRC）中。

RPTB 指令需要 4 个时钟周期。RPTBD 指令允许执行紧跟在该指令后面的一个 2 字指令或两个 1 字指令，而不用清除流水线，故只需要 2 个时钟周期，且跟在 RPTBD 指令后面的两个字不能是延时指令。

与单指令重复会禁止所有可屏蔽中断不同的是，块重复操作可以被中断。

块程序重复指令的特点是对任意长程序段的循环时钟周期数为 0。循环是由状态寄存器 ST1 的块重复标志位（BRAF）和紧跟在状态寄存器 ST1 后面的存储器映像寄存器来控制的。循环过程是：

① 将块重复标志位（BRAF）置 1，激活块程序重复循环；

② 将一个取值在 0～65535 范围内的循环次数 N 加载到 BRC 中，N 的取值应是块循环次数减 1；

③ 块重复指令把块重复的起始地址放在块重复开始地址寄存器（RSA）中，即 RPTB 指令将紧跟其后的指令加载到 RSA，RPTBD 指令将跟在其后的第二条或第三条指令加载到 RSA 中；

④ 块重复指令把块重复的末地址放在块重复结束地址寄存器（REA）中。

循环期间，PC 每次更新后的值与 REA 比较：相等时，则 BRC 减小 1；如果 BRC 大于或等于 0，则 RSA 加载到 PC 并重新启动循环；如果 BRC 小于 0，则 BRAF 复位为 0。

【例 5.5.2】 对数据组 x[8]中的每个元素加 1。

```
        .bss     x,8
begin   LD       # 1,16,B
        STM      # 7,BRC            ;块重复计数器 BRC 中保存 7,循环次数为 8
        STM      # x,AR4
        RPTB     next – 1           ;操作数 next−1 为循环结束地址
        ADD      * AR4,16,B,A
        STH      A,* AR4+
next:   LD       # 0,B
        …
```

5.5.3 循环嵌套

循环嵌套是程序编制中常用的技巧，可以用来简化较为复杂的程序。在'C54x 汇编语言源程序设计中，实现循环嵌套的一种简单方法是在内部的循环使用 RPT 或 RPTB 指令，而所有外部的循环用 BANZ 指令。

下面是一个三重循环嵌套结构，内层、中层和外层三重循环分别采用 RPT、RPTB 和 BANZ 指令，重复执行 N、M 和 L 次。

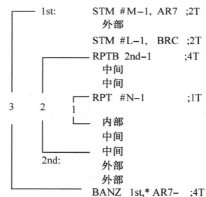

上述三重循环的时钟周期数见表 5.5.1。

表 5.5.1　循环嵌套的时钟周期数

循　　环	指　　令	时钟周期数
1（内层）	RPT	1
2（中层）	RPTB	4+2（加载 BRC）
3（外层）	BANZ	4N+2（加载 AR）

5.6　数据块传送程序

在第 3 章 3.3 节曾介绍过'C54x 的数据传送指令，其中可用于数据传送的指令有 10 条，分别实现数据存储器之间、数据存储器和 MMR 之间、程序存储器和数据存储器之间、程序存储器和数据存储器之间的数据块传送，见表 5.6.1。这些指令的传送速度比加载和存储指令快，传送数据不需要通过累加器，可以寻址程序存储器，与 RPT 指令相结合可以实现数据块传送。

表 5.6.1　数据块传送指令功能分类

分　类	指　令		字　数	周期数
程序存储器→数据存储器	MVPD	pmad,Smem	2	3
	MVDP	Smem,pmad	2	4
数据存储器→数据存储器	MVDK	Smem,dmad	2	2
	MVKD	dmad,Smem	2	2
	MVDD	Xmem,Ymem	1	1
数据存储器→程序存储器	READA	Smem	1	5
	WRITA	Smem	1	5
数据存储器→MMR	MVDM	dmad,MMR	2	2
	MVMD	MMR,dmad	2	2
	MVMM	mmr,mmr	1	1

注：dmad——16 位立即数数据存储器地址；pmad——16 位立即数程序存储器地址；Smem——数据存储器地址；mmr——AR0~AR7 或 SP；MMR——任意一个存储器映像寄存器；Xmem、Ymem——双操作数数据存储器地址。

1. 程序存储器→数据存储器

重复执行 MVPD 指令，可以实现程序存储器至数据存储器的数据传送，在系统初始化过程中是很有用的。这样，就可以将数据表格与文本一起驻留在程序存储器中，复位后将数据表格传送到数据存储器中，从而不需要配置数据 ROM，降低系统的成本。

【例 5.6.1】　对数组 x[8] = {0,1,2,3,4,5,6,7}进行初始化。
```
            .bss        x,8
            .data
TBL:        .word       0,1,2,3,4,5,6,7
            .text
START:      STM         #x,AR5
            RPT         #7
            MVPD        TBL,* AR5+
            …
```

2. 数据存储器→数据存储器

在数字信号处理时，经常需要将数据存储器中的一批数据传送到数据存储器的另一个地址空间。

【例 5.6.2】　进行 N 点 FFT 运算时，为节约存储空间要用到原位计算，将数组 x[16]赋给数组 y[16]，计算一个蝶形后，所得输出数据可以立即存入原输入数据所占用的存储单元。
```
            .bss        x,16
            .bss        y,16
            …
            STM         # x,AR2
            STM         # y,AR3
            RPT         # 15
            MVDD        AR2+,* AR3+
```

3. 数据存储器→程序存储器

例 5.6.3 是数据存储器到程序存储器之间数据传送指令的应用。

【例 5.6.3】 数据存储器到程序存储器的数据传送。

```
;;;;;;;;;;;;;;;;;;;;;;;;;
;This routine uses the WRITEA instruction to move data
;memory to program memory.
;;;;;;;;;;;;;;;;;;;;;;;;;
;
WRITE_A:
        STM      #380h,AR1        ; Load pointer to source in data memory
        RPT      # (128–1)        ; Move 128 words from data
        WRITA    *AR1+            ; memory to program memory
        RET
```

4．数据存储器→MMR

例 5.6.4 是数据存储器和 MMR 之间数据传送指令的应用。

【例 5.6.4】 用双操作数方式实现 IIR 高通滤波器：

$$H(z) = \frac{0.106(1-z^{-1})^2}{1.624+1.947z^{-1}+0.566z^{-2}} = \frac{0.0653(1-z^{-1})^2}{1+1.199z^{-1}+0.349z^{-2}} \text{。}$$

```
        ……                      ……
table :     .word    0                          ;x(n-2)
            .word    0                          ;x(n-1)
            .word    653 * 32768 / 10000        ;x(n-0)
            .word    −1306 * 32768 / 10000      ;B2
            .word    653 * 32768 / 10000        ;B0
            .word    −3490 * 32768 / 10000      ;A2
            .word    −600 * 32768 / 10000       ;A1/2
            .text
start:      SSBX     FRCT
            STM      #x2, AR1
            RPT      #1
            MVPD     #table, *AR1 +
            STM      #COEF, AR1
            RPT      #4
            MVPD     #table+2, *AR1 +
            STM      #x2, AR3
            STM      #COEF + 4, AR4        ;AR4 指向 A1
            MVMM     AR4, AR1              ;保存地址值在 AR1 中
            STM      #3, BK                ;设置循环缓冲区长度
            STM      #−1, AR0              ;设置变址寻址步长
IIR1:       PORTR    PA1,*AR3              ;从端口 PA1 输入数据 x(n)
            LD       *AR3 + 0 %,16,A       ;计算反馈通道。A=x(n)
            MAC      *AR3,*AR4,A           ;A = x(n) + A1 * x1
            MAC      *AR3 + 0 %,*AR4−,A    ;A = x(n) + A1 * x1 + A1 * x1
            MAC      *AR3 + 0 %,*AR4−,A    ;A = x(n)+2*A1*x1+A2*x2 = x0
            STH      A,*AR3                ;保存 x0
            MPY      *AR3 + 0 %,*AR4−,A    ;计算前向通道。A=B0*x0
            MAC      *AR3 + 0 %,*AR4−,A    ;A=B0*x0+B1*x1
            MAC      *AR3,*AR4−,A          ;A = B0*x0+B1*x1+B2*x2 = y(n)
            STH      A,*AR3                ;保存 y(n)
            MVMM     AR1,AR4               ;AR4 重新指向 A1
            BD       IIR1                  ;循环
            PORTW    *AR3,PA0              ;向端口 PA0 输出数据
            .end
```

5.7 小数运算程序

两个小数相乘，乘积的结果是小数点右侧的位数增加（而整数相乘的结果是小数点左侧的位数增加，并溢出）。因此在小数乘法时，既可以存储 32 位乘积，也可以存储高 16 位乘积，从而用较少的资源保存结果，同时也利于递推运算。这就是为什么定点 DSP 芯片都采用小数乘法的原因。

1. 数的定标

在定点 DSP 芯片中，采用定点数进行数值运算，操作数一般采用整型数。DSP 芯片给定的字长（一般 16 位）决定了整型数的最大范围。通过设定一个小数的小数点在 16 位中的位置（称为定标），从而实现对小数的处理。

小数点在 16 位数中的位置不同，可以表示不同大小和不同精度的小数。数的定标通常采用 Q 表示法，如 Q0，Q1，…，Q15。Q 越大，可以表示的数的范围越小，但精度越高。可见对定点数而言，数的范围和精度是一对矛盾体。在具体的定点程序中，必须根据具体情况适当选择合适的定标。

2. 小数的表示方法

'C54x 采用基于 2 的补码小数表示形式。每个 16 位数用 1 个符号位（最高位）、i 个整数位、$15-i$ 个小数位来表示。基于 2 的补码小数（Q15 格式）的每位的权值为：

MSB   ···   LSB

1. 2^{-1} 2^{-2} 2^{-3} ··· 2^{-15}

例如，00000010.10100000 表示的值为 $2^1 + 2^{-1} + 2^{-3} = 2.625$。

一个十进制小数乘以 32768 之后，再将其十进制整数部分转换成十六进制数，就能得到这个十进制小数的 2 的补码，即

≈1		7FFFh
0.5	正数：乘以 32768	4000h
0		0000h
−0.5	负数：其绝对值部分	C000h
−1	乘以 32768，再取反加 1	8000h

在汇编语言程序中要定义一个系数 0.907，应写成：.word 32768 * 907/1000，而不能直接写十进制小数形式：32768 * 0.907。

3. 小数乘法与冗余符号位

小数乘法的例子（假设字长 4 位，累加器 8 位）如下：

```
                0  1  0  0      (0. 5)
          ×     1  1  1  1      (−0.125)
          ─────────────────
                0  1  0  0
             0  1  0  0
          0  1  0  0
          1  1  0  0            (−0100)
          ─────────────────
          1  1  1  1  1  0  0   (−0.0625)
```

上述乘积结果为 7 位，当将其送到累加器时，为保持乘积的符号，必须进行符号位扩展，

这样，累加器中的值为 11111100（−0.0625÷2 = −0.03125），出现了冗余符号位。原因是两个带符号数相乘，得到的乘积带有两个符号位，造成的错误结果为：

$$
\begin{array}{cccccc}
 & \text{S} & \text{x} & \text{x} & \text{x} & \quad(\text{Q3 格式}) \\
 & \text{S} & \text{y} & \text{y} & \text{y} & \quad(\text{Q3 格式}) \\
\hline
\text{S} & \text{S} & \text{z} & \text{z z z} & \text{z z} & \quad(\text{Q6 格式})
\end{array}
$$

解决冗余符号位的办法是：在程序中设定状态寄存器 ST1 中的 FRCT（小数方式）位为 1，在乘法器将结果传送至累加器时就能自动地左移 1 位，累加器中的结果为 Szzzzzz0（Q7 格式），即 11111000（−0.0625），自动消去了两个带符号数相乘时产生的冗余符号位。所以，在小数乘法编程时，应事先设置 FRCT 位，如：

```
SSBX        FRCT
MPY         *AR2,*AR3,A
STH         A,@ Z
```

这样，'C54x 就完成了 Q15 * Q15 = Q15 的小数乘法。

【例 5.7.1】 编制求解 $y = \sum_{i=1}^{4} a_i x_i$ 的程序段，其中数据均为小数。

$a_1 = 0.3$ $a_2 = 0.2$ $a_3 = -0.4$ $a_4 = 0.1$
$x_1 = 0.6$ $x_2 = 0.5$ $x_3 = -0.1$ $x_4 = -0.2$

```
            .bss        x,4
            .bss        a,4
            .bss        y,1
            .data
table:      .word       3*32768/10
            .word       2*32768/10
            .word       −4*32768/10
            .word       1*32768/10
            .word       6*32768/10
            .word       5*32768/10
            .word       −1*32768/10
            .word       −2*32768/10
            .text
start:      SSBX        FRCT
            STM         # a,AR4
            RPT         # 7
            MVPD        table,*AR4+
            STM         # x,AR5
            STM         # a,AR6
            RPTZ        A,# 3
            MAC         *AR5+,*AR6+,A
            STH         A,@y
done:       B           done
```

结果 y = 0x2666 = 0.3。

5.8 浮点运算程序

在数字信号处理过程中，定点运算是指将数据的整数和小数部分分开，小数点在一个固定位置，其优点是硬件实现比较容易，但动态范围受到限制。为了扩大数据的范围和精度，就需要采用浮点运算。虽然'C54x 是定点 DSP 器件，但它支持浮点运算。在'C54x 上实现浮点运算，操作数必须变成定点数，然后再返回浮点数。通过规格化输入数据，可以将定点值变换为浮点值。

1．浮点数的表示方法

在'C54x 中浮点数由尾数和指数两部分组成，它与定点数的关系为

$$定点数 = 尾数×2^{-（指数）}$$

例如，定点数 0x2000（0.25）用浮点数表示时，尾数为 0x4000（0.5），指数为 1，即 $0.5×(2)^{-1} = 0.25$。浮点数的尾数和指数可正可负，都用补码表示。指数的范围为-8~31。

2．定点数转换成浮点数

假设定点数已在累加器 A 中，'C54x 通过 3 条指令就可以将一个定点数转化成浮点数。

（1）EXP　A

该指令为提取指数指令，并将指数保存在暂存器 T 中。如果累加器 A = 0，则 0→T；否则，累加器 A 的冗余符号数-8→T。累加器 A 中的内容不变。指数的数值范围为-8~31。

（2）ST　T,EXPONENT

这条紧接在 EXP 后的指令用于将保存在暂存器 T 中的指数存放到数据存储器的指定单元中。

（3）NORM　A

按暂存器 T 中的内容对累加器 A 进行规格化处理（左移或右移），即累加器 A<<TS→A。注意：只能对非负数进行规格化处理。

3．浮点数转换成定点数

因为浮点数的指数就是在规格化时左移（指数为负时将右移）的位数，所以在将浮点数转换成定点数时，只要按指数值将尾数右移（指数为负时将左移）即可。

4．浮点乘法运算实例

在'C54x 上实现浮点乘法运算时，首先将定点数规格化成浮点数；然后完成浮点乘法运算；最后将浮点数转换成定点数。

【例 5.8.1】　编写浮点乘法程序，完成 a1 * a2 = 0.4×(-0.9)运算。程序中保留 10 个数据存储单元，即：

a1（被乘数）　　　　　　　　a2（乘数）

b1（被乘数的指数）　　　　　c1（被乘数的尾数）

b2（乘数的指数）　　　　　　c2（乘数的尾数）

ep（乘积的指数）　　　　　　mp（乘积的尾数）

product（乘积）　　　　　　 temp（暂存单元）

程序清单如下：

```
            .title    "floatproduct.asm"
            .def      start
    STACK   .usect    "STACK",100
            .bss      a,2
            .bss      b,2
            .bss      c,2
            .bss      ep,1
            .bss      mp,1
            .bss      product,1
            .bss      temp,1
            .data
    table:  .word     4 * 32768/10          ;0.4
            .word     –9 * 32768/10         ;–0.9
```

```
                .text
start:          STM         # STACK + 100,SP            ;设置堆栈指针 SP
                MVPD        table,@ a1                   ;将 a1 和 a2 传送到数据存储器
                MVPD        table + 1,@ a2
                LD          @ a1,16,A                    ;将 a1 规格化为浮点数
                EXP         A
                ST          T,@b1                        ;保存 a1 的指数
                NORM        A
                STH         A,@ c1                       ;保存 a1 的尾数
                LD          @ a2,16,A                    ;将 a2 规格化为浮点数
                EXP         A
                ST          T,@ b2                       ;保存 a2 的指数
                NORM        A
                STH         A,@ 2                        ;保存 a2 的尾数
                CALL        MULT                         ;调用浮点乘法子程序
END:            B           END
MULT:           SSBX        FRCT
                SSBX        SXM
                LD          @ b1,A                       ;指数相加
                ADD         @ b2,A
                STL         A,@ ep                       ;乘积指数→ep
                LD          @ c1,T                       ;尾数相乘
                MPY         @ c2,A                       ;乘积尾数在累加器 A 中
                EXP         A                            ;对尾数乘积规格化
                ST          T,@ temp                     ;规格化时产生的指数→temp
                NORM        A
                STH         A,@ mp                       ;保存乘积尾数在 mp 中
                LD          @ temp,A                     ;修正乘积指数
                ADD         @ ep,A                       ;(ep)+(temp)→ep
                STL         A,@ ep                       ;保存乘积指数在 ep 中
                NEG         A                            ;将浮点乘积转换成定点数
                STL         A,@ temp                     ;乘积指数反号,并加载到暂存器 T 中
                LD          @ temp,T                     ;再将尾数按 T 移位
                LD          @ mp,16,A
                NORM        A
                STH         A,@ product                  ;保存定点乘积
                .END
```

程序执行结果如下:

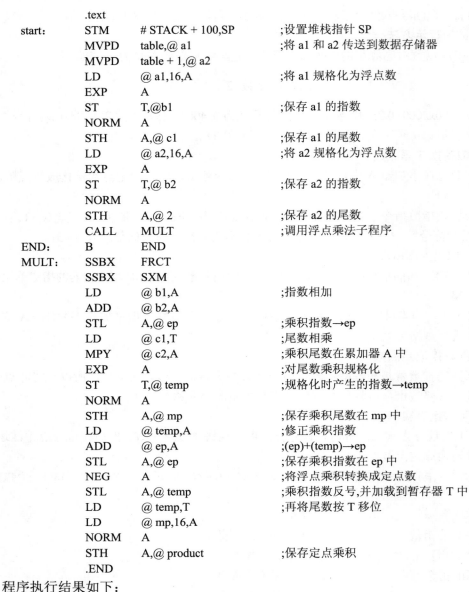

最后得到的 0.4×(−0.9)乘积浮点数为：尾数 0x0A3D7(−0.72)，指数 0001(1)。乘积的定点数为 0D1ECH，对应的十进制数等于−0.359999 ≈ −0.36。

本 章 小 结

汇编语言程序设计是设计应用软件的基础。本章从汇编语言程序的格式着手，介绍了汇编语句书写时应遵循的规则及汇编语言程序设计的基本方法。在编写汇编语句时，应严格按照各区的顺序和规定书写，注意区分字符和字符串、标号和符号常数等概念。掌握控制程序、重复操作程序和数据块传送程序的编制，可为实现程序的特定功能提供更加高度的灵活性；而熟悉算术运算程序、小数运算程序、浮点运算程序的编写，可以为数据运算打下良好的基础。

思考题与习题

5.1 能用伪指令（如 data）或运算符（如 ADD）作为标号吗？为什么？

5.2 标号和注释有什么差别？它们在程序运行中的作用一样吗？

5.3 两个数相乘，如果结果溢出，DSP 系统会报警吗？

5.4 伪指令起什么作用？它占用存储空间吗？

5.5 在堆栈操作中，PC 当前地址为 4020h，SP 当前地址为 0013h，运行 PSHM AR7 后，PC 和 SP 的值分别是多少？

5.6 试编写 0.25×(−0.1)的程序代码。

5.7 将定点数 0.00125 用浮点数表示。

5.8 试写出以下两条指令的运行结果：

① EXP A

   A = FF FD87 6624   T = 0000

则以上指令执行后，A、T 的值各为多少？

② NORM B

   B = 42 0D0D 0D0D   T = FFF9

则以上指令执行后，B、T 的值各为多少？

5.9 阅读以下程序，写出运行结果。

```
        .bss        y,5
table：  .word       1,2,3,4,5
        STM         #y,AR2
        RPT         # 5
        MVPD        table,*AR2+
        LD          # 0,B
        LD          # 81h,AR5
        STM         # 0,A
        STM         # 4,BRC
        STM         # y,AR5
        RPTB        sub−1
        ADD         *AR5,B,A
        STL         A,*AR5+
sub：    LD          # 0,B
```

运行以上程序后，(81H)、(82H)、(83H)、(84H)和(85H)的值分别是多少？

5.10 CALL 指令调用子程序与循环语句有什么不同？

5.11 多次循环嵌套时，能够从最内一层循环直接跳到最外一层循环吗？若能，则采用什么方式呢？

5.12 在不含循环的程序中，RPTZ #3 语句和其前一句、后一句及后第二句各运行多少次？

第6章 应用程序设计

内容提要：数字信号处理主要面向密集型的运算，包括乘法-累加、数字滤波和快速傅里叶变换等。'C54x 具备了高速完成上述运算的能力，并具有体积小、功耗低、功能强、软硬件资源丰富等优点，已在通信等许多领域得到了广泛应用。本章结合数字信号处理和通信中最常见、最具有代表性的应用，介绍通用数字信号处理算法的 DSP 实现方法。主要包括：有限冲激响应（FIR）滤波器、无限冲激响应（IIR）滤波器、快速傅里叶变换（FFT）和正弦信号发生器。

在简要介绍上述内容的基本原理、结构和算法之后，重点介绍设计方法和 DSP 实现的方法。为了使读者掌握数字滤波器的设计方法，提高实际滤波器的设计能力，本章新增加了数字滤波的设计方法和 MATLAB 设计。

知识要点：

- FIR 滤波器的 MATLAB 设计和 DSP 的实现；
- IIR 滤波器的 MATLAB 设计和 DSP 的实现；
- FFT 算法的 DSP 实现；
- 正弦信号发生器的 DSP 实现。

教学建议：本章建议学时数为 5~8 学时，"数字信号处理"及"MATLAB"等课程作为先修知识，重点讲授数字滤波器（FIR 和 IIR）、FFT 算法和正弦信号发生器的 DSP 实现，对于其他内容可作为选修或一般性介绍。

6.1 FIR 滤波器的 DSP 实现

在数字信号处理中，滤波占有极其重要的地位。数字滤波是语音处理、图像处理、模式识别、频谱分析等应用的基本处理算法。用 DSP 芯片实现数字滤波，除了具有稳定性好、精确度高、不受环境影响等优点，还具有灵活性好等特点。

数字滤波器是 DSP 的基本应用，分为有限冲激响应（FIR）滤波器和无限冲激响应（IIR）滤波器。本节主要讨论 FIR 滤波器的 DSP 实现方法，有关 IIR 滤波器的实现将在 6.2 节中介绍。

6.1.1 FIR 滤波器的基本结构

数字滤波是将输入的信号序列，按规定的算法进行处理，从而得到所期望的输出序列。 一个线性位移不变系统的输出序列 $y(n)$ 和输入序列 $x(n)$ 之间的关系，应满足常系数线性差分方程

$$y(n) = \sum_{i=0}^{N-1} b_i x(n-i) - \sum_{i=1}^{M} a_i y(n-i) \qquad n \geqslant 0 \qquad (6.1.1)$$

式中，$x(n)$ 为输入序列；$y(n)$ 为输出序列；a_i 和 b_i 为滤波器系数；N 为滤波器的阶数。

在式（6.1.1）中，若所有的 a_i 均为 0，则得 FIR 滤波器的差分方程为

$$y(n) = \sum_{i=0}^{N-1} b_i x(n-i) \qquad (6.1.2)$$

对式（6.1.2）进行 z 变换，整理后可得 FIR 滤波器的传递函数为

$$H(z) = \frac{Y(z)}{X(z)} = \sum_{i=0}^{N-1} b_i z^{-i} \qquad (6.1.3)$$

FIR 滤波器的结构如图 6.1.1 所示。

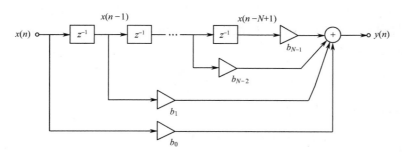

图 6.1.1　FIR 滤波器结构图

　　FIR 滤波器的单位冲激响应 $h(n)$ 是一个有限长序列。若 $h(n)$ 为实数，且满足偶对称或奇对称的条件，即 $h(n)=h(N-1-n)$ 或 $h(n)=-h(N-1-n)$，则 FIR 滤波器具有线性相位特性。

　　偶对称线性相位 FIR 滤波器的差分方程为

$$y(n) = \sum_{i=0}^{\frac{N}{2}-1} b_i[x(n-i) + x(n-N+1+i)] \qquad (6.1.4)$$

式中，N 为偶数。

　　在数字滤波器中，FIR 滤波器具有如下特点：

① FIR 滤波器无反馈回路，是一种无条件稳定系统；

② FIR 滤波器可以设计成具有线性相位特性。

6.1.2　FIR 滤波器的设计方法

　　设计 FIR 滤波器的基本方法之一，是用有限项傅里叶级数来逼近所要求的滤波器响应。

1. 用傅里叶级数设计 FIR 滤波器

　　所要设计的滤波器响应 $H_d(\theta)$ 可用傅里叶级数表示，即

$$H_d(\theta) = \sum_{n=-\infty}^{+\infty} C_n \mathrm{e}^{\mathrm{j}2n\pi\theta} \qquad (6.1.5)$$

式中，$\theta = f/f_s$ 为归一化频率，f_s 为采样频率，$2\pi\theta = 2\pi f/f_s = \omega T$。系数 C_n 的选择可在最小均方差的条件下，使传递函数 $H(z)$ 逼近 $H_d(\theta)$ 来决定，可由下式求得

$$C_n = \frac{1}{2}\int_{-1}^{1} H_d(\theta)\mathrm{e}^{-\mathrm{j}2n\pi\theta}\mathrm{d}\theta \qquad (6.1.6)$$

　　设 $H_d(\theta)$ 为偶函数，则

$$C_n = \int_{0}^{1} H_d(\theta)\cos(2n\pi\theta)\mathrm{d}\theta \qquad (6.1.7)$$

且 $C_{-n} = C_n$。

　　理想的传递函数 $H_d(\theta)$ 有无限多个系数 C_n，而实际的滤波器的系数只能有有限多个。因此，可以将式（6.1.7）中的无限项级数进行截取，得到近似的传递函数为

$$H_a(\theta) = \sum_{n=-Q}^{Q} C_n \mathrm{e}^{\mathrm{j}2\pi n\theta} \qquad (6.1.8)$$

式中，$|\theta| < 1$，Q 为有限的正整数。令 $z = \mathrm{e}^{\mathrm{j}2\pi\theta}$，则有

$$H_a(\theta) = \sum_{n=-Q}^{Q} C_n z^n \tag{6.1.9}$$

由式（6.1.9）可以看出，近似传递函数的冲激响应是由一系列的系数 C_{-Q}、C_{-Q+1}、$\cdots$、C_{-1}、C_0、$\cdots$、C_{Q-1}、C_Q 决定的。当 $n > 0$ 时，对应的 $C_n z^n$ 项代表的是一个非因果的滤波器，即输出先于输入，要得到 n 时刻的输出响应需用到 $n+1$ 时刻的输出响应。为了解决这个问题，可引入 Q 个采样周期的延时，得

$$H(z) = z^{-Q} H_a(z) = z^{-Q} \sum_{n=-Q}^{Q} C_n z^n = \sum_{n=-Q}^{Q} C_n z^{n-Q} \tag{6.1.10}$$

令 $i = -(n-Q)$，进行变量置换得

$$H(z) = \sum_{i=2Q}^{0} C_{Q-i} z^{-i} = \sum_{i=0}^{2Q} C_{Q-i} z^{-i} \qquad 0 \leqslant i \leqslant 2Q \tag{6.1.11}$$

令 $b_i = C_{Q-i}$，$N-1 = 2Q$，则 $H(z)$ 的表达式为

$$H(z) = \sum_{i=0}^{N-1} b_i z^{-i} \qquad 0 \leqslant i \leqslant N-1 \tag{6.1.12}$$

当 $N-1 = 2Q$ 时，$b_0 = C_Q$、$b_1 = C_{Q-1}$、$b_2 = C_{Q-2}$、$\cdots$、$b_Q = C_0$、$b_{Q+1} = C_1$、$\cdots$、$b_{2Q-1} = C_{-Q+1}$、$b_{2Q} = C_{-Q}$。

当 $N = 2Q+1$ 时，系数 b_i 是关于 b_Q 对称的，即 $b_i = C_{Q-i}$ 且 $C_n = C_{-n}$。例如，当 $Q = 5$ 时，滤波器的 11 个系数如下：

$$b_0 = b_{10} = C_5$$
$$b_1 = b_9 = C_4$$
$$b_2 = b_8 = C_3$$
$$b_3 = b_7 = C_2$$
$$b_4 = b_6 = C_1$$
$$b_5 = C_0$$

根据卷积公式得

$$y(n) = \sum_{i=0}^{N-1} b_i x(n-i) \tag{6.1.13}$$

由上述公式可实现 FIR 滤波器，其响应由 N 项构成。

2. 滤波器的设计

FIR 滤波器分为低通 FIR 滤波器、高通 FIR 滤波器、带通 FIR 滤波器和带阻 FIR 滤波器，其设计可根据给出的滤波特性，通过式（6.1.7）计算系数 C_n 来实现。

（1）低通 FIR 滤波器的设计

设低通 FIR 滤波器的截止频率为 f_c，采样频率为 f_s，则系数表达式为

$$C_n = \frac{\sin[2n\pi(f_c/f_s)]}{2n\pi} \tag{6.1.14}$$

（2）高通 FIR 滤波器的设计

高通 FIR 滤波器可以由一个幅度为 1 的响应减去一个低通 FIR 滤波器的响应来获得，如图 6.1.2 所示。由于 $\delta(n)$ 所对应的幅频响应恒为 1，因此高通 FIR 滤波器的系数表达式为

$$C_n = \delta(n) - \frac{\sin[2n\pi(f_c/f_s)]}{2n\pi} \tag{6.1.15}$$

式中，$\delta(n) = \begin{cases} 1, & n = 0 \\ 0, & n \neq 0 \end{cases}$。

（3）带通 FIR 滤波器的设计

带通 FIR 滤波器可以由两个截止频率不同的低通 FIR 滤波器获得，如图 6.1.3 所示，其系数可由两个低通 FIR 滤波器的系数相减得到

$$C_n = \frac{\sin[2n\pi(f_{c2}/f_s)]}{2n\pi} - \frac{\sin[2n\pi(f_{c1}/f_s)]}{2n\pi} \qquad (6.1.16)$$

式中，f_{c1} 和 f_{c2} 分别是两个低通 FIR 滤波器的截止频率；f_s 为采样频率。

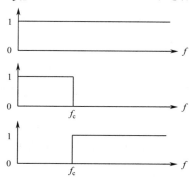

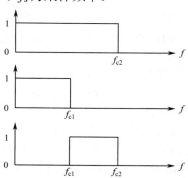

图 6.1.2　高通 FIR 滤波器示意图　　　　图 6.1.3　带通 FIR 滤波器示意图

（4）带阻 FIR 滤波器的设计

带阻 FIR 滤波器可由 $\delta(n)$ 和带通 FIR 滤波器相减获得，如图 6.1.4 所示，其系数表达式为

$$C_n = \delta(n) - \left[\frac{\sin[2n\pi(f_{c2}/f_s)]}{2n\pi} - \frac{\sin[2n\pi(f_{c1}/f_s)]}{2n\pi} \right] \qquad (6.1.17)$$

6.1.3　FIR 滤波器的 MATLAB 设计

MATLAB 是美国 Mathworks 公司于 1984 年正式推出的一套高性能的数值计算和可视化软件，适用于工程应用各领域的分析设计和复杂计算，它集数值分析、矩阵运算、信号处理和图形显示于一体，为用户提供了方便、友好的界面环境。

MATLAB 中的工具箱（Toolbox）包含许多实用程序，如数值分析、矩阵运算、数字信号处理、建模和系统控制等。滤波器的设计就包含在该工具箱的 Signal 中，它提供了多种 FIR 滤波器设计方法。下面以标准频率响应设计函数 fir1 和任意频率响应设计函数 fir2 为例说明其使用方法。

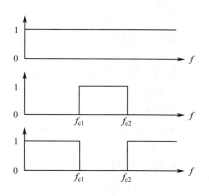

图 6.1.4　带阻 FIR 滤波器示意图

1．fir1 函数

fir1 函数用来设计标准频率响应的基于窗函数的 FIR 滤波器，可实现加窗线性相位 FIR 滤波器设计。

语法：b=fir1(n,W$_n$);

　　　b=fir1(n,W$_n$,'ftype');

```
b=fir1(n,Wₙ,Window);
b=fir1(n,Wₙ,'ftype',Window);
```

其中，n 为滤波器的阶数；W_n 为滤波器的截止频率；ftype 用来决定滤波器的类型，当 ftype=high 时，可设计高通滤波器；当 ftype=stop 时，可设计带阻滤波器。Window 用来指定滤波器采用的窗函数类型，其默认值为 Hamming（汉明）窗。

使用 fir1 函数可设计标准的低通、高通、带通和带阻滤波器。滤波器的系数包含在返回值 b 中，可表示为

$$b(z)=b(1)+b(2)z^{-1}+\cdots+b(n+1)z^{-n}$$

（1）采用汉明窗设计低通 FIR 滤波器

使用 b=fir1(n,Wₙ) 可得到低通 FIR 滤波器。其中，$0 \leqslant W_n \leqslant 1$，$W_n=1$ 相当于 $0.5f_s$。其语法格式为：
```
b=fir1(n,Wₙ);
```
（2）采用汉明窗设计高通 FIR 滤波器

在 b=fir1(n,Wₙ,'ftype') 中，当 ftype=high 时，可设计高通 FIR 滤波器。其语法格式为：
```
b=fir1(n,Wₙ,'high');
```
（3）采用汉明窗设计带通 FIR 滤波器

在 b=fir1(n,Wₙ) 中，当 $W_n=[\ W_1\ W_2\ ]$ 时，可设计带通 FIR 滤波器，其通带为 $W_1<W<W_2$，W_1 和 W_2 分别为通带的下限频率和上限频率。其语法格式为：
```
b=fir1(n,[ W₁ W₂ ]);
```
（4）采用汉明窗设计带阻 FIR 滤波器

在 b=fir1(n,Wₙ,'ftype') 中，当 ftype= stop，$W_n=[\ W_1\ W_2\ ]$ 时，可设计带阻 FIR 滤波器，其语法格式为：
```
b=fir1(n,[ W₁ W₂ ],'stop');
```
（5）采用其他窗函数设计 FIR 滤波器

使用 Window 参数，可以用其他窗函数设计出各种加窗滤波器。Window 参数可采用的窗函数有 Boxcar，Hamming，Bartlett，Blackman，Kasier 和 Chebwin 等，默认为 Hamming 窗。例如，采用 Bartlett 窗设计带阻滤波器，其语法格式为：
```
b=fir1(n,[ W₁ W₂ ],'stop',Bartlett(n+1));
```
注意：用 fir1 函数设计高通和带阻 FIR 滤波器时，所使用的阶数 n 应为偶数，当输入的阶数 n 为奇数时，fir1 函数会自动将阶数增加 1 形成偶数。

【例 6.1.1】 采用 Hamming 窗设计一个 48 阶带通 FIR 滤波器，通带为 $0.35<W<0.65$。

解：采用 fir1 函数的程序格式为：
```
b=fir1(48,[ 0.35 0.65 ]);
```
【例 6.1.2】 设计一个高通 FIR 滤波器，其阶数为 34，截止频率为 0.48，并且使用具有 30dB 波纹的 Chebwin 窗。

解：采用 fir1 函数设计高通 FIR 滤波器的程序格式为
```
Window = chebwin(35,30);
b=fir1(34,0.48,'high',Window);
```
求得的滤波器系数为：
```
b =
  Columns 1 through 8
   −0.0042    0.0040    0.0036   −0.0061   −0.0068    0.0085    0.0119  −0.0112
  Columns 9 through 16
   −0.0198    0.0139    0.0321   −0.0162   −0.0532    0.0182    0.0989  −0.0194
  Columns 17 through 24
   −0.3133    0.5153   −0.3133   −0.0194    0.0989    0.0182   −0.0532  −0.0162
  Columns 25 through 32
```

0.0321　　0.0139　　−0.0198　　−0.0112　　0.0119　　0.0085　　−0.0068　　−0.0061

Columns 33 through 35

　　0.0036　　0.0040　　−0.0042

2. fir2 函数

fir2 函数用来设计有任意频率响应的各种加窗 FIR 滤波器。

语法：b=fir2(n,f,m);

　　　　b=fir2(n,f,m,Window);

　　　　b=fir2(n,f,m,npt);

　　　　b=fir2(n,f,m,npt,Window);

　　　　b=fir2(n,f,m,npt,lap);

　　　　b=fir2(n,f,m,npt,lap,Window);

说明：① 参数 n 为滤波器的阶数。

　　　② 参数 f 为频率点向量，且 f∈[0,1]，f = 1 对应于 $0.5f_s$。向量 f 按升序排列，且第一个元素必须为 0，最后一个必须为 1，并可以包含重复的频率点。

　　　③ 参数 m 为幅度点向量，在向量 m 中包含了与 f 相对应的期望得到的滤波器幅度。

　　　④ 参数 Window 用来指定所使用的窗函数类型，其默认值为 Hamming 窗。

　　　⑤ 参数 npt 用来指定 fir2 函数对频率响应进行内插的点数。

　　　⑥ 参数 lap 用来指定 fir2 函数在重复频率点附近插入的区域大小。

【例 6.1.3】　设计一个 30 阶的低通 FIR 滤波器，其截止频率为 0.6。

　解：采用 fir2 函数的程序格式为：

　　　f = [0 0.6 0.6 1];

　　　m = [1 1 0 0];

　　　b=fir2(30,f,m);

　　在使用 MATLAB 设计 FIR 滤波器时，除了要用到上述介绍的 fir1 和 fir2 函数，还可以使用 freqz 和 plot 函数，其中 freqz 函数可求出传递函数的幅频响应和相频响应，plot 函数可以绘出滤波器的幅频响应和相频响应曲线。

　　例如，在例 6.1.1、例 6.1.2 和例 6.1.3 中，若希望得到滤波器的特性，可使用 freqz 函数获得滤波器的特性，其格式为 freqz(b,1,512)，如图 6.1.5、图 6.1.6 和图 6.1.7 所示。

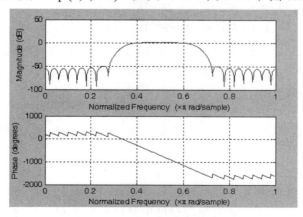

图 6.1.5　例 6.1.1 带通 FIR 滤波器特性

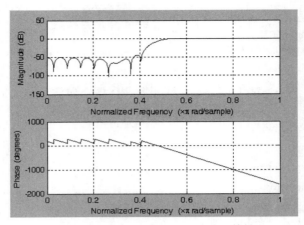

图 6.1.6　例 6.1.2 高通 FIR 滤波器特性

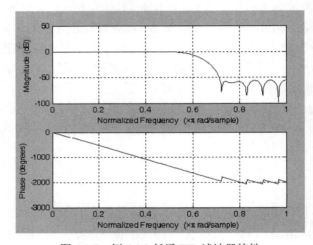

图 6.1.7　例 6.1.3 低通 FIR 滤波器特性

6.1.4　FIR 滤波器的 DSP 实现

FIR 滤波器的输出表达式为

$$y(n) = b_0 x(n) + b_1 x(n-1) + \cdots + b_{n-1} x(n-N+1) \tag{6.1.18}$$

式中，b_i 为滤波器系数；$x(n)$ 表示滤波器在 n 时刻的输入；$y(n)$ 为 n 时刻的输出。

它的基本算法是一种乘法-累加运算，即不断地输入样本 $x(n)$，经过 z^{-1} 延时后，再进行乘法-累加，最后输出滤波结果 $y(n)$。

1. z^{-1} 算法的实现

在 DSP 芯片中，实现 z^{-1}（延时一个采样周期）算法十分方便，可采用线性缓冲区法或循环缓冲区法。

（1）线性缓冲区法

线性缓冲区法又称延迟线法。其特点如下：

- 对于 N 级的 FIR 滤波器，在数据存储器中开辟一个 N 单元的缓冲区（滑窗），用来存放最新的 N 个输入样本；
- 从最老样本开始取数，每取一个样本后，将此样本向下移位；
- 读完最后一个样本后，输入最新样本存入缓冲区的顶部。

下面以 $N=8$ 为例，介绍线性缓冲区的数据寻址过程。

N=8 的线性缓冲区如图 6.1.8 所示。顶部为低地址单元，存放最新样本，底部为高地址单元，存放最老样本，指针 ARx 指向最老样本单元。

求 $y(n) = \sum_{i=0}^{7} b_i x(n-i)$ 的过程如图 6.1.8（a）所示。

① 以 ARx 为指针，按 $x(n-7)$，…，$x(n)$ 的顺序取数，每取一次数后，数据向下移一位，并完成一次乘法-累加运算；

② 当经过 8 次取数、移位和运算后，得 $y(n)$；

③ 求得 $y(n)$ 后，输入新样本 $x(n+1)$，存入缓冲区顶部单元；

④ ARx 指针指向缓冲区的底部，为下次计算做准备。

求 $y(n+1) = \sum_{i=0}^{7} b_i x(n+1-i)$ 的过程如图 6.1.8（b）所示。

求 $y(n+2)$ 的过程如图 6.1.8（c）所示。

……

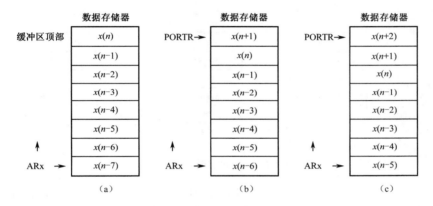

图 6.1.8　N=8 的线性缓冲区

实现 z^{-1} 的运算可通过执行存储器延时指令 DELAY 来实现，即将数据存储器中的数据向较高地址单元移位来进行延时。其指令：

　　　　DELAY　　　Smem　　　　　;(Smem+1)→ Smem

或　　　DELAY　　　*AR3-　　　　;AR3 指向源地址

将延时指令与其他指令结合使用，可在同样的时钟周期内完成这些操作。例如：

　　　　LD + DELAY　→　LTD 指令

　　　　MAC + DELAY　→　MACD 指令

注意：用线性缓冲区实现 z^{-1} 运算时，缓冲区的数据需要移动，这样在一个时钟周期内需要一次读和一次写操作。因此，线性缓冲区只能定位在 DARAM 中。

线性缓冲区法的优点：在存储器中新老数据的位置直观明了。

（2）循环缓冲区法

循环缓冲区法的特点如下：

- 对于 N 级 FIR 滤波器，在数据存储器中开辟一个 N 单元的缓冲区（滑窗），用来存放最新的 N 个输入样本；
- 从最新样本开始取数；
- 读完最后一个样本（最老样本）后，输入最新样本来代替最老样本，而其他数据位置不变；
- 用片内 BK（循环缓冲区长度）寄存器对缓冲区进行间接寻址，使循环缓冲区地址首尾相邻。

下面以 $N=8$ 的 FIR 滤波器循环缓冲区为例介绍数据的寻址过程。8 级循环缓冲区的结构如图 6.1.9 所示，顶部为低地址单元，底部为高地址单元，指针 ARx 指向最新样本单元。

第 1 次运算，求 $y(n)$ 的过程如图 6.1.9（a）所示。

① 以 ARx 为指针，按 $x(n)$，…，$x(n-7)$ 的顺序取数，每取一次数后，完成一次乘法-累加运算；

② 当经过 8 次取数、运算后，得到 $y(n)$；

③ 求得 $y(n)$ 后，ARx 指向最老样本 $x(n-7)$ 单元；

④ 从 I/O 接口输入新样本 $x(n+1)$，替代最老样本 $x(n-7)$，为下次计算做准备，如图 6.1.9（b）所示。

第 2 次运算求得 $y(n+1)$ 后，ARx 指向 $x(n-6)$ 单元，输入的新样本 $x(n+2)$ 将替代 $x(n-6)$ 样本，如图 6.1.9（c）所示。

……

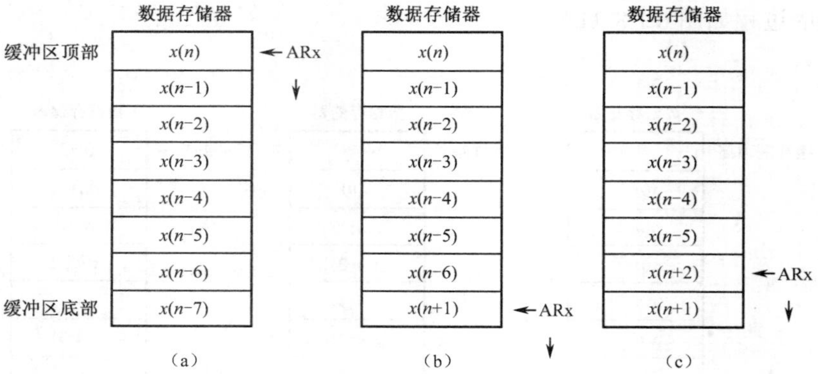

数据存储器 (a)	数据存储器 (b)	数据存储器 (c)
$x(n)$ ← ARx	$x(n)$	$x(n)$
$x(n-1)$	$x(n-1)$	$x(n-1)$
$x(n-2)$	$x(n-2)$	$x(n-2)$
$x(n-3)$	$x(n-3)$	$x(n-3)$
$x(n-4)$	$x(n-4)$	$x(n-4)$
$x(n-5)$	$x(n-5)$	$x(n-5)$
$x(n-6)$	$x(n-6)$	$x(n+2)$ ← ARx
$x(n-7)$	$x(n+1)$ ← ARx	$x(n+1)$

（缓冲区顶部为第一行，缓冲区底部为最后一行）

图 6.1.9　$N=8$ 的循环缓冲区

从图 6.1.9 可以看出，在循环缓冲区中新老数据的位置不很直观明了，但不需要数据移动，不要求能够进行一次读和一次写的数据存储器，因此可将缓冲区定位在数据存储器的任何区域。

实现循环缓冲区 N 个单元首尾相邻，可用 BK（循环缓冲器长度）寄存器按模间接寻址来实现。常用的指令为：

```
… *ARx+%          ;增量，按模修正 ARx：addr=ARx,ARx=circ(ARx+1)
… *ARx-%          ;减量，按模修正 ARx：addr=ARx,ARx=circ(ARx-1)
… *ARx+0%         ;增 AR0，按模修正 ARx：addr=ARx,ARx=circ(ARx+AR0)
… *ARx-0%         ;减 AR0，按模修正 ARx：addr=ARx,ARx=circ(ARx-AR0)
… *+ARx(1k)%      ;加(1k)，按模修正 ARx：addr=circ(ARx+1k),ARx=circ(ARx+1k)
```

其中，符号"circ"根据 BK 寄存器中的缓冲区长度 N，对(ARx+1)、(ARx-1)、(ARx+AR0)、(ARx-AR0)和(ARx+1k)的值取模，使指针 ARx 始终指向循环缓冲区，实现循环缓冲区首尾单元相邻。

例如：(BK)=$N=8$，(AR1)=0060h，用"*AR1+%"间接寻址。

第 1 次间接寻址后，AR1 指向 0061h 单元；

第 2 次间接寻址后，AR1 指向 0062h 单元；

……

第 8 次间接寻址后，AR1 指向 0068h 单元；

再将 BK 按 8 取模，AR1 又回到 0060h。

2. FIR 滤波器的实现

'C54x 提供的乘法-累加指令 MAC 和循环寻址方式，可使 FIR 滤波器在单周期内完成每个样值的乘法-累加计算。而每个样值的乘法-累加计算，可采用 RPTZ 和 MAC 指令结合循环寻址方式来实现。

为了实现对应项的乘积运算，输入的样值 $x(n)$ 和滤波系数 b_i 必须合理存放，并正确初始化存储块和块指针。样值 $x(n)$ 和滤波系数 b_i 的存放可用线性缓冲区或循环缓冲区实现。

（1）用线性缓冲区实现 FIR 滤波器

设 $N=7$，FIR 滤波器的算法为

$$y(n)=b_0x(n)+b_1x(n-1)+b_2x(n-2)+b_3x(n-3)+b_4x(n-4)+b_5x(n-5)+b_6x(n-6)$$

输入数据存放在线性缓冲区，系数存放在程序存储器，如图 6.1.10 所示。利用 MACD 指令完成乘法-累加，实现数据存储器单元与程序存储器单元相乘、累加和移位。

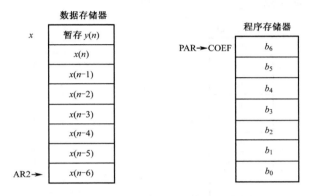

图 6.1.10　双操作数寻址线性缓冲区数据分配

在线性缓冲区，利用带移位双操作数寻址实现 FIR 滤波器的程序如下：

```
            .title      "FIR1.ASM"
            .mmregs
            .def        start
x           .usect      "x",7           ;自定义数据空间
PA0         .set        0
PA1         .set        1
            .data
COEF:       .word       1*32768/10      ;定义 b6
            .word       2*32768/10      ;定义 b5
            .word       -4*32768/10     ;定义 b4
            .word       3*32768/10      ;定义 b3
            .word       -4*32768/10     ;定义 b2
            .word       2*32768/10      ;定义 b1
            .word       1*32768/10      ;定义 b0
            .text
start:      SSBX        FRCT            ;设置小数乘法
            STM         # x+7,AR2       ;AR2 指向缓冲区底部 x(n-6)单元
            STM         # 6,AR0         ;AR0=6,设置 AR2 复位值
            LD          # x+1,DP        ;设置页指针
            PORTR       PA1,@x+1        ;输入 x(n)
FIR1:       RPTZ        A,# 6           ;累加器 A 清 0,设置迭代次数
            MACD        *AR2-,COEF,A    ;完成乘法-累加并移位
            STH         A,*AR2          ;暂存 y(n)
```

```
        PORTW        *AR2+,PA0           ;输出 y(n)
        BD           FIR1                ;循环
        PORTR        PA1,*AR2+0          ;输入最新样本,并修改 AR2=AR2+AR0,
                                         ;指向缓冲区底部
        . end
```

注意：MACD 指令既完成乘法-累加操作，同时还实现线性缓冲区的数据移位。

用线性缓冲区实现 FIR 滤波器，除了用 MACD 指令（带移位双操作数寻址），还可以用直接寻址或间接寻址实现。

（2）用循环缓冲区实现 FIR 滤波器

设 $N=7$，FIR 滤波器的算法为

$$y(n)=b_0x(n)+b_1x(n-1)+b_2x(n-2)+b_3x(n-3)+b_4x(n-4)+b_5x(n-5)+b_6x(n-6)$$

存放输入数据的循环缓冲区和系数表均设在 DARAM 中，如图 6.1.11 所示。利用 MAC 指令，实现双操作数的相乘和累加运算。

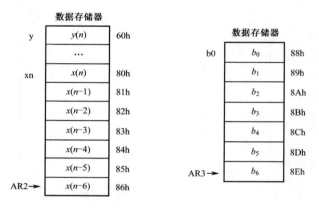

图 6.1.11　双操作数寻址循环缓冲区数据分配

循环缓冲区 FIR 滤波器的源程序如下：

```
        .title       "FIR2.ASM"
        .mmregs
        .def         start
        .bss         y,1
xn      .usect       "xn",7              ;定义数据存储空间
b0      .usect       "b0",7              ;定义数据存储空间
PA0     .set         0
PA1     .set         1
        .data
table:  .word        1*32768/10          ;b0=0.1
        .word        2*32768/10          ;b1=0.2
        .word        3*32768/10          ;b2=0.3
        .word        4*32768/10          ;b3=0.4
        .word        5*32768/10          ;b4=0.5
        .word        6*32768/10          ;b5=0.6
        .word        7*32768/10          ;b6=0.7
        .text
start:  SSBX         FRCT                ;设置小数乘法
        STM          # b0,AR1            ;AR1 指向 b0 单元
        RPT          # 6                 ;设置传输次数
        MVPD         table,*AR1+         ;系数 bi 传输至数据区
```

```
        STM         # xn+6,AR2              ;AR2 指向缓冲区底部 x(n-6)单元
        STM         # b0+6,AR3              ;AR3 指向 b₆单元
        STM         # 7,BK                  ;BK=7,设置缓冲区长度
        STM         # -1,AR0                ;设置双操作数减量
        LD          # xn,DP                 ;设置页指针
        PORTR       PA1,@xn                 ;输入 x(n)
FIR2:   RPTZ        A,#6                    ;累加器 A 清 0,设置迭代次数
        MAC         *AR2+0%,*AR3+0%,A       ;完成双操作数乘法-累加
        STH         A,@y                    ;暂存 y(n)
        PORTW       @y,PA0                  ;输出 y(n)
        BD          FIR2                    ;循环
        PORTR       PA1,*AR2+0%             ;输入最新样本,并修正 AR2
        .end
```

相应的链接命令如下:

```
                        /* SOLUTION  FILE  FOR  FIR2.CMD */

    vectors.obj
    fir2.obj
    -o fir2.out
    -m fir2.map
    -e start
    MEMORY
    {
            PAGE 0:  EPROM:  org = 0E000H   len = 1000H
                     VECS:   org = 0FF80H   len = 0080H
            PAGE 1:  SPRAM:  org = 0060H    len = 0020H
                     DARAM:  org = 0080H    len = 1380H
    }
    SECTIONS
    {
            .text: >            EPROM       PAGE  0
            .data: >            EPROM       PAGE  0
            .bss:  >            SPRAM       PAGE  1
            xn: align(8){}>     DARAM       PAGE  1
            b0: align(8){}>     DARAM       PAGE  1
            .vectors: >         VECS        PAGE  0
    }
```

（3）系数对称 FIR 滤波器的实现

系数对称 FIR 滤波器具有线性相位的特性,在数字信号处理中应用十分广泛,常用于相位失真要求较高的场合。例如,调制解调器 MODEM,采用线性相位响应可避免影响信号质量的波形失真。

设 FIR 滤波器 $N=8$,若系数 $b_n = b_{N-1-n}$,则为对称 FIR 滤波器,其输出方程为

$$y(n)=b_0[x(n)+x(n-7)]+b_1[x(n-1)+x(n-6)]+b_2[x(n-2)+x(n-5)]+b_3[x(n-3)+x(n-4)]$$

从上述方程中可以看出,共需要 4 次乘法和 7 次加法,其乘法运算减少了一半。

对称 FIR 滤波器的实现方法:

① 在数据存储器中开辟两个 $N/2$ 长度的循环缓冲区 New 和 Old,分别存放 $N/2$ 个新数据和老数据,如图 6.1.12 所示。

② 设置循环缓冲区指针:AR1 指向 New 区中的最新数据,AR2 指向 Old 区中的最老数据。

③ 在程序存储器中设置系数表,如图 6.1.13 所示。

④ 进行 $x(n)+x(n-7)$加法运算，即$(AR1)+(AR2)\to AH$，并修改数据指针，$AR1+1\to AR1$，$AR2-1\to AR2$。

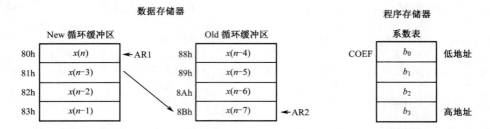

| 数据存储器 | | | | | | 程序存储器 | | |

图 6.1.12　新旧缓冲区数据设置　　　　图 6.1.13　系数表

⑤ 累加器 B 清 0，完成块操作，重复执行 4 次：

AH×系数 b_i+ B→B，修改系数指针，PAR+1→PAR；

$(AR1)+(AR2)\to AH$，修改数据指针，$AR1+1\to AR1$，$AR2-1\to AR2$。

⑥ 保存和输出结果，并修正数据指针，使 AR1 和 AR2 分别指向 New 区和 Old 区的最老数据。

⑦ 形成两个首尾相邻的循环缓冲区。用 New 区的最老数据替代 Old 区的最老数据，输入一个新数据替代 New 区中的最老数据。

⑧ 修正数据指针，使 AR1 指向 New 区的最新数据，AR2 指向 Old 区的最老数据。

⑨ 重复执行④~⑧步。

对于系数对称的 FIR 滤波器，可使用 FIRS 指令（系数对称有限冲激响应指令）和 RPTZ 指令（重复下条指令同时清除累加器指令）来实现。

系数对称有限冲激响应 FIRS 指令的格式和功能如下。

格式：FIRS　　Xmem，Ymem，Pmad

功能：Pmad→PAR

　　　当$(RC)\neq 0$，则$(B)+(A(32\sim 16))\times$（由 PAR 寻址的 Pmem）→B，

　　　$((Xmem)+(Ymem))<<16\to A$，

　　　$(PAR)+1\to PAR$，　$(RC)-1\to RC$

FIRS 指令在同一周期内，通过 C 和 D 总线读 2 次数据存储器，同时通过 P 总线读 1 个系数。

程序清单如下：

```
            .title      "FIR3.ASM"
            .mmregs
            .def        start
            .bss        y,1
x_new       .usect      "DATA1",4          ;定义初始化段,段名为 DATA1
x_old       .usect      "DATA2",4          ;定义初始化段,段名为 DATA2
size        .set        4
PA0         .set        0                  ;符号及 I/O 接口地址赋值
PA1         .set        1
            .data
COEF        .word       1*32768/10,2*32768/10   ;系数对称,只给出 N/2=4 个
            .word       3*32768/10,4*32768/10
            .text
```

```
start:    LD       # x_new,DP                  ;设置页指针
          SSBX     FRCT                        ;设置小数乘法
          STM      # x_new,AR1                 ;AR1 指向 New 缓冲区第 1 个单元
          STM      # x_old+(size−1),AR2        ;AR2 指向 Old 缓冲区最后 1 个单元
          STM      # size,BK                   ;设置缓冲区长度,BK= size
          STM      # -1,AR0                    ;设置双操作数减量
          PORTR    PA1,@x_new                  ;输入 x(n)
FIR3:     ADD      *AR1+0%,*AR2+0%,A           ;AH=x(n)+x(x−7)
          RPTZ     B,#(size −1)                ;B 清 0,下条指令执行 size 次
          FIRS     *AR1+0%,*AR2+0%,COEF        ;B=B+AH*b₀,AH= x(n−1)+x(x−6)…
          STH      B,@y                        ;暂存 y(n)
          PORTW    @y,PA0                      ;输出 y(n)
          MAR      *+AR1(2)%                   ;修正 AR1,指向 New 区最老的数据
          MAR      *AR2+%                      ;修正 AR2,指向 Old 区最老的数据
          MVDD     *AR1,*AR2+0%                ;New 区向 Old 区传送一个数据
          BD       FIR3                        ;循环
          PORTR    PA1,*AR1                    ;输入最新样本
          .end
```

6.1.5 FIR 滤波器的设计实例

设计一个低通 FIR 滤波器,其设计参数:滤波器阶数为 40,截止频率 $\omega_p = 0.35\pi$, $\omega_s = 0.4\pi$。

1. 由给定的设计参数确定滤波器的系数

根据给定的设计参数,滤波器系数可由 MATLAB 中的 fir2 函数产生,函数调用格式为:

```
f = [ 0   0.35   0.4   1 ];
m = [ 1   1   0   0 ];
b=fir2( 39, f, m )
```

求得的系数为:

```
b =
  Columns 1 through 6
    −0.0007    0.0003    0.0014    0.0010    −0.0016    −0.0038
  Columns 7 through 12
    −0.0008    0.0064    0.0081    −0.0030    −0.0169    −0.0118
  Columns 13 through 18
    0.0162    0.0353    0.0083    −0.0515    −0.0689    0.0247
  Columns 19 through 24
    0.2051    0.3523    0.3523    0.2051    0.0247    −0.0689
  Columns 25 through 30
    −0.0515    0.0083    0.0353    0.0162    −0.0118    −0.0169
  Columns 31 through 36
    −0.0030    0.0081    0.0064    −0.0008    −0.0038    −0.0016
  Columns 37 through 40
    0.0010    0.0014    0.0003    −0.0007
```

利用 freqz 函数可绘制滤波器的幅频、相频特性,其格式为:

```
freqz(b,512,1000)
```

低通 FIR 滤波器的频率特性如图 6.1.14 所示。

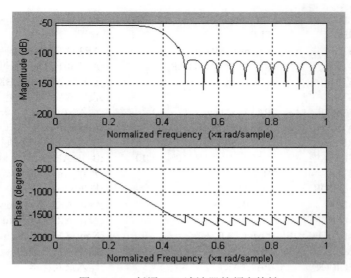

图 6.1.14 低通 FIR 滤波器的频率特性

2．汇编源程序

采用循环缓冲区实现 FIR 滤波器的源程序如下：

```
                    .title      "FIR.ASM"
                    .mmregs
                    .bss        y,1
K_FIR_BFFR          .set        40
PA0                 .set        0
PA1                 .set        1
FIR_COFF_TABLE      .usect      "FIR_COFF",40           ;定义数据存储空间
D_DATA_BUFFER       .usect      "FIR_BFR", 40           ;定义数据存储空间
                    .data
COFF_FIR_START：.word   −7*32768/10000,     3*32768/10000      ;b_0,b_1
                    .word   14*32768/10000,     10*32768/10000     ;b_2,b_3
                    .word   −16*32768/10000,    −38*32768/10000    ;b_4,b_5
                    .word   −8*32768/10000,     64*32768/10000     ;b_6,b_7
                    .word   81*32768/10000,     −30*32768/10000    ;b_8,b_9
                    .word   −169*32768/10000,   −118*32768/10000   ;b_10,b_11
                    .word   162*32768/10000,    353*32768/10000    ;b_12,b_13
                    .word   83*32768/10000,     −515*32768/10000   ;b_14,b_15
                    .word   −689*32768/10000,   247*32768/10000    ;b_16,b_17
                    .word   2051*32768/10000,   3523*32768/10000   ;b_18,b_19
                    .word   3523*32768/10000,   2051*32768/10000   ;b_20,b_21
                    .word   247*32768/10000,    −689*32768/10000   ;b_22,b_23
                    .word   −515*32768/10000,   83*32768/10000     ;b_24,b_25
                    .word   353*32768/10000,    162*32768/10000    ;b_26,b_27
                    .word   −118*32768/10000,   −169*32768/10000   ;b_28,b_29
                    .word   −30*32768/10000,    81*32768/10000     ;b_30,b_31
                    .word   64*32768/10000,     −8*32768/10000     ;b_32,b_33
                    .word   −38*32768/10000,    −16*32768/10000    ;b_34,b_35
                    .word   10*32768/10000,     14*32768/10000     ;b_36,b_37
                    .word   3*32768/10000,      −7*32768/10000     ;b_38,b_39
                    .text
                    .def        FIR_INIT
                    .def        FIR_TASK
```

```
FIR_INIT:   SSBX     FRCT                                    ;设置小数乘法
            STM      # FIR_COFF,AR5                          ;AR5 指向 b₀ 单元
            RPT      # K_FIR_BFFR-1                          ;设置传输次数
            MVPD     # COFF_FIR_START,*AR5+                  ;系数 bᵢ 传输至数据区
            STM      # D_DATA_BUFFER,AR4                     ;D_DATA_BUFFER 缓冲区清 0
            RPTZ     A,# K_FIR_BFFR-1
            STL      A,*AR4+
            STM      #(D_DATA_BUFFER+K_FIR_BFFR-1),AR4
            STM      #(FIR_COFF_TABLE+K_FIR_BFFR-1),AR5
            STM      #-1,AR0                                 ;设置双操作数减量
            LD       # D_DATA_BUFFER,DP                      ;设置页指针
            PORTR    PA1,@D_DATA_BUFFER                      ;输入 x(n)
FIR_TASK:   STM      # K_FIR_BFFR,BK
            RPTZ     A,# K_FIR_BFFR-1                        ;重复操作
            MAC      *AR4+0%,*AR5+0%，A                      ;双操作数乘法-累加
            STH      A,@y                                    ;暂存 y(n)
            PORTW    @y,PA0                                  ;输出 y(n)
            BD       FIR_TASK                                ;循环
            PORTR    PA1,*AR4+0%                             ;输入最新样本,并修正 AR4
            .end
```

3. 汇编源程序的链接命令文件

在 TMS320VC5402 硬件系统中，用户可使用的程序存储空间：片内 0080H~3FFFH，片外 48000H~4FFFFH；数据存储空间：片内 0080H~3FFFFH，片外 4000H~7FFFH。基于 TMS320VC5402 的资源配置，FIR 滤波器源程序的链接命令文件如下：

```
/* SOLUTION   FILE   FOR   FIR.CMD */
vectors.obj
fir.obj
-o fir.out
-m fir.map
-e fir_init
MEMORY
{
        PAGE 0:    EPROM:     org = 0E000H    len = 1000H
                   VECS:      org = 0FF80H    len = 0080H
        PAGE 1:    SPRAM:     org = 0060H     len = 0020H
                   DARAM:     org = 0080H     len = 1380H
}
SECTIONS
{
        .text       :  >  EPROM                  PAGE  0
        .vectors    :  >  VECS                   PAGE  0
        .data       :  >  EPROM                  PAGE  0
        .bss        :  >  SPRAM                  PAGE  1
        FIR_BFR     : align(128) {} >  DARAM     PAGE  1
        FIR_COFF    : align(128) {} >  DARAM     PAGE  1
}
```

6.2   IIR 滤波器的 DSP 实现

IIR 滤波器与 FIR 滤波器相比，具有相位特性差的缺点，但它的结构简单、运算量小，具有经济、高效的特点，并且可以用较少的阶数获得很高的选择性。因此，也得到了较为广泛的应用。

6.2.1 IIR 滤波器的基本结构

IIR 滤波器差分方程的一般表达式为

$$y(n) = \sum_{i=0}^{N} b_i x(n-i) - \sum_{i=1}^{M} a_i y(n-i) \qquad (6.2.1)$$

式中，$x(n)$ 为输入序列；$y(n)$ 为输出序列；a_i 和 b_i 为滤波器系数。若所有系数 a_i 等于 0，则为 FIR 滤波器。

IIR 滤波器具有无限长的单位脉冲响应，在结构上存在反馈回路，具有递归性，即 IIR 滤波器的输出不仅与输入有关，而且与过去的输出有关。

将式（6.2.1）展开得输出 $y(n)$ 表达式为

$$\begin{aligned} y(n) = {} & b_0 x(n) + b_1 x(n-1) + \cdots + b_N x(n-N) - \\ & a_1 y(n-1) - a_2 y(n-2) - \cdots - a_M y(n-M) \end{aligned} \qquad (6.2.2)$$

在零初始条件下，对式（6.2.2）进行 z 变换，得

$$\begin{aligned} Y(z) = {} & b_0 X(z) + b_1 z^{-1} X(z) + \cdots + b_N z^{-N} X(z) - \\ & a_1 z^{-1} Y(z) - a_2 z^{-2} Y(z) - \cdots - a_M z^{-M} Y(z) \end{aligned} \qquad (6.2.3)$$

设 $N=M$，则传递函数为

$$H(z) = \frac{Y(z)}{X(z)} = \frac{b_0 + b_1 z^{-1} + \cdots + b_N z^{-N}}{1 + a_1 z^{-1} + \cdots + a_N z^{-N}} \qquad (6.2.4)$$

式（6.2.4）可以写成

$$H(z) = \frac{b_0 z^N + b_1 z^{N-1} + \cdots + b_N}{z^N + a_1 z^{N-1} + \cdots + a_N} = C \prod_{i=1}^{N} \frac{z - z_i}{z - p_i} \qquad (6.2.5)$$

式（6.2.5）具有 N 个零点 z_i 和 N 个极点 p_i。若有极点位于单位圆外，将导致系统不稳定。由于 FIR 滤波器所有的系数 a_i 均为 0，不存在极点，因此不会造成系统的不稳定。对于 IIR 滤波器，系统稳定的条件如下：

若 $|p_i| < 1$，当 $n \to \infty$ 时，$h(n) \to 0$，系统稳定；

若 $|p_i| > 1$，当 $n \to \infty$ 时，$h(n) \to \infty$，系统不稳定。

IIR 滤波器具有多种形式，主要有：直接型（也称直接 I 型）、标准型（也称直接 II 型）、变换型、级联型和并联型。

1. 二阶 IIR 滤波器

二阶 IIR 滤波器，又称为二阶基本节，分为直接型、标准型和变换型。

对于一个二阶 IIR 滤波器，其输出可以写成

$$y(n) = b_0 x(n) + b_1 x(n-1) + b_2 x(n-2) - a_1 y(n-1) - a_2 y(n-2) \qquad (6.2.6)$$

（1）直接型（直接 I 型）

根据式（6.2.6），可以得到直接型二阶 IIR 滤波器的结构图，如图 6.2.1 所示，共使用了 4 个延迟单元（z^{-1}）。

直接型二阶 IIR 滤波器还可以用图 6.2.2 的结构实现。此时，延时变量变成了 $w(n)$。可以证明图 6.2.2 的结构仍满足式（6.2.6）。

前向通道：

$$y(n) = \sum_{i=0}^{2} b_i w(n-i) \qquad (6.2.7)$$

反馈通道：

$$w(n) = x(n) - \sum_{j=1}^{2} a_j w(n-j) \qquad (6.2.8)$$

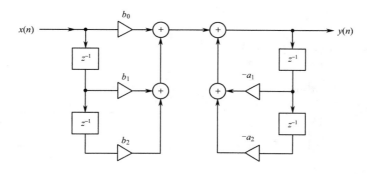

图 6.2.1   直接 I 型二阶 IIR 滤波器

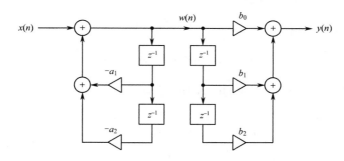

图 6.2.2   直接 I 型二阶 IIR 滤波器

将式（6.2.8）代入式（6.2.7）得

$$y(n) = \sum_{i=0}^{2} b_i[x(n-i) - \sum_{j=1}^{2} a_j w(n-i-j)]$$

$$= \sum_{i=0}^{2} b_i x(n-i) - \sum_{i=0}^{2} b_i \sum_{j=1}^{2} a_j w(n-i-j)$$

$$= \sum_{i=0}^{2} b_i x(n-i) - \sum_{j=1}^{2} a_j \sum_{i=0}^{2} b_i w(n-i-j)$$

$$= \sum_{i=0}^{2} b_i x(n-i) - \sum_{j=1}^{2} a_j y(n-j) \qquad (6.2.9)$$

将式（6.2.9）展开与式（6.2.6）完全一致。

（2）标准型（直接 II 型）

从图 6.2.2 可以看出，左右两组延迟单元可以重叠，从而得到标准型二阶 IIR 滤波器的结构图，如图 6.2.3 所示。由于这种结构所使用的延迟单元最少（只有 2 个），因此得到了广泛的应用，因此称之为标准型 IIR 滤波器。

（3）变换型

变换型二阶 IIR 滤波器的结构如图 6.2.4 所示，其差分方程仍满足式（6.2.6）。与标准型相比，延迟单元的数目和乘法的次数不变，但只需要 3 次累加。这种结构最大的优点是内部节点溢出的可能性小，从而得到了广泛的应用。

2. 级联型 IIR 滤波器

一个高阶 IIR 滤波器，可以由多个二阶基本节级联组成。其传递函数可以表示为

$$H(z) = H_1(z)H_2(z)\cdots H_k(z) \qquad (6.2.10)$$

式中，$H_i(z)$ 可以是一阶或二阶的传递函数，其级联型滤波器的结构如图 6.2.5 所示。

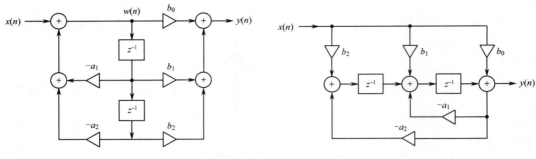

图 6.2.3   标准型二阶 IIR 滤波器   图 6.2.4   变换型二阶 IIR 滤波器

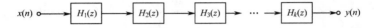

图 6.2.5   IIR 滤波器的级联结构

由两个标准二阶基本节级联而成的四阶 IIR 滤波器如图 6.2.6 所示。

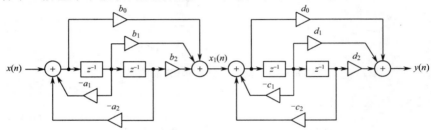

图 6.2.6   由两个二阶基本节级联的四阶 IIR 滤波器

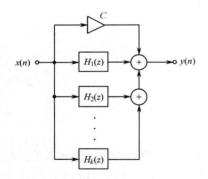

图 6.2.7   IIR 滤波器的并联结构

3. 并联型 IIR 滤波器

用一阶或二阶基本节并联同样可以实现高阶 IIR 滤波器，其结构如图 6.2.7 所示。系统的传递函数可表示为

$$H(z) = C + H_1(z) + H_2(z) + \cdots + H_k(z) \qquad (6.2.11)$$

6.2.2   IIR 滤波器的设计

IIR 滤波器的设计可以利用模拟滤波器原型，借鉴成熟的模拟滤波器的设计结果进行双线性变换，将模拟滤波器变换成满足预定指标的数字滤波器，即根据模拟设计理论设计出满足要求的传递函数 $H(s)$，然后将 $H(s)$ 变换成数字滤波器的传递函数 $H(z)$。

设计 IIR 滤波器的基础是设计模拟滤波器的原型，这些原型滤波器主要有：

① 巴特沃斯（Butterworth）滤波器，其幅度响应在通带内具有最平特性；

② 切比雪夫（Chebyshev）滤波器，在通带内具有等波纹特性，且阶数小于巴特沃斯滤波器；

③ 椭圆（Elliptic）滤波器，在通带和阻带内具有等波纹特性，且阶数最小。

将模拟滤波器转换为数字滤波器常用的方法是双线性变换，其作用是完成从 s 平面到 z 平面的一个映射。其关系为

$$s = \frac{z-1}{z+1} \qquad (6.2.12)$$

$$z = \frac{1+s}{1-s} \qquad (6.2.13)$$

双线性变换的基本性质如下：

① s 平面上的 $j\omega$ 轴映射到 z 平面的单位圆上；

② s 平面的左半平面映射到 z 平面的单位圆内；

③ s 平面的右半平面映射到 z 平面的单位圆外。

考虑到 s 平面上的虚轴映射为 z 平面的单位圆，令

$$s = j\omega_A \qquad (6.2.14)$$

它代表一个可变的模拟频率。其 z 平面上相应的数字频率为 ω_D，即

$$z = e^{j\omega_D T} \qquad (6.2.15)$$

将式（6.2.14）和式（6.2.15）代入式（6.2.12）得

$$j\omega_A = \frac{e^{j\omega_D T}-1}{e^{j\omega_D T}+1} = \frac{e^{j\omega_D T/2}(e^{j\omega_D T/2}-e^{-j\omega_D T/2})}{e^{j\omega_D T/2}(e^{j\omega_D T/2}+e^{-j\omega_D T/2})} \qquad (6.2.16)$$

对式（6.2.16）求解得

$$\omega_A = \arctan\frac{\omega_D T}{2} \qquad (6.2.17)$$

模拟频率和数字频率之间的对应关系为

$$H(s)\big|_{s=j\omega_A} = H(z)\big|_{z=e^{j\omega_D T}} \qquad (6.2.18)$$

模拟频率 ω_A 和相应的数字频率 ω_D 之间的映射关系如图 6.2.8 所示。

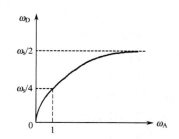

当 ω_A 在 0~1 之间变化时，ω_D 在 $0\sim\omega_s/4$ 之间变化，ω_s 为采样频率；当 $\omega_A>1$ 时，其对应的 ω_D 在 $\omega_s/4\sim\omega_s/2$ 之间。双线性变换会造成频率失真，通常采用预畸变来补偿频率失真。

双线性变换设计的步骤如下：

图 6.2.8　ω_A 和 ω_D 之间的映射关系

① 选择一个合适的模拟传递函数 $H(s)$；

② 对截止频率或预定的数字频率 ω_D 进行预畸变，并根据式（6.2.17）求得相应的模拟频率 ω_A；

③ 用 ω_A 对 $H(s)$ 中的频率进行换算，即

$$H(s)\big|_{s=s/\omega_A} \qquad (6.2.19)$$

④ 用式（6.2.12）计算 $H(z)$

$$H(z) = H\left(\frac{s}{\omega_A}\right)\Big|_{s=\frac{z-1}{z+1}} \qquad (6.2.20)$$

【例 6.2.1】　设计一个低通滤波器。带宽 BW=1rad/s，采样频率 f_s=10Hz。

解：根据给定的指标，令 ω_D = BW=1rad/s，$T = 1/f_s$= 0.1s。

① 选择一个满足带宽条件的低通模拟滤波器，其传递函数为

$$H(s) = \frac{1}{s+1}$$

② 根据式（6.2.17）对 ω_D 进行预畸变，求 ω_A。

$$\omega_{A} = \arctan \frac{\omega_{D}T}{2} = \arctan \frac{1 \times 0.1}{2} \approx \frac{1}{20}$$

③ 由 ω_{A} 对 $H(s)$ 进行校正

$$H(s)\Big|_{s=s/\omega_{A}} = \left(\frac{1}{s+1}\right)\Big|_{s=20s} = \frac{1}{20s+1}$$

④ 根据式（6.2.20），求期望的数字滤波器的传递函数 $H(z)$，有

$$H(z) = H\left(\frac{s}{\omega_{A}}\right)\Big|_{s=\frac{z-1}{z+1}} = \left(\frac{1}{20s+1}\right)\Big|_{s=\frac{z-1}{z+1}}$$

$$= \frac{1}{\dfrac{20(z-1)}{z+1}+1} = \frac{z+1}{21z-19}$$

6.2.3　IIR 滤波器的 MATLAB 设计

IIR 滤波器的设计与 FIR 滤波器的设计类似，可以利用 MATLAB 软件来设计。

1．巴特沃斯滤波器的设计

（1）butter 函数

功能：用于设计巴特沃斯滤波器。

语法：[b,a] = butter(n,W$_n$)；

　　　　[b,a] = butter(n,W$_n$,'ftype')；

说明：butter 函数可以设计低通、带通、高通和带阻 IIR 滤波器，其特性可使通带内的幅度响应最大限度地平坦，但会损失截止频率处的下降斜度，使幅度响应衰减较慢。因此，butter 函数主要用于设计通带平坦的数字滤波器。

[b,a] = butter(n,W$_n$) 可以设计截止频率为 W$_n$ 的 n 阶低通巴特沃斯滤波器，其中截止频率 W$_n$ 应满足 $0 \leqslant$W$_n$$\leqslant 1$，W$_n$=1 相当于 $0.5f_s$（采样频率）。当 W$_n$=[W$_1$ W$_2$]时，butter 函数产生一个 2n 阶的数字带通滤波器，其通带为 W$_1$ < W <W$_2$。

[b,a] = butter(n,W$_n$,'ftype') 可以设计高通或带阻滤波器。当 ftype = high 时，可设计截止频率为 W$_n$ 的高通滤波器；当 ftype = stop 时，可设计带阻滤波器，此时 W$_n$ = [W$_1$ W$_2$]，阻带为 W$_1$< W <W$_2$。

（2）buttord 函数

功能：用来选择巴特沃斯滤波器的阶数。

语法：　[n,W$_n$] = buttord(W$_p$, W$_s$, R$_p$, R$_s$)；

说明：buttord 函数可以在给定滤波器性能的情况下，选择巴特沃斯数字滤波器的最小阶数，其中 W$_p$ 和 W$_s$ 分别是通带和阻带的截止频率，其值为 $0 \leqslant$W$_p$（或 W$_s$）$\leqslant 1$，当该值为 1 时表示 $0.5f_s$（采样频率）。R$_p$ 和 R$_s$ 分别是通带和阻带的波纹系数和衰减系数。

[n,W$_n$] = buttord(W$_p$, W$_s$, R$_p$, R$_s$) 可以得到高通、带通和带阻滤波器的最小阶数 n。

当 W$_p$ > W$_s$ 时，为高通滤波器；当 W$_p$, W$_s$ 为二元向量时，若 W$_p$ < W$_s$，则为带通或带阻滤波器，此时 W$_n$ 也为二元向量。

利用 buttord 函数可得到巴特沃斯滤波器的最小阶数 n，并使通带(0，W$_p$)内的波纹系数小于 R$_p$，阻带(W$_s$,1)内的衰减系数大于 R$_s$。buttord 函数还可以得到截止频率 W$_n$，再利用 butter

函数可产生满足指定性能的滤波器。

【例6.2.2】 设计一个带通IIR滤波器,通带范围为100~250Hz,带通的波纹系数小于3dB,带外50Hz处的衰减为30dB。

解：根据给出的滤波器的性能,首先利用buttord函数确定最小阶数n,然后利用butter函数来实现,其程序如下：

```
Wp = [100 250]/500;
Ws = [50 300]/500;
[n,Wn] = buttord(Wp, Ws, 3,30);
[b,a] = butter(n,Wn);
freqz(b,a,512,1000)
```

求得的系数为：

```
b =
  Columns 1 through 7
    0.0011      0       -0.0078      0        0.0235       0      -0.0392
  Columns 8 through 14
    0        0.0392      0        -0.0235      0         0.0078      0
  Column 15
   -0.0011
a =
  Columns 1 through 7
    1.0000    -4.9274    13.2492   -24.7665    35.6652   -41.2958    39.3815
  Columns 8 through 14
  -31.2358    20.6830   -11.3623     5.1147    -1.8355     0.5032    -0.0955
  Column 15
    0.0102
```

求得带通IIR滤波器的频率特性如图6.2.9所示。

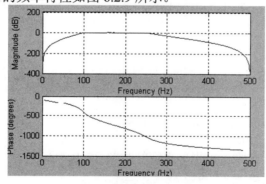

图6.2.9 带通IIR滤波器的频率特性

使用butter函数设计的滤波器,可以使通带内的幅度响应最大限度地平坦,但在截止频率附近幅度响应衰减较慢。如果期望幅度响应下降斜度大、衰减快,则可使用椭圆（Elliptic）或切比雪夫（Chebyshev）滤波器。

2. 切比雪夫滤波器的设计

切比雪夫（Chebyshev）滤波器可分为ChebyshevⅠ型和ChebyshevⅡ型两种类型,分别具有通带等波纹和阻带等波纹性能。

（1）cheby1函数

功能：用来设计ChebyshevⅠ型滤波器（通带等波纹）。

语法：[b,a] = cheby1(n,R$_p$,W$_n$);

　　　　　[b,a] = cheby1(n, R$_p$,W$_n$,'ftype');

说明：cheby1 函数可以设计低通、带通、高通和带阻 Chebyshev I 型滤波器，其通带内为等波纹，阻带内为单调的。Chebyshev I 型滤波器的下降斜度比 Chebyshev II 型大，但其代价是在通带内波纹较大。

[b,a] = cheby1(n,R$_p$,W$_n$)可以设计 n 阶低通 Chebyshev I 型数字滤波器，其中 R$_p$ 用来确定通带内的波纹，W$_n$ 为该滤波器的截止频率。

当 W$_n$ = [W$_1$ W$_2$]时，cheby1 函数可产生一个 2n 阶的带通滤波器，其通带为 W$_1$<W<W$_2$。

[b,a] = cheby1(n, R$_p$,W$_n$,'ftype')可用来设计 n 阶高通或带阻滤波器，其中 R$_p$ 和 W$_n$ 同上，ftype 的定义与 butter 函数相同。

（2）cheb1ord 函数

功能：用来选择 Chebyshev I 型滤波器的阶数。

语法：[n,W$_n$] = cheb1ord(W$_p$, W$_s$, R$_p$, R$_s$);

说明：cheb1ord 函数可以在给定滤波器性能的情况下，选择 Chebyshev I 型滤波器的最小阶数，其中 W$_p$ 和 W$_s$ 分别是通带和阻带的截止频率，其值为 0≤W$_p$(或 W$_s$)≤1。R$_p$ 和 R$_s$ 分别是通带和阻带的波纹系数。

[n,W$_n$] = cheb1ord(W$_p$, W$_s$, R$_p$, R$_s$)可以得到高通、带通和带阻滤波器的最小阶数。

利用 cheb1ord 函数，除了可以得到 Chebyshev I 型滤波器的最小阶数 n，还可以得到截止频率 W$_n$，再利用 cheby1 函数可产生满足指定性能的滤波器，使滤波器通带(0，W$_p$)内的波纹系数小于 R$_p$，阻带(W$_s$,1)内的衰减系数大于 R$_s$。

【例 6.2.3】　设计一个低通 Chebyshev I 型滤波器，通带范围为 0~100Hz，通带波纹为 3dB，阻带衰减为-30dB，采样频率为 1000Hz。

解：利用 cheb1ord 函数和 cheby1 函数设计滤波器，其程序如下：

```
W_p = 100/500;
W_s = 200/500;
[n,W_n] = cheb1ord(W_p, W_s, 3,30);
[ b,a ] = cheby1(n,3,W_n);
freqz(b,a,512,1000)
```

求得的系数为：

　　　　b =　　　0.0066　　　0.0198　　　0.0198　　　0.0066
　　　　a =　　　1.0000　　　−2.3605　　　2.1018　　　−0.6884

绘制的低通 Chebyshev I 型滤波器频率特性如图 6.2.10 所示。

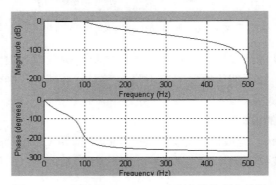

图 6.2.10　低通 Chebyshev I 型滤波器的频率特性

（3）cheby2 函数

功能：用来设计 Chebyshev II 滤波器（阻带等波纹）。

语法：[b,a] = cheby2(n,R_s,W_n);

　　　[b,a] = cheby2(n, R_s, W_n,'ftype');

说明：cheby2 函数与 cheby1 函数基本相同，只是用 cheby2 函数所设计的滤波器，其通带内为单调的，阻带内为等波纹，由 R_s 指定阻带内的波纹。

cheby2 函数可以设计低通、带通、高通和带阻 Chebyshev II 型数字滤波器。

（4）cheb2ord 函数

功能：用来选择 Chebyshev II 型滤波器的阶数。

语法：[n,W_n] = cheb2ord(W_p, W_s, R_p, R_s);

说明：cheb2ord 函数与 cheby2 函数类似，可以利用该函数确定 Chebyshev II 型滤波器的最小阶数 n 和截止频率 W_n。

cheb2ord 函数与 cheby2 函数配合使用，可设计出最低阶数的 Chebyshev II 型滤波器。

【例 6.2.4】　设计一个 Chebyshev II 型带通滤波器，通带范围为 100~250Hz，通带波纹为 3dB，阻带衰减为−30dB，采样频率为 1000Hz。

解：先利用 cheb2ord 函数找出最小阶数，然后由 cheby2 函数设计滤波器，其程序如下：

```
Wp = [100 250]/500;
Ws =[50 300]/500;
[n,Wn] = cheb2ord(Wp, Ws, 3,30);
[b,a] = cheby2(n,3,Wn)
```

求得的系数为：

```
b =
    Columns 1 through 5
      0.6388    −0.9650    −0.1847    −0.1252    1.2822
    Columns 6 through 9
     −0.1252    −0.1847    −0.9650     0.6388
a =
    Columns 1 through 5
      1.0000    −1.8644     0.6070    −0.4181    1.4568
    Columns 6 through 9
     −0.3135    −0.3794    −0.4839     0.4094
```

3．椭圆滤波器的设计

（1）ellip 函数

功能：用来设计椭圆（Elliptic）滤波器。

语法：[b,a] = ellip(n, R_p, R_s, W_n);

　　　[b,a] = ellip(n, R_p, R_s, W_n,'ftype');

说明：ellip 函数与 cheby1、cheby2 函数类似，可以设计低通、高通、带通和带阻滤波器。参数 R_p 和 R_s 分别用来指定通带波纹和阻带波纹，W_n 指定滤波器的截止频率，n 为滤波器的阶数。

与 Butterworth 和 Chebyshev 滤波器相比，ellip 函数可以得到下降斜度更大、衰减更快的滤波器，但通带和阻带内均为等波纹。在通常情况下，椭圆滤波器能以最低的阶数来实现指定的性能。

[b,a] = ellip(n, R_p, R_s, W_n)可设计 n 阶低通或带通滤波器。当 W_n=[W_1 W_2]时，可设计带通滤波器。

[b,a] = ellip(n, R_p, R_s, W_n,'ftype')可设计 n 阶高通或带阻滤波器。

当 ftype = high 时，可设计截止频率为 W_n 的高通滤波器；

当 ftype = stop，且 $W_n=[W_1 \; W_2]$ 时，可设计带阻滤波器，阻带为 $W_1 < W < W_2$。

（2）ellipord 函数

功能：用来选择椭圆滤波器的阶数。

语法：$[n, W_n] = ellipord(W_p, W_s, R_p, R_s)$;

说明：ellipord 函数与 cheb1ord 函数类似，用于选择指定性能时的椭圆滤波器的最小阶数 n 和截止频率 W_n，并与 ellip 函数配合可设计出最低阶数的椭圆滤波器。

【例 6.2.5】 设计椭圆带通滤波器，通带范围为 100~250Hz，通带波纹为 3dB，阻带衰减为 −30dB，采样频率为 1000Hz。

解：利用 ellipord 和 ellip 函数设计最小阶数椭圆滤波器，其程序如下：

$W_p = [100\ 250]/500$;
$W_s = [50\ 300]/500$;
$[n, W_n] = ellipord(W_p, W_s, 3, 30)$;
$[b, a] = ellip(n, 3, W_n)$;

求得的系数为：

```
b =
   Columns 1 through 5
    0.0641    −0.0775    −0.0006    −0.0000    0.0006
   Columns 6 through 7
    0.0775    −0.0641
a =
   Columns 1 through 5
    1.0000    −2.4636    3.9862    −4.1809    3.3768
   Columns 6 through 7
   −1.6981    0.5723
```

6.2.4 IIR 滤波器的 DSP 实现

高阶 IIR 滤波器可以通过多个二阶 IIR 滤波器（二阶基本节）的级联或并联来实现。因此，先介绍二阶 IIR 滤波器的实现方法，然后再介绍由二阶基本节所构成的高阶滤波器的 DSP 实现。

1. 二阶 IIR 滤波器的实现方法

（1）标准型二阶 IIR 滤波器的实现

在二阶 IIR 滤波器结构中，标准型结构是最常见的滤波器结构，其结构如图 6.2.11 所示。

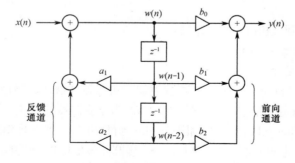

图 6.2.11 标准型二阶 IIR 滤波器

由结构图可以写出反馈通道和前向通道的差分方程。

反馈通道： $w(n) = x(n) + a_1 w(n-1) + a_2 w(n-2)$ （6.2.21）

前向通道：
$$y(n) = b_0 w(n) + b_1 w(n-1) + b_2 w(n-2) \qquad (6.2.22)$$

由式（6.2.21）和式（6.2.22），对二阶 IIR 滤波器进行编程，其中乘法-累加运算可采用单操作数指令或双操作数指令，数据和系数可存放在 DARAM 中，如图 6.2.12 所示。

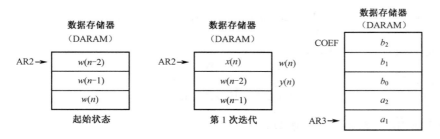

图 6.2.12　双操作数数据存放和系数表

主要程序如下：

SSBX	FRCT	;设置小数乘法
STM	#w,AR2	;AR2 指向 w
STM	#COEF+4,AR3	;AR3 指向 a_1 单元
MVMM	AR3,AR1	;a_1 单元地址保存于 AR1 中
STM	#3,BK	;设置循环缓冲区长度
STM	# −1,AR0	;设置变址寻址步长
IIR：PORTR	PA1,* AR2	;从端口 PA1 输入数据 x(n)
LD	* AR2+0%,16,A	;计算反馈通道,x(n)送入 AH
MAC	* AR2+0%,* AR3−,A	;A= x(n) + a_1×w(n−1)
MAC	* AR2+0%,* AR3−,A	;A= x(n) + a_1×w(n−1) + a_2×w(n−2)
STH	A,* AR2	;保存 w(n)
MPY	* AR2+0%,* AR3−,A	;计算前向通道,A= b_0×w(n)
MAC	* AR2+0%,* AR3−,A	;A = b_0×w(n)+ b_1×w(n−1)
MAC	* AR2,* AR3−,A	;A=b_0×w(n)+ b_1×w(n−1)+ b_2×w(n−2)
STH	A,* AR2	;保存 y(n)
MVMM	AR1,AR3	;指针 AR3 回位,指向 a_1 单元
BD	IIR	;循环
PORTW	* AR2,PA0	;从端口 PA0 输出数据 y(n)

程序说明：

① 在数据存储单元中，有用数据 $w(n-2)$、$w(n-1)$和 $w(n)$存放在 BK=3 的循环缓冲区中。起始状态时，AR2 指向 $w(n-2)$单元。当进行第一次迭代运算时，数据 $w(n-2)$已经没有用了，将输入的数据 $x(n)$暂存于该单元中，而原先的数据 $w(n-1)$和 $w(n)$，在新一轮迭代运算中延迟一个周期，已成为 $w(n-2)$和 $w(n-1)$。

② 在迭代运算中，按式（6.2.21）和式（6.2.22）分别计算 $w(n)$和 $y(n)$，将 $w(n)$存放在 $x(n)$单元。为了便于输出，将 $y(n)$暂存在 $w(n-2)$单元中（在下一轮迭代运算中，数据 $w(n-2)$已经没用了）……如此继续下去，进行以后的各轮迭代运算。

③ 在上述程序中，先计算反馈通道，再计算前向通道，并输出结果 $y(n)$。其特点是先增益后衰减。

（2）直接型二阶 IIR 滤波器的实现

二阶 IIR 滤波器可以用直接型结构来实现。在迭代运算中，先衰减后增益，系统的动态范围和鲁棒性要好一些。直接型二阶 IIR 滤波器的结构如图 6.2.13 所示。

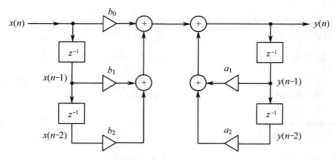

图 6.2.13　直接型二阶 IIR 滤波器

直接型二阶 IIR 滤波器的传递函数为

$$H(z) = \frac{b_0 + b_1 z^{-1} + b_2 z^{-2}}{1 - a_1 z^{-1} - a_2 z^{-2}} \qquad (6.2.23)$$

差分方程为

$$y(n) = b_0 x(n) + b_1 x(n-1) + b_2 x(n-2) + a_1 y(n-1) + a_2 y(n-2) \qquad (6.2.24)$$

为了实现直接型滤波，可在 DARAM 中开辟 4 个循环缓冲区，用来存放变量和系数，并采用循环缓冲区方式寻址。这 4 个循环缓冲区的结构如图 6.2.14 所示。

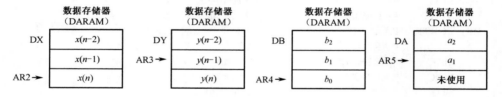

图 6.2.14　循环缓冲区结构

直接型二阶 IIR 滤波器的源程序清单如下：

```
            .title    "IIR.ASM"
            .mmregs
            .def      start
DX          .usect    "DX",3
DY          .usect    "DY",3
DB          .usect    "DB",3
DA          .usect    "DA",3
PA0         .set      0
PA1         .set      1
            .data
table：      .word     0                    ;x(n-2)
            .word     0                    ;x(n-1)
            .word     0                    ;y(n-2)
            .word     0                    ;y(n-1)
            .word     1*32768/10           ;b2
            .word     2*32768/10           ;b1
            .word     3*32768/10           ;b0
            .word     5*32768/10           ;a2
            .word     − 4*32768/10         ;a1
            .text
start：      SSBX      FRCT                 ;设置小数乘法
            STM       # DX,AR1             ;AR1 指向 DX
```

```
        RPT       # 1                          ;传送初始化数据 x(n−2)、x(n−1)
        MVPD      # table,*AR1+
        STM       # DY,AR1                      ;AR1 指向 DY
        RPT       # 1                          ;传送初始化数据 y(n−2)、y(n−1)
        MVPD      # table+2,*AR1+
        STM       # DB,AR1                      ;AR1 指向 DB
        RPT       # 2                          ;传送系数 $b_2$、$b_1$、$b_0$
        MVPD      # table+4,*AR1+
        STM       # DA,AR1                      ;AR1 指向 DA
        RPT       # 1                          ;传送系数 $a_2$、$a_1$
        MVPD      # table+7,*AR1+
        STM       # DX+2,AR2                    ;设定 DX 段指针 AR2
        STM       # DY+1,AR3                    ;设定 DY 段指针 AR3
        ST        # DB+2,AR4                    ;设定 DB 段指针 AR4
        STM       # DA+1,AR5                    ;设定 DA 段指针 AR5
        STM       # 3,BK                        ;设置缓冲区长度
        STM       # −1,AR0                      ;设置变址寻址步长
IIR:    PORTR     PA1,*AR2                      ;输入数据 x(n)
        MPY       *AR2+0%,*AR4+0%,A             ;计算前向通道 $A= b_0×x(n)$
        MAC       *AR2+0%,*AR4+0%,A             ;$A= b_0×x(n)+ b_1×x(n−1)$
        MAC       *AR2,*AR4+0%,A                ;$A=b_0×x(n)+b_1×x(n−1)+b_1×x(n−1)$
        MAC       *AR3+0%,*AR5+0%,A             ;计算反馈通道 $A+a_1×y(n−1)→A$
        MAC       *AR3+0%,*AR5+0%,A             ;$A=b_0×x(n)+b_1×x(n−1)+b_1×x(n−1)$
                                               ;$+ a_1×y(n−1)+ a_2×y(n−2)$
        MAR       *AR5+0%                       ;修正 AR5
        STH       A,*AR3                        ;保存 y(n)
        BD        IIR                           ;循环
        PORTW     *AR3,PA0                      ;输出 y(n)
        .end
```

相应的链接命令文件：

```
/* SOLUTION  FILE  FOR  IIR.CMD */
vectors.obj
iir.obj
-o iir.out
-m iir.map
-e start
MEMORY
{
        PAGE0：
                        EPROM：   org=0E000H    len=1000H
                        VECS：    org=0FF80H    len=0080H
        PAGE1：
                        SPRAM：   org=0060H     len=0020H
                        DARAM：   org=0080H     len=1380H
}
SECTIONS
{
        .text  :    >              EPROM       PAGE0
        .data  :    >              EPROM       PAGE0
        DX     :    align(4) {}  >  DARAM       PAGE1
        DY     :    align(4) {}  >  DARAM       PAGE1
        DB     :    align(4) {}  >  DARAM       PAGE1
        DA     :    align(4) {}  >  DARAM       PAGE1
```

}

2. 高阶 IIR 滤波器的实现

一个高阶 IIR 滤波器可以由若干个二阶基本节级联或并联构成。由于调整每个二阶基本节的系数，只涉及这个二阶基本节的一对极点和零点，不影响其他极点和零点，因此用二阶基本节构成的 IIR 滤波器便于系统的性能调整，受量化噪声影响小，因而得到了广泛的应用。

下面以四阶椭圆低通 IIR 滤波器为例，介绍高阶滤波器的实现方法：

- 先求出四阶椭圆低通滤波器的传递函数 $H(z)$；
- 再分解成两个级联的二阶基本节，分别求出系数，保存在 iir_coff 中；
- 循环执行两次二阶基本节 IIR 滤波，得到一个滤波后的值；
- 处理的采样点数由 K_FRAME_SIZE 决定。

二阶基本节采用标准型二阶 IIR 滤波器的结构，如图 6.2.11 所示。

反馈通道： $w(n) = x(n) + a_1\, w(n-1) + a_2\, w(n-2)$

前向通道： $y(n) = b_0\, w(n) + b_1\, w(n-1) + b_2\, w(n-2)$

程序清单如下：

```
                    .mmregs
                    .include        "main.inc"
iir_table_star      .sect           "iir_coff"
;第一个二阶基本节系数
                    .word    −26778           ;a2
                    .word    29529            ;a1/2,对大于 1 的系数定标
                    .word    19381            ;b2
                    .word    −23184           ;b1
                    .word    19381            ;b0
;第二个二阶基本节系数
                    .word    −30497           ;a2
                    .word    31131            ;a1/2,对大于 1 的系数定标
                    .word    11363            ;b2
                    .word    −20735           ;b1
                    .word    11363            ;b0
iir_table_end
iir_coff_table  .usect   "coff_iir",16
irr_d           .usect   "iir_vars",3 * 2
irr_y           .usect   "iir_vars",
                    .def     iir_init
                    .def     iir_task
;初始化程序：用于初始化数据缓冲区和系数缓冲区
                    .sect    "iir"
iir_init:   STM         # iir_coff_table,AR1          ;AR1 指向 irr_coff_table
            RPT         # K_IIR_SIZE−1                ;将系数移到数据存储器
            MVPD        # iir_table_start,*AR1+
            STM         # iir_d,AR2                   ;AR2 指向 iir_d
            RPTZ        A,#5                          ;数据初始化
            STL         A,*AR2+                       ;使 w(n)、w(n−1)、w(n−2)为 0
            RET
; IIR 滤波器处理程序
                    .sect    "iir"
iir_task:   STM         # in_buf,AR3                  ;AR3 指向采样数据入口
            STM         # out_buf,AR4                 ;AR4 指向数据输出口
```

```
                STM        # K_FRAME_SIZE–1，BRC        ;设置采样点的个数
                RPTB       iir_filter_loop–1            ;由采样点的个数进行滤波
                LD         *AR3+,8,A                    ;装载输入数据 x(n)
iir_filter:     STM        # iir_d+5,AR2                ;AR2 指向 w(n)、w(n–1)、w(n–2)
                STM        # iir_coff_table,AR1         ;AR1 指向 a₂、a₁/2、b₂、b₁、b₀
                STM        # K_BIQUD–1,AR0              ;设定二阶基本节的个数
feedback_path:  MAC        *AR1+,*AR2–,A                ;A= x(n)+a₂*w(n–2)
                MAC        *AR1,*AR2,A                  ;A=x(n)+a₂*w(n–2)+a₁*w(n–1)/2
                MAC        *AR1+,*AR2–,A                ;A= x(n)+a₂*w(n–2)+a₁*w(n–1)
                STH        A,*AR2+                      ;w(n)=x(n)+a₂*w(n–2)+a₁*w(n–1)
                MAR        *AR2+
forward_path:   MPY        *AR1+,*AR2–,A                ;A=b₂*w(n–2)
                MAC        *AR1+,*AR2,A                 ;A=b₂*w(n–2)+ b₁*w(n–1)
                DELAY      *AR2–                        ;w(n–2)= w(n–1)
eloop:          BANZD      feedback_path,*AR0–          ;二阶基本节未计算完，则循环
                MAC        *AR1+,*AR2,A                 ;A=b₂*w(n–2)+b₁*w(n–1)+b₀*w(n)
                DELAY      *AR2–                        ;w(n–1)= w(n)
                STH        A,iir_y
                LD         iir_y,2,A                    ;定标输出数据

                STL        A,*AR4+                      ;存储滤波结果 y(n)
iir_filter_loop: RET
                .end
```

程序说明：在程序中，AR1 指向滤波器系数，AR2 指向输入数据缓冲区，AR3 指向采样数据入口，AR4 指向数据输出口。该程序可以方便地推广到多节情况，只需定义多节系数，并修改 K_BIQUAD。

此外，由于字长有限，因此每个二阶基本节运算后都会带来一定的误差。合理安排各二阶基本节的前后次序，将使系统的精度得到优化。

（1）系数大于等于 1 时的定标方法

在设计 IIR 滤波器时，可能会出现一个或一个以上系数大于等于 1。在这种情况下，可以用大的数来定标，即用大的数去除所有的系数，但是还不如将此系数分解成多个小于 1 的数，例如系数 $b_0 = 1.2$，可分解为

$$b_0 x(n)= 0.5b_0 x(n)+ 0.7b_0 x(n)= 0.6x(n)+ 0.6x(n)$$

这样，将使所有的系数保持精度，而仅仅多用了一个时钟周期。

（2）对输入数据定标

在通常情况下，从外设接口输入的数据加载到累加器 A 中，可使用以下的指令来实现：

```
PORTR      P0,@Xin
LD         @Xin,16,A
```

考虑到在滤波运算过程中可能会出现大于 1 的输出值，可在输入时将输入数据缩小若干倍，例如：

```
PORTR      P0,@Xin
LD         @Xin,16–3,A
```

将输入数据除以 8，使输出值小于 1。

6.3　快速傅里叶变换（FFT）的 DSP 实现

傅里叶变换是将信号从时域变换到频域的一种变换形式，是信号处理领域中一种重要的分

析工具。离散傅里叶变换（DFT）是连续傅里叶变换在离散系统中的表现形式。由于 DFT 的计算量很大，因此在很长一段时间内使其应用受到很大的限制。

20 世纪 60 年代，Cooley 和 Tukey 提出了快速傅里叶变换（FFT）算法，它是快速计算 DFT 的一种高效方法，可以明显地降低运算量，大大提高 DFT 的运算速度，从而使 DFT 在实际中得到了广泛的应用，已成为数字信号处理最为重要的工具之一。

DSP 芯片的出现使 FFT 的实现变得更加方便。由于多数的 DSP 芯片都能在单指令周期内完成乘法-累加运算，而且还提供了专门的 FFT 指令（如实现 FFT 算法所必需的比特反转等），从而使得 FFT 算法在 DSP 芯片上实现的速度更快。本节首先简要介绍 FFT 算法的基本原理，然后介绍 FFT 算法的 DSP 实现。

6.3.1　FFT 算法的简介

快速傅里叶变换（FFT）是一种高效实现离散傅里叶变换（DFT）的快速算法，是数字信号处理中最为重要的工具之一，它在声学、语音、电信和信号处理等领域有着广泛的应用。

1．离散傅里叶变换（DFT）

对于长度为 N 的有限长序列 $x(n)$，它的离散傅里叶变换（DFT）为

$$X(k) = \sum_{n=0}^{N-1} x(n) W_N^{nk} \qquad k = 0,1,\cdots,N-1 \tag{6.3.1}$$

式中，$W_N = \mathrm{e}^{-\mathrm{j}2\pi/N}$，称为旋转因子或蝶形因子。

从 DFT 的定义可以看出，在 $x(n)$ 为复数序列的情况下，对某个 k 值，直接按式（6.3.1）计算 $X(k)$ 只需要 N 次复数乘法和（$N-1$）次复数加法。因此，对所有 N 个 k 值，共需要 N^2 次复数乘法和 $N(N-1)$ 次复数加法。对于一些相当大的 N 值（如 1024 点）来说，直接计算它的 DFT 所需要的计算量是很大的，因此 DFT 运算的应用受到了很大的限制。

2．快速傅里叶变换（FFT）

旋转因子 W_N 有如下特性。

- 对称性：$W_N^k = -W_N^{k+N/2}$。
- 周期性：$W_N^k = W_N^{k+N}$。

利用这些特性，既可以使 DFT 中有些项合并，减少了乘积项，又可以将长序列的 DFT 分解成几个短序列的 DFT。FFT 就是利用了旋转因子的对称性和周期性来减少运算量的。

FFT 算法就是将长序列的 DFT 分解成短序列的 DFT。例如：N 为偶数时，先将 N 点的 DFT 分解为两个 $N/2$ 点的 DFT，使复数乘法减少一半；再将每个 $N/2$ 点的 DFT 分解成 $N/4$ 点的 DFT，使复数乘法又减少一半，继续进行分解可以大大减少计算量。最小变换的点数称为基数，对于基数为 2 的 FFT 算法，它的最小变换是 2 点 DFT。

一般而言，FFT 算法分为按时间抽取的 FFT（DIT FFT）和按频率抽取的 FFT（DIF FFT）两大类。DIT FFT 算法在时域内将每级输入序列依次按奇、偶分成两个短序列进行计算，而 DIF FFT 算法在频域内将每级输入序列依次按奇、偶分成两个短序列进行计算。两者的区别是旋转因子出现的位置不同，但算法是一样的。在 DIT FFT 算法中，旋转因子 W_N^k 出现在输入端，而在 DIF FFT 算法中它出现在输出端。

假定序列 $x(n)$ 的点数 N 是 2 的幂，按照 DIT FFT 算法可将其分为偶序列和奇序列。

偶序列：$x(0),x(2),x(4),\cdots,x(N-2)$，即 $x_1(r) = x(2r)$，$\quad r = 0,1,\cdots,\dfrac{N}{2}-1$

奇序列：$x(1),x(3),x(5),\cdots,x(N-1)$，即 $x_2(r) = x(2r+1)$，$\quad r = 0,1,\cdots,\dfrac{N}{2}-1$

则 $x(n)$ 的 DFT 表示为

$$X(k) = \sum_{\substack{n=0 \\ n\text{为偶数}}}^{N-1} x(n)W_N^{nk} + \sum_{\substack{n=0 \\ n\text{为奇数}}}^{N-1} x(n)W_N^{nk}$$

$$= \sum_{r=0}^{N/2-1} x(2r)W_N^{2rk} + \sum_{r=0}^{N/2-1} x(2r+1)W_N^{(2r+1)k}$$

$$= \sum_{r=0}^{N/2-1} x_1(r)W_N^{2rk} + W_N^k \sum_{r=0}^{N/2-1} x_2(r)W_N^{2rk} \qquad （6.3.2）$$

由于 $W_N^2 = [e^{-j(2\pi/N)}]^2 = [e^{-j2\pi/(N/2)}] = W_{N/2}$，则式（6.3.2）可以表示为

$$X(k) = \sum_{r=0}^{N/2-1} x_1(r)W_{N/2}^{rk} + W_N^k \sum_{r=0}^{N/2-1} x_2(r)W_{N/2}^{rk}$$

$$= X_1(k) + W_N^k X_2(k) \qquad k=0,1,\cdots,N/2-1 \qquad （6.3.3）$$

式中，$X_1(k)$ 和 $X_2(k)$ 分别为 $x_1(n)$ 和 $x_2(n)$ 的 $N/2$ 点的 DFT。

由于对称性，$W_N^{k+N/2} = -W_N^k$，则 $X(k+N/2) = X_1(k) - W_N^k X_2(k)$。因此，$N$ 点 $X(k)$ 可分为两部分：

前半部分 $\qquad\qquad X(k) = X_1(k) + W_N^k X_2(k) \quad k=0,1,\cdots,N/2-1 \qquad （6.3.4）$

后半部分 $\qquad\qquad X(k+N/2) = X_1(k) - W_N^k X_2(k) \quad k=0,1,\cdots,N/2-1 \qquad （6.3.5）$

从式（6.3.4）和式（6.3.5）可以看出，只要求出 $0\sim N/2-1$ 区间 $X_1(k)$ 和 $X_2(k)$ 的值，就可求出 $0\sim N-1$ 区间 $X(k)$ 的 N 点值。

以同样的方式进行抽取，可以求得 $N/4$ 点的 DFT，重复抽取过程，就可以使 N 点的 DFT 用一组 2 点 DFT 来计算，这样就可以大大减少运算量。

基数为 2 的 DIT FFT 的蝶形运算如图 6.3.1 所示。设蝶形输入为 $x_{m-1}(p)$ 和 $x_{m-1}(q)$，输出为 $x_m(p)$ 和 $x_m(q)$，则有

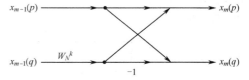

$$x_m(p) = x_{m-1}(p) + x_{m-1}(q)W_N^k \qquad （6.3.6）$$

$$x_m(q) = x_{m-1}(p) - x_{m-1}(q)W_N^k \qquad （6.3.7）$$

图 6.3.1 基数为 2 的 DIT FFT 的蝶形运算

在基数为 2 的 FFT 中，设 $N=2^M$，共有 M 级运算，每级有 $N/2$ 个 2 点 FFT 蝶形运算，因此，N 点 FFT 总共有 $(N/2)\log_2 N$ 个蝶形运算。

例如，在 N 点 FFT 中，当 $N=8$ 时，共需要 3 级、12 个基数为 2 的 DIT FFT 的蝶形运算。其信号流程如图 6.3.2 所示。

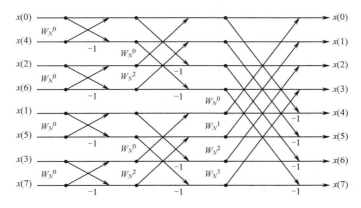

图 6.3.2 8 点基数为 2 的 DIT FFT 的蝶形运算

从图 6.3.2 可以看出，输入是经过比特反转的倒位序列，称为位码倒置，其排列顺序为 $x(0)$、$x(4)$、$x(2)$、$x(6)$、$x(1)$、$x(5)$、$x(3)$、$x(7)$。输出按自然顺序排列，其顺序为 $x(0)$、$x(1)$、……、$x(6)$、$x(7)$。

6.3.2　FFT 算法的 DSP 实现

DSP 芯片的出现使 FFT 的实现变得更为方便。由于大多数 DSP 芯片都具有在单指令周期内完成乘法-累加运算，并且提供了专门的 FFT 指令，从而使得 FFT 算法在 DSP 芯片中实现的速度更快。

FFT 算法可以分为按时间抽取 FFT（DIT FFT）和按频率抽取 FFT（DIF FFT）两大类，输入也有实数和复数之分，一般情况下，都假定输入序列为复数。下面以 8~1024 复数点 FFT 算法为例，介绍用 DSP 芯片实现的方法。

1．FFT 运算序列的存储分配

FFT 运算时间是衡量 DSP 芯片性能的一个重要指标，因此提高 FFT 的运算速度是非常重要的。在用 DSP 芯片实现 FFT 算法时，应允许利用 DSP 芯片所提供的各种软硬件资源。如何利用 DSP 芯片的有限资源，合理安排好所使用的存储空间是十分重要的。本例所使用的程序存储空间分配如图 6.3.3 所示，数据存储空间分配如图 6.3.4 所示，I/O 空间配置：PA0——输出口；PA1——输入口。

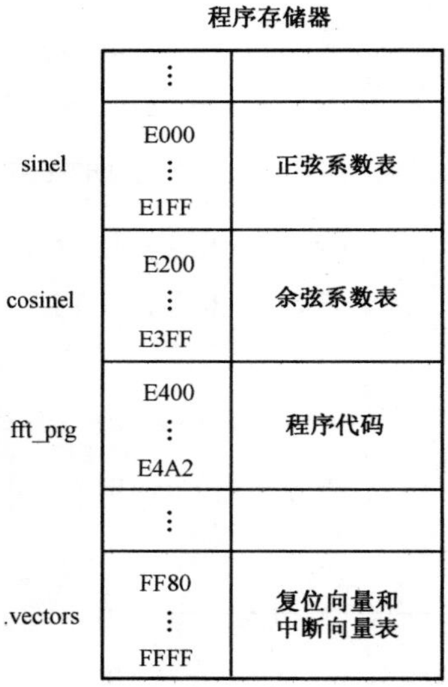

图 6.3.3　程序存储空间分配图 　　图 6.3.4　数据存储空间分配图

2．FFT 运算的实现

用'C54x 的汇编程序实现 FFT 算法主要分为 4 步。

（1）实现输入数据的比特反转

输入数据的比特反转实际上就是将输入数据进行位码倒置，以使在整个运算后的输出序列是一个自然序列。在用汇编指令进行位码倒置时，使用位码倒置寻址可以大大提高程序执行速度和使用存储器的效率。在这种寻址方式下，AR0 存放的整数 N 是 FFT 点的一半，一个辅助寄存器指向一个数据存放的单元。当使用位码倒置寻址将 AR0 加到辅助寄存器时，地址将以位码倒置的方式产生。

（2）实现 N 点复数 FFT

N 点复数 FFT 算法的实现可分为 3 个功能块，即第一级蝶形运算、第二级蝶形运算、第三级至 $\log_2 N$ 级蝶形运算。

对于任何一个 2 的整数幂 $N = 2^M$，总可以通过 M 次分解最后成为 2 点 DFT 计算。通过这样的 M 次分解，可构成 M（即 $\log_2 N$）级迭代计算，每级由 $N/2$ 个碟形运算组成。

从图 6.3.2 可以看出，每个蝶形运算可由基本迭代运算完成。

设蝶形的输入为 $x_{m-1}(p)$ 和 $x_{m-1}(q)$，输出为 $x_m(p)$ 和 $x_m(q)$，则有

$$\begin{cases} x_m(p)=x_{m-1}(p)+x_{m-1}(q)W_N^k \\ x_m(q)=x_{m-1}(p)-x_{m-1}(q)W_N^k \end{cases} \tag{6.3.8}$$

式中，m 为第 m 列迭代；p 和 q 为数据所在的行数。

在进行运算的过程中，为了避免运算结果的溢出，对每个蝶形的运算结果右移一位。

在 FFT 的运算过程中要用到旋转因子 W_N，它是一个复数，可表示为

$$W_N^k = \mathrm{e}^{-j2\pi k/N} = \cos\frac{2\pi k}{N} - j\sin\frac{2\pi k}{N} \tag{6.3.9}$$

根据式（6.3.9）可以将旋转因子 W_N 分成正弦和余弦两部分。为了实现旋转因子 W_N 的运算，在存储空间分别建立正弦表和余弦表，如图 6.3.3 和图 6.3.4 所示。每个表对应从 0° 到 180°，采用循环寻址来对正弦表和余弦表进行寻址。

（3）功率谱的计算

用 FFT 计算 $x(n)$ 的频谱，即计算

$$X(k) = \sum_{n=0}^{N-1} x(n)W_N^{nk} \tag{6.3.10}$$

$X(k)$ 一般是由实部 $X_R(k)$ 和虚部 $X_I(k)$ 组成的复数，即

$$X(k)=X_R(k)+jX_I(k) \tag{6.3.11}$$

因此，计算功率谱时只需将 FFT 变换好的数据，按照实部 $X_R(k)$ 和虚部 $X_I(k)$ 求它们的平方和，然后对平方和进行开平方运算。但是考虑到编程的难度，对于求 FFT 变换后数据的最大值，不开平方也可以找到最大值，并对功率谱的结果没有影响，所以在实际的 DSP 编程中省去了开方运算。

（4）输出 FFT 结果

3．汇编语言程序

程序主体由 rfft_task、bit_rev、fft 和 power 这 4 个子程序组成。

● rfft_task：主调用子程序，用来调用其他子程序，实现统一的接口。

● bit_rev：位码倒置子程序，用来实现输入数据的比特反转。

● fft：FFT 算法子程序，用来完成 N 点 FFT 运算。在运算过程中，为避免运算结果的溢出，对每个蝶形的运算结果右移一位。fft 子程序分为 3 个功能块：第一级蝶形运算、第二级

蝶形运算、第三级至 $\log_2 N$ 级蝶形运算。
- power：功率谱计算子程序。

源程序 fft.asm 清单：

```
                    .title      "rfft_task.asm"
                    .mmregs
                    .copy       "coeff.inc"              ;从 coeff.inc 文件复制旋转因子系数
                    .def        rfft_task
sine:               .usect      "sine",512               ;数据存储区正弦表起始地址
cosine:             .usect      "cosine",512             ;数据存储区余弦表起始地址
fft_data:           .usect      "fft_data",2048          ;输出数据的起始地址
d_input:            .usect      "fft_data",2048          ;输入数据的起始地址
fft_out:            .usect      "fft_out",1024
d_input             .copy       sindata                  ;从 sindata 文件复制输入数据
STACK               .usect      "STACK",10
K_DATA_IDX_1        .set        2                        ;第 1 级运算时各组蝶形的地址增量
K_DATA_IDX_2        .set        4                        ;第 2 级运算时各组蝶形的地址增量
K_DATA_IDX_3        .set        8                        ;第 3 级运算时各组蝶形的地址增量
K_FLY_COUNT_3       .set        4
K_TWID_TBL_SIZE     .set        512
K_TWID_IDX_3        .set        128
K_FFT_SIZE          .set        32                       ;N=32,复数点数
K_LOGN              .set        5                        ;蝶形级数 $\log_2 N= \log_2(32)=5$
                    .bss        d_twid_idx,1
                    .bss        d_data_idx,1
                    .bss        d_grps_cnt,1
                    .sect       "rfft_prg"
rfft_task:
            SSBX        FRCT                            ;允许小数乘法
            STM         # STACK+10,SP
            STM         # sine,AR1                      ;程序存储区正弦表起始地址
            RPT         # K_TWID_TBL_SIZE−1             ;511 次
            MVPD        sine1,*AR1+                     ;将正弦系数从程序存储器传送至数据存储器
            STM         # cosine,AR1                    ;程序存储区余弦表起始地址
            RPT         # K_TWID_TBL_SIZE−1             ;511 次
            MVPD        cosine1,*AR1+                   ;将余弦系数从程序存储器传送至数据存储器
            CALL        bit_rev                         ;调用 bit_rev 子程序
            CALL        fft                             ;调用 fft 子程序
            CALL        power                           ;调用 power 子程序
            RET
***************位码倒置子程序  bit_rev*****************
                    .asg        AR2,REORDERED
                    .asg        AR3,ORIGINAL_INPUT
                    .asg        AR7,DATA_PROC_BUF
                    .sect       "rfft_prg"
bit_rev:
            STM         # d_input,ORIGINAL_INPUT        ;指向输入数据的首地址
            STM         # fft_data,DATA_PROC_BUF        ;指向数据处理缓冲区首地址
            MVMM        DATA_PROC_BUF,REORDERED         ;指向位码倒置后数据首地址
            STM         # K_FFT_SIZE−1,BRC
            RPTBD       bit_rev_end−1
            STM         # K_FFT_SIZE,AR0                ;AR0=缓冲区大小的一半
            MVDD        *ORIGINAL_INPUT+,*REORDERED+
```

```
                MVDD        *ORIGINAL_INPUT-,*REORDERED+
                MAR         *ORIGINAL_INPUT+0B                    ;位翻转寻址
bit_rev_end:
                RET                                              ;返回主程序 rfft_task
***************    FFT 算法子程序  fft *******************
                .asg        AR1,GROUP_COUNTER
                .asg        AR2,PX
                .asg        AR3,QX
                .asg        AR4,WR
                .asg        AR5,WI
                .asg        AR6,BUTTERFLY_COUNTER
                .asg        AR7,STAGE_COUNTER
                .sect       "rfft_prg"
fft:
***************    第 1 级蝶形运算 stage1   ******************
                STM         # 0,BK                   ;循环缓冲区大小 BK=0
                LD          # -1,ASM                 ;每级输出除以 2,防止溢出
                STM         # fft_data,PX            ;指向第 1 个碟形运算输入
                LD          *PX,16,A
                STM         # fft_data+K_DATA_IDX_1,QX ;指向第 2 个碟形运算输入
                STM         # K_FFT_SIZE/2-1,BRC
                RPTBD       stage1_end-1             ;块重复
                STM         # K_DATA_IDX_1+1,AR0
                SUB         *QX,16,A,B
                ADD         *QX,16,A
                STH         A,ASM,*PX+
                ST          B,*QX+
                || LD       *PX,A
                SUB         *QX,16,A,B
                ADD         *QX,16,A
                STH         A,ASM,*PX+0
                ST          B,*QX+0%
                || LD       *PX,A
stage1_end:
*****************第 2 级蝶形运算  stage2    ******************
                STM         # fft_data,PX
                STM         # fft_data+K_DATA_IDX_2,QX
                STM         # K_FFT_SIZE/4-1,BRC
                LD          * PX,16,A
                RPTBD       stage2_end-1
                STM         # K_DATA_IDX_2+1,AR0
;第 1 个蝶形运算
                SUB         *QX,16,A,B
                ADD         *QX,16,A
                STH         A,ASM,*PX+
                ST          B,*QX+
                || LD       *PX,A
                SUB         *QX,16,A,B
                ADD         *QX,16,A
                STH         A,ASM,*PX+
                STH         B,ASM,*QX+
;第 2 个蝶形运算
                MAR         *QX+
```

```
          ADD       *PX,*QX,A
          SUB       *PX,*QX-,B
          STH       A,ASM,*PX+
          SUB       *PX,*QX,A
          ST        B,*QX
        || LD       *QX+,B
          ST        A,*PX
        || ADD      *PX+0%,A
          ST        A,*QX+0%
        || LD       *PX,A
stage2_end:
* * * * * * *  第 3 级至 $\log_2 N$ 级蝶形运算 stage3 * * * * * * * * * *
          STM       # K_TWID_TBL_SIZE,BK
          ST        # K_TWID_IDX_3,d_twid_idx
          STM       # K_TWID_IDX_3,AR0
          STM       # cosine,WR
          STM       # sine,WI
          STM       # K_LOGN-2-1,STAGE_COUNTER
          ST        # K_FFT_SIZE/8-1,d_grps_cnt
          STM       # K_FLY_COUNT_3-1,BUTTERFLY_COUNTER
          ST        # K_DATA_IDX_3,d_data_idx
stage:
          STM       # fft_data,PX
          LD        d_data_idx,A
          ADD       *(PX),A
          STLM      A,QX
          MVDK      d_grps_cnt,GROUP_COUNTER
group:
          MVMD      BUTTERFLY_COUNTER,BRC
          RPTBD     butterfly_end-1
          LD        *WR,T
          MPY       *QX+,A
          MACR      *WI+0%,*QX-,A
          ADD       *PX,16,A,B
          ST        B,*PX
        || SUB      *PX+,B
          ST        B,*QX
        || MPY      *QX+,A
          MASR      *QX,*WR+0%,A
          ADD       *PX,16,A,B
          ST        B,*QX+
        || SUB      *PX+,B
          LD        *WR,T
          ST        B,*PX+
        || MPY      *QX+,A
butterfly_end:
;为下一组更新指针
          PSHM      AR0
          MVDK      d_data_idx,AR0
          MAR       *PX+0
          MAR       *QX+0
          BANZD     group,*GROUP_COUNTER-
          POPM      AR0
```

```
            MAR         *QX−
;为下一级更新计数器和索引值
            LD          d_data_idx,A
            SUB         # 1,A,B
            STLM        B,BUTTERFLY_COUNTER
            STL         A,1,d_data_idx
            LD          d_grps_cnt,A
            STL         A,ASM,d_grps_cnt
            LD          d_twid_idx,A
            STL         A,ASM,d_twid_idx
            BANZD       stage,*STAGE_COUNTER−
            MVDK        d_twid_idx,AR0
fft_end:
            RET                                             ;返回主程序 rfft_task
**************  功率谱计算子程序  power  *****************
                   .sect      "rfft_prg"
power:
            STM         # fft_data,AR2
            STM         # fft_out,AR4
            STM         #K_FFT_SIZE*2−1,BRC
            RPTB        power_end−1
            SQUR        *AR2+,A
            SQURA       *AR2+,A
            STH         A,*AR4+
power_end:
            RET                                             ;返回主程序 rfft_task
                   .end
```

链接命令文件 rfft_task.cmd 清单：

```
                        /*   链接命令文件  fft_task.cmd    */
vectors.obj
rfft_task.obj
-o rfft_task.obj
-m rfft_task.map
-e rfft_task
MEMORY {
        PAGE0:
                EPROM:   org = 0E000H   len = 1000H
                VECS:    org = 0FF80H   len = 0080H
        PAGE1:
                SPRAM:   org = 0060H   len = 0020H
                DARAM:   org = 0400H   len = 0600H
                RAM:     org = 8000H   len = 1400H
        }
SECTIONS {
        sine1       : > EPROM                PAGE0
        cosine1     : > EPROM                PAGE0
        fft_prg     : > EPROM                PAGE0
        .bss        : > SPRAM                PAGE1
        sine        : align(512){}> DARAM    PAGE1
        cosine      : align(512){}> DARAM    PAGE1
        d_input     : > RAM                  PAGE1
        fft_data    : > RAM                  PAGE1
        fft_out     : > RAM                  PAGE1
```

```
            STACK          : > SPRAM                    PAGE1
            .vectors       : > VECS                     PAGE0
            }
```

有关 FFT 程序说明如下：

（1）使用方法：

① 根据 N 值，修改 rfft_task.asm 中的两个常数，如 N = 64。

```
    K_FFT_SIZE          .set        64
    K_LOGN              .set        6
```

② 准备输入数据文件 in.dat。输入数据按实部、虚部，实部、虚部，……顺序存放。

③ 汇编、链接、仿真执行，得到输出数据文件 out.dat。

④ 根据 out.dat 作图，就可以得到输入信号的功率谱图。

（2）当 N 超过 1024 时，除了修改 K_FFT_SIZE 和 K_LOGN 两个常数，还要增加系数表，并且修改 rfft_task.链接命令文件。

4. 正弦系数表和余弦系数表

正弦系数表和余弦系数表可以由数据文件 coeff.inc 给出，主程序通过.copy 汇编命令将正弦系数表和余弦系数表与程序代码汇编在一起。

在本例中，数据文件 coeff.inc 给出 1024 复数点 FFT 的正弦、余弦系数各 512 个，利用此系数表可完成 8~1024 点 FFT 的运算。

数据文件 coeff.inc 清单：

```
    sine1:   .sect       "sine1"
             .word       0,201,402,603,804,1005,1206,1407,1607,1808
             .word       2009,2210,2410,2611,2811,3011,3211,3411,3611,3811
             .word       4011,4210,4409,4609,4808,5006,5205,5403,5602,5800
             .word       5997,6195,6392,6589,6786,6983,7179,7375,7571,7766
             .word       7961,8156,8351,8545,8739,8933,9126,9319,9512,9704
             .word       9896,10087,10278,10469,10659,10849,11039,11228,11416,11605
             .word       11793,11980,12167,12353,12539,12725,12910,13094,13278,13462
             .word       13645,13828,14010,14191,14372,14552,14732,14912,15090,15269
             .word       15446,15623,15800,15976,16151,16325,16499,16673,16846,17018
             .word       17189,17360,17530,17700,17869,18037,18204,18371,18537,18703
             .word       18868,19032,19195,19358,19519,19681,19841,20001,20159,20318
             .word       20475,20631,20787,20942,21097,21250,21403,21555,21706,21856
             .word       22005,22154,22301,22448,22594,22740,22884,23027,23170,23312
             .word       23453,23593,23732,23870,24007,24144,24279,24414,24547,24680
             .word       24812,24943,25073,25201,25330,25457,25583,25708,25832,25955
             .word       26077,26199,26319,26438,26557,26674,26790,26905,27020,27133
             .word       27245,27356,27466,27576,27684,27791,27897,28002,28106,28208
             .word       28310,28411,28511,28609,28707,28803,28898,28993,29086,29178
             .word       29169,29359,29447,29535,29621,29707,29791,29874,29956,30037
             .word       30117,30196,30273,30350,30425,30499,30572,30644,30714,30784
             .word       30852,30919,30985,31050,31114,31176,31237,31298,31357,31414
             .word       31471,31526,31581,31634,31685,31736,31785,31834,31881,31972
             .word       31971,32015,32057,32098,32138,32176,32214,32250,32285,32319
             .word       32353,32383,32413,32442,32469,32496,32521,32545,32568,32589
             .word       32610,32629,32647,32663,32679,32693,32706,32718,32728,32737
             .word       32745,32752,32758,32762,32765,32767,32767,32767,32765,32762
             .word       32758,32752,32745,32737,32728,32718,32706,32693,32679,32663
             .word       32647,32629,32610,32589,32568,32545,32521,32496,32469,32442
             .word       32413,32383,32351,32319,32285,32250,32214,32176,32138,32098
```

```
        .word    32057,32015,31971,31927,31881,31834,31785,31736,31685,31634
        .word    31581,31526,31471,31414,31357,31298,31237,31176,31114,31050
        .word    30985,30919,30852,30784,30714,30644,30572,30499,30425,30350
        .word    30273,30196,30117,30037,29956,29874,29791,29707,29621,29535
        .word    29447,29359,29269,29178,29086,28993,28898,28803,28707,28609
        .word    28511,28411,28310,28208,28106,28002,27897,27791,27684,27576
        .word    27466,27356,27245,27133,27020,26905,26790,26674,26557,26438
        .word    26319,26199,26077,25955,25832,25708,25583,25457,25330,25201
        .word    25073,24943,24812,24680,24547,24414,24279,24144,24007,23870
        .word    23732,23573,23453,23312,23170,23027,22884,22740,22594,22448
        .word    22301,22154,22005,21856,21706,21555,21403,21250,21097,20942
        .word    20787,20631,20475,20318,20159,20001,19841,19681,19519,19358
        .word    19195,19032,18868,18703,18537,18371,18204,18037,17869,17700
        .word    17530,17360,17189,17018,16846,16673,16599,16325,16151,15976
        .word    15800,15623,15446,15269,15090,14912,14732,14552,14372,14191
        .word    14010,13828,13645,13462,13278,13094,12910,12725,12539,12353
        .word    12167,11980,11793,11605,11416,11228,11039,10849,10659,10469
        .word    10278,10087,9896,9704,9512,9319,9126,8933,8739,8545
        .word    8351,8156,7961,7766,7571,7375,7179,6983,6786,6589
        .word    6392,6195,5997,5800,5602,5403,5205,5006,4808,4609
        .word    4409,4210,4011,3811,3611,3411,3211,3011,2811,2611
        .word    2410,2210,2009,1808,1607,1407,1206,1005,804,603
        .word    402,201
cosine1: .word    32767,32767,32765,32762, 32758,32752,32745,32737,32728,32718
        .word    32706,32693,32679,32663, 32647,32629,32610,32589,32568,32545
        .word    32521,32496,32469,32442, 32413,32383,32351,32319,32285,32250
        .word    32214,32176,32138,32098, 32057,32015,31971,31927,31881,31834
        .word    31785,31736,31685,31634, 31581,31526,31471,31414,31357,31298
        .word    31237,31176,31114,31050, 30985,30919,30852,30784,30714,30644
        .word    30572,30499,30425,30350, 30273,30196,30117,30037,29956,29874
        .word    29791,29707,29621,29535, 29447,29359,29269,29178,29086,28993
        .word    28898,28803,28707,28609, 28511,28411,28310,28208,28106,28002
        .word    27897,27791,27684,27576, 27466,27356,27245,27133,27020,26905
        .word    26790,26674,26557,26438, 26319,26199,26077,25955,25832,25708
        .word    25583,25457,25330,25201,25073,24943,24812,24680,24547,24414
        .word    24279,24144,24007,23870, 23732,23573,23453,23312,23170,23027
        .word    22884,22740,22594,22448, 22301,22154,22005,21856,21706,21555
        .word    21403,21250,21097,20942, 20787,20631,20475,20318,20159,20001
        .word    19841,19681,19519,19358, 19195,19032,18868,18703,18537,18371
        .word    18204,18037,17869,17700, 17530,17360,17189,17018,16846,16673
        .word    16599,16325,16151,15976, 15800,15623,15446,15269,15090,14912
        .word    14732,14552,14372,14191, 14010,13828,13645,13462,13278,13094
        .word    12910,12725,12539,12353, 12167,11980,11793,11605,11416,11228
        .word    11039,10849,10659,10469, 10278,10087,9896,9704,9512,9319
        .word    9126,8933,8739,8545,8351,8156,7961,7766,7571,7375
        .word    7179,6983,6786,6589, 6392,6195,5997,5800,5602,5403
        .word    5205,5006,4808,4609, 4409,4210,4011,3811,3611,3411
        .word    3211,3011,2811,2611, 2410,2210,2009,1808,1607,1407
        .word    1206,1005,804,603, 402,201,0,−201,−402,−603
        .word    −804,−1005,−1206,−1407,−1607,−1808,−2009,−2210,−2410
        .word    −2611,−2811,−3011,−3211,−3411,−3611,−3811,−4011,−4210
        .word    −4409,−4609,−4808,−5006,−5205,−5403,−5602,−5800,−5997
        .word    −6195,−6392,−6589,−6786,−6983,−7179,−7375,−7571,−7766
```

```
.word      -7961,-8156,-8351,-8545,-8739,-8933,-9126,-9319,-9512,
.word      -9704, -9896, -10087, -10278, -10469, -10659, -10849, -11039
.word      -11228, -11416, -11605, -11793, -11980, -12167, -12353
.word      -12539, -12725, -12910, -13094, -13278, -13462, -13645
.word      -13828, -14010, -14191, -14372, -14552, -14732, -14912
.word      -15090, -15269, -15446, -15623, -15800, -15976, -16151
.word      -16325, -16499, -16673, -16846, -17018, -17189, -17360
.word      -17530, -17700, -17869, -18037, -18204, -18371, -18537
.word      -18703, -18868, -19032, -19195, -19358, -19519, -19681
.word      -19841, -20001, -20159, -20318, -20475, -20631, -20787
.word      -20942, -21097, -21250, -21403, -21555, -21706, -21856
.word      -22005, -22154, -22301, -22448, -22594, -22740, -22884
.word      -23027, -23170, -23312, -23453, -23593, -23732, -23870
.word      -24007, -24144, -24279, -24414, -24547, -24680, -24812
.word      -24943, -25073, -25201, -25330, -25457, -25583, -25708
.word      -25832, -25955, -26077, -26199, -26319, -26438, -26557
.word      -26674, -26790, -26905, -27020, -27133, - 27245, -27356
.word      -27466, -27576, -27684, -27791, -27897, -28002, -28106
.word      -28208, -28310, -28411, -28511, -28609, -28707, -28803
.word      -28898, -28993, -29086, -29178, -29169, -29359, -29447
.word      -29535, -29621, -29707, -29791, -29874, -29956, -30037
.word      -30117, -30196, -30273, -30350, -30425, -30499, -30572
.word      -30644, -30714, -30784, -30852, -30919, -30985, -31050
.word      -31114, -31176, -31237, -31298, -31357, -31414, -31471
.word      -31526, -31581, -31634, -31685, -31736, -31785, -31834
.word      -31881, -31972, -31971, -32015, -32057, -32098, -32138
.word      -32176, -32214, -32250, -32285, -32319, -32353, -32383
.word      -32413, -32442, -32469, -32496, -32521, -32545, -32568
.word      -32589, -32610, -32629, -32647, -32663, -32679, -32693
.word      -32706, -32718, -32728, -32737, -32745, -32752, -32758
.word      -32762, -32765, -32767
TSIZE：.set   $-sine1
```

5. FFT 算法的模拟信号输入

FFT 算法的模拟信号输入可以采用 C 语言编程来生成一个文本文件 sindata，然后在 **rfft_task**
汇编程序中，通过.copy 汇编命令将生成的数据文件复制到数据存储器中，作为 FFT 算法的输
入数据参与 FFT 运算。这种方法的优点是程序的可读性强，缺点是当输入数据修改后，必须重
新编译、汇编和链接。

生成 FFT 模拟输入数据文件的 C 语言程序如下：

```c
/*   文件名：sindatagen.c  */
# include    "stdio.h"
# include    "math.h"
main()
{
      int   i ;
      float   f[256];
      FILE   *fp;
      if ((fp=fopen("d：\\tms320c54\\fft\\sindata","wt"))= =NULL)
      {
             printf("can't open file! \n");
             exit(0);
      }
      for(i=0;i<=255;i++)
```

```
        {
            f[i]=sin(2*3.14159265*i/256.0);
            fprintf(fp, "        .word        %ld\n",(log)(f[i]*16384));
        }
        fclose(fp);
    }
```

将生成的文件复制到目标系统存储器的语句为：

    d_input   .copy   sindata

6.4　正弦波信号发生器

正弦波信号发生器已被广泛应用于通信、仪器仪表和工业控制等领域的信号处理系统中。通常有两种方法可以产生正弦波，分别为查表法和泰勒级数展开法。查表法主要用于对精度要求不很高的场合，而泰勒级数展开法是一种比查表法更为有效的方法，它能精确地计算出一个角度的正弦值和余弦值，且只需要较小的存储空间。本节主要介绍用泰勒级数展开法来实现正弦波信号。

6.4.1　产生正弦波的算法

在高等数学中，正弦函数和余弦函数可以展开成泰勒级数，其表达式为

$$\sin(x) = x - \frac{x^3}{3!} + \frac{x^5}{5!} - \frac{x^7}{7!} + \frac{x^9}{9!} - \cdots \qquad (6.4.1)$$

$$\cos(x) = 1 - \frac{x^2}{2!} + \frac{x^4}{4!} - \frac{x^6}{6!} + \frac{x^8}{8!} - \cdots \qquad (6.4.2)$$

若要计算一个角度 x 的正弦值和余弦值，可取泰勒级数的前 5 项进行近似计算。

$$\begin{aligned}\sin(x) &= x - \frac{x^3}{3!} + \frac{x^5}{5!} - \frac{x^7}{7!} + \frac{x^9}{9!} \\ &= x\left(1 - \frac{x^2}{2\times3}\left(1 - \frac{x^2}{4\times5}\left(1 - \frac{x^2}{6\times7}\left(1 - \frac{x^2}{8\times9}\right)\right)\right)\right)\end{aligned} \qquad (6.4.3)$$

$$\begin{aligned}\cos(x) &= 1 - \frac{x^2}{2!} + \frac{x^4}{4!} - \frac{x^6}{6!} + \frac{x^8}{8!} \\ &= 1 - \frac{x^2}{2}\left(1 - \frac{x^2}{3\times4}\left(1 - \frac{x^2}{5\times6}\left(1 - \frac{x^2}{7\times8}\right)\right)\right)\end{aligned} \qquad (6.4.4)$$

由式（6.4.3）和式（6.4.4）可推导出递推公式，即

$$\sin(nx) = 2\cos(x)\sin[(n-1)x] - \sin[(n-2)x] \qquad (6.4.5)$$

$$\cos(nx) = 2\cos(x)\sin[(n-1)x] - \cos[(n-2)x] \qquad (6.4.6)$$

由递推公式可以看出，在计算正弦值和余弦值时，不仅需要已知 $\cos(x)$，而且还需要 $\sin(n-1)x$、$\sin(n-2)x$ 和 $\cos(n-2)x$。

6.4.2　正弦波的实现

1．计算一个角度的正弦值

利用泰勒级数的展开式（6.4.3），可计算一个角度 x 的正弦值，并采用子程序的调用方式实

现。在调用前先在数据存储器 d_xs 单元中存放 x 的弧度值，计算结果存放在 d_sinx 单元中。程序中要用到一些存储单元存放数据和变量，存储单元的分配图如图 6.4.1 所示。

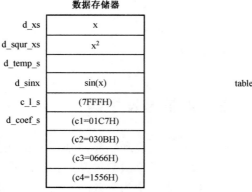

图 6.4.1　计算正弦值存储单元分配

程序清单 sinx.asm：

```
                .title   "sinx.asm"
                .mmregs
                .def       start
                .ref       sin_start,d_xs,d_sinx
STACK：         .usect     "STACK",10
start：         STM        # STACK+10,SP
                LD         # d_xs,DP
                ST         # 6487H,d_xs           ;x→d_xs
                CALL       sin_start
end：           B          end
sin_start：
                .def       sin_start
                d_coef_s   .usect          "coef_s",4
                .data
table_s：       .word      01C7H                 ;c1=1/(8*9)
                .word      030BH                 ;c2=1/(6*7)
                .word      0666H                 ;c3=1/(4*5)
                .word      1556H                 ;c4=1/(2*3)
d_xs            .usect     "sin_vars",1
d_squr_xs       .usect     "sin_vars",1
d_temp_s        .usect     "sin_vars",1
d_sinx          .usect     "sin_vars",1
c_1_s           .usect     "sin_vars",1
                .text
                SSBX       FRCT
                STM        # d_coef_s,AR4
                RPT        # 3
                MVPD       # table_s,*AR4+
                STM        # d_coef_s,AR2
                STM        # d_xs,AR3
                STM        # c_1_s,AR5
                ST         # 7FFFH,c_1_s
                SQUR       *AR3+,A               ;求 x 的平方值
                ST         A,*AR3                ;x 的平方值存入(AR3)
```

```
            || LD        *AR5,B              ;B=1
            MASR        *AR3+,*AR2+,B,A     ;A=1−x^2/72,T=x^2
            MPYA        A                   ;A=T*A= x^2(1−x^2/72)
            STH         A,*AR3              ;(d_temp_s)= x^2(1−x^2/72)
            MASR        *AR3−,*AR2+,B,A     ;A=1−x^2/42(1−x^2/72)
                                            ;T= x^2（1−x^2/72）
            MPYA        *AR3+               ;B= x^2(1−x^2/42(1−x^2/72))
            ST          B,*AR3              ;(d_temp_s)= x^2(1−x^2/42(1−x^2/72))
            || LD        *AR5,B              ;B=1
            MASR        *AR3−,*AR2,B,A      ;A=1−x^2/20(1−x^2/42(1−x^2/72))
            MPYA        *AR3+               ;B=x^2(1−x^2/20(1−x^2/42(1−x^2/72)))
            ST          B,*AR3              ;(d_temp_s)=B=…
            || LD        *AR5,B              ;B=1
            MASR        *AR3−,*AR2,B,A      ;A=1−x^2/6(1−x^2/20(1−x^2/42(1−x^2/72)))
            MPYA        d_xs                ;B=x(1−x^2/6(1−x^2/20(1−x^2/42(1−x^2/72))))
            STH         B,d_sinx            ;sin(theta)
            RET
            .end
```

2. 计算一个角度的余弦值

利用式（6.4.4）计算一个角度的余弦值，可采用子程序的调用方式来实现。调用前先将 x 的弧度值存放在数据存储器 d_xc 单元中，计算结果存放在 d_cosx 单元中。程序中要用到一些存储单元，用来存放数据和变量，如图 6.4.2 所示。

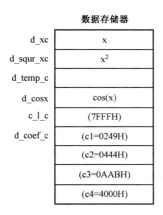
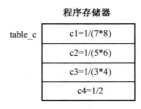

图 6.4.2　计算余弦值存储单元分配

程序清单 cosx.asm：

```
                .title      "cosx.asm"
                .mmregs
                .def        start
                .ref        cos_start,d_xc,d_cosx
STACK:          .usect      "STACK",10
start:
                STM         # STACK+10,SP
                LD          # d_xc,DP
                ST          # 6487H,d_xc        ;x→d_xc
                CALL        cos_start
end:            B           end
cos_start:
                .def        cos_start
```

```
d_coff_c              .usect        "coef_c",4
              .data
table_c:      .word     0249H              ;c1=1/(7*8)
              .word     0444H              ;c2=1/(5*6)
              .word     0AABH              ;c3=1/(3*4)
              .word     4000H              ;c4=1/2
d_xc          .usect    "cos_vars",1
d_squr_xc     .usect    "cos_vars",1
d_temp_c      .usect    "cos_vars",1
d_cosx        .usect    "cos_vars",1
c_1_c         .usect    "cos_vars",1
              .text
              SSBX      FRCT
              STM       # d_coef_c,AR4
              RPT       # 3
              MVPD      # table_c,*AR4+
              STM       # d_coef_c,AR2
              STM       # d_xc,AR3
              STM       # c_1_c,AR5
              ST        # 7FFFH,c_1_c
              SQUR      *AR3+,A           ;求 x 的平方值
              ST        A,*AR3            ;x 的平方值存入(AR3)
              || LD     *AR5,B            ;B=1
              MASR      *AR3+,*AR2+,B,A   ;A=1-x^2/56,T=x^2
              MPYA      A                 ;A=T*A= x^2(1-x^2/56)
              STH       A,*AR3            ;(d_temp_c)= x^2(1-x^2/56)
              MASR      *AR3-,*AR2+,B,A   ;A=1-x^2/30（1-x^2/56）
                                          ;T= x^2（1-x^2/56）
              MPYA      *AR3+             ;B= x^2(1-x^2/30(1-x^2/56))
              ST        B,*AR3            ;(d_temp_c)= x^2(1-x^2/30(1-x^2/56))
              || LD     *AR5,B            ;B=1
              MASR      *AR3-,*AR2,B,A    ;A=1-x^2/12(1-x^2/30(1-x^2/56))
              SFTA      A,-1,A            ;-1/2
              NEG       A
              MPYA      *AR3+             ;B=-x^2/2(1-x^2/12(1-x^2/30(1-x^2/56)))
              MAR       *AR3+
              RETD
              ADD       *AR5,16,B         ;B=1-x^2/2(1-x^2/12(1-x^2/30(1-x^2/56)))
              STH       B,*AR3            ;求得的余弦值存入 AR3 指定的单元
              RET
              .end
```

3．正弦波的实现

利用计算一个角度的正弦值和余弦值程序可实现正弦波，其实现步骤如下：

第一步：利用 sin_start 和 cos_start 子程序计算 $0°\sim45°$（间隔为 $0.5°$）的正弦值和余弦值。

第二步：利用 $\sin(2x)=2\sin(x)\cos(x)$ 公式，计算 $0°\sim90°$ 的正弦值（间隔为 $1°$）。

第三步：通过复制，获得 $0°\sim359°$ 的正弦值。

第四步：将 $0°\sim359°$ 的正弦值重复从端口 PA 输出，便可得到正弦波。

产生正弦波的源程序清单 sin.asm：

```
              .title    "sinx.asm"
              .mmregs
              .def      start
```

```
            .ref        d_xs,sinx,d_sinx,d_xc,cosx,d_cosx
sin_x:      .usect      "sin_x",360
STACK:      .usect      "STACK",10
k_theta     .set        286                         ;theta=pi/360(0.5deg)
PA0         .set        0
start:      .text
            STM         # STACK+10,SP
            STM         # 0,AR0                      ;AR0=x=0
            STM         k_theta,AR1                  ;设置增量
            STM         # sin_x,AR7                  ;AR7 指向 sin_x
            STM         # 90,BRC                     ;设置重复次数,计算 sin0 至 sin90
            RPTB        loop1−1
            LDM         AR0,A
            LD          # d_xs,DP
            STL         A,@d_xs
            STL         A,@d_xc
            CALL        sin_start                    ;调用 sinx 子程序,计算 x 的正弦值
            CALL        cos_start                    ;调用 cosx 子程序,计算 x 的余弦值
            LD          # d_sinx,DP
            LD          @d_sinx,16,A                 ;求得正弦值 sin(x)加载累加器 A
            MPYA        @d_cosx                      ;完成 sin(x)*cos(x)运算,将结果存入 B
            STH         B,1,*AR7+                    ;完成 2*sin(x)*cos(x)运算,
                                                     ;结果存入 AR7 指定单元
            MAR         *AR0+0
loop1:      STM         # sin_x+89,AR6               ;AR6 指向 sin_x+89 单元
            STM         # 88,BRC                     ;设置重复次数,计算 sin91 至 sin179
            RPTB        loop2−1
            LD          *AR6−,A
            STL         A,*AR7+
loop2:      STM         # 179,BRC                    ;设置重复次数,计算 sin180 至 sin359
            STM         # sin_x,AR6                  ;AR6 指向 sin_x 单元
            RPTB        loop3−1
            LD          *AR6+,A
            NEG         A
            STL         A,*AR7+
loop3:      STM         # sin_x,AR7                  ;AR7 指向 sin_x 单元
            STM         # 1,AR1
            STM         # 360,BK                     ;设置缓冲区长度
loop4:      PORTW       *AR7+0%,PA0                  ;输出正弦值
            B           loop4                        ;循环输出,产生正弦波
            .end
```

产生正弦波链接命令文件 sin.cmd：

```
    vectors.obj
    sin.obj
    -o  sin.out
    -m  sin.map
    -e  start
    MEMORY
      {
      PAGE0:
                EPROM:      org = 0E000H,len=1000H
                VECS:       org = 0FF80H,len=0080H
      PAGE1:
```

```
            SPRAM:          org = 0060H,len=0020H
            DARAM1:         org = 0080H,len=0010H
            DARAM2:         org = 0090H,len=0010H
            DARAM3:         org = 0200H,len=0200H
        }
SECTIONS
    {
            .text           :>      EPROM           PAGE0
            .data           :>      EPROM           PAGE0
            STACK           :>      SPRAM           PAGE1
            sin_vars        :>      DARAM1          PAGE1
            coef_s          :>      DARAM1          PAGE1
            cos_vars        :>      DARAM1          PAGE1
            coef_c          :>      DARAM2          PAGE1
            sin_x           :       align(512){}>   DARAM3    PAGE1
            .vectors        :>      VECS            PAGE0
    }
```

在实际应用中，正弦波通过 D/A 接口输出。选择每个正弦周期中的样点数、改变每个样点之间的延迟，就能够产生不同频率的波形，也可以利用软件改变波形的幅度及起始相位。

本 章 小 结

本章讨论了 DSP 应用程序的设计。首先介绍了 FIR 和 IIR 滤波器的基本结构和设计方法；然后给出 FFT 的算法，并在此基础上介绍了 FFT 算法的 DSP 实现；最后介绍了用 DSP 实现正弦信号发生器的汇编程序。通过本章的学习，要学会应用程序的设计，掌握数字信号处理中常用算法的 DSP 实现方法。

思考题与习题

6.1 FIR 和 IIR 滤波器都有哪些设计方法？每种设计方法的步骤是什么？

6.2 与 FIR 滤波器比较，IIR 滤波器有哪些优、缺点？

6.3 二阶 IIR 滤波器，又称为二阶基本节，其结构图可以分为几种类型？各有什么特点？

6.4 设计数字滤波器可以借助 MATLAB 软件工具，熟悉 MATLAB 软件的使用，掌握用 MATLAB 设计数字滤波器的方法。

6.5 FIR 滤波器的算法为 $y(n) = a_0x(n)+a_1x(n-1)+a_2x(n-2)+a_3x(n-3)+a_4x(n-4)$，试用线性缓冲区和直接寻址方法实现。

6.6 试用线性缓冲区和间接寻址方法实现习题 6.5 算法的 FIR 滤波器。

6.7 低通 FIR 滤波器的截止频率为 0.2π，其输出方程为

$$y(n) = \sum_{i=0}^{79} a_i x(n-i)$$

存放 $a_0 \sim a_{79}$ 的系数表及存放数据的循环缓冲区设置在 DARAM 中，如题图 6.1 所示。试用 MATLAB 中的 fir1 函数确定各系数 a_i，并用循环缓冲区法实现。

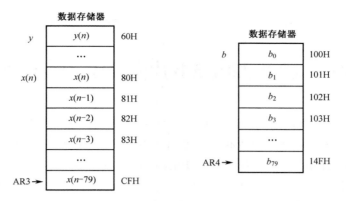

题图 6.1

6.8　试用 MATLAB 软件设计一个 Butterworth IIR 带阻滤波器,阻带范围为 100~250Hz,通带波纹小于 3dB,阻带为–30dB,并利用最小的阶数来实现。

6.9　试用 MATLAB 软件设计一个 Chebyshev I 型 IIR 带通滤波器,通带范围为 100~250Hz,通带波纹小于 3dB,阻带为–30dB,并利用最小的阶数来实现。

6.10　设计一个四阶 Butterworth IIR 带通滤波器,其结构形式采用直接 II 型,下限截止频率和上限截止频率分别为 2kHz 和 2.5kHz,采样频率为 10kHz。写出该滤波器的差分方程和相应的系数。

6.11　试用单操作数乘法-累加指令编写程序,实现图 6.2.11 所示的标准型二阶 IIR 滤波器。

6.12　参照本章 6.4.2 节正弦波的实现,编写实现余弦波的程序。

第7章　TMS320C54x片内外设、接口及应用

内容提要: 本章详细介绍'C54x 中主机接口(HPI)、定时器、串行口和中断系统。HPI 是'C54x 系列定点芯片内部具有的一种接口部件，主要用于 DSP 与其他总线或 CPU 进行通信。HPI 通过 HPI 控制寄存器（HPIC）、地址寄存器（HPIA）、数据寄存器（HPID）和 HPI 存储器实现与主机通信。定时器包括定时寄存器（TIM）、定时周期寄存器（PRD）和定时控制寄存器（TCR）。'C54x 的串行口有 4 种类型：标准同步串行口（SP）、缓冲同步串行口（BSP）、多通道缓冲串行口（McBSP）和时分复用同步串行口（TDM）。中断是由硬件或软件驱动的中断信号，可使 CPU 中断当前程序。

知识要点:
- 主机接口（HPI）;
- 定时器;
- 串行口;
- 中断系统。

教学建议: 讲授'C54x 片内外设及应用时，请对照单片机外设及应用进行教学。建议学时数 7 学时。

7.1　'C54x 的主机接口（HPI）

'C54x 的主机接口（HPI）是一个 8 位并行口，是与主设备或主处理器（主机）通信的接口，信息在'C54x 和主机间通过'C54x 存储器进行交换。HPI 框图如图 7.1.1 所示。主机和'C54x 都可以访问 HPI 控制寄存器。外部主机是 HPI 的主控者，HPI 作为一个外设与主机相连，使主机的访问操作很容易。主机通过专用地址和数据寄存器、HPI 控制寄存器与 HPI 通信，另外还使用外部数据与接口控制信号。

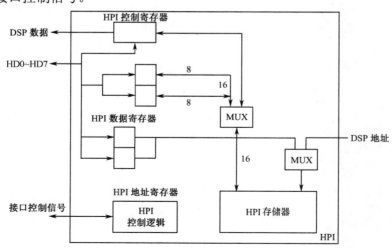

图 7.1.1　HPI 框图

'C54x 与主机交换信息时，HPI 作为主机的一个外围设备。HPI 共有 8 根外部数据线 HD0~HD7，当'C54x 与主机传送数据时，HPI 能自动地将外部接口连续传来的 8 位数组合成 16 位数，并传送至'C54x。当主机使用 HPI 控制寄存器执行一个数据传输时，HPI 控制逻辑自动对一个专用 2K 字的'C54x 内部的双访问 RAM 执行访问，以完成数据处理，然后'C54x 可以在它的存储空间访问读/写数据。HPI 存储器可以用作通用的双寻址数据或程序 RAM。

HPI 有如下两种工作模式。

① 公用寻址模式（SAM）：这是常用的操作方式。在这种方式下，主机和'C54x 都能寻址 HPI 存储器。当'C54x 与主机的周期发生冲突时，则主机具有寻址优先权，'C54x 将等待一个周期。

② 仅主机寻址模式（HOM）：在 HOM 方式下，HPI 存储器只能让主机寻址，'C54x 则处于复位状态或者处于所有内部和外部时钟都停止工作的 IDLE2 空转状态。因此，主机可以访问 HPI 存储器，而'C54x 则处于最小功耗配置。

在 SAM 方式下，若 HPI 每 5 个时钟周期传送 1 字节（即 64Mb/s），那么主机的时钟频率可达$(f_d×n)/5$，其中 f_d 为'C54x 的时钟频率；n 为主机每进行一次外部寻址的周期数，通常 n 为 3（或 4）。例如，'C54x 的时钟频率为 40MHz，那么主机的时钟频率可达 32MHz（或 24MHz），且不插入等待周期。

在 HOM 方式下，主机可以获得更高的速率——每 50ns 寻址 1 字节（即 160Mb/s），且与'C54x 的时钟频率无关。

1. HPI 与主机的连接框图

'C54x HPI 与主机之间的连接框图如图 7.1.2 所示。由图可见，'C54x 通过 HPI 与主机相连，除 8 位 HPI 数据总线及控制信号线外，不需要附加其他的逻辑电路。

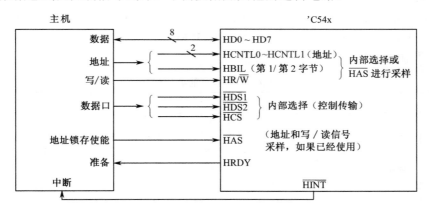

图 7.1.2 'C54x HPI 与主机之间的连接框图

HPI 通过 8 位数据总线（HD0~HD7）与主机之间交换信息。由于'C54x 的 16 位字结构，因此主机与'C54x 之间的传输数据必须包含两个连续的字节。专用的 HBIL 引脚用来确定传输的是第 1 还是第 2 字节。HPI 控制寄存器 HPIC 的 BOB 位决定第 1 或第 2 字节，放置在 16 位字的高 8 位，而主机不必破坏两个字节的访问顺序。如果字节的传输顺序被破坏，则数据可能会丢失，从而产生不可预测的结果。

两个控制输入（HCNTL0 或 HCNTL1）表示哪个 HPI 寄存器被访问，并且表示对寄存器进行哪种访问。这两个输入与 HBIL 一起由主机地址总线驱动。使用 HCNTL0/1 输入，主机可以指定对 3 个 HPI 寄存器的访问：HPI 控制寄存器（HPIC）、HPI 地址寄存器（HPIA）或 HPI 数据寄存器（HPID）。主机可以使用自动增寻址方式访问 HPIA 寄存器。通过写 HPIC，主机可以中断'C54x，并且 $\overline{\text{HINT}}$ 输出可以被'C54x 用来中断主机。HPI 用于主机和'C54x 之间通信的寄存器见表 7.1.1。

表 7.1.1　HPI 用于主机和'C54x 之间通信的寄存器

名　称	地　址	描　述
HPIA	—	HPI 地址寄存器，主机直接访问该寄存器
HPIC	002Ch	HPI 控制寄存器，可以由主机或'C54x 直接访问，包含 HPI 操作的控制和状态位
HPID	—	HPI 数据寄存器，只能由主机直接访问，包含从 HPI 存储器读出的数据，或者要写到 HPI 存储器的数据

　　主机通过写 HPIC 来应答中断并清除 $\overline{\text{HINT}}$。输入信号 $\overline{\text{HCS}}$ 主要用于 HPI 的使能输入，而 $\overline{\text{HDS1}}$ 和 $\overline{\text{HDS2}}$ 信号主要用于控制 HPI 的数据传输。采样 HCNTL0/1、HBIL 和 HR/$\overline{\text{W}}$ 的内部选通信号是由 $\overline{\text{HCS}}$、$\overline{\text{HDS1}}$ 和 $\overline{\text{HDS2}}$ 这 3 个输入信号驱动的（当没有使用 $\overline{\text{HAS}}$ 信号输入时）。通过最新的 $\overline{\text{HCS}}$、$\overline{\text{HDS1}}$ 和 $\overline{\text{HDS2}}$ 信号控制 HCNTL0/1、HBIL 和 HR/$\overline{\text{W}}$ 的采样，其中 $\overline{\text{HDS1}}$ 和 $\overline{\text{HDS2}}$ 是异或逻辑关系。当使用 HAS 来采样 HCNTL0/1、HBIL 和 HR/$\overline{\text{W}}$ 时，允许这些信号在访问周期的早期被移出。因此有更多时间来转换总线状态（从地址转换为数据），使地址和数据复用的总线接口容易实现。采用两个数据选通信号 $\overline{\text{HDS1}}$ 和 $\overline{\text{HDS2}}$、读/写选通信号 HR/$\overline{\text{W}}$ 和地址选通信号 $\overline{\text{HAS}}$，可以使 HPI 与各种工业标准主机进行连接。HPI 的准备引脚 HRDY 允许为准备输入的主机插入等待状态，这样可以调整主机对 HPI 的访问速度。

　　'C54x 的 HPI 存储器是一个 2K×16 位字的 DARAM。它在数据存储空间的地址范围为 1000H~17FFH。

　　主机很容易寻址 2K 字 HPI 存储器。由于 HPIA 寄存器是一个 16 位的寄存器，由它指向 2K 字空间，因此主机对它寻址十分方便，地址为 0~7FFH。

　　表 7.1.2 列出了 HPI 信号的名称和功能。

表 7.1.2　HPI 信号的名称和功能

HPI 引脚	主机引脚	状　态	信号功能
$\overline{\text{HAS}}$	地址锁存使能(ALE)或地址选通或不用（接高电平）	I	地址选通信号。若主机的地址和数据是一条多路总线，则 $\overline{\text{HAS}}$ 与主机的 ALE 引脚相连。在 $\overline{\text{HAS}}$ 的下降沿，锁存 HBIL、HCNTL0/1 和 HR/$\overline{\text{W}}$ 信号；若主机的地址线和数据线是分开的，则 $\overline{\text{HAS}}$ 接高电平，此时由 $\overline{\text{HDS1}}$、$\overline{\text{HDS2}}$ 或 $\overline{\text{HCS}}$ 中最迟的下降沿锁存 HBIL、HCNTL0/1 和 HR/$\overline{\text{W}}$ 信号
$\overline{\text{HCS}}$	地址线或控制线	I	片选信号。作为 HPI 的使能输入端，在每次寻址期间必须为低电平，而两次寻址之间也可以停留在低电平
HD0~HD7	数据总线	I/O/Z	双向并行三态数据总线。当不传送数据（$\overline{\text{HDSx}}$ 或 $\overline{\text{HCS}}$ =1）或 EMU1/$\overline{\text{OFF}}$ = 0 切断所有输出时，HD7~HD0 均处于高阻状态
HRDY	异步准备好	O/Z	HPI 准备好端。高电平表示 HPI 已准备好执行一次数据传送；低电平表示 HPI 正忙于完成当前事务。当 EMU1/$\overline{\text{OFF}}$ 为低电平时，HRDY 为高阻状态，且 $\overline{\text{HAS}}$ 为高电平时，HRDY 总为高电平

HPI 引脚	主机引脚	状态	信号功能		
HCNTL0 HCNTL1	地址线或控制线	I	主机控制信号。用来选择主机所要寻址的寄存器		
			HCNTL0	HCNTL1	说　明
			0	0	主机可以读/写 HPIC 寄存器
			0	1	主机可以读/写 HPID 寄存器。每读 1 次，HPIA 事后增 1；每写 1 次，HPIA 事先增 1
			1	0	主机可以读/写 HPIA 寄存器。这个寄存器指向 HPI 存储器
			1	1	主机可以读/写 HPID 寄存器。HPIA 寄存器不受影响
$\overline{HDS1}$ $\overline{HDS2}$	读选通和写选通或数据选通	I	数据选通信号，在主机寻址 HPI 周期内，控制 HPI 数据的传送。$\overline{HAS1}$、$\overline{HAS2}$ 与 $\overline{HAS}$ 一起产生内部选通信号		
$\overline{HINT}$	主机中断输入	O/Z	HPI 中断输出信号，受 HPIC 寄存器中的 HINT 位控制。当'C54x 复位时为高电平，EMU1/$\overline{OFF}$ 低电平时为高阻状态		
HBIL	地址线或控制线	I	字节识别信号。识别主机传送过来的是第 1 字节还是第 2 字节；HBIL=0 时，是第 1 字节；HBIL=1 时，是第 2 字节。第 1 字节是高字节还是低字节，由 HPIC 寄存器中的 BOB 位决定		
HR/$\overline{W}$	读/写选通，地址线或多路地址/数据	I	读/写信号。高电平表示主机读 HPI，低电平表示写 HPI。若主机没有读/写信号，可用一根地址线代替		

　　HPI 存储器地址的自动增量可以用来连续寻址 HPI 存储器。在自动增量方式下，每进行一次读操作，都会使 HPIA 事后增 1；每进行一次写操作，都会使 HPIA 事先增 1。HPIA 寄存器是一个 16 位寄存器，它的每位都可读出和写入。尽管寻址 2K 字的 HPI 存储器只要 11 位最低有效位地址，HPIA 的增/减对 HPIA 的所有 16 位都会产生影响。

2. HPI 控制寄存器（HPIC）

　　HPI 控制寄存器（HPIC）为 16 位寄存器，用来控制 HPI 的操作。其高 8 位与低 8 位完全相同，提供了 4 个控制位，这 4 个控制位分别为 BOB（选择第 1 或第 2 字节作为高字节）、SMOD（选择主机或共享访问模式，即 HOM 或 SAM 方式）、DSPINT 和 HINT（分别用于产生'C54x 和主机中断）。

　　关于控制位的详细描述见表 7.1.3。

表 7.1.3　HPI 控制寄存器（HPIC）中的各状态位

位	主　机	'C54x	说　明
HINT	读/写	读/写	'C54x 向主机发出中断位。这一位决定 $\overline{HINT}$ 输出端的状态，用来对主机发出中断。复位后，HINT=0，外部 $\overline{HINT}$ 输出端无效（高电平）。HINT 位只能由'C54x 置位，也只能由主机将其复位。当外部引脚 $\overline{HINT}$ 无效（高电平）时，'C54x 和主机读 HINT 位为 0；当 $\overline{HINT}$ 为有效（低电平）时，读为 1
BOB	读/写	—	字节选择位。如果 BOB=1，则第 1 字节为低字节；如果 BOB=0，则第 1 字节为高字节。BOB 位影响数据和地址的传送。只有主机可以修改这一位，'C54x 对它既不能读也不能写

位	主机	'C54x	说　　明
DSPINT	写	—	主机向'C54x 发出中断位。该位只能由主机写，且主机和'C54x 都不能读它。当主机对 DSPINT 位写 1 时，就对'C54x 产生一次中断。当主机写 HPIC 时，高、低字节必须写入相同的值
SMOD	读	读/写	寻址方式选择位。如果 SMOD = 0，则选择仅主机寻址方式（HOW 方式），'C54x 不能寻址 HPI 的 RAM 区。'C54x 复位期间，SMOD = 0；复位后，SMOD = 1。SMOD 位只能由'C54x 修正，然而'C54x 和主机都可以读它

由于主机接口总是传送 8 位字节，而 HPIC 寄存器（通常是主机首先要寻址的寄存器）又是一个 16 位寄存器，因此主机以相同内容的高字节与低字节来管理 HPIC 寄存器（尽管某些位的寻址受到一定的限制），而'C54x 中的高位是不用的。控制/状态位都处在最低 4 位。选择 HCNTL1 和 HCNTL0 均为 0，主机可以寻址 HPIC 寄存器，连续 2 字节寻址 8 位 HPI 数据总线。主机要写 HPIC 寄存器，第 1 字节和第 2 字节的内容必须是相同的值。'C54x 寻址 HPIC 寄存器的地址为数据存储空间的 0020H。主机和'C54x 寻址 HPIC 寄存器的结果如图 7.1.3 所示。

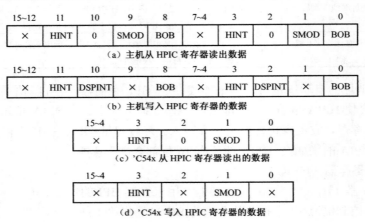

注：读出时的×表示读出的是未知值；写入时的×表示可以写入任意值

图 7.1.3　主机和'C54x 寻址 HPIC 寄存器的结果

7.2　'C54x 的定时器

在工业应用中，计数器和定时器常用于检测及控制时序。'C54x 的定时器随所选型号不同有 2~3 个不等，这些片内定时器是可编程的定时器，同时可以用于周期地产生中断。定时器的最高分辨率为处理器的 CPU 时钟速度。通过带 4 位预标定计数器的 16 位计数器，可以获得较大范围的定时器频率。本节将对'C54x 定时器及应用进行详细介绍。

7.2.1　定时器结构

'C54x 的定时器结构如图 7.2.1 所示。

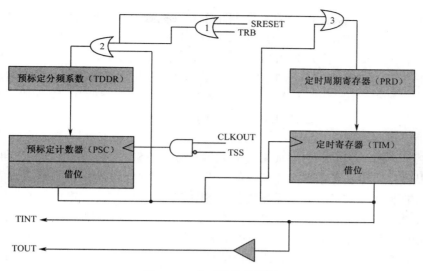

图 7.2.1 定时器结构框图

定时器主要由定时寄存器（TIM）、定时周期寄存器（PRD）、定时控制寄存器（TCR）（包括预标定分频系数（TDDR）、预标定计数器（PSC）、控制位 TRB 和 TSS 等）及相应的逻辑控制电路组成。其中 TIM、PRD 和 TCR 都是存储器映像寄存器，它们在数据存储器中的地址分别为 0024H、0025H 和 0026H。TIM 是一个减 1 计数器。PRD 用来存放定时时间常数。TCR 中包含定时器的控制位和状态位，如图 7.2.2 所示。

	15~12	11	10	9~6	5	4	3~0
TCR 0026H	保留	Soft	Free	PSC	TRB	TSS	TDDR

图 7.2.2 定时控制寄存器（TCR）

定时控制寄存器（TCR）各控制位的功能见表 7.2.1。

表 7.2.1 定时控制寄存器（TCR）的功能

位	名　称	复位值	功　　能
0~3	TDDR	0000	定时分频系数。最大预标定值为 16，最小预标定为 1。按此分频系数对 CLKOUT 进行分频，以改变定时周期。当 PSC 减到 0 后，以 TDDR 中的数加载 PSC
4	TSS	0	定时器停止状态位，用于停止或启动定时器。复位时，TSS 位清 0，定时器立即定时。TSS = 0，定时器启动工作；TSS = 1，定时器停止工作
5	TRB	—	定时器重新加载位，用来复位片内定时器。当 TRB 置 1 时，以 PRD 中的数加载 TIM，以及以 TDDR 中的值加载 PSC。TRB 总读成 0
6~9	PSC	—	定时器预标定计数器，其标定范围为 1~16。当 PSC 减到 0 后，TDDR 中的值加载到 PSC，TIM 减 1
10 11	Free Soft	0 0	软件调试控制位。Free 和 Soft 位结合使用，用来控制调试程序断点操作情况下的定时器工作状态 <table><tr><td>Soft</td><td>Free</td><td>定时器状态</td></tr><tr><td>0</td><td>0</td><td>定时器立即停止工作</td></tr><tr><td>1</td><td>0</td><td>当计数器减至 0 时停止工作</td></tr><tr><td>×</td><td>1</td><td>定时器继续工作</td></tr></table>
12~15	保留	—	保留；读成 0

定时器的工作过程是将定时分频系数 TDDR 和周期数 PRD 分别加载到 TCR 和 PRD 寄存器中，由组合逻辑电路控制定时器的运行。如图 7.2.1 所示，定时器的基准工作脉冲由 CLKOUT 提供，每来一个脉冲预标定计数器（PSC）减 1，当 PSC 减至 0 时，下一个脉冲到来，PSC 产生借位。借位信号分别控制定时寄存器 TIM 减 1 和或门 2 的输出重新将 TDDR 的内容加载到预标定计数器（PSC），从而完成定时工作的一个基本周期。因此，定时器的基本定时时间公式为

$$定时周期 = T \times (TDDR+1) \times (PRD+1)$$

式中，T 为时钟周期。

从图 7.2.1 可见，可以通过对 TCR 寄存器的第 4 位 TSS 置 1 来控制与门，屏蔽 CLKOUT 脉冲输入，从而达到停止计数器工作的目的。当 TSS 为 0 时，与门打开，计数器正常工作。无论定时器工作在何种状态，硬件的系统复位端 SRESET 和软件对 TCR 重复加载位 TRB，通过或门 1 和或门 2 重置 PSC，使定时器重新开始计数。定时器有两个输出端可以提供给外部电路。一个是外部定时中断输出 TINT，每来一个时钟信号 CLKOUT，预标定计数器（PSC）减 1，当 PSC 减至 0 时，产生一个借位信号，该借位信号一方面通过或门 2 的控制将 TDDR 重新加载至 PSC，另一方面控制定时寄存器（TIM）减 1，当 TIM 减至 0 后，产生定时中断信号 TINT，传送到 CPU 和定时器输出引脚，随着这个信号的负脉冲读寄存器的内容。另一个是定时输出 TOUT，从这个外部引脚上可以得到定时器的输出波形。

定时器初始化步骤如下：

① TCR 的 TSS 位置 1，关闭定时器；

② 装载 PRD；

③ 初始化 TCR 中的 TDDR，且对 TCR 中的 TSS 位置 0，对 TRB 位置 1 来重新装载定时器周期。

设置定时器中断方法（INTM=1）如下：

① 将中断允许寄存器 IFR 中的 TINT 置 1，以清除尚未处理完的定时器中断；

② 将中断屏蔽寄存器 IMR 中的 TINT 置 1，启动定时器中断；

③ 将状态控制寄存器 ST1 中的 INTM 置 0，启动全部中断。

复位时，TIM 和 PRD 被设置为最大值（0FFFFH），TCR 中的 TDDR 位置 0，定时器可以通过启动定时控制寄存器（TCR）完成以下操作：

● 定时器的工作方式；

● 设定预标定计数器中的当前数值；

● 启动或停止定时器；

● 重新装载定时器；

● 设置定时器的分频值。

【例 7.2.1】 举例说明定时器初始化和开放定时中断的步骤。

```
STM     #0000H,SWWSR        ;不插等待时间
STM     #0010H,TCR          ;TSS=1 关闭定时器
STM     #0101H,PRD          ;加载定时周期寄存器(PRD)
                            ;定时中断周期 = T* (TDDR+1) * (PRD+1)
STM     #0AAAH,TCR          ;定时分频系数 TDDR 初始化为 10
                            ;TSS = 0,启动定时器工作
                            ;TRB = 1,当 TIM 减至 0 后,重新加载 PRD
                            ;Soft = 1,Free = 0, TIM 减至 1 时,定时器停止
STM     #0080H,IFR          ;消除尚未处理完的定时器中断
STM     #0080H,IMR          ;开放定时器中断
RSBX    INTM                ;开放中断
```

7.2.2 'C54x 定时器/计数器的应用

1. 方波发生器

与其他微处理器相同，利用'C54x 的定时器可实现方波发生器。

当'C54x 复位时，TIM 和 PRD 置为最大值 0FFFFH，定时分频系数 TDDR= 0。

例如，用 TMS320VC5402 实现方波发生器。假设时钟频率为 4MHz，在 XF 端输出占空比为 50%的方波，方波的周期由片上定时器确定，采用中断方法实现。设计步骤如下：

（1）定时器初始化

- 关闭定时器，TCR 中的 TSS=1。
- 加载 PRD。设定定时中断周期，每中断一次，输出端电平取反一次。
- 启动定时器，初始化 TDDR，TSS= 0，TRB=1。

（2）中断初始化

- 中断允许寄存器 IFR 中的定时中断位 TINT=1，清除未处理完的定时中断。
- 中断屏蔽寄存器 IMR 中的定时屏蔽位 TINT=1，开放定时中断。
- 状态控制寄存器 ST1 中的中断标志位 INTM=0，开放全部中断。

（3）方波发生器程序清单

① 周期为 8ms 的方波发生器。因为输出脉冲周期为 8ms，所以定时中断周期为 4ms，每中断一次，输出端电平取反一次。

程序清单：

```
;abc1.asm
;定时器 0 寄存器地址
TIM0            .set      0024H
PRD0            .set      0025H
TCR0            .set      0026H
;K_TCR0:设置定时控制寄存器的内容
K_TCR0_SOFT     .set      0b           ;Soft = 0
K_TCR0_FREE     .set      1b           ;Free = 1
K_TCR0_PSC      .set      1001b        ;PSC = 9H
K_TCR0_TRB      .set      1b           ;TRB = 1
K_TCR0_TSS      .set      0b           ;TSS = 0
K_TCR0_TDDR     .set      1001b        ;TDDR = 9
K_TCR0   .set   K_TCR0_SOFT| K_TCR0_FREE| K_TCR0_PSC| K_TCR0_TRB| K_TCR0_TSS|
K_TCR0_TDDR
;初始化定时器 0
;根据定时长度计算公式:Tt = T* (TDDR+1) * (PRD+1)
;给定 TDDR=9,PRD=1599,主频 f = 4MHz,T = 250ns
;Tt=250 * (9+1) * (1599+1) = 4 000 000 (ns) = 4 (ms)
STM    #0010H, TCR0              ;关闭定时器 0
STM    #1599,TIM0                ;装载 TIM 寄存器
STM    #1599,PRD0                ;装载 PRD 寄存器
STM    #K_TCR0,TCR0             ;启动定时器 0
STM    #0080H,IFR                ;关闭尚未处理完的定时器中断
STM    #0080H,IMR                ;开放定时器中断
RSBX   INTM                      ;开放中断
RET
;定时器 0 的中断服务子程序:通过引脚 XF 给出周期为 8ms、占空比为 50%的方波波形
t0_flag      .usect     "vars",1       ;当前 XF 输出电平标志位
;若 t0_flag=1,则 XF=1
```

;若 t0_flag = 0,则 XF = 0
time0_rev:
```
                PSHM        TRN                     ;保护现场
                PSHM        T
                PSHM        ST0
                PSHM        ST1
                BITF        t0_flag,#1              ;t0_flag&#1→TC
                BC          xf_out,NTC              ;若 TC = 0,则转移到 xf_out
                SSBX        XF                      ;XF = 0
                ST          #0,t0_flag              ;t0_flag=0
                B           next
        xf_out:
                RSBX        XF                      ;XF =1
                ST          #1,t0_flag              ;t0_flag =1
    next:
                POPM        ST1                     ;恢复现场
                POPM        ST0
                POPM        T
                POPM        TRN
                RETE
```

② 周期为 40s 的方波发生器。'C54x 定时器所能计时的长度可通过公式 $T \times (TDDR+1) \times (PRD+1)$ 来计算。其中，TDDR 最大值为 0FH，PRD 最大值为 0FFFFH，所以能计时的最长长度为 $T \times 1048576$，由所采用的时钟周期 T 决定。例如，$f = 4MHz$，$T = 250ns$，则最长定时时间为

$$T_{max} = 250 \times 1048576 = 262.144 \text{ (ms)}$$

若需要更长的计时时间，则可以在中断程序中设计一个计数器。

设计一个周期为 40s 的方波，可将定时器设置为 100ms，程序计数器计数值设为 200，当计数 200×100ms=20s 时输出取反一次，可形成所要求的波形。

其程序清单如下：

```
    ;abc2.asm
    ;初始化定时器 1 为 100ms,本设置中 TDDR=9,PRD=39999,主频为 4MHz,
    ;T=250ns;
    ;定时长度= T* (TDDR+1) * (PRD+1) = 100ms
    ;定时器 1 寄存器地址
    TIM1                .set        0030H
    PRD1                .set        0031H
    TCR1                .set        0032H
    ;K_TCR1:设置定时控制寄存器的内容
    K_TCR1_SOFT         .set        0b          ;Soft =0
    K_TCR1_FREE         .set        1b          ;Free =1
    K_TCR1_PSC          .set        1001b       ;PSC = 9H
    K_TCR1_TRB          .set        1b          ;TRB =1
    K_TCR1_TSS          .set        0b          ;TSS =0
    K_TCR1_TDDR         .set        1001b       ;TDDR =9
    K_TCR1              .set        K_TCR1_SOFT| K_TCR1_FREE| K_TCR1_PSC| K_TCR1_TRB|
    K_TCR1_ TSS| K_TCR1_TDDR
    STM     #0010H,TCR1                         ;关闭定时器 1
    STM     #039999,TIM1                        ;装载 TIM 寄存器
    STM     #039999,PRD1                        ;装载 PRD 寄存器
    STM     #K_TCR1,TCR1                        ;启动定时器 1
    STM     #0080H,IFR                          ;关闭尚未处理完的定时器中断
```

```
        STM        #0080H,IMR                      ;开放定时器中断
        RSBX       INTM                            ;开放中断
        ST         #200,*( t1_counter)             ;设置程序计数器计数值为 200
        RET
;定时器 1 中断服务子程序
;功能:中断子程序中设置有一个计数器 t1_counter,当中断来临时,则减 1,
;当它减为 0 时,计时时间到,触发事件,并重新设置计数器 t1_counter,
;在本例中触发事件是 XF 取反
t1_flag           .usect       "vars",1       ;定义输出判别标志
t1_counter        .usect       "vars",1       ;定义计数长度变量 t1__counter
            time1_rev:
                   PSHM       TRN                     ;保护现场
                   PSHM       T
                   PSHM       ST0
                   PSHM       ST1
                   ADDM       # -1,* (t1_counter)     ;计数器减 1
                   CMPM       * (t1_counter),#0       ;判断是否为 0
                   BC         still_wait,NTC          ;不是,则退出中断
                                                      ;为 0,触发事件设置计数器
                   ST         #200,* (t1_counter)     ;计数器重新装载计数值
                   BITF       t1_flag,#1              ;t1_flag&#1→TC
                   BC         xf_out,NTC              ;若 TC= 0,则转移到 xf_out
                   SSBX       XF                      ;XF= 0
                   ST         #0,t1_flag              ;t1_flag= 0
                   B          still_wait
            xf_out:
                   RSBX       XF                      ;XF=1
                   ST         #1,t1_flag              ;t1_flag=1
            still_wait:
                   POPM       ST1
                   POPM       ST0
                   POPM       T
                   POPM       TRN
                   RETE
```

2. 周期信号的周期检测

对于周期信号的周期检测,可在信号的每个周期内发出一个脉冲,然后通过程序计算两个脉冲之间的时间来确定信号的周期。当脉冲来临时,触发外部中断 $\overline{INT0}$。外部中断 $\overline{INT0}$ 用来记录脉冲。定时器 0 用来记录时间。为增加计时长度,在程序中设置一级计数器。若实际应用需要计时长度更长,可类似设计二级甚至多级计数器。时间的记录与时钟的分和秒相类似,定时器 0 的寄存器用来记录低位时间,用程序中的一个计数器来记录高位时间,在外部中断服务程序中读取时间。在定时器 0 中断服务程序中对计数器加 1,实现低位时间的进位。程序清单如下:

```
;abc3.asm
;定时器 0 寄存器地址
TIM0              .set         0024H
PRD0              .set         0025H
TCR0              .set         0026H
TSSSET            .set         010H
TSSCLR            .set         feebH
;K_TCR0:设置定时控制寄存器的内容
K_TCR0_SOFT       .set         0b                     ;Soft = 0
K_TCR0_FREE       .set         1b                     ;Free =1
```

```
K_TCR0_PSC          .set        1011b              ;PSC =11
K_TCR0_TRB          .set        1b                 ;TRB =1
K_TCR0_TSS          .set        0b                 ;TSS =0
K_TCR0_TDDR         .set        1011b              ;TDDR =11
K_TCR0              .set        K_TCR0_SOFT| K_TCR0_FREE| K_TCR0_PSC| K_TCR0_TRB|
K_TCR0_TSS| K_TCR0_TDDR
t_counter           .usect      "vars",1
t_ptr_counter       .uset       "vars",1
tim_ptr_counter     .usect      "vars",1
tcr_ptr_counter     .usect      "vars",1                    ;变量定义
t_array             .usect      "vars",15
tim_array           .usect      "vars",15
tcr_array           .usect      "vars",15
        .asg        AR7,t_ptr
        .asg        AR6,tim_ptr
        .asg        AR5,tcr_ptr
_inittime:
;初始化定时器 0,定时长度为 T*393216
;定时长度 =T* (TDDR+1) * (PRD+1),本程序中 TDDR=11,PRD=32767,主频为 f,
;T=1/f
STM     #32767,TIM0
STM     #32767,PRD0
STM     # K_TCR0,TCR0
ST      #0,* (t_counter)
ST      # t_array,* ( t_ptr_counter)
ST      #tim_array,* ( tim_ptr_counter)
ST      #tcr_array,* ( tcr_ptr_counter)
RET
;外部中断 INT0,在脉冲到来时被激活并响应服务子程序,从脉冲被激活到响应存在延迟
int0isr:
        PSHM    ST0
        PSHM    ST1
        PSHM    t_ptr
        PSHM    tim_ptr
        PSHM    tcr_ptr
        PSHM    AL
        PSHM    AH
        PSHM    AG
        PSHM    BL
        PSHM    BH
        PSHM    BG
;将当前存储地址加载到地址指针寄存器中
        LD      * ( t_ptr_counter),A
        STM     A,t_ptr
        LD      * ( tim_ptr_counter),A
        STM     A,tim_ptr
        LD      * ( tcr_ptr_counter),A
        STM     A,tcr_ptr
;用户手册上建议,为精确计时,读寄存器时,先停止定时器
        ORM     TSSSET,TCR0        ;停止定时器
        LDM     TIM0,A             ;读 TIM0 寄存器,需 1 个时钟周期
        LDM     TCR0,B             ;读 TCR0 寄存器,需 1 个时钟周期
        ANDM    TSSCLR,TCR0        ;打开定时器,运行该指令需 1 个时钟周期
```

```
;由于读定时器的寄存器,定时器停止计时共 3 个时钟周期
        STL     A,* tim_ptr          ;读 TIM0 寄存器,保存
        AND     # 0FH,B              ;取 TCR0 寄存器的低 4 位,即 TDDR
        STL     B,* tcr_ptr          ;保存
        LD      * ( t_counter),A
        STL     A,* t_ptr
;读到的时间=脉冲到来的时间+延迟响应时间 t1+停止定时器之前运行程序的时间
        ADDM    #1,* ( t_ptr_counter)
        ADDM    #1,* ( tim_ptr_counter)
        ADDM    #1,* ( tcr_ptr_counter)
        POPM    BG
        POPM    BH
        POPM    BL
        POPM    AG
        POPM    AH
        POPM    AL
        POPM    tcr_ptr
        POPM    tim_ptr
        POPM    t_ptr
        POPM    ST1
        POPM    ST0
        RETE
Time0isr:
        ANDM    #1,* ( t_counter)
        RETE
```

数据的记录工作通过上述程序完成。用定时器及计数器做"时钟",对记录的数据进行相应的计算后,可得到每次脉冲来临时所记录下来的时间 $T(n)$,程序中 $n=15$。记录的时间不是真正脉冲到来的时间,而是读到的时间等于脉冲到来的时间加上延迟响应时间再加上停止定时器之前运行程序的时间。两个脉冲之间的时间间隔即相邻脉冲时间差值等于两个脉冲之间的差值加上两次延迟响应时间差。该"时钟"每两个脉冲之间都会停止 3 个时钟周期的计时,所以最后结果需加上 3 个时钟周期,其计算公式为

$$相邻脉冲时间间隔 = T(n+1) - T(n) + 3T$$

式中,T 为时钟周期。

这个公式所表示的物理意义是:前后两个脉冲之间的真正差值,再加上记录这两次脉冲的中断响应的延迟差,误差即两次中断响应的延迟差。中断响应延迟是每个中断响应的延迟,其时间为 3 个机器周期。

3. 脉冲频率监测

检测输入脉冲频率是通过外部中断请求输入来实现的。定时器的定时时间是根据所检测输入信号的周期来设定的。根据设定时间内所检测脉冲的个数,计算被检测输入信号的频率。这类信号检测方法用于许多工业控制系统中(如利用码盘、光栅检测电机的速度等)。第一个负跳变触发定时器工作,每输入一个负跳变计一个数。当达到设定时间时,定时器停止工作,则此时定时器的时间值与所计脉冲数相除,所得的结果就是所测输入信号的周期。程序清单如下:

```
;abc4.asm;
        .mmregs
;定时器 0 寄存器地址
        TIM0    .set    0024H
        PRD0    .set    0025H
        TCR0    .set    0026H
```

```
              TSSSET        .set          010H
              TSSCLR        .set          0ffefH
;K_TCR0:设置定时控制寄存器的内容
K_TCR0_SOFT   .set          0b                      ;Sof t=0
K_TCR0_FREE   .set          1b                      ;Free =1
K_TCR0_PSC    .set          1111b                   ;PSC =15
K_TCR0_TRB    .set          1b                      ;TRB =1
K_TCR0_TSS    .set          0b                      ;TSS =0
K_TCR0_TDDR   .set          1111b                   ;TDDR =15
K_TCR0        .set          K_TCR0_SOFT| K_TCR0_FREE| K_TCR0_PSC| K_TCR0_TRB|
K_TCR0_TSS| K_TCR0_TDDR
**********************************************************************
*                          变量定义                                  *
*   t_counter 为所设的计数器,其目的是为了增加计时长度,在本程序中的计时      *
*   长度 Tm=24848*Tt,其中 Tt 为定时器的定时长度。                        *
*   t_ptr_counter,tim_ptr_counter,tcr_ptr_counter:保留下次脉冲数据       *
*   在数组中的存储位置。t_array,tim_array                                *
*   tcr_array:用于记录数据的数组,当前设为 20 个记录长度                    *
**********************************************************************
t_counter        .usect       "vars",1                    ;变量定义
t_ptr_counter    .usect       "vars",1
tim_ptr_counter  .usect       "vars",1
tcr_ptr_counter  .usect       "vars",1
t_array          .usect       "vars",20
tim_array        .usect       "vars",20
tcr_array        .usect       "vars",20
                 .asg         AR7,t_ptr
                 .asg         AR6,tim_ptr
                 .asg         AR5,tcr_ptr
t0_time          .usect       "vars",1
t0_end           .usect       "vars",1
;初始化定时器 0
        STM       #24848,TIM0
        STM       # 24848,PRD0
        STM       # K_TCR0,TCR0
        ST        #2800,t0_time                           ;定时时间 28ms
loop:
        BITF      t0_end,#1
        BC        loop,NTC
        LD        t0_time,A
        RPT       # (16-1)
        SUBC      tim_ptr_counter,#1
        STL       A,@f_out_Q                              ;频率输出（除法商）
        STH       A,@f_out_R                              ;除法余数
        ST        #0,t0_end                               ;清除定时标志
        B         loop
        RET
intex_sub:                                                ;外部脉冲中断子程序
        PSHM      TRN
        PSHM      T
        PSHM      ST0
        PSHM      ST1
        ADD       tim_ptr_counter,#1                      ;脉冲计数器加 1
        POPM      ST1
```

```
        POPM        ST0
        POPM        T
        POPM        TRN
        RETE
int0_sub:                                          ;定时器中断子程序
        PSHM        TRN
        PSHM        T
        PSHM        ST0
        PSHM        ST1
        LD          t0_end,#1
        POPM        ST1
        POPM        ST0
        POPM        T
        POPM        TRN
        RETE
```

7.3 'C54x 的串行口

'C54x 为用户提供了多种形式的同步串行口，可与双向串行口器件实现高效的串行通信，例如编码解码器、A/D 转换器等，具有灵活的串行口通信控制方式及转换接口。'C54x 的串行口包括标准同步串行口（SP）、缓冲同步串行口（BSP）、多通道缓冲串行口（McBSP）、时分复用串行口（TDM）4 种。不同型号的'C54x 芯片的串行口配置不同，见表 7.3.1。

表 7.3.1 'C54x 芯片串行口的配置

芯片型号	SP	BSP	McBSP	TDM
'C541	2	0	0	0
'C542	0	1	0	1
'C543	0	1	0	1
'C545	1	1	0	0
'C546	1	1	0	0
'C548	0	2	0	1
'C549	0	2	0	1
'C5402	0	0	2	0
'C5409	0	0	3	0
'C5410	0	0	3	0
'C5420	0	0	6	0

7.3.1 标准同步串行口（SP）

1．SP 结构

SP 通过 3 个存储器映像寄存器（SPC、DXR 和 DRR）和另 2 个程序不能直接访问的寄存器（RSR 和 XSR）来操作，RSR 和 XSR 在执行双缓冲功能时很有用。这 5 个操作寄存器分别简单介绍如下。

① 数据接收寄存器（DRR），即 16 位存储器映像数据接收寄存器，用来保存来自 RSR 寄存器并写到数据总线的输入数据。复位时，DRR 被清除。

② 数据发送寄存器（DXR），即 16 位存储器映像数据发送寄存器，用来保存来自数据总线并将要加载到 XSR 的外部串行数据。复位时，DXR 被清除。

③ 串行口控制（SPC）寄存器，即 16 位存储器映像串行口控制寄存器，用来保存串行口

的模式控制和状态位。

④ 数据接收移位寄存器（RSR），即 16 位数据接收移位寄存器，用来保存来自串行数据接收（DR）引脚的输入数据，并控制数据到 DRR 的传输。

⑤ 数据发送移位寄存器（XSR），即 16 位数据发送移位寄存器（XSR），用来控制来自 DXR 的外部数据的传输，并保存将要发送到串行数据发送引脚的数据。

在 SP 操作期间，DXR 通常由执行程序加载将要传送到串行口的数据，并且它的内容自动被串行口逻辑读取，当发送初始化后再送出。通过串行口的逻辑状态，DRR 自动加载接口接收到的数据，并且程序可以读该寄存器以获取所接收到的数据。

表 7.3.2 列出了'C54x 串行口 SP 所用到的引脚。图 7.3.1 所示为两个'C54x 串行口 SP 的相互连接，数据从'C54x 设备 1 向'C54x 设备 2 单方向传送。只有 3 条引脚用来连接发送端和接收端。发送串行数据信号（DX）端发送实际数据，发送帧同步信号（FSX）端初始化数据传送（在数据包的开始），发送时钟（CLKX）端锁定位传送。接收端的相关引脚为 DR、FSR 和 CLKR。

表 7.3.2 'C54x 串行口 SP 操作所用到的引脚

引　脚	描　　述	引　脚	描　　述
CLKR	接收时钟信号	CLKX	发送时钟信号
DR	接收串行数据信号	DX	发送串行数据信号
FSR	接收帧同步信号	FSX	发送帧同步信号

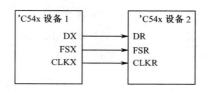

图 7.3.1　串行口 SP 收发数据的一种连接方法

图 7.3.2 所示为串行引脚和寄存器在串行口逻辑中的配置方法，以及执行双缓冲的方法。发送数据写到 DXR 中，而接收数据从 DRR 中读取。

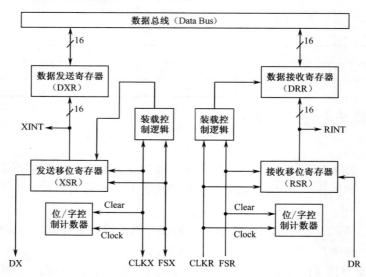

图 7.3.2　串行引脚和寄存器在串行口逻辑中的配置方法

发送数据时，开始要把发送的数据写到 DXR 中。若 XSR 为空，即上一个字已通过串行口传送到 DX 引脚，则将 DXR 中的数据复制到 XSR。在 FSX 和 CLKX 的作用下，将 XSR 中的数据转移到 DX 引脚输出。DXR 中的数据一旦复制到 XSR，就可以马上将另一个数据写到 DXR。在发送期间，DXR 的内容刚刚复制到 XSR 中后，串行口控制寄存器（SPC）中的发送准备好位（XRDY）马上由 0 转变为 1，接着产生一个串行发送中断（XINT）信号，通知 CPU 可以对 DXR 重新加载。

接收数据的过程基本类似于发送过程，来自 DR 引脚的数据在 FSR 和 CLKR 的作用下，移位到 RSR，CPU 从 DRR 中读出数据。RSR 中的数据一旦复制到 DRR，SPC 中的接收数据准备好位（RRDY）马上由 0 转变为 1，接着产生一个串行口接收中断（RINT）信号，通知 CPU 可以从 DRR 中读出数据。

由此可见，SP 是双缓冲的，因为当串行发送或接收数据的操作正在执行时，可以将另一个数据传送到 DXR 或从 DRR 获得。注意：数据传输时序通过脉冲串模式下的帧同步脉冲来实现同步。

2. 串行口控制寄存器（SPC）

'C54x 的串行口控制寄存器（SPC）用于控制串行口的操作。SPC 的各位定义如图 7.3.3 所示。

15	14	13	12	11	10	9	8	7	6	5	4	3	2	1	0
Free	Soft	RSRFULL	$\overline{\text{XSREMPTY}}$	XRDY	RRDY	IN1	IN0	$\overline{\text{RRST}}$	$\overline{\text{XRST}}$	TXM	MCM	FSM	FO	DLB	RES

图 7.3.3　串行口控制寄存器（SPC）

共有 16 个控制位，其中 7 位只读、9 位可以读/写。

第 0 位 RES 为保留位，用于'C54x 测试串行口代码。

第 1 位 DLB 为数据回送模式位。该位用于设置串行口为数据回送模式。

① DLB = 0 时，为禁止数据回送模式。DR、FSR 和 CLKR 信号来自它们各自器件的引脚。

② DLB = 1 时，为使能数据回送模式。通过图 7.3.4（a）、（b）所示的多路复用器，将 DR 和 FSR 信号分别连接到 DX 和 FSX。另外，如果 MCM=1，则 CLKR 由 CLKX 驱动。如果 DLB=1 且 MCM=0，则 CLKR 来自器件的 CLKR 引脚。该配置允许 CLKX 和 CLKR 在外部连接在一起，并且由同一个时钟源提供时钟。图 7.3.4（c）为 CLKR 的逻辑结构。

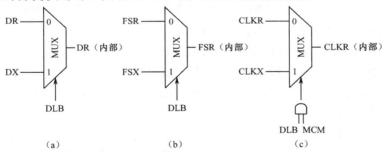

图 7.3.4　多路复用器

第 2 位 FO 为数据格式位，该位指定串行口发送/接收数据的字长度。FO = 0，发送和接收的数据都是 16 位字；FO =1，数据按 8 位字节传送，先传送高 8 位（MSB）。BSP 也允许 10 位和 12 位的数据传送。

第 3 位 FSM 为帧同步模式位，该位指定串行口工作时，在初始帧同步脉冲之后是否还要求

FSX 和 FSR 帧同步脉冲。FSM=0，串行口工作于连续方式，在初始帧同步脉冲之后，不需要帧同步脉冲。但是，如果出现定时错误的帧同步，将会引起串行传送出错。FSM=1，串行口工作于 FSX/FSR 脉冲串模式，即每发送/接收一个字符都要求一个帧同步脉冲。

第 4 位 MCM 为时钟模式位，MCM=0，时钟 CLKX 配置成输入，采用外部时钟源。MCM=1，时钟 CLKX 配置成输出，采用内部时钟源驱动。对于标准模式下的 SP 和 BSP，该片内时钟源是 CLKOUT 的 1/4。BSP 也允许 CLKOUT 其他比例的时钟频率选项。

第 5 位 TXM 为发送模式位，该位配置 FSX 引脚为一个输入（TXM= 0）或输出（TXM=1）引脚。TXM = 0，FSX 设置成输入，外部帧同步信号。发送器空闲，直到 FSX 引脚出现帧同步脉冲。TXM = 1，FSX 设置成输出，内部帧同步信号。当数据从 DXR 传输到 XSR 以初始化数据传送时，则在内部产生帧同步脉冲。内部产生的帧信号是与 CLKX 同步的。

第 6 位 $\overline{\text{XRST}}$ 为发送器复位，该信号复位或使能发送器。当 $\overline{\text{XRST}}$ 位写 0 时，发送器的操作停止。当 XRDY 位为 0 时，向 $\overline{\text{XRST}}$ 位写 0 产生一个发送中断（XINT）。XRDY= 0 时，发送器被复位。向 $\overline{\text{XRST}}$ 位写 0 时，可以清除 XSREMPTY 为 0，并设置 XRDY 位为 1。XRDY=1，发送器被除数使能。

第 7 位 $\overline{\text{RRST}}$ 为接收复位，该信号可复位或使能接收器。当向 $\overline{\text{RRST}}$ 位写 0 时，接收器的操作停止。$\overline{\text{RRST}}$ = 0，接收器处于复位状态。$\overline{\text{RRST}}$ 位写 0 时，可以清除 RSRFULL 和 RRDY 位为 0。当 $\overline{\text{RRST}}$ =1 时，发送器被使能。

第 8 位 IN0 为接收时钟状态位（只读），该位允许 CLKR 引脚作为位输入。IN0 反映了 CLKR 引脚的当前状态。当 CLKR 引脚转换状态时，SPC 的 CLKR 位改变为新的值之前，将会有 0.5~1.5 个时钟周期的等待延迟。

第 9 位 IN1 为发送时钟状态位（只读），IN1 反映了 CLKX 引脚的当前状态。当 CLKX 引脚转换状态时，SPC 的 CLKX 位改变为新的值之前，将会有 0.5~1.5 个时钟周期的等待延迟。

第 10 位 RRDY 为接收准备好位（只读），该位由 0 变成 1，表示接收移位寄存器 RSR 的内容已复制到数据接收寄存器 DRR 中，并且可以读取该数据。一旦发生这种变化，立即产生一次发送中断（RINT）。该位可以使用软件来查询，而不使用串行口中断。复位时或串行接收器复位($\overline{\text{RRST}}$ = 0)，RRDY 位清 0。

第 11 位 XRDY 为发送准备好位（只读），该位由 0 变成 1，表示数据发送寄存器 DXR 的内容已复制到发送移位寄存器 XSR 中，并且可以向 DXR 加载新的数据。一旦发生这种变化，立即产生一次发送中断（XINT）。该位可以使用软件来查询，而不使用串行口中断。复位时或串行接收器复位（$\overline{\text{XRST}}$ = 0），XRDY 位置 1。

第 12 位 XSREMPTY 为发送移位寄存器空位（只读），XSR 为空，或者自上一次 DXR 传送到 XSR 之后 DXR 没有被加载。$\overline{\text{XSREMPTY}}$ = 0 时，下面的情况之一发生都会使 $\overline{\text{XSREMPTY}}$ 位清 0：下溢发生、复位串行接收器（$\overline{\text{XRST}}$ = 0）或者复位 DSP。当 $\overline{\text{XSREMPTY}}$ =1 时，对于 SP，写 DXR 会使 XSREMPTY 置 1；对于 BSP，DXR 加载后并紧接着出现 FSX 脉冲时，$\overline{\text{XSREMPTY}}$ 置 1。

第 13 位 RSRFULL 为接收移位寄存器满位（只读），该位表示接收器是否已经出现溢出。对于 SP，当 FSM=1 时，下列条件都满足时会产生溢出（RSRFULL=1）：当 RSR 已经满；上一次从 RSR 传送到 DRR 的数据还没有被读取；在 FSR 端出现一个帧同步。当 FSM = 0 时，并且对于 BSP 只需要满足前两个条件，RSRFULL 就会变为 1，即产生溢出，而不需要等待一个 FSR 脉冲。当 RERFULL=0 时，读 DRR、复位串行接收器（$\overline{\text{RRST}}$ = 0）或者复位 DSP 均会使 RSRFULL 位清 0。当 RERFULL=1 时，串行口被认为产生溢出。当 RERFULL=1 时，串行接收器暂停并等待 DRR 读取，并且任何发送到 DR 的数据都会丢失。对于 SP，在 RSR 的数据被保留；对于 BSP，RSR 的内容被保留。

第 14 位 Soft 为仿真控制位，与第 15 位共同用于仿真调试。

第 15 位 Free 为仿真控制位，与第 14 位共同用于仿真调试。

第 14 位和第 15 位的组合功能，如表 7.3.3 所示。

表 7.3.3 Free、Soft 组合功能

Free	Soft	串行口时钟状态
0	0	立即停止串行口时钟，结束传送数据
0	1	接收数据不受影响，若正在发送数据，则等到当前数据发送完后停止
1	×	出现断点，时钟不停

3. SP 的操作

SP 初始化步骤：

① 复位，并且把 0038H（或 0008H）写到 SPC，初始化串行口；

② 把 00C0H 写到 IFR，清除任何挂起的串行口中断；

③ 把 00C0H 和 IMR 求或逻辑运算，使能串行口中断；

④ 清除 ST1 的 INTM 位（=0），使能全局中断；

⑤ 把 00F8H（或 00C8H）写入 SPC，启动串行口；

⑥ 把第一个数据写到 DXR（如果这个串行口与另一个处理器的串行口连接，而且这个处理器产生一个帧同步信号 SFX，则在写这个数据之前必须有握手信号）。

串行口中断服务程序步骤：

① 保存上下文到堆栈中；

② 读 DRR 或写 DXR，或者同时进行两种操作，从 DRR 读出的数据写到存储器中预定单元，写到 DXR 的数据从存储器的指定单元取出；

③ 恢复现场；

④ 用 RETE 从中断子程序返回，并重新使能中断。

7.3.2 缓冲同步串行口（BSP）

缓冲同步串行口（BSP）是一个全双工、双缓冲的串行口，在 SP 的基础上增加了一个自动缓冲单元（ABU），是一种增强型标准串行口。它提供与其他串行口工作器件的接口，如编码器、串行 A/D 转换器等。BSP 允许使用 8，10，12，16 位连续通信流数据包，为发送提供帧同步脉冲及一个可编程频率的串行时钟，最大的操作频率是 CLKOUT。BSP 发送部分包括脉冲编码模块（PCM），使得与 PCM 的接口很容易。

1. BSP 结构

BSP 由一个复用的双缓冲串行口组成，它的各项功能类似于 SP，只是多了一个自动缓冲单元（ABU），如图 7.3.5 所示。ABU 是一个附加逻辑电路，允许串行口直接对内存读/写，不需要 CPU 参与，可以节省时间，实现串行口与 CPU 的并行操作。

ABU 有自己的循环寻址寄存器，有相应的地址产生单元。发送和接收缓冲区驻留在芯片内存一个 2K 字容量的块中。这部分内存也可用作一般的存储器，这是 ABU 可以寻址的唯一存储块。利用自动寻址功能可以进行串行口和内存的直接数据交换。2K 字存储块中缓冲区开始的地址和长度是可编程的，而缓冲区的空或满可以产生串行口中断，以通知 CPU。利用自动取消功能，可以很容易取消缓冲区的数据传送。

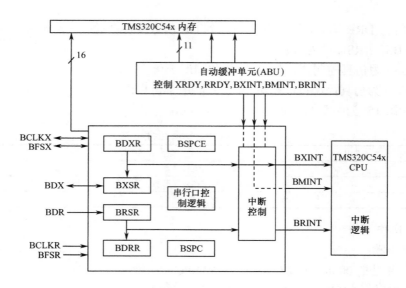

图 7.3.5　BSP 结构

BSP 的自动缓冲功能可对发送和接收部分分别使能。当自动缓冲取消时，串行口的数据转换软件控制与 SP 相同。这种模式下，ABU 是透明的，每发送或接收一个字就会产生 WXINT 和 WRINT 中断，且被送入 CPU 作为发送中断 BXINT 或接收中断 BRINT。当自动缓冲功能使能时，BXINT 和 BRINT 两个中断只在缓冲区的一半被传输时产生。

使用自动缓冲，字传输直接发生在串行口和'C54x 内部存储器之间。在自动缓冲寻址时，使用 ABU 自带的地址产生器。2K 字的缓冲区的长度和起始地址是可以编程的，并且可以向 CPU 产生一个缓冲满/空的中断。自动缓冲功能可以使用自动禁止功能来停止。

2．BSP 的控制寄存器

BSP 的扩展功能包括可编程串行口时钟速率、选择时钟和帧同步信号的正负极性，除了执行 8 位或 16 位串行数据传送，还可以传送 10 位或 12 位字。另外，BSP 允许设置忽略或不忽略帧同步信号，并且可以使用 PMC 接口提供一个专用的操作模式。

BSPCE 寄存器包含控制位和状态位，这些位用于 BSP 和 ABU 的增强功能。BSPCE 寄存器的低　10 位用于增强特性控制，高 6 位用于 ABU 控制。BSPCE 寄存器各位定义如图 7.3.6 所示，各位功能见表 7.3.4。

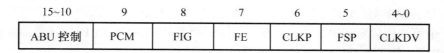

图 7.3.6　BSPCE 寄存器

上述扩展功能可使串行口在各方面的应用都十分灵活。尤其是帧同步忽略的工作方式，可以将 16 位传输字格式以外的各种传输字长压缩打包。这个特性可用于外部帧同步信号的连续发送和接收工作状态。第一个初始化帧同步脉冲到来之后，当 FIG = 0 时，如果产生帧同步信号，则发送重新开始；当 FIG =1 时，帧同步信号被忽略。例如，设置 FIG=1，可以在每 8、10、12 位产生帧同步信号的情况下实现连续 16 位的有效传输。如果不用 FIG，则每个低于 16 位的数据转换必须用 16 位格式，并且 16 位要以两个 8 位字节进行传输，而且要求两个存储字和两次发送操作。因此使用 FIG 可以节省缓冲内存，并可以节省用于串行口传输的 CPU 开销。

表 7.3.4 BSPCE 寄存器各位功能

位	名 称	复位后的值	功 能
15~10	ABU 控制	—	用于自动缓冲单元控制
9	PCM	0	PCM（脉冲编码模块）模式位，该位设置串行口工作于 PCM 模式，这种模式只影响发送器。BDXR 到 BXSR 转换不受 PCM 位的影响 ① PCM = 0，清除 PCM 模式 ② PCM = 1，设置 PCM 模式。在 PCM 模式下，只有它的最高位(215)为 0，BDXR 才被发送；如果该位被置为 1，则 BDXR 不发送。发送期间 BDXR 处于高阻状态
8	FIG	0	帧同步信号忽略位，该位仅在连续发送模式下且具有外部帧同步信号，以及连续接收模式下工作 ① FIG = 0，第一个帧脉冲之后的帧同步脉冲重新启动发送 ② FIG = 1，忽略帧同步发送操作的第一个帧同步脉冲后的帧同步信号
7	FE	0	格式扩展位。FE 位和 SPC 中的 FO 位一起指定字长 ① 当 FO = 0，FE = 0 时，传输的数据格式为 16 字长 ② 当 FO = 0，FE = 1 时，传输的数据格式为 10 字长 ③ 当 FO = 1，FE = 0 时，传输的数据格式为 8 字长 ④ 当 FO = 1，FE = 1 时，传输的数据格式为 12 字长 注意：对于 8、10 和 12 位字，接收字是右对齐的，并且由符号扩展组成 16 位字。发送的字必须是右对齐的
6	CLKP	0	时钟极性设置位。该位设定接收和发送数据何时采样数据： ① CLKP = 0，接收器在 BCLKR 的下降沿采样数据，发送器在 BCLKX 的上升沿发送数据 ② CLKP = 1，接收器在 BCLKR 的上升沿采样数据，发送器在 BCLKX 的下降沿发送数据
5	FSP	0	帧同步极性设置位，该位设定帧同步脉冲触发电平高低： ① FSP = 0，帧同步脉冲（BFSX 和 BFSR）高电平激活 ② FSP = 1，帧同步脉冲（BFSX 和 BFSR）低电平激活
4~0	CLKDV	00011	CLKDV 内部发送时钟分频因数。当 SPC 的 MCM =1 时，CLKX 由片上的时钟源驱动，这个时钟的频率为 CLKOUT/(CLKDV+1),CLKDV 的取值范围是 0~31 ① 当 CLKDV 为奇数或 0 时，CLKX 的占空比为 50% ② 当 CLKDV 为偶数时，其占空比依赖于 CLKP：CLKP = 0，占空比为 (P+1)/P；CLKP=1，占空比为 P/(P+1)

3．自动缓冲单元（ABU）

ABU 的功能是自动控制串行口与'C54x 内部存储器之间的数据传输，且不需要 CPU 干预。ABU 利用 5 个存储器映像寄存器，分别为：

① 11 位的地址发送寄存器（AXR）；

② 11 位的块长度发送寄存器（BKX）；

③ 11 位的地址接收寄存器（ARR）；

④ 11 位的块长度接收寄存器（BKR）；

⑤ 16 位的串行口控制寄存器（BSPCE）。

前 4 个寄存器是 11 位的片内外设存储器映像寄存器，但这些寄存器按照 16 位寄存器方式读，5 个高位扩展为 0，11 位寄存器内容为低 11 位（右对齐）。若不采用自动缓冲功能，这些寄存器可以作为通用寄存器使用。

BSPCE 包括控制 ABU 操作位。AXR、BKX、ARR 和 BKR 与它们相应的循环寻址逻辑在一起，产生访问数据的寻址地址，实现自动缓冲模式下的'C54x 内部存储器与 BSP 数据发送寄存器（BDXR）和 BSP 数据接收寄存器（BDRR）之间的数据传输。

ABU 发送和接收部分可以分别使能。当两个功能同时应用时，通过软件控制相应的串行口寄存器 BDXR 或 BDRR。当发送或接收缓冲区的一半或全部是满或空时，ABU 也可执行 CPU 的中断。在标准模式操作下，这个中断代替了接收和发送中断。在自动缓冲模式下，不会发生这种情况。

使用自动缓冲功能时，CPU 也可以对缓冲区进行操作。在 ABU 和 CPU 同时对缓冲区操作情况下，就会产生时间冲突。此时，ABU 的优先级高于接收的优先级。发送首先从缓冲区取出数据，然后延迟等待，当发送完成再开始接收。

BSPCE 寄存器功能见表 7.3.5（BSPCE 中的高 6 位为控制位）。

表 7.3.5 BSPCE 寄存器功能

位	名 称	复位后的值	功 能
15	HALTR	0	自动缓冲接收停止位。该位决定当缓冲区已经接收到一半时，自动缓冲是否暂停 HALTR＝0，当缓冲区接收到一半时，继续操作 HALTR＝1，当缓冲区接收到一半时，自动缓冲停止。此时，BRE 清 0，串行口继续按标准模式工作
14	RH	0	接收缓冲区半满。该位表示接收缓冲区哪一半已经填满。此位只读。当产生 RINT 中断时，读 RH 位是识别数据到达存储器哪一个边界的最方便的方法 RH＝0：表示前半部分缓冲区被填满，当前接收的数据正存入后半部分缓冲区 RH＝1：表示后半部分缓冲区被填满，当前接收的数据正存入前半部分缓冲区
13	BRE	0	自动接收使能控制位。该位控制使能自动缓冲接收 BRE＝0：自动接收禁止，串行口工作于标准模式 BRE＝1：接收器自动接收允许
12	HALTX	0	自动缓冲发送禁止位。该位决定当缓冲区的一半已经被发送时，自动缓冲发送是否暂停 HALTX＝0：当一半缓冲区发送完成后，自动缓冲继续工作 HALTX＝1：当一半缓冲区发送完成后，自动缓冲停止。此时，BRE 清 0，串行口继续工作于标准模式
11	XH	0	发送缓冲区半满。该位表示发送缓冲区哪一半已经发送。此位只读。当产生 XINT 中断时，读 XH 位是识别数据到达存储器哪一个边界的最方便的方法 XH＝0：缓冲区前半部分发送完成，当前发送数据取自缓冲区的后半部分 XH＝1：缓冲区后半部分发送完成，当前发送数据取自缓冲区的前半部分
10	BXE	0	自动缓冲发送使能位。该位控制使能自动缓冲发送 BXE＝0：禁止自动缓冲发送功能，串行口工作于标准模式 BXE＝1：允许自动缓冲发送功能

每次进行串行口发送时，在 ABU 的控制下，串行口将取自指定存储块的数据发送出去，或者将接收的串行口数据保存到指定内存。这种操作方式下，在传输每个字的转换过程中不会产生中断，只有当发送或接收数据达到半满边界时才会产生中断，这样可以避免 CPU 直接插入每次串行口传输带来的资源消耗。在 2K 字的 ABU 存储块之内，可以分别利用 11 位地址寄存器（AXR 和 ARR）和 11 位块长度寄存器（BKX 和 BKR）编程来分配数据缓冲区的开始地址和数据区长度。发送和接收缓冲可以分别驻留在不同的独立存储区，包括重叠区域或同一个区域内。自动缓冲工作中，ABU 利用循环寻址方式对这个 2K 字的 ABU 存储块进行寻址，而 CPU 对这个存储块的访问根据执行存储器的汇编指令所选择的寻址方式进行。

自动缓冲过程归纳如下：

● ABU 完成对缓冲存储器的存取；

- 工作过程中地址寄存器自动增加，直到缓冲区的底部（到底部后，地址寄存器内容恢复到缓冲存储器区顶部）；
- 如果数据到了缓冲区的一半或底部，就会产生中断，并且刷新 XH/XL；
- 如果选择禁止自动缓冲功能，当数据过半或到达缓冲区底部时，ABU 就自动停止自动缓冲功能。

4．BSP 的初始化

BSP 发送初始化步骤：

① 把 0008H 写到 BSPCE 寄存器，复位和初始化串行口；

② 把 0020H 写到 IFR，清除挂起的串行口中断；

③ 把 0020H 与 IMR 进行或操作，使能串行口中断；

④ 清除 ST1 的 INTM 位，使能全局中断；

⑤ 把 1400H 写到 BSPCE 寄存器，初始化 ABU 的发送器；

⑥ 把缓冲区开始地址写到 AXR；

⑦ 把缓冲长度写到 BKX；

⑧ 把 0048H 写到 BSPCE 寄存器，开始串行口操作。

上述初始化串行口仅进行发送操作、字符组工作模式、外部帧同步信号、外部时钟的设置，数据格式为 16 位，帧同步信号和时钟极性为正。发送缓冲通过设置 ABU 的 BXE 位使能，HALTX=1，使得数据达到缓冲区的一半时停止发送。

BSP 接收初始化步骤：

① 把 0000H 写到 BSPCE 寄存器，复位和初始化串行口；

② 把 0010H 写到 IFR，清除挂起的串行口中断；

③ 把 0010H 与 IMR 进行或操作，使能串行口中断；

④ 清除 ST1 的 INTM 位，使能全局中断；

⑤ 把 2160H 写到 BSPCE 寄存器，初始化 ABU 的发送器；

⑥ 把缓冲开始地址写到 ARR；

⑦ 把缓冲长度写到 BKR；

⑧ 把 0080H 写到 BSPCE 寄存器，开始串行口操作。

7.3.3　时分复用串行口（TDM）

时分复用串行口（TDM）允许'C54x 可以与最多 7 个其他器件进行时分串行通信。TDM 提供了简单而又有效的多处理器应用接口。利用 TDM 串行口控制寄存器（TSPC）的 TDM 位，TDM 可以被配置为多处理器模式（TDM=1），或独立模式（TDM = 0）。

时分复用操作将时间间隔分隔为许多子间隔段，按照预先的安排，每个子间隔段表示一个通信通道，图 7.3.7 所示为一个 4 通道的 TDM 框图。第一个时间段标明为 chan1（通道 1），下一个为 chan2（通道 2）等。在第一个通信周期通道 1 有效，并且此后每 4 个周期出现一次。

'C54x 使用 8 个 TDM 通道，每个通道的接收或发送是分别独立指定的，这使实现多处理器通信更具灵活性。

TDM 操作通过 6 个存储器映像寄存器和 2 个其他专用寄存器来实现。6 个存储器映像寄存器分别是 TRCV、TDXR、TSPC、TCSR、TRTA、TRAD；2 个其他专用寄存器分别是 TRSR 和 TXSR，这 2 个寄存器不直接对程序存取，只用于双向缓冲。各寄存器功能如下。

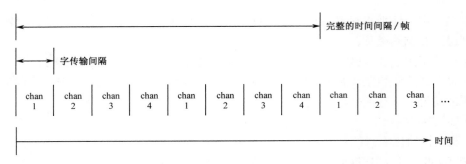

图 7.3.7　一个 4 通道的 TDM 框图

① TDM 数据接收寄存器（TRCV）：16 位，用来保存接收的串行数据，功能与 DRR 相同。

② TDM 数据发送寄存器（TDXR）：16 位，用来保存发送的串行数据，功能与 DXR 相同。

③ TDM 串行口控制寄存器（TSPC）：16 位，包含 TDM 的模式控制或状态控制位。第 0 位是 TDM 模式控制位，用来配置串行口：TDM=1，多处理器模式；TDM= 0，独立模式。其他各位的定义与 SPC 相同。

④ TDM 接收地址寄存器（TRAD）：16 位，保留 TDM 地址线的各种状态信息。

⑤ TDM 数据接收移位寄存器（TRSR）：16 位，控制数据的接收保存过程，从信号输入引脚到接收寄存器 TRCV，与 RSR 功能类似。

⑥ TDM 通道选择寄存器（TCSR）：16 位，指定每个通信器件的发送操作时间段。

⑦ TDM 发送/接收地址寄存器（TRTA）：16 位，低 8 位（RA0～RA7）为'C54x 的接收地址，高 8 位（TA0~TA7）为'C54x 的发送地址。

⑧ TDM 数据发送移位寄存器（TXSR）：16 位，控制从 TDXR 来的输出数据通道的传送，并保存从 TDM 端口发送出去的数据，与 XSR 功能相同。

图 7.3.8 所示为'C54x 的 TDM 端口的结构。总共最多 8 个器件可以连接到 4 条串行总线上，连接的各器件可以进行分时通信。TDM 端口的 4 条总线分别为：普通的串行口时钟总线（TCLK）、帧同步（TFRM）、数据（TDAT）及附加地址线（TADD）。TDAT 和 TADD 是双向的，并且在一个给定的操作帧中的不同时间段，由不同的帧所驱动。

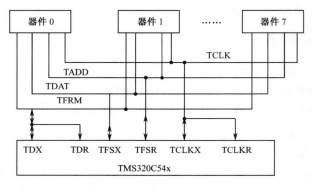

图 7.3.8　'C54x 的 TDM 端口的结构

7.3.4　多通道缓冲串行口（McBSP）

'C54x 提供高速、双向、多通道缓冲串行口（McBSP）。它可以与其他'C54x 器件、编程器或其他串行口器件通信。'C54x 系列芯片中只有 3 款具有 McBSP 功能，分别是：'C5402 有 2 个、'C5410 有 3 个、'C5420 有 6 个。

1．McBSP 特点

多通道缓冲串行口（McBSP）的硬件部分是基于 SP 的，具有如下功能：

- 全双工通信；
- 双缓冲的发送和三缓冲接收数据存储器，允许连续的数据流；
- 独立的接收、发送帧和时钟信号；
- 可以直接与工业标准的编码器、串行 A/D、D/A 器件连接并通信；
- 具有外部移位时钟发生器及内部频率可编程移位时钟；
- 可以直接利用多种串行协议接口通信，例如，T1/E1 帧调节器、MVIP 转换兼容和 ST-BUS 兼容的器件、H.100 帧调节器、SCSA 帧调节器、IOM-2 兼容器件、AC97 兼容器件、IIS 兼容器件、SPI 器件等；
- 多达 128 路发送和接收通道；
- 数据的大小范围选择，包括 8、12、16、20、24、32 位字长；
- 利用μ律或 A 律的压缩扩展通信；
- 帧同步和时钟信号的极性可编程；
- 可编程内部时钟和帧发生器。

2．McBSP 结构

McBSP 内部结构如图 7.3.9 所示，包括数据通路和控制通路两部分，并通过 7 个引脚与外部器件相连。其中，DX 为发送引脚，与 McBSP 相连接；DR 为接收引脚，与接收数据总线相连接；CLKX 为发送时钟引脚；CLKR 为接收时钟引脚；FSX 为发送帧同步引脚；FSR 为接收帧同步引脚。

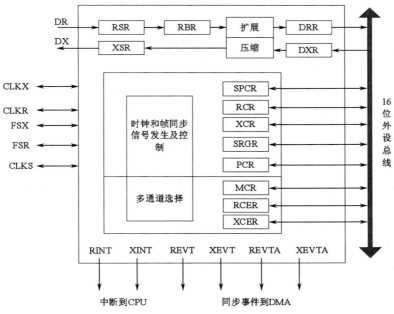

图 7.3.9　McBSP 内部结构

在时钟信号和帧同步信号控制下，接收和发送通过 DR 和 DX 引脚与外部器件直接通信。'C54x 内部 CPU 对 McBSP 的操作是利用 16 位控制寄存器，通过片内外设总线进行存取控制的。如图 7.3.9 所示，数据发送过程：首先，将数据写入数据发送寄存器 DXR[1,2]；然后，发送移位寄存器 XSR[1,2]将数据经 DX 引脚移出发送。数据接收过程：首先，通过 DR 引脚将接收的数据移入接收移位数据寄存器RSR[1,2]中;然后,将这些数据分别复制到接收缓冲寄存器RBR[1,2]和DRR[1,2]中;最后,由CPU或DMA控制器读出。这个过程允许内部和外部数据通信同时进行。如果接收或发送字长R/XWDLEN被指定为8、12或16模式,则DRR2、RBR2、RSR2、DXR2、XSR2等寄存器不能进行写、读、移位操作。CPU或DMA控制器可以对其余的寄存器进行操作,这些寄存器列表于表7.3.6。

表 7.3.6　McBSP 寄存器列表

地　　址			子 地 址	名称缩写	寄存器名称
McBSP0	McBSP1	McBSP2			
—	—	—	—	RBR[1,2]	接收缓冲寄存器1,2
—	—	—	—	RSR[1,2]	接收移位寄存器1,2
—	—	—	—	XSR[1,2]	发送移位寄存器1,2
0020H	0040H	0030H	—	DRR2x	数据接收寄存器2
0021H	0041H	0031H	—	DRR1x	数据接收寄存器1
0022H	0042H	0032H	—	DXR2x	数据发送寄存器2
0023H	0043H	0033H	—	DXR1x	数据发送寄存器1
0039H	0049H	0035H	0000H	SPCR1x	串行口控制寄存器1
0039H	0049H	0035H	0001h	SPCR2x	串行口控制寄存器2
0039H	0049H	0035H	0002H	RCR1x	接收控制寄存器1
0039H	0049H	0035H	0003H	RCR2x	接收控制寄存器2
0039H	0049H	0035H	0004H	XCR1x	发送控制寄存器1
0039H	0049H	0035H	0005H	XCR2x	发送控制寄存器2
0039H	0049H	0035H	0006H	SRGR1x	采样率发生寄存器1
0039H	0049H	0035H	0007H	SRGR2x	采样率发生寄存器2
0039H	0049H	0035H	0008H	MCR1x	多通道寄存器1
0039H	0049H	0035H	0009H	MCR2x	多通道寄存器2
0039H	0049H	0035H	000AH	RCERAx	接收通道使能寄存器A
0039H	0049H	0035H	000BH	RCERBx	接收通道使能寄存器B
0039H	0049H	0035H	000CH	XCERAx	发送通道使能寄存器A
0039H	0049H	0035H	000DH	XCERBx	发送通道使能寄存器B
0039H	0049H	0035H	000EH	PCRx	引脚控制寄存器

*RBR[1,2]、RSR[1,2]、XSR[1,2]不能直接通过CPU或DMA存取。

内部时钟发生器、帧同步信号发生器及它们的控制电路和多通道选择 4 部分组成 McBSP 的控制模块。重要事件触发 CPU 和 DMA 控制器的中断是由 2 个中断和 4 个事件信号控制模块发出的,CPU 和 DMA 事件必须同步。图 7.3.9 中,RINT、XINT 分别为触发 CPU 的发送和接收中断;REVT、XEVT 分别为触发 DMA 接收和发送同步事件;REVTA、XEVTA 分别为触发 DMA 接收和发送同步事件 A。

3. McBSP 配置

通过 3 个 16 位寄存器 SPCR[1,2]和 PCR 进行 McBSP 配置,分别叙述如下。

（1） 串行口控制寄存器 SPCR1

其结构如图 7.3.10 所示。

15	14	13	12	11	10~8	7	6	5	4	3	2	1	0
DLB	RJUST		CLKSTP		保留	DXENA	ABIS	RINTM		RSYNCERR	RFULL	RRDY	$\overline{\text{RRST}}$
RW,+0	RW,+0		RW,+0		R,+0	RW,+0	RW,+0	RW,+0		RW,+0	R,+0	R,+0	RW,+0

图 7.3.10　串行口控制寄存器 SPCR1 的结构

图 7.3.10 中，R=读，W=写，+0=复位值为 0。串行口控制寄存器 SPCR1 各位功能见表 7.3.7。

表 7.3.7　串行口控制寄存器 SPCR1 各位功能

位	名　称	功　能
15	DLB	数字循环返回（回送）模式 DLB = 0，禁止数字循环返回（回送）模式 DLB = 1，使能数字循环返回（回送）模式
14~13	RJUST	接收数据符号扩展和对齐模式 RJUST = 00，右对齐，DRR[1,2]最高位为 0 RJUST = 01，右对齐，DRR[1,2]最高位为符号扩展位 RJUST = 10，左对齐，DRR[1,2]最低位为 0 RJUST = 11，保留
12~11	CLKSTP	时钟停止模式 CLKSTP = 0X，禁止时钟停止模式，非 SPI 模式的正常时钟 SPI 模式包括如下几种情况： CLKSTP = 10，CLKXP = 0，时钟开始于上升沿，无延时 CLKSTP = 10，CLKXP = 1，时钟开始于下降沿，无延时 CLKSTP = 11，CLKXP = 0，时钟开始于上升沿，有延时 CLKSTP = 11，CLKXP = 1，时钟开始于下降沿，有延时
10~8	保留	保留
7	DXENA	DX 使能位 DXENA = 0，DX 使能关断 DXENA = 1，DX 使能打开
6	ABIS	A-bis 模式 ABIS = 0，禁止 A-bis 模式 ABIS = 1，使能 A-bis 模式
5~4	RINTM	接收中断模式 RINTM=00，由 RRDY（字结束）产生或在 A-bis 模式帧结束产生接收中断 RINT RINTM=01，多通道操作中，由块结束或帧结束产生接收中断 RINT RINTM=10，一个新的帧同步产生接收中断 RINT RINTM=11，由接收同步错误 RSYNCERR 产生接收中断 RINT
3	RSYNCERR	接收同步错误 RSYNCERR = 0，无接收同步错误 RSYNCERR = 1，探测到接收同步错误
2	RFULL	接收移位寄存器 RSR[1,2]满 RFULL=0，接收缓冲寄存器 RBR[1,2]未超载 RFULL= 1，RBR[1,2]移入新字已满，RBR[1,2]满，DRR[1,2]未被读取

位	名　称	功　能
1	RRDY	接收准备位 RRDY = 0，接收器为准备好 RRDY = 1，接收器准备好从 DDR[1,2]读数据
0	$\overline{\text{RRST}}$	接收器复位，可以复位和使能接收器 $\overline{\text{RRST}}$ = 0，串行口接收器被禁止，并处于复位状态 $\overline{\text{RRST}}$ = 1，串行口接收器使能

注：所有的保留位都读为 0。如果写 1 到 RSYNCERR，就会设置一个错误状态，因此该位用于测试。

（2）　串行口控制寄存器 SPCR2

其结构如图 7.3.11 所示。

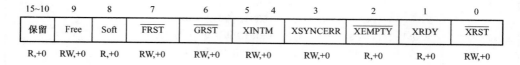

15~10	9	8	7	6	5 4	3	2	1	0
保留	Free	Soft	$\overline{\text{FRST}}$	$\overline{\text{GRST}}$	XINTM	XSYNCERR	$\overline{\text{XEMPTY}}$	XRDY	$\overline{\text{XRST}}$
R,+0	RW,+0	R,+0	RW,+0	RW,+0	RW,+0	RW,+0	R,+0	R,+0	RW,+0

图 7.3.11　串行口控制寄存器 SPCR2 的结构

串行口控制寄存器 SPCR2 各位功能见表 7.3.8。

表 7.3.8　串行口控制寄存器 SPCR2 各位功能

位	名　称	功　能
15~10	保留	保留
9	Free	全速运行模式 Free = 0，禁止全速运行模式 Free = 1，使能全速运行模式
8	Soft	软件模式 Soft = 0，禁止软件模式 Soft = 1，使能软件模式
7	$\overline{\text{FRST}}$	帧同步发送器复位 $\overline{\text{FRST}}$ = 0，帧同步逻辑电路复位，采样率发生器不会产生帧同步信号 FGS $\overline{\text{FRST}}$ = 1，在时钟发生器 CLKG 产生了(FPER+1)个脉冲后，发生帧同步信号 FSG。例如，所有的帧同步计数器由它们的编程值产生时钟信号
6	$\overline{\text{GRST}}$	采样率发生器复位 $\overline{\text{GRST}}$=0，采样率发生器复位 $\overline{\text{GRST}}$=1，采样率发生器启动。CLKG 按照采样率发生器中的编程值产生时钟信号
5~4	XINTM	发送中断模式 XINTM= 00，由发送准备好位 XRDY 驱动发送中断 XINTM= 01，块结束或多通道操作时的帧同步结束驱动发送中断请求 XINT XINTM= 10，新的帧同步信号产生 XINT XINTM= 11，发送同步错误位 XSYNCERR 产生中断
3	XSYNCERR	发送同步错误位 XSYNCERR= 0，无同步错误 XSYNCERR= 1，探测到同步错误

位	名　称	功　　能
2	$\overline{XEMPTY}$	发送移位寄存器 XSR[1,2]空 $\overline{XEMPTY}$ = 0，空 $\overline{XEMPTY}$ = 1，不空
1	XRDY	发送器准备 XRDY = 0，发送器未准备好 XRDY = 1，发送器准备好发送 DXR[1,2]中的数据
0	$\overline{XRST}$	发送器复位和使能位 $\overline{XRST}$ = 0，串行口发送器禁止，且处于复位状态 $\overline{XRST}$ = 1，串行口发送器使能

（3）引脚控制寄存器（PCR）

其结构如图 7.3.12 所示。

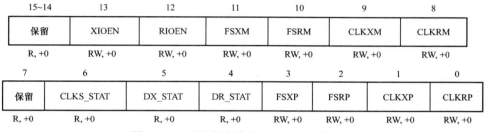

图 7.3.12　引脚控制寄存器（PCR）的结构

PCR 各位功能见表 7.3.9。

表 7.3.9　PCR 各位功能

位	名　称	功　　能
15～14	保留	保留
13	XIOEN	发送通用 I/O 模式位，只有 SPCR[1,2]中的 $\overline{XRST}$ = 0 时才有效 XIOEN= 0，DX，FSX，CLKX 配置为串行口引脚，不用作通用 I/O 引脚 XIOEN= 1，DX 配置为通用输出引脚，FSX，CLKX 配置为通用 I/O 引脚。此时，这些引脚不能用于串行口操作
12	RIOEN	接收通用 I/O 模式位，只有 SPCR[1,2]中的 $\overline{RRST}$ = 0 时才有效 RIOEN = 0，DR，FSR，CLKR，CLKS 配置为串行口引脚，非通用 I/O 引脚 RIOEN = 1，DR 和 CLKS 配置为通用输入引脚。FSR 和 CLKR 用作通用 I/O 引脚。这些引脚不能用于串行口操作
11	FSXM	帧同步模式位 FSXM = 0，帧同步信号由外部器件产生 FSXM = 1，帧同步信号由采样率发生器中的帧同步位 FSGM 决定
10	FSRM	接收帧同步模式位 FSRM = 0，帧同步信号由外部器件产生，FSR 为输入引脚 FSRM = 1，帧同步由片内采样率发生器产生，除 GSYNC=1 外，FSR 为输出引脚
9	CLKXM	发送器时钟模式位 CLKXM= 0，发送时钟由外部时钟产生，CLKX 为输入引脚 CLKXM= 1，发送时钟由片上采样率发生器产生，CLKX 为输出引脚 在 SPI 模式下（CLKSTP 为非 0 值）： CLKXM= 0，McBSP 为从器件，时钟信号由系统中的 SPI 主器件驱动，CLKR 由内部 CLKX 驱动 CLKXM= 1，McBSP 为主器件，产生时钟 CLKX 驱动它的接收时钟 CLKR，并取代系统中 SPI 从器件的时钟

位	名　称	功　能
8	CLKRM	接收时钟模式位 情况 1：SPCR1 中的 DLB＝0 时，数字循环返回模式不设置 CLKRM＝0，接收时钟由外部时钟驱动，CLKR 为输入引脚 CLKRM＝1，接收时钟由内部采样发生器驱动，CLKR 为输出引脚 情况 2：SPCR1 中 DLB＝1 时，数字循环返回模式设置 CLKRM＝0，接收时钟由 PCR 中 CLKXM 确定的发送时钟驱动（不是 CLKR），CLKR 处于高阻状态 CLKRM＝1，CLKR 设定为输出引脚，由发送时钟驱动，发送时钟由 PCR 中的 CLKM 位定义驱动
7	保留	保留
6	CLK_STAT	CLKS 引脚状态位。当 CLKS 被选作通用输入时，用来反映引脚的电平值
5	DX_STAT	DX 引脚状态位。当 DX 作为通用输出时，用来反映 DX 的值
4	DR_STAT	DR 引脚状态位。当 DR 作为通用输入时，用来反映 DR 的值
3	FSXP	发送帧同步信号极性位 FSXP＝0，发送帧同步脉冲 FSX 高电平有效 FSXP＝1，发送帧同步脉冲 FSX 低电平有效
2	FSRP	接收帧同步信号极性位 FSRP＝0，接收帧同步脉冲 FSR 高电平有效 FSRP＝1，接收帧同步脉冲 FSR 低电平有效
1	CLKXP	发送时钟极性位 CLKXP＝0，在 CLKX 的上升沿对发送数据进行采样 CLKXP＝1，在 CLKX 的下降沿对发送数据进行采样
0	CLKRP	接收时钟极性位 CLKRP＝0，在 CLKX 的下降沿对接收数据进行采样 CLKXP＝1，在 CLKX 的上升沿对接收数据进行采样

4．接收和发送控制寄存器 RCR[1,2]，XCR[1,2]

接收和发送控制寄存器 RCR[1,2]，XCR[1,2]分别配置了接收和发送操作的各种参数。各寄存器功能如下。

（1）接收控制寄存器 RCR1

其结构如图 7.3.13 所示。

15	14~8	7~5	4~0
保留	RERLEN1	RWDLEN1	保留
R，+0	RW，+0	RW，+0	R，+0

图 7.3.13　接收控制寄存器 RCR1 的结构

接收控制寄存器 RCR1 各位功能见表 7.3.10。

表 7.3.10　接收控制寄存器 RCR1 各位功能

位	名　称	功　能
15	保留	保留
14~8	RFRLEN1	接收帧长度 1 RFRLEN1＝0000000，每帧 1 个字 RFRLEN1＝0000001，每帧 2 个字 ⋮ RFRLEN1＝1111111，每帧 128 个字

位	名　称	功　能
7~5	RWDLEN1	接收字长 1 RWDLEN1= 000，8 位 RWDLEN1= 001，12 位 RWDLEN1= 010，16 位 RWDLEN1= 011，20 位 RWDLEN1= 100，24 位 RWDLEN1= 101，32 位 RWDLEN1= 11X，保留
4~0	保留	保留

（2）接收控制寄存器 RCR2

其结构如图 7.3.14 所示。

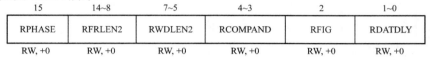

15	14~8	7~5	4~3	2	1~0
RPHASE	RFRLEN2	RWDLEN2	RCOMPAND	RFIG	RDATDLY
RW, +0	RW, +0	RW, +0	RW, +0	RW, +0	RW, +0

图 7.3.14　接收控制器 RCR2 的结构

接收控制寄存器 RCR2 各位功能见表 7.3.11。

表 7.3.11　接收控制寄存器 RCR2 各位功能

位	名　称	功　能
15	RPHASE	接收相位 RPHASE = 0，单相帧 RPHASE = 1，双相帧
14~8	RFRLEN2	接收帧长度 2 RFRLEN2= 0000000，每帧 1 个字 RFRLEN2= 0000001，每帧 2 个字 ⋮ RFRLEN2=1111111，每帧 128 个字
7~5	RWDLEN2	接收字长 2 RWDLEN2= 000，8 位 RWDLEN2= 001，12 位 RWDLEN2= 010，16 位 RWDLEN2= 011，20 位 RWDLEN2= 100，24 位 RWDLEN2= 101，32 位 RWDLEN2= 11X，保留
4~3	RCOMPAND	接收扩展模式位。除 00 模式外，当相应的 RWDLEN= 000 时，这些模式被使能 RCOMPAND= 00，无扩展，数据转换开始于最高位 MSB RCOMPAND= 01，8 位数据，数据转换开始于最低位 LSB RCOMPAND= 10，接收数据利用 μ 律扩展 RCOMPAND= 11，接收数据利用 A 律扩展
2	RFIG	接收帧忽略 RFIG=0，第一个帧同步接收脉冲之后，重新开始转换 RFIG=1，第一个帧同步接收脉冲之后，忽略帧同步信号（连续模式）
1~0	RDATDLY	接收数据延时 RDATDLY= 00，0 位数据延时 RDATDLY= 01，1 位数据延时 RDATDLY= 10，2 位数据延时 RDATDLY= 11，保留

（3）发送控制寄存器 XCR1

其结构如图 7.3.15 所示。

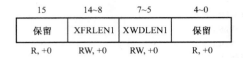

图 7.3.15　发送控制寄存器 XCR1 的结构

发送控制寄存器 XCR1 各位功能见表 7.3.12。

表 7.3.12　发送控制寄存器 XCR1 各位功能

位	名　称	功　能
15	保留	保留
14~8	XFRLEN1	发送帧长度 1 XFRLEN1=0000000，每帧 1 个字 XFRLEN1=0000001，每帧 2 个字 ⋮ XFRLEN1=1111111，每帧 128 个字
7~5	XWDLEN1	发送字长 1 XWDLEN1= 000，8 位 XWDLEN1= 001，12 位 XWDLEN1= 010，16 位 XWDLEN1= 011，20 位 XWDLEN1= 100，24 位 XWDLEN1= 101，32 位 XWDLEN1= 11X，保留
4~0	保留	保留

（4）发送控制寄存器 XCR2

其结构如图 7.3.16 所示。

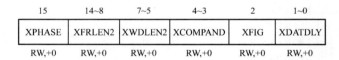

图 7.3.16　发送控制寄存器 XCR2 的结构

发送控制寄存器 XCR2 各位功能见表 7.3.13。

表 7.3.13　发送控制寄存器 XCR2 各位功能

位	名　称	功　能
15	XPHASE	发送相位 XPHASE= 0，单相帧 XPHASE= 1，双相帧
14~8	XFRLEN2	发送帧长度 2 XFRLEN2= 0000000，每帧 1 个字 XFRLEN2= 0000001，每帧 2 个字 ⋮ XFRLEN2= 1111111，每帧 128 个字

位	名 称	功 能
7~5	XWDLEN2	发送字长 2 XWDLEN2= 000，8 位 XWDLEN2= 001，12 位 XWDLEN2= 010，16 位 XWDLEN2= 011，20 位 XWDLEN2= 100，24 位 XWDLEN2= 101，32 位 XWDLEN2= 11X，保留
4~3	XCOMPAND	发送扩展模式位。除 00 模式外，当相应的 RWDLEN= 000 时，这些模式被使能 XCOMPAND= 00，无扩展，数据转换开始于最高位 MSB XCOMPAND= 01，8 位数据，数据转换开始于最低位 LSB XCOMPAND= 10，发送数据利用 μ 律扩展 XCOMPAND= 11，发送数据利用 A 律扩展
2	XFIG	发送帧忽略 XFIG= 0，第一个帧同步发送脉冲之后，重新开始转换 XFIG= 1，第一个帧同步发送脉冲之后，忽略帧同步信号（连续模式）
1~0	XDATDLY	发送数据延时 XDATDLY= 00，0 位数据延时 XDATDLY= 01，1 位数据延时 XDATDLY= 10，2 位数据延时 XDATDLY= 11，保留

5．McBSP 工作步骤

（1）McBSP 串行口复位

McBSP 串行口有两种复位方式。

① 通过芯片复位端 $\overline{RS}$ 复位。当 $\overline{RS}$ =0 时，引发串行口发送器、接收器、采样率发生器复位。当 $\overline{RS}$ =1 时，芯片复位完成后，串行口仍然处于复位状态，此时 $\overline{GRST}$ 、$\overline{FRST}$ 、$\overline{RRST}$ 和 $\overline{XRST}$ 均为 0。

② 利用串行口控制寄存器的控制位复位。串行口控制寄存器 SPCR1 中 $\overline{RRST}$ 位可对串行口接收器进行复位，串行口控制寄存器 SPCR2 中的 $\overline{XRST}$ 和 $\overline{GRST}$ 位可分别对串行口发送器和采样率发生器进行复位。

表 7.3.14 列出了两种复位情况下串行口各引脚的状态。

表 7.3.14　McBSP 复位状态

McBSP 引脚	引脚状态	芯片复位端 $\overline{RS}$	McBSP 复位	
			接收复位 $\overline{RRST}$ = 0，$\overline{GRST}$ = 0	发送复位 $\overline{XRST}$ = 0，$\overline{GRST}$ = 0
DR	输入	输入	输入	
CLKR	输入/输出/高阻	输入	则如果为输入，则状态已知； 则如果为输出，则 CLKR 运行	
FSR	输入/输出/高阻	输入	如果为输入，则状态已知； 如果为输出，则 FSRP 未激活	
CLKS	输入/输出/高阻	输入	输入	
DX	输出	输入	高阻	高阻
CLKX	输入/输出/高阻	输入		如果为输入，则状态已知； 如果为输出，则 CLKR 运行

McBSP 引脚	引脚状态	芯片复位端 $\overline{RS}$	McBSP 复位	
			接收复位 $\overline{RRST}=0$，$\overline{GRST}=0$	发送复位 $\overline{XRST}=0$，$\overline{GRST}=0$
FSX	输入/输出/高阻	输入	输入	如果为输入，则状态已知；如果为输出，则 FSRP 未激活
CLKS	输入	输入	输入	输入

（2）复位后串行口的初始化

当串行口复位后，可进行串行口初始化，其步骤如下：

① 对串行口控制寄存器 SPCR[1,2]中的复位位置 0，使 $\overline{XRST}=\overline{RRST}=\overline{FRST}=0$。如果刚刚复位完毕，则不必进行这一步操作；

② 按照表 7.3.14 中串行口复位要求，对 McBSP 的寄存器进行编程配置；

③ 等待 2 个时钟周期，以保证适当的内部同步；

④ 按照写 DXR 的要求，给出数据；

⑤ 设定 $\overline{XRST}=1$，$\overline{RRST}=1$，使串行口处于使能状态。注意此时 SPCR[1,2]所写的值应该仅仅将复位改变到 1，寄存器中的其余位与步骤 2 相同；

⑥ 如果要求内部帧同步信号，则设定 $\overline{FRST}=1$；

⑦ 等待 2 个时钟周期后，接收器和发送器激活。

上述步骤可用于正常工作情况下发送器和接收器的复位。

6．多通道选择配置

使用单相帧同步配置 McBSP，可以分别选择多通道独立的发送器和接收器工作模式。每个帧代表一个时分复用数据流。由(R/X)FRLEN1 设定的每帧字数表明所选的有效通道数。当采用时分复用数据流时，CPU 仅需要处理少数通道。因此，为了节省存储空间和总线带宽，多通道选择允许对发送和接收的多通道进行单独配置。McBSP 的多通道选择配置可以通过设定多通道控制寄存器来进行。'C54x 具有如下的多通道控制寄存器。

（1）多通道接收控制寄存器 MCR1

其结构如图 7.3.17 所示。

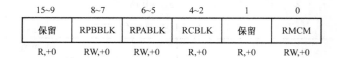

15~9	8~7	6~5	4~2	1	0
保留	RPBBLK	RPABLK	RCBLK	保留	RMCM
R,+0	RW,+0	RW,+0	R,+0	R,+0	RW,+0

图 7.3.17　多通道接收控制寄存器 MCR1 的结构

多通道接收控制寄存器 MCR1 各位功能见表 7.3.15。

表 7.3.15　多通道接收控制寄存器 MCR1 各位功能

位	名 称	功　能
15~9	保留	保留
8~7	RPBBLK	接收区域 B 块划分： RPBBLK= 00，块 1，对应通道 16~31 RPBBLK= 01，块 3，对应通道 48~63 RPBBLK= 10，块 5，对应通道 80~95 RPBBLK= 11，块 7，对应通道 112~127

（续表）

位	名 称	功 能
6~5	RPABLK	接收区域 A 块划分： RPABLK= 00，块 0，对应通道 0~15 RPABLK= 01，块 2，对应通道 32~47 RPABLK= 10，块 4，对应通道 64~79 RPABLK= 11，块 6，对应通道 96~111
4~2	RCBLK	接收当前块划分： RCBLK= 000，块 0，对应通道 0~15 RCBLK= 001，块 1，对应通道 16~31 RCBLK= 010，块 2，对应通道 32~47 RCBLK= 011，块 3，对应通道 48~63 RCBLK= 100，块 4，对应通道 64~79 RCBLK= 101，块 5，对应通道 80~95 RCBLK= 110，块 6，对应通道 96~111 RCBLK= 111，块 7，对应通道 112~127
1	保留	保留
0	RMCM	接收多通道选择使能 RMCM= 0，所有 128 个通道使能 RMCM= 1，默认废除所有通道。由使能 RP(A/B)BLK 块和相应的 RCER(A/B)选择所需要的通道

（2）多通道发送控制寄存器 MCR2

其结构如图 7.3.18 所示。

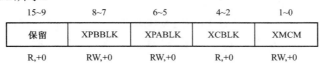

图 7.3.18　多通道发送控制寄存器 MCR2 的结构

多通道接收控制寄存器 MCR2 各位功能见表 7.3.16。

表 7.3.16　多通道接收控制寄存器 MCR2 各位功能

位	名 称	功 能
15~9	保留	保留
8~7	XPBBLK	接收区域 B 块划分： XPBBLK= 00，块 1，对应通道 16~31 XPBBLK= 01，块 3，对应通道 48~63 XPBBLK= 10，块 5，对应通道 80~95 XPBBLK= 11，块 7，对应通道 112~127
6~5	XPABLK	接收区域 A 块划分： XPABLK= 00，块 0，对应通道 0~15 XPABLK= 01，块 2，对应通道 32~47 XPABLK= 10，块 4，对应通道 64~79 XPABLK= 11，块 6，对应通道 96~111

位	名　称	功　　能
4~2	XCBLK	发送当前块划分： XCBLK= 000，块 0，对应通道 0~15 XCBLK= 001，块 1，对应通道 16~31 XCBLK= 010，块 2，对应通道 32~47 XCBLK= 011，块 3，对应通道 48~63 XCBLK= 100，块 4，对应通道 64~79 XCBLK= 101，块 5，对应通道 80~95 XCBLK= 110，块 6，对应通道 96~111 XCBLK= 111，块 7，对应通道 112~127
1~0	XMCM	发送多通道选择使能： XMCM= 00，所有通道无屏蔽使能（数据发送期间 DX 总是被驱动）。在下述情况下，DX 被屏蔽呈高阻状态： ① 两个数据包之间的间隔内； ② 当一个通道被屏蔽，无论这个通道是否被使能； ③ 通道未使能。 XMCM=01，所有通道被废除，默认屏蔽。所需的通道由使能 Xp(A/B)BLK 块和相应的 XCEX(A/B)相应位选择。另外，这些选定的通道不能被屏蔽，因此，DX 总是被驱动 XMCM=10，除被屏蔽外，所有的通道使能。由 XP(A/B)BLK 和 XCEX(A/B)所选择的通道不可屏蔽 XMCM=11，所有通道被废除，默认为屏蔽状态。利用置位 XP(A/B)和 XCEX(A/B)选择所需通道。利用置位 XP(A/B)BLK 和 XCEX(A/B)选择不可屏蔽通道。这个模式用于对称发送和接收操作

（3）通道使能寄存器(R/X)CER(A/B)

分区 A/B 的接收通道使能寄存器 RCER(A/B)和发送通道使能寄存器 XCER(A/B)，分别用于使能 32 个通道的接收和发送，其中 A 区和 B 区分别有 16 个通道。寄存器的结构分别如图 7.3.19~图 7.3.22 所示。

A 区接收通道使能寄存器 RCERA 如图 7.3.19 所示。

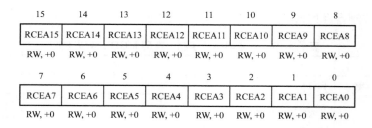

图 7.3.19　A 区接收通道使能寄存器 RCERA

图 7.3.19 中各位的功能见表 7.3.17。

表 7.3.17　A 区接收通道使能寄存器 RCERA 各位功能

位	名　称	功　　能
15~0	RCEA	接收通道使能 RCEAn=0，禁止 A 区（偶数块）的第 n 通道的接收 RCEAn=1，使能 A 区（偶数块）的第 n 通道的接收

B 区接收通道使能寄存器 RCERB 如图 7.3.20 所示。

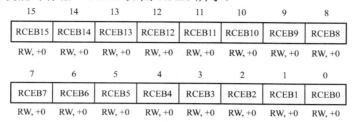

图 7.3.20　B 区接收通道使能寄存器 RCERB

图 7.3.20 中各位的功能见表 7.3.18。

表 7.3.18　B 区接收通道使能寄存器 RCERB 各位功能

位	名　称	功　能
15~0	RCEB	接收通道使能 RCEBn= 0，禁止 B 区（奇数块）的第 n 通道的接收 RCEBn= 1，使能 B 区（奇数块）的第 n 通道的接收

A 区发送通道使能寄存器 XCERA 如图 7.3.21 所示。

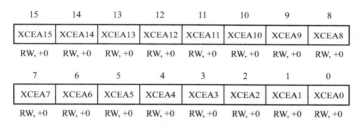

图 7.3.21　A 区发送通道使能寄存器 XCERA

图 7.3.21 中各位的功能见表 7.3.19。

表 7.3.19　A 区发送通道使能寄存器 XCERA 各位功能

位	名　称	功　能
15~0	XCEA	发送通道使能 XCEAn= 0，禁止 A 区（偶数块）的第 n 通道的发送 XCEAn= 1，使能 A 区（偶数块）的第 n 通道的发送

B 区发送通道使能寄存器 XCERB 如图 7.3.22 所示。

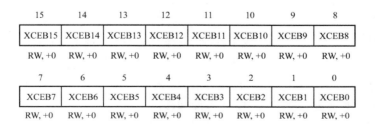

图 7.3.22　B 区发送通道使能寄存器 XCERB

图 7.3.22 中各位的功能见表 7.3.20。

表 7.3.20　B 区发送通道使能寄存器 XCERB 各位功能

位	名　称	功　能
15~0	XCEB	发送通道使能 XCEBn= 0，禁止 B 区（奇数块）的第 n 通道的发送 XCEBn= 1，使能 B 区（奇数块）的第 n 通道的发送

如果没有要求重新分配通道，那么无须 CPU 干扰，利用多通道选择特性，就可以使能一组静态的 32 个通道保持使能状态。通过在传输帧时更新块分配寄存器，每一帧内包含任意选用的通道数和通道组。值得注意的是，当改变所需通道时，决不能影响当前所选择的块。利用接收寄存器 MCR1、RCBLK 和发送寄存器 MCR2、XCBLK，可以分别读取当前所选择的块的内容。但是，如果 MCR[1,2]中的(R/X)P(A/B)BLK 位指向当前块，则通道使能寄存器不可修改。同样，当指向或被改变指向当前选择的块时，MCR[1,2]中的(R/X)P(A/B)BLK 位同样不能修改。如果选择的通道总数小于等于 16，总是指向当前的区，这种情况下，只有串行口复位才能改变通道使能状态。

另外，如果 SPCR[1,2]中的 RINTM=01 或 XINTM=01，在多通道操作期间，每个 16 通道块边界处，接收或发送中断 RINT 和 XINT 就向 CPU 发出中断申请，这个中断表明一个新的区已经通过。如果相应的寄存器不指向该区，则用户可以改变 A 或 B 区的划分，这些中断的时间长度为 2 个时钟周期，高电平有效。当(R/X)MCM=00（非多通道操作）时，如果 RINTM=XINTM=01，就不会产生这个中断。

7.3.5　'C54x 串行口的应用

下面用一个例子来说明'C5402 芯片的 McBSP 扩展串行 A/D 转换器的应用。'C5402 芯片的 McBSP 功能强大，在 SPI 方式下，McBSP 可方便地与满足 SPI 协议的串行设备相连接。与 MAX1247 接口时，'C5402 作为 SPI 主设备，向 MAX1247 提供串行时钟、命令字和片选信号，所以它可与 MAX1247 在不附加逻辑电路的情况下相连接，并工作于内部转换时钟方式。

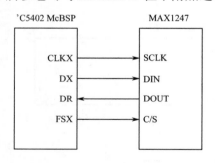

图 7.3.23　MAX1247 连接示意图

MAX1247 的工作原理是：每次 A/D 转换时，外部处理 SCLK 引脚输入小于 2MHz 的串行时钟，并通过 DIN 引脚输入一个 8 位命令字来启动，由这个命令字选择输入通道、采样极性和转换时钟方式——内部时钟和外部时钟，例如 10011110，这个命令字表示 0 通道、单极输入、内部转换时钟。图 7.3.23 为 MAX1247 连接示意图。

若将 McBSP 设置为 SPI 方式下，需进行如下初始化：

①　将 SPCR1 寄存器的 $\overline{RRST}$ 和 SPCR2 寄存器的 $\overline{XRST}$ 置 0，使 McBSP 的发送器和接收器复位；

②　将 SPCR1 寄存器的 CLKSTP 置为 0X，禁止时钟停止模式；

③　将 SPCR2 寄存器的 $\overline{GRST}$ 置 1，启动采样率发生器；

④　等待 2 个时钟周期，确保 McBSP 内部同步；

⑤　对 SPCR1 寄存器的 CLKSTP 进行设置，选择 SPI 方式下的时钟模式；

⑥　将 SPCR1 寄存器的 $\overline{RRST}$ 和 SPCR2 寄存器的 $\overline{XRST}$ 置 1，使能 McBSP 的发送器和接收器；

⑦　等待 2 个时钟周期，确保 McBSP 内部逻辑稳定。

程序如下：

```
;初始化 McBSP0 为 SPI
LD    #00H,DP
STM   #SPCR10,SPSA0
STM   #0000H,BSP0          ; RRST = 0
STM   #SPCR20,SPSA0
STM   #0000H,BSP0          ; XRST = 0
RPT   #100
NOP
STM   #SPCR10,SPSA0
STM   #K_SPCR10,BSP0
STM   #RCR10,SPSA0
STM   #K_RCR10,BSP0
STM   #XCR10,SPSA0
STM   #K_XCR10,BSP0
STM   #PCR10,SPSA0
STM   #K_PCR10,BSP0
STM   #SRGR10,SPSA0
STM   #K_SRGR10,BSP0
STM   #SRGR20,SPSA0
STM   #K_SRGR20,BSP0
STM   #XCR20,SPSA0
STM   #K_XCR20,BSP0
STM   #RCR20,SPSA0
STM   #K_RCR20,BSP0
STM   #SPCR10,SPSA0
ORM   #0001H,BSP0          ; RRST =1
NOP
STM   #SPCR20,SPSA0
ORM   #11000001B,BSP0      ; FRST =1, GRST =1, XRST =1
RPT   #100
NOP
STM   #0000H,DXR20         ;24b command    for MAX1247
STM   #9F00H,DXR10         ;10011111B,CH0,SIG,UIP,external
```

下面是 A/D 转换结果读取程序。该程序在定时中断中进行，采样率是通过设置定时中断时间实现的。

```
;ad.asm
STM   #0000H,DXR20         ;24b command    for MAX1247
STM   #9F00H,DXR10         ;10011111B,CH0,SIG,UIP,external
                          ;通过串行口接收器将转换结果读入，因为 MAX1247 为 12
                          ;位，所以经过或操作，得到的 12 位结果在 A 寄存器中
LD    DRR10,8,A
OR    DRR20,A
```

7.4 'C54x 的中断系统

'C54x 的中断系统根据芯片型号的不同，提供了 24~30 个硬件及软件中断源，分为 11~14 个中断优先级，可实现多层任务嵌套。本节从应用的角度介绍'C54x 中断系统的工作过程和编程方法。

7.4.1 中断寄存器

'C54x 中断系统设置两个中断寄存器，分别为中断标志寄存器（IFR）和中断屏蔽寄存器（IMR）。

1. 中断标志寄存器

中断标志寄存器（Interrupt Flag Register，IFR）是一个存储器映像寄存器，当一个中断出现时，IFR 中相应的中断标志位置 1，直到 CPU 识别该中断为止。TMS320VC5402 中断标志寄存器（IFR）的结构如图 7.4.1 所示。

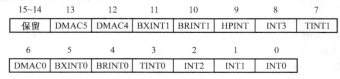

图 7.4.1　中断标志寄存器（IFR）

中断标志寄存器（IFR）各位的功能见表 7.4.1。

表 7.4.1　中断标志寄存器（IFR）各位的功能

位	功　　能	位	功　　能
15~14	保留位，总是 0	6	DMA 通道 0 中断标志
13	DMA 通道 5 中断标志	5	McBSP0 发送中断标志
12	DMA 通道 4 中断标志	4	McBSP0 接收中断标志
11	McBSP1 发送中断标志	3	定时器中断 0 标志
10	McBSP1 接收中断标志	2	外部中断 2 标志
9	HPI 中断标志	1	外部中断 1 标志
8	外部中断 3 标志	0	外部中断 0 标志
7	定时器中断 1 标志		

在'C54x 系列芯片中，IFR 中 5~0 位对应的中断源完全相同，分别为外部中断和通信中断标志寄存位，而 15~6 位中断源根据芯片的不同，定义的中断源类型不同。以下 3 种情况将清除中断标志：

① 软件和硬件复位，即'C54x 的复位引脚 $\overline{\text{RS}}$ 为低电平；

② 相应的 IFR 标志位置 1；

③ 使用相应的中断号响应该中断，即使用 INTR　#K 指令。

若有挂起的中断，在 IFR 中该标志位为 1，通过写 IFR 的当前内容，就可清除所有正被挂起的中断；为了避免来自串行口的重复中断，应在相应的中断服务程序清除 IFR 位。

2. 中断屏蔽寄存器

中断屏蔽寄存器（Interrupt Mask Register，IMR）也是一个存储器映像寄存器，主要用于屏蔽外部和内部的硬件中断。如果状态寄存器 ST1 中的 INTM= 0，IMR 寄存器中的某位置 1，就能开放相应的中断。由于 $\overline{\text{RS}}$ 和 $\overline{\text{NMI}}$ 都不包含在 IMR 中，因此 IMR 对这两个中断不能进行屏蔽。

中断屏蔽寄存器（IMR）如图 7.4.2 所示，用户可以对 IMR 进行读/写操作。

15~14	13	12	11	10	9	8	7
保留	DMAC5	DMAC4	BXINT1	BRINT1	HPINT	INT3	TINT1

6	5	4	3	2	1	0
DMAC0	BXINT0	BRINT0	TINT0	INT2	INT1	INT0

图 7.4.2　中断屏蔽寄存器（IMR）

中断屏蔽寄存器（IMR）各位的功能见表 7.4.2。

表 7.4.2　中断屏蔽寄存器（IMR）各位的功能

位	功　　能	位	功　　能
15~14	保留位，总是 0	6	DMA 通道 0 中断屏蔽位
13	DMA 通道 5 中断屏蔽位	5	McBSP0 发送中断屏蔽位
12	DMA 通道 4 中断屏蔽位	4	McBSP0 接收中断屏蔽位
11	McBSP1 发送中断屏蔽位	3	定时器中断 0 屏蔽位
10	McBSP1 接收中断屏蔽位	2	外部中断 2 屏蔽位
9	HPI 中断屏蔽位	1	外部中断 1 屏蔽位
8	外部中断 3 屏蔽位	0	外部中断 0 屏蔽位
7	定时器中断 1 屏蔽位		

7.4.2　中断控制

中断控制主要用于屏蔽某些中断，避免其他中断对当前运行程序的干扰，以及防止同级中断之间的响应竞争。

1．接收中断请求

一个中断由硬件或软件指令请求。当产生一个中断时，IFR 中相应的中断标志位被置 1。不管中断是否被处理器应答，该标志位都会置 1。当相应的中断响应后，该标志位自动被清除。

（1）硬件中断请求

外部硬件中断由外部中断引脚的信号发出请求，而内部硬件中断由片内外设的信号发出中断请求。

对于 TMS320VC5402，其硬件中断可由以下信号发出请求：

- $\overline{INT0} \sim \overline{INT3}$ 引脚；
- $\overline{RS}$ 和 $\overline{NMI}$ 引脚；
- RINT0、XINT0、RINT1 和 XINT1（串行口中断）；
- TINT0 和 TINT1（定时器中断）。

（2）软件中断请求

软件中断请求包括以下 3 个方面。

① INTR。INTR 指令允许执行任何的可屏蔽中断，包括用户定义的中断（从 SINT0 到 SINT30）。指令操作数 K 表示 CPU 将转移到哪个中断向量单元。当 INTR 中断被确认时，状态寄存器 ST1 的中断方式（INTM）位置 1，以便禁止其他可屏蔽中断。INTR 指令不影响 IFR 标志位，当使用 INTR 指令启动一个中断时，它既不设置，也不清除该标志位，软件操作不能设置 IFR 标志位，只有相应的硬件请求可以设置。如果一个硬件请求已经设置了中断标志而又使用 INTR 指令启动该中断，则 INTR 指令将不清除 IFR 标志。实际上，INTR 指令只是强行将 PC 指针跳转到该 ISR 的入口。

② TRAP。TRAP 与 INTR 的不同之处是 TRAP 启动中断时，状态寄存器 ST1 的中断方式

（INTM）位不受影响。所以在 TRAP 启动中断服务时，该中断服务程序可被其他硬件中断所中断。一般为了避免与中断服务程序发生冲突，在 TRAP 的中断服务程序中软件置 INTM 位为 1。

③ RESET。RESET 为复位指令，可在程序的任何时候产生，可使处理器返回至一个预定状态，复位指令影响状态寄存器 ST0 和 ST1，但对 PMST 寄存器没有影响。当应答 RESET 指令时，INTM 位被置为 1，以禁止可屏蔽中断。

2．应答中断

对于软件中断和非屏蔽中断，CPU 将立即响应，进入相应的中断服务程序。对于硬件可屏蔽中断，只要满足以下 3 个条件后 CPU 才能响应中断。

① 当前中断优先级最高。当一个以上的硬件中断同时被请求时，'C54x 按照中断优先级响应中断请求。对于可屏蔽中断，一般不采用中断嵌套。

② INTM 位清 0。ST1 的中断模式位（INTM）用于使能或禁止所有可屏蔽中断。

- 当 INTM= 0，所有可屏蔽中断被使能；
- 当 INTM= 1，所有可屏蔽中断被禁止。

当响应一个中断后，INTM 位被置 1。如果程序使用 RETE 指令退出中断服务程序（ISR）后，则从中断返回后 INTM 重新使能。使用硬件复位（$\overline{RS}$）或执行 SSBX　INTM 指令（禁止中断）会，将 INTM 位置 1。通过执行 RSBX　INTM 指令（使能中断），可以复位 INTM 位。INTM 位不会自动修改 IMR 或 IFR。

③ IMR 屏蔽位为 1。每个可屏蔽中断在 IMR 中有自己的屏蔽位。在 IMR 中，中断的相应位为 1，表明允许该中断。

满足上述条件后，CPU 响应中断，终止当前正在进行的操作，程序计数器（PC）自动转向相应的中断向量地址，取出中断服务程序地址，并发出硬件中断响应信号 $\overline{IACK}$ （中断应答），而清除相应的中断标志位。

3．执行中断服务程序（ISR）

CPU 执行中断服务程序的步骤如下：

① 保护现场，将 PC 值（返回地址）保存到数据存储器的堆栈顶部。在中断响应时，程序计数器扩展寄存器（XPC）不会压入堆栈的顶部，也就是说，它不会保存在堆栈中。因此，如果 ISR 位于和中断向量表不同的页面，则用户必须在分支转移到 ISR 之前将 XPC 压入堆栈，远程返回指令 FRET[E] 可以用于从 ISR 返回。

② 将中断向量的地址加载到 PC。

③ 获取位于向量地址的指令（分支转移被延时，并且用户也存储了一个 2 字指令或 1 字指令，则 CPU 会获取这两个字）。

④ 执行分支转移，转到中断服务程序（ISR）地址（如果分支转移被延时，则在分支转移之前会执行额外的指令）。

⑤ 执行 ISR 直到一个返回指令中止 ISR。

⑥ 从堆栈中弹出返回地址到 PC 中。

⑦ 继续执行主程序。

4．保存中断上下文

当执行一个中断服务程序时，有些寄存器必须保存在堆栈中。当程序从 ISR 返回时（使用 RC[D]、RETE[D] 或 RETF[D] 指令），用户软件代码必须恢复这些寄存器的上下文。只要堆栈不超出存储空间，那么用户就可以管理堆栈。堆栈也可以用于子程序调用，'C54x 在 ISR 中支持子程序调用。因为 CPU 寄存器和片内外设寄存器是存储器映射的，所以 PSHM 和 POPM 指令可以将这些寄存器传送到堆栈中，或者从堆栈中取出。另外，PSHD 和 POPD 指令可以传送数据寄存器中的数据到堆栈中，或者从堆栈中读出数据存储到数据存储器中。

当保存和恢复上下文时，应考虑：

① 使用堆栈保存上下文时，必须按相反的方向执行恢复。

② 恢复状态寄存器 ST1 的 BRAF 位之前，应该恢复 BRC 位。如果没有按照这个顺序，BRC=0，则 BRAF 位将被清除。

5. 中断等待时间

执行一个中断前，'C54x 要完成流水线中的所有指令（预取指和处于取指阶段的指令除外），因此最大的中断等待时间依赖于流水线的内容。对于那些被等待状态扩展的指令和重复指令，需要更多时间来处理一个中断。

在执行一个中断前，单重复指令（RPT 和 RPTZ）要求完成下一条指令的所有重复执行，以保护被重复指令的上下文，这种保护是必须的，因为这些指令在流水线执行的是并行操作，并且这些操作的上下文不能在 ISR 中保存。

因为保持（Hold）模式优先于中断，所以它可以延时一个中断。当 CPU 处于保持（Hold）模式（$\overline{HOLD}$ 信号被声明）时，并且中断向量指向外部存储器，如果此时产生一个中断，那么这个中断直到 $\overline{HOLD}$ 被释放（保持模式结束）才会被执行。然而，如果处理器处于并行保持（Hold）（即 HM = 0），并且中断向量表指向内部存储器，那么 CPU 会响应该中断，而不管 $\overline{HOLD}$ 状态如何。

在 RSBX　INTM 指令和程序的下一条指令之间，不会处理中断。如果在 RSBX　INTM 指令译码阶段发生一个中断事件，则 CPU 总要完成 RSBX　INTM 指令及其下一条指令，然后再处理中断。等待完成这些指令可以确保下一个中断到来之前，在 ISR 中会执行一个返回指令（RET），以防止堆栈溢出。如果 ISR 以 RETE（可自动使能中断）指令结束，那么就不需要 RSBX　INTM 指令。与 RSBX　INTM 指令类似，RSBX　INTM 指令和其后一条指令之间也不能被中断。

6. 中断操作流程

一旦将一个中断传送给 CPU，CPU 会按照如下方式进行操作。中断操作流程图如图 7.4.3 所示。

（1）若请求的是一个可屏蔽中断

操作过程如下：

① 设置 IFR 的相应标志位；

② 测试应答条件（INTM=0 并且相应的 IMR=1），如果条件为真，则 CPU 应答该中断，产生一个 $\overline{IACK}$ 中断应答信号，否则忽略该中断并继续执行主程序；

③ 当中断已经被应答后，IFR 相应的标志位被清 0，并且 INTM 位被置 1（屏蔽其他可屏蔽中断）；

④ PC 值保存到堆栈中；

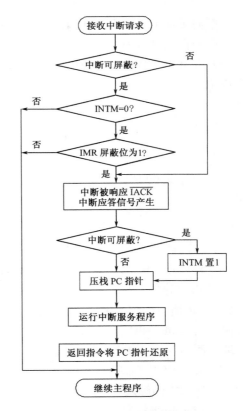

图 7.4.3　中断操作流程图

⑤ CPU 分支转移到中断服务程序（ISR）并执行 ISR；

⑥ ISR 由返回指令结束，返回指令将返回的值从堆栈中弹出给 PC；

⑦ CPU 继续执行主程序。

（2）若请求的是一个非屏蔽中断

操作过程如下：

① CPU 立刻应答该中断，产生一个 $\overline{\text{IACK}}$ 中断应答信号；

② 如果中断是由 $\overline{\text{RS}}$、$\overline{\text{NMI}}$ 或 INTR 指令请求的，则 INTM 位被置 1（屏蔽其他可屏蔽中断）；

③ 如果 INTR 指令已经请求了一个可屏蔽中断，那么相应的标志位被清 0；

④ PC 值保存到堆栈中；

⑤ CPU 分支转移到中断服务程序（ISR）并执行 ISR；

⑥ ISR 由返回指令结束，返回指令将返回的值从堆栈中弹出给 PC；

⑦ CPU 继续执行主程序。

7. 中断向量地址

中断向量可以映射到程序存储器除保留区域外的任何 128 字页面的起始位置。'C54x 中，中断向量地址是由 PMST 寄存器中的 IPTR（9 位中断向量指针）和左移 2 位后的中断向量序号（中断向量序号为 0~31，左移 2 位后变成 7 位）所组成的。例如，如果 $\overline{\text{INT0}}$ 被声明为低优先级，并且 IPTR=001H，则中断向量地址为 00C0H，如图 7.4.4 所示。$\overline{\text{INT0}}$ 的中断向量号为 16 或 10。

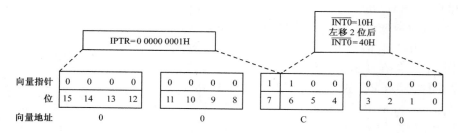

图 7.4.4 中断向量地址形成

复位时，IPTR 所有的位被置 1（IPTR=1FFH），并按此值将复位向量映射到程序存储器的 16 页存储空间。所以，硬件复位后总是从 0FF80H 开始执行程序。这是因为硬件复位会加载 1 到 IPTR 所有的位，硬件复位（$\overline{\text{RS}}$）向量不能被重新映射，这样硬件复位向量总是指向程序存储空间的 0FF80H 位置。除加载 1FFH 外，给 IPTR 加载其他值后，中断向量可以映射到其他地址。例如，用 001H 加载 IPTR，那么中断向量就被移到 0080H 单元开始的程序存储空间。

8. 外部中断触发

外部中断触发方式有两种，分别是电平触发和边沿触发。

（1）电平触发方式

电平触发方式是指外部的硬件中断源产生中断，用电平表示。例如高电平表示中断申请，CPU 可以通过采集硬件信号电平响应中断信息。但此种触发方式要求在中断服务程序返回之前，外部中断请求输入必须无效，否则，CPU 会反复中断。因此，在这种触发方式下，CPU 必须有应答硬件信号通知外部中断源，当中断处理完成后，取消中断申请。

（2）边沿触发方式

在这种方式下，外部中断申请触发器能锁存外部中断输入线上的负跳变。即使 CPU 不能及时响应中断，中断申请标志也不丢失。但是输入脉冲宽度至少保持 3 个时钟周期，才能被 CPU 采样到。外部中断的边沿触发方式适用于以负脉冲方式输入的外部中断源。

7.4.3 中断系统的应用

如果系统有多个外部中断源，那么首先依据这些中断源的时间响应要求，按轻重缓急进行排队，确定中断优先级，然后按中断优先级将其连接到系统中。但是，'C54x 系列的外部中断引脚只有 4 个，为了扩展外部中断源的个数，可以用逻辑"与"的方法将多个中断源连接到中断源引脚上，同时将各个中断源连接到 I/O 接口上，中断产生后，读 I/O 判别是哪个中断源申请中断。

这种方法原则上可以处理任意多个同优先级的中断源，也可以利用软件对 I/O 接口的中断源优先级编程。但实际上具体芯片可以扩展的中断源个数由系统的可用 I/O 个数限定。下面举例说明中断源扩展方法。

【例 7.4.1】 有 8 个中断源，分别表示为 IR1，IR2，…，IR8，各个中断源均为边沿触发方式，由 TMS320VC5402 建立相应的中断系统。构建硬件中断系统如图 7.4.5 所示，每两个一组相"与"后，分别接入 4 个外部中断接口 $\overline{INT0}$、$\overline{INT1}$、$\overline{INT2}$、$\overline{INT3}$。每组分别将两条线接于 HPI 接口，此时，HPI 接口作为 I/O 接口使用。

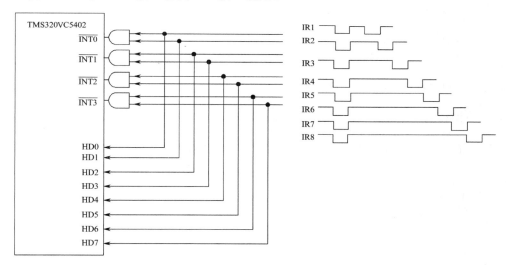

图 7.4.5 中断源扩展硬件系统设计方案

中断服务程序如下：

```
;外部中断 INT0 中断服务子程序:
INT0ISR:
        PSHM    ST0                      ;保存寄存器
        PSHM    ST1
        PSHM    BG
        PSHM    BH
        PSHM    BL
        PORTR   HPIPORT,*(hpi_var)       ;读 HPI 接口
        STL     *(hpi_var),B
        AND     #01B,B
        BC      IR2,BNEQ                 ;首先判别是否是 IR1,是,则执行 IR1 中断服务程序,
                                         ;否,则跳至对 IR2 的判断
```

```
                    ;扩展中断 IR1 的中断服务程序主体
                    IR2:
                        STL         *(hpi_var),B
                        AND         #010B,B
                        BC          INT0END,BNEQ           ;首先判别是否是 IR2,是,则执行 IR2 中断服务程序,
                                                           ;否,则跳转至结束

                    ;扩展中断 IR2 的中断服务程序主体
                    INT0ED:
                        POPM        BL
                        POPM        BH
                        POPM        BG
                        POPM        ST1
                        POPM        ST0
                        RETE
                    ;外部中断 INT1 中断服务子程序:
                    INT1ISR:
                        PSHM        ST0                    ;保存寄存器
                        PSHM        ST1
                        PSHM        BG
                        PSHM        BH
                        PSHM        BL
                        PORTR       HPIPORT,*(hpi_var)     ;读 HPI 接口
                        STL         *(hpi_var),B
                        AND         #0100B,B
                        BC          IR4,BNEQ               ;首先判别是否是 IR3,是,则执行 IR3 中断服务程序,
                                                           ;否,则跳至对 IR4 的判断

                    ;扩展中断 IR3 的中断服务程序主体
                    IR4:
                        STL         *(hpi_var),B
                        AND         #01000B,B
                        BC          INT1END,BNEQ           ;首先判别是否是 IR4,是,则执行 IR4 中断服务程序,
                                                           ;否,则跳转至结束

                    ;扩展中断 IR4 的中断服务程序主体
                    INT1ED:
                        POPM        BL
                        POPM        BH
                        POPM        BG
                        POPM        ST1
                        POPM        ST0
                        RETE
                    ;外部中断 INT2 中断服务子程序:
                    INT2ISR:
                        PSHM        ST0                    ;保存寄存器
                        PSHM        ST1
                        PSHM        BG
                        PSHM        BH
                        PSHM        BL
                        PORTR       HPIPORT,*(hpi_var)     ;读 HPI 接口
                        STL         *(hpi_var),B
                        AND         #010000B,B
                        BC          IR6,BNEQ               ;首先判别是否是 IR5,是,则执行 IR5 中断服务程序,
                                                           ;否,则跳至对 IR6 的判断

                    ;扩展中断 IR5 的服务程序主体
```

```
IR6:
    STL         *(hpi_var),B
    AND         #0100000B,B
    BC          INT2END,BNEQ              ;首先判别是否是 IR6,是,则执行 IR6 中断服务程序,
                                          ;否,则跳转至结束

;扩展中断 IR6 的中断服务程序主体
INT2ED:
    POPM        BL
    POPM        BH
    POPM        BG
    POPM        ST1
    POPM        ST0
    RETE
;外部中断 INT3 中断服务子程序:
INT3ISR:
    PSHM        ST0                       ;保存寄存器
    PSHM        ST1
    PSHM        BG
    PSHM        BH
    PSHM        BL
    PORTR       HPIPORT,*(hpi_var)        ;读 HPI 接口
    STL         *(hpi_var),B
    AND         #01000000B,B
    BC          IR8,BNEQ                  ;首先判别是否是 IR7,是,则执行 IR7 中断服务程序,
                                          ;否,则跳至对 IR8 的判断

;扩展中断 IR7 的中断服务程序主体
IR8:
    STL         *(hpi_var),B
    AND         #010000000B,B
    BC          INT3END,BNEQ              ;首先判别是否是 IR8,是,则执行 IR8 中断服务程序,
                                          ;否,则跳转至结束

;扩展中断 IR8 的中断服务程序主体
INT3ED:
    POPM        BL
    POPM        BH
    POPM        BG
    POPM        ST1
    POPM        ST0
    RETE
```

由 $\overline{INT0}$、$\overline{INT1}$、$\overline{INT2}$、$\overline{INT3}$ 的中断优先级顺序可知,前面的中断扩展出来的中断源高于后面的。又由于软件中先查询的比后查询的有更高的优先级,因此可以得知扩展后的 8 个中断的优先级顺序由高至低依次为 IR1、IR2、IR3、IR4、IR5、IR6、IR7、IR8。使用扩展的外部中断源,应注意如下问题。

① 中断响应时间:'C54x 的外部中断响应时间长。由于 CPU 在为实际的中断源服务之前需要执行一段引导程序,因此,对扩展的外部中断源而言,实际的中断响应时间一定要把引导程序的时间计入在内。

② 堆栈深度:由于中断源的增多,会使压栈、弹栈的操作频繁,因此,堆栈的大小一定要慎重考虑,否则会出现运行错误,造成程序混乱。

③ 中断申请信号宽度:扩展的外部中断源,其中断申请信号应采用负脉冲形式,且负脉冲要有一定的宽度,这与引导程序的执行有关。

本 章 小 结

本章介绍了'C54x 片内外设及应用，并重点对主机接口 HPI、定时器、串行口及中断系统进行了讨论。HPI 是一个 8 位的并接口，用来与主设备或主处理器连接。定时器包括定时寄存器、定时周期寄存器和定时控制寄存器。通过初始化预标定分频系数 TDDR 和定时周期寄存器 PRD 参数，定时器/计数器被初始化。'C54x 的串行口形式有 4 种类型：标准同步串行口（BP）、缓冲同步串行口（BSP）、多通道缓冲串行口（McBSP）和时分复用串行口（TDM），本章着重对 McBSP 进行了介绍。最后介绍了中断的序号、中断名称、中断在内存中的地址、中断的功能，讨论了中断控制与应用。

思考题与习题

7.1 试列举主机与 HPI 通信的连接单元，并分别说明它们的功能。

7.2 已知'C54x 的时钟频率为 4MHz。

   ① 在 SAM 方式下，主机的时钟频率是多少？

   ② 在 HOM 方式下，主机的时钟频率与'C54x 时钟频率有关吗？

7.3 试分别说明下列有关定时器初始化和开放定时中断语句的功能。

   ① STM　#0004H,IFR;　　　　② STM　#0080H,IMR;

   ③ RSBX　INTM;　　　　　　④ STM　#0279H,TCR;

7.4 假设时钟频率为 40MHz，试编写在 XF 端输出一个周期为 2ms 的方波程序段。

7.5 'C54x 的串行口有哪几种类型？

7.6 试叙述 BP 数据的发送过程。

7.7 试分别说明下列语句的功能：

   ① STM　#SPCR10,SPSA0;　　② STM　#SPCR20,SPSA0;　　③ STM　#SPCR20,SPSA0;

    STM　#0001H,BSP0;　　　　STM　#0081H,BSP0;　　　　ORM　#01000001B,BSP0;

7.8 已知中断向量 TINT= 013H，中断向量地址指针 IPTR= 0111H，求中断向量地址是多少？

第8章 TMS320C54x的硬件设计

内容提要： DSP 系统的硬件设计，在设计思路和资源组织上与一般的 CPU 和 MCU 有所不同。本章主要介绍基于'C54x 芯片的 DSP 系统硬件设计。首先介绍硬件设计概述，给出 DSP 系统硬件设计过程；然后介绍 DSP 系统的基本设计和电平转换电路设计。在基本设计中，讲述了 DSP 芯片的电源电路、复位电路和时钟电路的设计方法，并在此基础上介绍了电平转换电路；接着介绍了存储器和 I/O 扩展及 DSP 与 A/D、D/A 转换器的接口；最后通过两个设计实例，介绍了 DSP 芯片应用系统的设计、调试和开发过程。

A/D 和 D/A 接口是 DSP 处理系统中一个重要的组成部分。一般的 ADC 或 DAC 芯片均采用并行口。与其他教材有所不同，本章除了介绍并行转换接口，还介绍了串行口的转换器与 DSP 芯片实现无缝连接。同时，在本章的最后列举了两个硬件系统设计案例，以帮助读者初步掌握设计一个完整的 DSP 系统的方法。

知识要点：

- DSP 系统的基本设计，包括电源电路、复位电路、时钟电路和电平转换电路；
- 存储器和 I/O 扩展；
- A/D、D/A 接口电路的设计。

教学建议： 本章教学学时为 5~8 学时，重点讲授 DSP 系统的基本设计、存储器扩展和接口电路的设计，其他内容可作为选修、自修或一般性介绍。

8.1 硬件设计概述

DSP 系统的硬件设计又称为目标板设计，是在考虑算法需求、成本、体积和功耗的基础上完成的。一个典型的 DSP 目标板结构如图 8.1.1 所示，主要包括 DSP 芯片及 DSP 基本系统、存储器、数模和模数转换器、模拟控制与处理电路、各种控制接口与通信接口、电源处理及为并行处理或协处理提供的同步电路等。

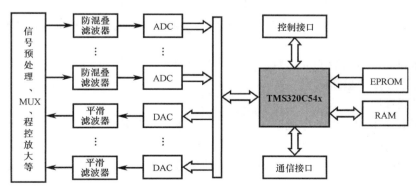

图 8.1.1　典型的 DSP 目标板结构框图

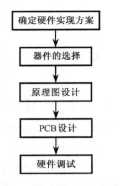

图 8.1.2　硬件系统设计框图

硬件系统设计框图如图 8.1.2 所示。

第一步：确定硬件实现方案。

硬件实现方案的确定是在考虑系统性能指标、工期、成本、算法需求、体积和功耗等因素的基础上，选择系统的最优硬件实现方案，包括画出硬件系统框图。

第二步：器件的选择。

一个 DSP 硬件系统除了 DSP 芯片，还包括 ADC、DAC、存储器、电源、逻辑控制器件、通信器件、人机接口、总线等。

① DSP 芯片的选择。首先要根据系统对运算量的需求来选择；其次要根据系统所应用领域来选择合适的 DSP 芯片。例如，TMS320C54x 系列特别适合通信领域，而 TMS320C24xx 系列特别适合家电产品领域。最后要根据 DSP 的片上资源、价格、外设配置及与其他器件的配套性等因素来选择。因此，DSP 芯片的选择是多种因素综合考虑与折中的结果。

② ADC 和 DAC 的选择。A/D 转换器的选择应根据采样频率、精度及是否要求片上自带采样、多路选择器、基准电源等来选择型号。D/A 转换器应根据信号频率、精度及是否要求自带基准电源、多路选择器、输出运放等因素来选择。

③ 存储器的选择。常用的存储器有 SRAM、EPROM、EEPROM 和 Flash 等。可以根据工作频率、存储容量、位长（8 位/16 位/32 位）、接口方式（串行还是并行）、工作电压（5V/3V）等来选择。

④ 逻辑控制器件的选择。系统的逻辑控制通常是用可编程逻辑器件来实现的。首先确定是采用 CPLD 还是 FPGA；其次根据自己的特长和芯片的特点决定选择哪家公司的哪个系列的产品；最后还要根据 DSP 的频率来选择所使用的器件。

⑤ 通信器件的选择。通常系统都要求有通信接口。首先要根据系统对通信速率的要求来选择通信方式。一般串行口只能达到 19kb/s，而并行口可达到 1Mb/s 以上，若要求过高可考虑通过总线进行通信；然后根据通信方式来选择通信器件。

⑥ 总线的选择。常用的总线有 PCI、ISA 及现场总线（包括 CAN、Profibus 等），可以根据使用的场合、数据传输要求、总线的宽度、传输速率和同步方式等来选择。

⑦ 人机接口。常用的人机接口主要有键盘和显示器。它们可以通过与其他单片机的通信来构成，也可以与 DSP 芯片直接构成。采用哪一种方式视情况而定。

⑧ 电源。主要考虑电压的高低和电流的大小。既要满足电压的匹配，又要满足电流容量的要求。

上述器件的选择可能会相互影响。同时，在选择器件型号时还必须考虑到供货能力、性价比、技术支持、使用经验等因素。

第三步：原理图设计。

第一步和第二步的工作是完成系统的分析，从第三步开始就进入系统的综合。在所有的综合工作中，原理图的设计是关键的一步，这关系到所设计的 DSP 系统能否正常工作。因此，在原理图设计阶段必须清楚地了解器件的特性、使用方法和系统的设计开发，必要时可对单元电路进行功能仿真。

原理图设计包括：

● 系统结构设计，可分为单 DSP 结构和多 DSP 结构、并行结构和串行结构、全 DSP 结构和 DSP/MCU 混合结构等；

- 模拟数字混合电路的设计，主要用来实现 DSP 与模拟混合产品的无缝连接，包括信号的调整、A/D 和 D/A 转换电路、数据缓冲等；
- 存储器的设计，是指利用 DSP 的扩展接口进行数据存储器、程序存储器和 I/O 空间的配置，在设计时要考虑存储器映像地址、存储器容量和存储器速度等；
- 通信接口的设计；
- 电源和时钟电路的设计；
- 控制电路的设计，包括状态控制、同步控制等。

第四步：PCB 设计。

PCB 的设计要求设计人员既要熟悉系统的工作原理，还要清楚布线工艺和系统结构设计。

第五步：硬件调试。

8.2 DSP 系统的基本设计

一个完整的 DSP 系统通常由 DSP 芯片和其他相应的外围器件构成。本节主要以'C54x 系列芯片为例，介绍 DSP 硬件系统的基本设计，包括电源电路、复位电路、时钟电路等。

8.2.1 电源电路的设计

为了降低芯片功耗，'C54x 系列芯片大部分都采用低电压设计，并且采用双电源供电，即内核电源 CV_{DD} 和 I/O 电源 DV_{DD}。通常 I/O 电源采用 3.3V 供电，而内核电源采用 3.3V、2.5V，或更低的 1.8V 电源。下面以 TMS320VC5402 为例介绍电源电路的设计。

1. 电源电压和电流要求

TMS320VC5402 芯片采用双电源供电方式，以获得更好的电源性能，其工作电压分别为 3.3V 和 1.8V，其中 3.3V 为 I/O 电源 DV_{DD}，主要供 I/O 接口使用，通常情况下可直接与外部低压器件进行接口，而不需要额外的电平变换电路。1.8V 为内核电源 CV_{DD}，主要为芯片的内部逻辑提供电压，包括 CPU、时钟电路和所有的外设逻辑。与 3.3V 电源相比，1.8V 可以大大降低芯片功耗。

由于 TMS320VC5402 芯片采用双电源供电，因此使用时需考虑它们的加电次序。理想情况下，芯片上的两个电源应同时加电，但在有些场合很难做到。若不能做到同时加电，应先对 DV_{DD} 加电，然后再对 CV_{DD} 加电，同时要求 DV_{DD} 电压不超过 CV_{DD} 电压 2V。这个加电次序主要依赖于芯片内部的静电保护电路，内部保护电路如图 8.2.1 所示。从图中可以看出，DV_{DD} 电压不能超过 CV_{DD} 电压 2V，即 4 个二极管压降，而 CV_{DD} 电压不能超过 DV_{DD} 电压 0.5V，即一个二极管压降，否则有可能损坏芯片。

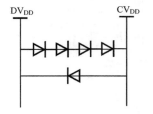

图 8.2.1　TMS320VC5402 内部
保护电路

TMS320VC5402 芯片的电流消耗主要取决于器件的激活程度，而内核电源 CV_{DD} 所消耗的电流主要取决于 CPU 的激活程度，外设消耗的电流取决于正在工作的外设及其速度。与 CPU 相比，外设消耗的电流通常是比较小的。时钟电路也需要消耗一小部分电流，而且是恒定的，与 CPU 和外设的激活程度无关。I/O 电源 DV_{DD} 仅为外设接口引脚提供电压，消耗的电流取决于外部输出的速度、数量及输出端的负载电容。

2. 电源电压的产生

DSP 芯片采用哪种供电机制，主要取决于应用系统中提供的电源。在实际中，大部分数字系统所使用的电源可工作于 5V 或 3.3V，因此有两种产生芯片电源电压的方案。

第一种方案如图 8.2.2 所示。在这种方案中，5V 电源通过两个电压调节器，分别产生 3.3V 和 1.8V 电压。

第二种方案如图 8.2.3 所示。在方案中，仅使用一个电压调节器，产生 1.8V 电压，而 DV_{DD} 直接取自 3.3V 电源。

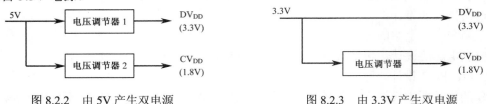

图 8.2.2 由 5V 产生双电源   图 8.2.3 由 3.3V 产生双电源

3．电源解决方案

目前电源的芯片较多，如 Maxim 公司的 MAX604、MAX748，TI 公司的 TPS71xx 系列、TPS72xx 系列和 TPS73xx 系列等。这些芯片可分为线性稳压芯片和开关电源芯片两种，在设计中要根据实际的需要来选择。如果系统对功耗要求不高，则可使用线性稳压芯片，其特点是使用方法简单，电源波纹电压较低，对系统的干扰较小。若系统对功耗要求较苛刻时，应使用开关电源芯片。通常情况下，开关电源芯片的效率可达 90%以上，但开关电源所产生的波纹电压较高，且开关振荡频率在几千赫兹到几百千赫兹的范围，易对系统产生干扰。特别是在开关电源用于 A/D 和 D/A 转换电路时，应考虑加滤波电路，以减少电源噪声对模拟电路的影响。

DSP 系统电源方案有以下几种。

① 采用 3.3V 单电源供电。可选用 TI 公司的 TPS7133、TPS7233 和 TPS7333 芯片，也可以选用 Maxim 公司的 MAX604、MAX748 芯片。图 8.2.4 所示为使用 MAX748 芯片产生 3.3V 电源的原理图，该电源可产生的最大电流为 2A。

② 采用可调电压的单电源供电。TI 公司的 TPS7101、TPS7201 和 TPS7301 等芯片提供了可调节的输出电压，其调节范围为 1.2~9.75V，可通过改变两个外接电阻的阻值来实现。原理图如图 8.2.5 所示。

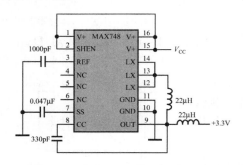

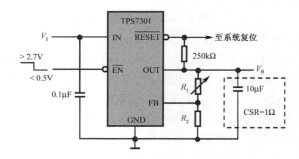

图 8.2.4 产生 3.3V 电源的原理图   图 8.2.5 可调电压的单电源原理图

输出电压与外接电阻的关系式为

$$V_0 = V_{ref} \times \left(1 + \frac{R_1}{R_2}\right)$$

式中，V_{ref} 为基准电压，典型值为 1.182V。R_1 和 R_2 为外接电阻，通常所选择的阻值使分压器电流近似为 7μA。推荐 R_2 的取值为 160kΩ，而 R_1 的取值可根据所需的输出电压来调整，一般取 83kΩ。由于 FB 端的漏电流会引起误差，因此应避免使用较大的外接电阻 R_1 和 R_2。输出电压 V_0 与外电阻 R_1 和 R_2 的编程表见表 8.2.1。

表 8.2.1 输出电压的编程表

输出电压 V_0	R_1	R_2	输出电压 V_0	R_1	R_2
1.5V	45kΩ	169kΩ	3.6V	348kΩ	169kΩ
1.8V	88kΩ	169kΩ	4V	402kΩ	169kΩ
2.5V	191kΩ	169kΩ	5V	549kΩ	169kΩ
3.3V	309kΩ	169kΩ	6.4V	750kΩ	169kΩ

③ 采用双电源供电。TI 公司为用户提供了两路输出的电源芯片，如 TPS73HD301、TPS73HD325、TPS73HD318 等。其中，TPS73HD301 可提供一路 3.3V 的输出电压和一路可调的输出电压（1.2~9.75V）；TPS73HD325 能提供两路固定的输出电压，分别为 3.3V 和 2.5V；TPS73HD318 的输出电压分别为 3.3V 和 1.8V，每路电源的最大输出电流为 750mA，并且提供两个宽度为 200ms 的低电平复位脉冲。由 TPS73HD318 芯片组成的应用电路如图 8.2.6 所示。其中，VD_1 和 VD_2 为 DL4148，VD_3 为 DL5817。

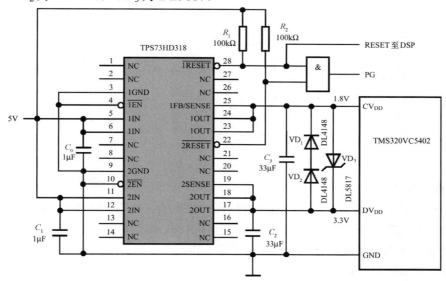

图 8.2.6　TPS73HD318 芯片组成的双电源应用电路

8.2.2　复位电路的设计

'C54x 的复位输入引脚（$\overline{RS}$）为 CPU 提供了硬件初始化的方法，它是一种不可屏蔽的外部中断，可在任何时候对'C54x 进行复位。当系统上电后，$\overline{RS}$ 引脚应至少保持 5 个时钟周期稳定的低电平，以确保数据、地址和控制线的正确配置。复位后（$\overline{RS}$ 回到高电平），CPU 从程序存储器的 FF80H 单元取指，并开始执行程序。

'C54x 的复位分为软件复位和硬件复位两种。软件复位是通过指令方式实现芯片的复位，而硬件复位是通过硬件电路实现的复位。在硬件复位中有以下几种方法。

1. 上电复位电路

上电复位电路利用 RC 电路的延迟特性来产生复位所需要的低电平时间。电路如图 8.2.7 所示，是由 RC 电路和施密特触发器组成的。

上电瞬间，由于电容 C 上的电压不能突变，使 $\overline{RS}$ 仍为低电平，因此芯片处于复位状态，同时通过电阻 R 对电容 C 进行充电，充电时间常数由 R 和 C 的乘积确定。为了使芯片正常初始化，通常应保证 $\overline{\mathrm{RS}}$ 低电平的时间至少持续 3 个时钟周期。但是，在上电后，系统的晶体振荡器通常需要几百毫秒的稳定期，一般为 100~200ms，因此由 RC 决定的复位时间要大于晶体振荡器的稳定期。为了防止复位不完全，R、C 参数可以选得大一些。

复位时间可根据充电时间来计算。电容电压 $V_\mathrm{C} = V_\mathrm{CC}(1 - \mathrm{e}^{-t/\tau})$，时间常数 $\tau = RC$。复位时间为

$$t = -RC \ln\left[1 - \frac{V_\mathrm{C}}{V_\mathrm{CC}}\right]$$

设 V_C =1.5V 为阈值电压，选择 R =100kΩ，C= 4.7μF，电源电压 V_CC = 5V，可得复位时间 t =167ms。随后的施密特触发器保证了低电平的持续时间至少为 167ms，从而满足复位要求。

2. 手动复位电路

手动复位电路通过上电或按钮两种方式对芯片进行复位，电路如图 8.2.8 所示。电路参数与上电复位电路相同。按钮的作用是当按钮闭合时，电容 C 通过按钮和电阻 R_1 进行放电，使电容 C 上的电压降为 0。当按钮断开时，电容 C 的充电过程与上电复位相同，从而实现手动复位。

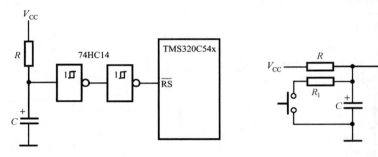

图 8.2.7　上电复位电路　　　　　　图 8.2.8　手动复位电路

3. 自动复位电路

对于一个 DSP 系统，上电复位电路虽然只占很小的一部分，但它的好坏直接影响系统工作的稳定性。实际的 DSP 系统需要较高频率的时钟信号，在运行过程中极容易发生干扰现象，严重时可能会造成系统死机，导致系统无法正常工作。为了解决这种问题，除了在软件设计中加入一些保护措施，硬件设计也必须作出相应的处理。目前，最有效的硬件保护措施是采用具有监控功能的自动复位电路，俗称"看门狗"（Watchdog）电路。

自动复位电路除了具有上电复位功能，还能监控系统运行。当系统发生故障或死机时，可通过该电路对系统进行自动复位。其基本原理是通过电路提供的监控线来监控系统运行，当系统正常运行时，在规定的时间内给监控线提供一个变化的高低电平信号，若在规定的时间内这个信号不发生变化，自动复位电路就认为系统运行不正常，并对系统进行复位。

根据上述原理，可以使用与常用的器件设计相应的自动复位电路，如用 555 定时器和计数器组成。除此之外，也可以采用专用的自动复位集成电路，如 Maxim 公司的 MAX706、MAX706R 芯片。其中，MAX706R 是一种能与具有 3.3V 工作电压的 DSP 芯片相匹配的自动复位电路，该芯片的具体接法如图 8.2.9 所示。引脚 6 为系统提供的监控信号 CLK，来自 DSP 芯片某个输出端，是一个通过程序产生的周期不小于 10Hz 的脉冲信号。引脚 7 为低电平复位输出信号，是一个不小于 1.6s 的复位脉冲，用来对 DSP 芯片复位。

当 DSP 处于不正常工作时，由程序所产生的周期脉冲 CLK 将会消失，自动复位电路将无法接收到监控信号，MAX706R 芯片将通过引脚 7 产生复位信号，使系统复位，程序重新开始运行，强迫系统恢复正常工作。

8.2.3 时钟电路的设计

时钟电路用来为'C54x 芯片提供时钟信号，由一个内部振荡器和一个锁相环 PLL 组成，可通过晶振或外部的时钟驱动。

1. 时钟信号的产生

为 DSP 芯片提供时钟一般有两种方法：一种是使用外部时钟源的时钟信号，连接方式如图 8.2.10 所示。将外部时钟信号直接加到 DSP 芯片的 X2/CLKIN 引脚，而 X1 引脚悬空。外部时钟源可以采用频率稳定的晶体振荡器，使用方便，价格便宜，因而得到广泛应用。

另一种方法是利用 DSP 芯片的内部振荡器构成时钟电路，连接方式如图 8.2.11 所示。在芯片的 X1 和 X2/CLKIN 引脚之间接入一个晶体，用于启动内部振荡器。

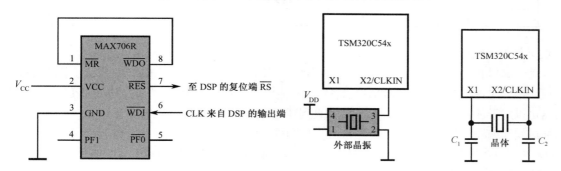

图 8.2.9　自动复位电路　　　图 8.2.10　使用外部时钟源　　图 8.2.11　使用内部振荡器

2. 锁相环 PLL

锁相环 PLL 具有频率放大和时钟信号提纯的作用，利用 PLL 的锁定特性可以对时钟频率进行锁定，为芯片提供高稳定频率的时钟信号。除此之外，锁相环还可以对外部时钟频率进行倍频，使外部时钟源的频率低于 CPU 的时钟周期，以降低因高速开关对时钟所引起的高频噪声。

'C54x 的锁相环有两种形式。

硬件配置的 PLL：用于'C541、'C542、'C543、'C545 和'C546。

软件可编程 PLL：用于'C545A、'C546A、'C548、'C549、'C5402、'C5410 和'C5420。

下面分别进行讨论。

（1）硬件配置的 PLL

所谓硬件配置的 PLL，就是通过设定 DSP 的 3 个引脚（CLKMD1、CLKMD2 和 CLKMD3）的状态来选择时钟方式。上电复位时，DSP 根据这 3 个引脚的电平，决定 PLL 的工作状态，并启动 PLL 工作。具体的配置方式见表 8.2.2，表中时钟方式的选择方案是针对不同'C54x 芯片的。对于同样的 CLKMD 引脚状态，使用芯片不同，所对应的选择方案就不同，其选定的工作频率也不同。因此，在使用硬件配置的 PLL 时，应根据所选用的芯片型号来选择正确的引脚状态。另外，表中的停止方式等效于 IDLE3 省电方式。但是，这种工作方式必须通过改变引脚状态才能使时钟正常工作，而用 IDLE3 指令产生的停止工作方式，可以通过复位或中断唤醒 CPU 恢复正常工作。

从表 8.2.2 可以看出，进行硬件配置时，其工作频率是固定的。若不使用 PLL，则对内部或外部时钟分频，CPU 的时钟频率等于内部振荡器频率或外部时钟频率的一半；若使用 PLL，CPU 的时钟频率等于内部振荡器或外部时钟源频率乘以系数 N，即对内部或外部时钟倍频，其频率为 PLL×N。特别说明，在 DSP 正常工作时，不能重新改变和配置 DSP 的时钟方式。但 DSP 进入 IDLE3 省电方式后，其 CLKOUT 引脚输出高电平时，可以改变和重新配置 DSP 的时钟方式。

表 8.2.2　时钟方式的配置方式

引脚状态			时钟方式	
CLKMD1	CLKMD2	CLKMD3	选择方案 1	选择方案 2
0	0	0	用外部时钟源，PLL×3	用外部时钟源，PLL×5
1	1	0	用外部时钟源，PLL×2	用外部时钟源，PLL×4
1	0	0	用内部振荡器，PLL×3	用内部振荡器，PLL×5
0	1	0	用外部时钟源，PLL×1.5	用外部时钟源，PLL×4.5
0	0	1	用外部时钟源，频率除以 2	用外部时钟源，频率除以 2
1	1	1	用内部振荡器，频率除以 2	用内部振荡器，频率除以 2
1	0	1	用外部时钟源，PLL×1	用外部时钟源，PLL×1
0	1	1	停止方式	停止方式

（2）软件可编程 PLL

软件可编程 PLL 具有高度的灵活性。它利用编程对时钟方式寄存器 CLKMD 的设定，来定义 PLL 时钟模块中的时钟配置。时钟定标器提供各种时钟乘法器系数，并能直接接通和关断 PLL。而锁定定时器可以用于延迟转换 PLL 的时钟方式，直到锁定为止。

通过软件编程，可以使软件可编程 PLL 实现两种工作方式。

① PLL 方式。即倍频方式，芯片的工作频率等于输入时钟 CLKIN 乘以 PLL 的乘系数。PLL 方式共有 31 个乘系数，取值范围为 0.25～15。

② DIV 方式。即分频方式，对输入时钟 CLKIN 进行 2 分频或 4 分频。当采用 DIV 方式时，所有的模拟电路包括 PLL 电路将关断，以使芯片功耗最小。

软件可编程 PLL 受时钟方式寄存器（CLKMD）的控制，CLKMD 用来定义 PLL 时钟模块中的时钟配置，其格式如下：

CLKMD 各位的功能见表 8.2.3。

表 8.2.3　CLKMD 各位的功能

位	符 号	名 称	功 能
15~12	PLLMUL	PLL 乘数 （读/写位）	与 PLLDIV 及 PLLNDIV 共同定义 PLL 的乘系数，见表 8.2.4
11	PLLDIV	PLL 除数 （读/写位）	与 PLLMUL 及 PLLNDIV 共同定义 PLL 的乘系数，见表 8.2.4
10~3	PLLCOUNT	PLL 计数器 （读/写位）	PLL 计数器是一个减法计数器，每 16 个输入时钟脉冲 CLKIN 到来后减 1。对 PLL 开始工作之后到 PLL 成为 CPU 时钟之前的一段时间进行计数定时。PLL 计数器能够确保在 PLL 锁定之后以正确的时钟信号加到 CPU
2	PLLON/$\overline{\text{OFF}}$	PLL 通/断位 （读/写位）	与 PLLNDIV 位一起决定 PLL 的通和断，见下表 <table><tr><td>PLLON/$\overline{\text{OFF}}$</td><td>PLLNDIV</td><td>PLL 状态</td></tr><tr><td>0</td><td>0</td><td>断开</td></tr><tr><td>0</td><td>1</td><td>工作</td></tr><tr><td>1</td><td>0</td><td>工作</td></tr><tr><td>1</td><td>1</td><td>工作</td></tr></table>

位	符 号	名 称	功 能
1	PLLNDIV	PLL 时钟电路选择位（读/写位）	与 PLLMUL 和 PLLDIV 共同定义 PLL 的乘系数，并决定时钟电路的工作方式：PLLNDIV = 0，采用 DIV 方式，即分频 PLLNDIV = 1，采用 PLL 方式，即倍频
0	PLLSTATUS	PLL 的状态位（只读位）	用来指示时钟电路的工作方式： PLLSTATUS = 0，时钟电路为 DIV 方式 PLLSTATUS = 1，时钟电路为 PLL 方式

PLL 的乘系数的选择见表 8.2.4。

表 8.2.4 PLL 的乘系数

PLLNDIV	PLLDIV	PLLMUL	PLL 乘系数
0	×	0～14	0.5
0	×	15	0.25
1	0	0～14	PLLMUL+1
1	0	15	1
1	1	0 或偶数	(PLLMUL+1)÷2
1	1	奇数	PLLMUL÷4

根据 PLLNDIV、PLLDIV 和 PLLMUL 的不同组合，可以得出 31 个乘系数，分别为 0.25、0.5、0.75、1、1.25、1.5、1.75、2、2.25、2.5、2.75、3、3.25、3.5、3.75、4、4.5、5、5.5、6、6.5、7、7.5、8、9、10、11、12、13、14、15。

当芯片复位后，时钟方式寄存器（CLKMD）的值是由 3 个外部引脚（CLKMD1、CLKMD2 和 CLKMD3）的状态设定的，从而确定了芯片的工作时钟。表 8.2.5 为 TMS320VC5402 复位时设置的时钟方式。

表 8.2.5 TMS320VC5402 复位时设置的时钟方式

CLKMD1	CLKMD2	CLKMD3	CLKMD 的复位值	时钟方式
0	0	0	E007H	PLL×15
0	0	1	9007H	PLL×10
0	1	0	4007H	PLL×5
1	0	0	1007H	PLL×2
1	1	0	F007H	PLL×1
1	1	1	0000H	2 分频（PLL 无效）
1	0	1	F000H	4 分频（PLL 无效）
0	1	1	—	保留

从表 8.2.5 可以看出，不同的外部引脚状态对应于不同的时钟方式。通常，DSP 系统的程序需要从外部低速 EPROM 中调入，可以采用较低工作频率的复位时钟方式，待程序全部调入内部快速 RAM 后，再用软件重新设置 CLKMD 的值，使 DSP 芯片工作在较高的频率上。例如，设外部引脚状态为 CLKMD1～CLKMD3=111，外部时钟频率为 10MHz，则时钟方式为 2 分频，复位后 DSP 芯片的工作频率为 10MHz÷2=5MHz。用软件重新设置 CLKMD，就可以改变 DSP 的工作频率，如设定 CLKMD=9007H，则 DSP 的工作频率为 10×10MHz=100MHz。

下面以软件编程改变 PLL 的倍频为例，说明 DSP 时钟频率的软件控制方法。若要改变 PLL 的倍频，必须先将 PLL 的工作方式从倍频方式（PLL 方式）切换到分频方式（DIV 方式），然后再切换到新的倍频方式。不允许从一种倍频方式直接切换到另一种倍频方式。为了实现倍频之间的切换，可以采用以下步骤。

步骤 1：复位 PLLNDIV，选择 DIV 方式。

步骤 2：检测 PLL 的状态，读 PLLSTATUS 位，若该位为 0，表明 PLL 已切换到 DIV 方式。

步骤 3：根据所要切换的倍频，确定 PLL 的乘系数，选择 PLLNDIV、PLLDIV 和 PLLMUL 的组合。

步骤 4：根据所需要的牵引时间，设置 PLLCOUNT 的当前值。

步骤 5：设定 CLKMD，一旦 PLLNDIV 位被置位，PLLCOUNT 计数器从当前值开始减 1 计数，为 PLL 提供复位、重新锁定的时间。当计数器减到 0 时，在经过 6 个 CLKIN 周期和 3.5 个 PLL 周期的时间后，新的 PLL 方式开始工作。

【例 8.2.1】 从某一倍频方式切换到 PLL×1 方式。

解：必须先从倍频方式（PLL 方式）切换到分频方式（DIV 方式），然后再切换到 PLL×1 方式。其程序如下：

```
        STM    #00H,CLKMD      ;切换到 DIV 方式
Status: LDM    CLKMD,A
        AND    #01H,A          ;测试 PLLSTATUS 位
        BC     Status,ANEQ     ;若 A≠0,则转移,表明还没有切换到 DIV 方式
                               ;若 A=0,则顺序执行,表明已切换到 DIV 方式
        STM    #03EFH,CLKMD    ;切换到 PLL×1 方式
```

注意：2 分频与 4 分频之间不能直接切换。若要切换，则必须先切换到 PLL 的整数倍频方式，然后再切换到所需要的分频方式。

8.3 DSP 的电平转换电路设计

在设计 DSP 系统时，除了 DSP 芯片，还必须设计 DSP 芯片与其他外围芯片的接口。若都采用相同的电源电压芯片，就不存在接口电路的电平转换问题，可以直接连接。但实际上往往不可避免地会出现芯片电源电压不兼容的情况。如 TMS320VC5402 芯片的 I/O 工作电压为 3.3V，而 EPROM、SRAM、ADC 和 DAC 等外围芯片的工作电压却为 5V，因此就存在如何将 3.3V DSP 芯片与这些 5V 供电芯片可靠接口的问题。

1. 各种电平的转换标准

图 8.3.1 给出了 5V CMOS、5V TTL 和 3.3V TTL 电平的转换标准。其中，V_{OH} 为输出高电平的下限值，V_{OL} 为输出低电平的上限值，V_{IH} 为输入高电平的下限值，V_{IL} 为输入低电平的上限值。从图 8.3.1 可以看出，5V TTL 和 3.3V TTL 的转换标准相同，而 5V CMOS 电平和 3.3V TTL 电平转换时就存在电平匹配的问题。因此，3.3V 的芯片与 5V 的芯片接口时，必须考虑到两者的不同。

2. 3.3V 与 5V 电平转换的形式

在一个系统同时存在 3.3V 和 5V 芯片时，必须考虑它们之间的电压兼容性问题。需注意：①3.3V 的芯片是否能承受 5V 电压；②驱动器件的输出逻辑电平与负载器件要求的输入逻辑电平是否匹配；③驱动器件允许输出的最大电流是否大于负载器件所要求的输入电流。通常情况下，它们之间的接口必须满足表 8.3.1 的条件。

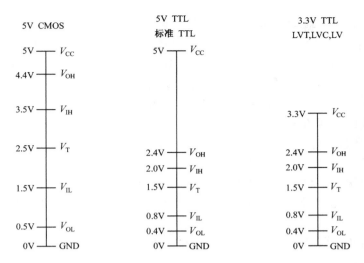

图 8.3.1　各种电平的转换标准

表 8.3.1　驱动器件与负载器件的接口条件

驱动器件		负载器件	说　明
$\|I_{OH}\|$	$\geqslant$	NI_{IH}	驱动器件输出高电平电流 $\|I_{OH}\|$ 大于等于负载器件所需的总电流 NI_{IH}
I_{OL}	$\geqslant$	$\|NI_{IL}\|$	驱动器件输出低电平电流 I_{OL} 大于等于负载器件所需的总电流 $\|NI_{IL}\|$
V_{OH}	$\geqslant$	V_{IH}	驱动器件输出高电平电压 V_{OH} 大于等于负载器件输入高电平电压 V_{IH}
V_{OL}	$\leqslant$	V_{IL}	驱动器件输出低电平电压 V_{OL} 小于等于负载器件输入低电平电压 V_{IL}
注：I_{OH} 为输出高电平电流；I_{OL} 为输出低电平电流；I_{IH} 为输入高电平电流；I_{IL} 为输入低电平电流；V_{OH} 为输出高电平下限电压；V_{OL} 为输出低电平上限电压；V_{IH} 为输入高电平下限电压；V_{IL} 为输入低电平上限电压；N 为驱动器件所带负载器件的数量。			

根据不同的应用场合，3.3V 与 5V 器件接口有 4 种形式，如图 8.3.2 所示。

（1）5V TTL 器件驱动 3.3V TTL 器件（LVC）

由于 5V TTL 和 3.3V TTL 的电平转换标准是一样的，因此接口电平是匹配的。只要 3.3V 器件能承受 5V 电压，并且满足接口电流条件，可以直接连接驱动，否则需加驱动电路。

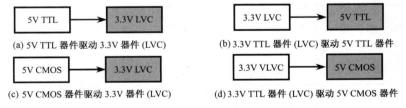

(a) 5V TTL 器件驱动 3.3V 器件 (LVC)　　(b) 3.3V TTL 器件 (LVC) 驱动 5V TTL 器件

(c) 5V CMOS 器件驱动 3.3V 器件 (LVC)　　(d) 3.3V TTL 器件 (LVC) 驱动 5V CMOS 器件

图 8.3.2　3.3V 器件与 5V 器件接口的 4 种形式

（2）3.3V TTL 器件（LVC）驱动 5V TTL 器件

从图 8.3.1 可以看出，3.3V TTL 和 5V TTL 的电平转换标准相同，并满足接口电平条件，只要满足接口电流条件，可以直接连接驱动，否则加驱动电路。

（3）5V CMOS 器件驱动 3.3V TTL 器件（LVC）

从图 8.3.1 可以看出，两者的电平转换标准不相同。虽然转换电平存在着一定的差别，但满足接口电平的要求，即 $V_{OH} \geqslant V_{IH}$，$V_{OL} \leqslant V_{IL}$。只要采用能承受 5V 电压的 LVC 器件，且满足接口电流的要求，5V CMOS 器件可以直接驱动 3.3V TTL 器件，否则需加驱动电路。

（4）3.3V TTL 器件（LVC）驱动 5V CMOS 器件

两者的电平转换标准不相同。从图 8.3.1 可以看出，它们之间的接口电平不满足要求。3.3V LVC 器件的 V_{OH} = 2.4V，可以达到 3.3V，而 5V CMOS 器件所要求的输入高电平的下限值 V_{IH} = 3.5V。因此，3.3V TTL 器件（LVC）不能直接驱动 5V CMOS 器件，需加入采用双电源供电的接口电路，如 TI 公司的 SN74ALVC164245、SN74LVC4245 等。

3. DSP 与外围器件的接口

下面针对 DSP 芯片与外围器件的接口方法进行讨论，通常有两种情况。

（1）DSP 芯片与 3V 器件的接口

从目前的趋势来看，使用低电压的 3V 芯片已成为发展方向，所以在设计 DSP 系统时应尽量选用 3V 的芯片。这样既可以设计成一个低功耗的系统，也避免了混合系统设计中的电平转换问题。

DSP 与 3V 器件的接口比较简单，由于两者电平一致，因此可以直接驱动。如 DSP 芯片可以直接与 3V 的 Flash 存储器连接。

（2）DSP 芯片与 5V 器件的接口

DSP 与 5V 器件的接口属于混合系统的设计。设计时要分析它们之间的电平转换标准，是否满足电压的兼容性和接口条件。电平转换标准可以从器件的电气特性中获得。下面以 TMS320LC549 与 Am27C010 EPROM 接口为例来介绍接口设计的方法。

首先分析它们的电平转换标准。从 TMS320LC549 和 Am27C010 的电气性能中得知，其电平转换标准见表 8.3.2。从表中可以看出，TMS320LC549 与 Am27C010 的电平转换标准是一致的，因此，从 TMS320LC549 到 Am27C010 单方向的地址线和信号线可以直接连接。但是，由于 TMS320LC549 不能承受 5V 电压，因此从 Am27C010 到 TMS320LC549 方向的数据线不能直接连接。解决的办法是在它们之间加一个缓冲器。可以选择双电压供电的缓冲器，也可以选择 3.3V 单电压供电并能承受 5V 电压的缓冲器，如选择 74LVC16245 缓冲器。

表 8.3.2 电平转换标准

电平 器件	V_{OH}	V_{OL}	V_{IH}	V_{IL}
TMS320LC549	2.4V	0.4V	2.0V	0.8V
Am27C010	2.4V	0.4V	2.0V	0.8V

74LVC16245 器件是一个工作电压为 2.7~3.6V 的双向收发器，可以用作 2 个 8 位或 1 个 16 位收发器。其基本功能见表 8.3.3。

表 8.3.3 74LVC16245 功能表

$\overline{OE}$	DIR	功 能
L	L	B→A
L	H	A→B
H	×	隔 离

$\overline{OE}$ 为输出使能控制端。低电平有效，用来选择器件有效或无效（双侧相互隔离）。

DIR 为数据方向控制端。用来控制数据的传输方向。

由于 Am27C010 是 EPROM，因此数据传递是单向的，从 Am27C010 流向 DSP 芯片。DSP 与 Am27C010 的接口示意图如图 8.3.3 所示。

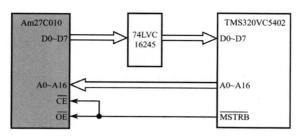

图 8.3.3   DSP 与 5V EPROM 的接口

8.4   DSP 存储器和 I/O 扩展

随着电子技术的发展，使得大容量、低成本、小体积、低功耗、高速存取的存储器得到了广泛的应用。对于数据运算量和存储容量要求较高的系统，在应用 DSP 芯片作为核心器件时，由于芯片自身的内存和 I/O 资源有限，因此往往需要存储器和 I/O 扩展。

在进行 DSP 外部存储器扩展之前，必须了解 DSP 片上存储资源，并根据应用需求来扩展存储空间。当片上存储资源不能满足系统设计的要求时，就需要进行外部存储器扩展。外部存储器主要分为两类。一类是 ROM，包括 EPROM、EEPROM 和 Flash 等；而另一类是 RAM，分为静态 RAM（SRAM）和动态 RAM（DRAM）。

ROM 主要用于存储用户的程序和系统常数表，一般映射在程序存储空间。由于速度较慢，因此系统上电时需要将程序引导到高速程序存储器中，而系统常数表也要在程序初始化时，从程序存储空间移到数据存储空间。对于 RAM，常选择速度较高的快速 RAM，既可以用作程序存储空间的存储器，也可以用作数据存储空间的存储器。

由于'C54x 的程序存储器、数据存储器和扩展的 I/O 公用外部数据和地址总线，因此 I/O 扩展也是本节的内容。因为在便携式仪器仪表、手机、语音处理等设备中，经常采用 DSP 作为系统的 CPU，而诸如打印输出、键盘输入、显示输出等外围功能也需要'C54x 对其进行控制。由于'C54x 的 I/O 接口有限，因此常需要通过锁存器和缓冲器进行 I/O 扩展。

8.4.1   程序存储器的扩展

'C54x 的地址线有 16~23 条，芯片的型号不同，其配置的地址线也不同。如 TMS320VC5402 芯片共有 20 条地址线，最多可以扩展 1M 字外部程序存储空间，其中高 4 位地址线（A19~A16）受 XPC 寄存器控制。

扩展程序存储器时，除考虑地址空间分配外，关键要考虑存储读/写控制和片选控制与 DSP 的外部地址总线、数据总线及控制总线的时序配合。

1. 程序存储器的工作方式

程序存储器（ROM）有 3 种工作方式，分别为读操作、维持操作和编程操作。

① 读操作。由于 ROM 的内容不能改写，因此 ROM 只能进行读操作。如果存储器的片选信号和输出使能信号同时有效，则地址总线所选中单元的内容将出现在数据总线上，实现读操作。

② 维持操作。当片选信号无效时，存储器处于维持状态，存储芯片的地址总线和数据总线均为高阻状态，存储器不占用地址总线和数据总线。

③ 编程操作。当编程电源加到规定的电压，片选端和读/写控制端加入要求的电平，通过编程器可将数据固化到存储器中，完成编程操作。

2．扩展程序存储器

目前，市场上的 EPROM 工作电压一般都为 5V，与 3.3V 的 DSP 芯片连接时需要考虑电平转换的问题，而且体积都很大。Flash 存储器与 EPROM 相比，具有更高的性价比，而且体积小、功耗低、可电擦写、使用方便，并且 3.3V 的 Flash 存储器可以直接与 DSP 芯片连接。因此，采用 Flash 存储器作为程序存储器存储程序和系统常数表是一种比较好的选择。

AT29LV1024 是 1M 位的 Flash 存储器，其引脚如图 8.4.1 所示。分别有 16 条地址线和数据线，3 条控制线，引脚功能见表 8.4.1。

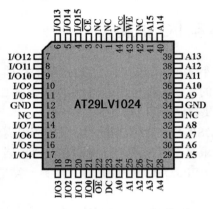

图 8.4.1　AT29LV1024 引脚图

表 8.4.1　AT29LV1024 引脚功能

引　　脚	引脚功能
A15~A0	地址线
$\overline{CE}$	片选信号
$\overline{OE}$	输出使能
$\overline{WE}$	编程写信号
I/O15~I/O0	数据线
NC	空脚
DC	不连接

图 8.4.2 所示为 TMS320VC5402 与 AT29LV1024 的程序存储器扩展电路。AT29LV1024 作为 DSP 的外部程序存储器，地址总线和数据总线接至 DSP 的外部总线，片选信号 $\overline{CE}$ 接至 DSP 的外部程序存储器的片选信号 $\overline{PS}$，编程写信号 $\overline{WE}$ 接至 DSP 的读/写信号 R/$\overline{W}$，而输出使能信号 $\overline{OE}$ 接地。

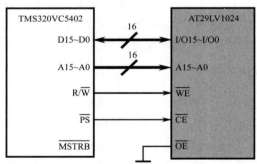

图 8.4.2　TMS320VC5402 与 AT29LV1024 的扩展电路

当 $\overline{PS}=0$ 时，$\overline{CE}=0$，选中 Flash 存储器，进行读操作；

当 $\overline{PS}=1$ 时，$\overline{CE}=1$，Flash 存储器挂起，地址总线和数据总线呈高阻状态。

若只扩展一片程序存储器，可将 DSP 的外部存储器选通信号 $\overline{MSTRB}$ 与存储器的 $\overline{OE}$ 连接。当 $\overline{PS}=0$，$\overline{MSTRB}=0$ 时，可对存储器进行读操作。

8.4.2　数据存储器的扩展

在 'C54x 系列芯片中，型号不同，所配置的内部 RAM 的容量也不同。考虑到程序的运行速度、系统的整体功耗、性价比及电路的抗干扰能力等方面的因素，在选择芯片型号时应尽量选择内部 RAM 容量大的芯片。但芯片内部 RAM 的容量是有限的，在需要大量的数据运算和存储的情况下，必须考虑外部数据存储器的扩展。常用的数据存储器分为静态存储器（SRAM）和动态存储器（DRAM）。

如果系统对外部数据存储器的运行速度要求不高，则可以采用常规的 SRAM，如 62256、62512 等。若兼顾 DSP 的运行速度，可以选择高速数据存储器。

ICSI64LV16 是一种高速数据存储器，其容量为 64K×16 位，分别有 16 条地址线和数据线，控制线包括片选信号 $\overline{CE}$、写允许信号 $\overline{WE}$、读选通信号 $\overline{OE}$、高位字节选通信号 $\overline{UB}$ 和低位字节选通信号 $\overline{LB}$。电源电压 3.3V，与'C54x 外设电压相同。ICSI64LV16 的结构图如图 8.4.3 所示，功能表见表 8.4.2。

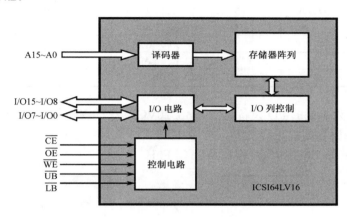

图 8.4.3 ICSI64LV16 结构图

表 8.4.2 ICSI64LV16 功能表

$\overline{WE}$	$\overline{CE}$	$\overline{OE}$	$\overline{UB}$	$\overline{LB}$	I/O15~ I/O8	I/O7~ I/O0	工作模式
×	H	×	×	×	高阻	高阻	未选中
H	L	H	×	×	高阻	高阻	禁止输出
×	L	×	H	H	高阻	高阻	
H	L	L	H	L	高阻	数据输出	读操作
H	L	L	L	H	数据输出	高阻	
H	L	L	L	L	数据输出	数据输出	
L	L	×	H	L	高阻	数据输入	写操作
L	L	×	L	H	数据输入	高阻	
L	L	×	L	L	数据输入	数据输入	

TMS320VC5402 与 ICSI64LV16 扩展连接如图 8.4.4 所示。地址线和数据线对应相连，由于是数据存储器扩展，因此存储器的片选信号 $\overline{CE}$ 与 DSP 数据存储器片选信号 $\overline{DS}$ 连接，以选通外部数据存储器，而存储器的写允许端 $\overline{WE}$ 与 DSP 的读/写控制端 R/$\overline{W}$ 相连，以实现数据的读/写操作。

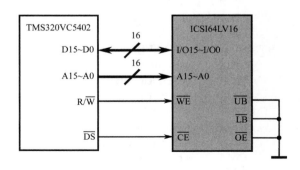

图 8.4.4 TMS320VC5402 与 ICSI64LV16 的扩展

8.4.3 I/O 扩展应用

在实际应用中，许多 DSP 系统需要输入和输出接口。键盘和显示器作为常用的输入/输出设备，在便携式仪器、手机等产品中得到了广泛应用。使用液晶模块和非编码键盘可以很方便地连接 I/O 设备与 DSP 芯片。下面以 TMS320VC5402 芯片、EPSON 的液晶显示模块 TCM-A0902 和非编码键盘为例，介绍 DSP 芯片的 I/O 扩展和软件驱动程序的设计。

1. 显示器连接与驱动

液晶显示模块 TCM-A0902 的引脚功能见表 8.4.3。

表 8.4.3　TCM-A0902 引脚功能

引脚符号	I/O 方式	引脚功能	引脚符号	I/O 方式	引脚功能
V_{dd}	I	电源	RD	I	读，高电平有效
V_{ss}	I	地	$\overline{WR}$	I	写，低电平有效
$\overline{RESET}$	I	复位（"1"=初始化）	A0	I	寄存器选择
$\overline{CS}$	I	片选，低电平有效	DB7~DB0	I	数据线

TCM-A0902 作为扩展的 I/O 设备，与 TMS320VC5402 的连接如图 8.4.5 所示。液晶显示模块 A0 为数据、命令寄存器的选择引脚，与 DSP 的 A13 地址线连接，占用两个 I/O 接口地址，分别为数据端口地址 EFFFH 和命令端口地址 CFFFH。

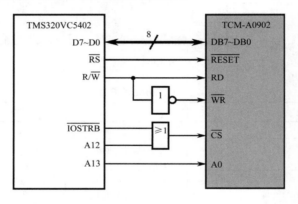

图 8.4.5　TMS320VC5402 与液晶显示器的连接图

显示驱动程序清单：

```
;DISPLAY.ASM
;初始化显示器程序
LD      #lcd_data,DP              ;设定页指针
NOP
ST      #DTYSET,lcd_data          ;送 DTYSET 命令字
CALL    writecomm                 ;调写命令字子程序
ST      #031H,lcd_data            ;送显示数据
CALL    writeddata                ;调写数据子程序
ST      #PDINV,lcd_data           ;送 PDINV 命令字
CALL    writecomm                 ;调写命令字子程序
ST      #SLPOFF,lcd_data          ;送 SLPOFF 命令字
CALL    writecomm                 ;调写命令字子程序
;设置液晶亮度程序
ST      #VOLCTL,lcd_data          ;送设定亮度命令字
CALL    writecomm                 ;调写命令字子程序
```

```
ST          #010H,lcd_data                    ;送亮度数据
CALL        writedata                         ;调写数据子程序
;写命令字子程序
writecomm:  PORTW    lcd_data,COMMP           ;输出命令字
CALL        delay                             ;调延时子程序
RET                                           ;子程序返回
;写数据子程序
writedata:  PORTW    lcd_data,DATAP           ;输出显示数据
CALL        delay                             ;调延时子程序
RET                                           ;子程序返回
```

2．键盘连接与驱动

键盘作为常用的输入设备，应用十分广泛。它是由若干个按键所组成的开关阵列，分为编码键盘和非编码键盘两种。

编码键盘除了设有按键，还包括识别按键闭合（按下）产生的键码硬件电路，只要有按键闭合（按下），硬件电路就能产生这个按键的键码，并产生一个脉冲信号，以通知 CPU 接收键码。这种键盘的使用比较方便，不需要编写很多的程序，但使用的硬件电路比较复杂。

非编码键盘是由一些按键排列成的行列式开关矩阵。按键的作用只是简单地实现开关的接通和断开，在相应的程序配合下才能产生按键的键码。非编码键盘硬件电路极为简单，几乎不需要附加什么硬件电路，故能广泛用于各种微处理器所组成的系统中。

下面以非编码键盘为例，介绍键盘在 DSP 系统中的应用。

（1）74HC573 锁存器的功能

由于 TMS320VC5402 芯片的 I/O 资源有限，因此常用锁存器扩展 I/O 接口来组成非编码键盘。常用的锁存器有 74HC573。图 8.4.6 为 74HC573 的引脚图，其功能见表 8.4.4。

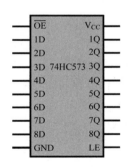

图 8.4.6　74HC573 引脚图

表 8.4.4　74HC573 功能表

输　　入			输　　出
$\overline{OE}$	LE	D	
L	H	H	H
L	H	L	L
L	L	×	Q_0
H	×	×	Z

（2）扩展键盘的组成

通过 74HC573 锁存器，对 TMS320VC5402 芯片进行扩展的 3×5 矩阵式键盘如图 8.4.7 所示。从图中可以看出，该键盘占用两个 I/O 接口，行锁存器为输出口，并作为写键盘口；列锁存器为输入口，并作为读键盘口。读键盘口地址 RKEYP = 7FFFH；写键盘口地址 WKEYP = BFFFH。

（3）工作原理

使用非编码键盘需要用相应软件来解决按键的识别、防止抖动及产生键码等工作。

① 按键的识别，即确定是否有按键按下。首先 DSP 通过写键盘口输出 00000 到键盘的行线，然后通过读键盘口输入，检测键盘的列线信号。若没有按键按下，则输入的列线信号为 111；若有按键按下，则输入的信号不为 111。

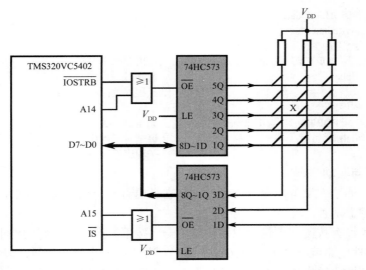

图 8.4.7 对 TMS320VC5402 芯片进行扩展的 3×5 矩阵式键盘

② 行扫描确定按键的位置。行扫描是指依次给每条行线输出 0 信号，而其余行线输出 1 信号，并检测每次扫描所对应的列线信号。每次给行线输出的信号称为行代码 Xi，而检测到的列线信号称为列代码 Yi。当某行有按键按下，并扫描到该行时，则从读键盘口检测到的列线信号为 0，否则为 1。在扫描的过程中，只要记下列信号不为全 1 时的行代码和列代码，就能确定按键的位置。

从写键盘口依次输出的行代码为：

11110—X0；11101—X1；11011—X2；10111—X3；01111—X4。

当各列有按键按下时，由读键盘口读入的列代码为：

110—Y0；101—Y1；011—Y2。

③ 按键防抖，检测到有按键按下后，延迟 10~20ms，然后再进行行扫描。

④ 键码产生，经过行扫描后，就能确定按键的键码。键码由行代码和列代码组合而成，即

键码=[行代码][列代码]

例如，图 8.4.7 中的 X 键，对应的行代码为 X2=11011，列代码为 Y1=101，所形成的键码为[行代码][列代码]，即 X 键码 = X2Y1=11011101=DDH。

（4）驱动程序

根据上面介绍的工作原理，可以编写非编码键盘的驱动程序。程序清单如下：

```
        ;KEYSET.ASM
    ;按键识别程序
        LD      # key_w,DP          ;确定页指针
        LD      key_w,A             ;取行输出数据
        AND     # 00H,A             ;全 0 送入 A
        STL     A,key_r             ;送入行输出单元
        PORTW   key_w,WKEYP         ;全 0 数据行输出
        CALL    delay               ;调延时程序
        PORTR   RKEYP,key_r         ;输入列数据
        CALL    delay               ;调延时程序
        ANDM    # 07H,key_r         ;屏蔽列数据高位,保留低三位
        CMPM    key_r,# 007H        ;列数据与 007H 比较
        BC      nokey,TC            ;若相等,无按键按下,转 nokey
                                    ;若不相等,有按键按下,继续执行
```

;防按键抖动程序

	CALL	wait10ms	;延时 10ms,软件防抖
	PORTR	RKEYP,key_r	;重新输入列数据
	CALL	delay	;调延时程序
	ANDM	# 07H,key_r	;保留低三位
	CMPM	key_r,# 07H	;判断该行是否有按键
	BC	nokey,TC	;没有转移,有继续

;键扫描程序

Keyscan:	LD	# X0,A	;扫描第一行,行代码 X0 送 A
	STL	A,key_w	;X0 送行输出单元
	PORTW	key_w,WKTYP	;X0 行代码输出
	CALL	delay	;调延时程序
	PORTR	RKEYP,key_r	;读列代码
	CALL	delay	;调延时程序
	ANDM	# 07H,key_r	;屏蔽、比较列代码
	CMPM	key_r,# 07H	;判断该行是否有按键
	BC	keyok,NTC	;若有按键按下,则转 keyok
	LD	# X1,A	;若无按键按下,扫描第二行
	STL	A,key_w	
	PORTW	key_w,WKTYP	
	CALL	delay	
	PORTR	RKEYP,key_r	
	CALL	delay	
	ANDM	# 07H,key_r	;屏蔽、比较列代码
	CMPM	key_r,#07H	;判断该行是否有按键
	BC	keyok,NTC	;若有按键按下,则转 keyok
	LD	# X2,A	;若无按键按下,扫描第三行
	STL	A,key_w	
	PORTW	key_w,WKTYP	
	CALL	delay	
	PORTR	RKEYP,key_r	
	CALL	delay	
	ANDM	# 07H,key_r	;屏蔽、比较列代码
	CMPM	key_r,# 07H	;判断该行是否有按键
	BC	keyok,NTC	;若有按键按下,则转 keyok
	LD	# X3,A	;若无按键按下,扫描第四行
	STL	A,key_w	
	PORTW	key_w,WKTYP	
	CALL	delay	
	PORTR	RKEYP,key_r	
	CALL	delay	
	ANDM	# 07H,key_r	;屏蔽、比较列代码
	CMPM	key_r,# 07H	;判断该行是否有按键
	BC	keyok,NTC	;若有按键按下,则转 keyok
	LD	# X4,A	;若无按键按下,扫描第五行
	STL	A,key_w	
	PORTW	key_w,WKTYP	
	CALL	delay	
	PORTR	RKEYP,key_r	
	CALL	delay	
	ANDM	# 07H,key_r	;屏蔽、比较列代码
	CMPM	key_r,# 07H	;判断该行是否有按键
	BC	keyok,NTC	;若有按键按下,则转 keyok

nokey:	ST	# 00H,key_v	;若无按键按下,存储 00H 标志
	B	keyend	;返回
keyok:	SFTA	A,3	;行代码左移 3 位
	OR	key_r,A	;行代码与列代码组合
	AND	# 0FFH,A	;屏蔽高位,形成键码
	STL	A,key_v	;保存键码
keyend:	NOP		
	RET		

8.4.4 综合扩展应用

'C54x 的外设扩展公用数据总线、地址总线。若同时扩展程序存储器、数据存储器和 I/O 接口,'C54x 的硬件控制逻辑必须考虑信号的时序和电平的配合。图 8.4.8 为 TMS320VC5402 同时扩展数据存储器、程序存储器、键盘和液晶显示器的电路连接图。扩展外设所需要的驱动程序可以利用前面已介绍的外设驱动程序。

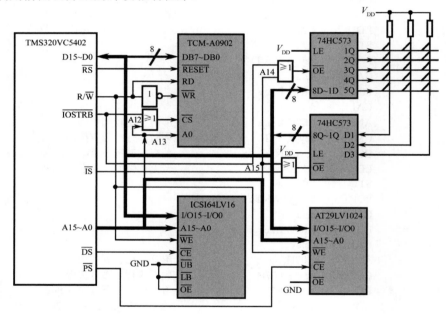

图 8.4.8　TMS320VC5402 扩展存储器、键盘和液晶显示器连接图

从图 8.4.8 可以看出地址分配关系。

- 存储器模块

程序存储器地址:0000H~FFFFH;数据存储器地址:0000H~FFFFH。

- 液晶显示器模块

数据寄存器地址:EFFFH;控制寄存器地址:CFFFH。

- 键盘输入模块

行输出地址:BFFFH;列输入地址:7FFFH

8.5　DSP 与 A/D、D/A 转换器的接口

在由 DSP 芯片组成的信号处理系统中,A/D 和 D/A 转换器是非常重要的器件。一个典型的

实时信号处理系统如图 8.5.1 所示。它的输入信号可以有各种各样的形式，可以是语音信号或来自电话线的已调制数字信号，也可以是各种传感器输出的模拟信号。这些输入信号首先经过放大和滤波，然后进行 A/D 转换将模拟信号变换成数字信号，再由 DSP 芯片对数字信号进行某种形式的处理，如进行一系列的乘法-累加运算。经过处理后的数字信号由 D/A 转换器变换成模拟信号，之后再进行平滑滤波，得到连续的模拟波形。从上述的信号处理过程可以看出 A/D 和 D/A 转换器的作用。本节主要介绍常用的 A/D、D/A 转换器的使用原理，以及与 DSP 芯片的接口。

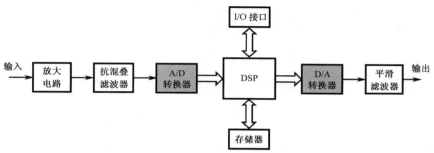

图 8.5.1　典型的实时信号处理系统

8.5.1　'C54x 与 A/D 转换器的接口

模拟信号的采样过程是将模拟信号转换成数字信号，从而进行数字信号的处理。将模拟信号转换成数字信号的器件称为 A/D 转换器，用 ADC 表示。基于不同的应用，可选用不同性能指标和价位的 ADC 芯片。对于 ADC 的选择，主要考虑以下几方面的因素。

- 转换精度。一般系统要求对信号做一些处理，如 FFT 变换。因为 DSP 的数据为 16 位，所以最理想的精度为 12 位，留出 4 位做算法的溢出保护位。除此之外，DSP 可以接收高于 16 位的 ADC，如接收 PCM1800（20 位的 ADC）传输的数据。
- 转换时间。DSP 的指令周期为 ns 级，运算速度极快，能进行信号的实时处理。为了体现它的优势，其外围设备的数据处理速度就要满足 DSP 的要求。同时，转换时间也决定了它对信号的处理能力。
- 器件价格。转换器的价格也是选择 ADC 的一个重要因素。

除上述因素外，选择 ADC 时，还要考虑芯片的功耗、封装形式、质量标准等。

1. TLV1578 模数转换器与 DSP 芯片的接口

（1）TLV1578 模数转换器

TLV1578 是 TI 公司专门为 DSP 芯片配套制作的一种 8 通道 10 位并行 A/D 转换器。它将 8 通道输入多路选择器（MUX）、高速 10 位 ADC 和并行口组合在一起，构成 10 位数据采样系统。TLV1578 包含两个片内控制寄存器（CR0 和 CR1），通过双向并行口可以控制通道选择、软件启动转换和掉电。用户可以根据需要在 MUX 和 ADC 之间插入信号调节电路，如抗干扰滤波器和放大电路等。TLV1578 的结构框图如图 8.5.2 所示。

TLV1578 采用 2.7~5.5V 的单电源工作，可接收 0V~AV$_{DD}$ 范围的模拟输入电压，具有高速、简单的并行口和较低的功耗特性。

① 引脚功能

TLV1578 共有 32 根引脚，引脚排列如图 8.5.3 所示，引脚功能见表 8.5.1。

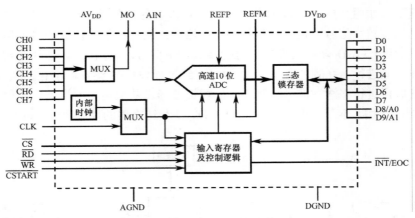

图 8.5.2　TLV1578 结构框图

表 8.5.1　TLV1578 的引脚功能

引　脚		I/O	说　明
名　称	编　号		
AGND	25		模拟地
AIN	27	I	ADC 的模拟输入
AV_{DD}	26		模拟电源电压, 2.7~5.5V
CH0~CH7	1~4,29~32	I	8 路模拟输入通道
CLK	8	I	外部时钟输入
$\overline{CS}$	5	I	芯片选择, 低电平有效
$\overline{CSTART}$	22	I	硬件采样和转换启动输入, 下降沿时启动采样, 上升沿时启动转换
DGND	9		数字地
DV_{DD}	10		数字电源电压, 2.7~5.5V
D0~D7	12~19	I/O	双向三态数据总线
D8/A0	20	I/O	双向三态数据总线, 与 D9/A1 一起作为控制寄存器的地址线
D9/A1	21	I/O	双向三态数据总线, 与 D8/A0 一起作为控制寄存器的地址线
$\overline{INT}$/EOC	11	O	转换结束/中断
$\overline{RD}$	7	I	读数据。当 $\overline{CS}$ 为低电平、$\overline{RD}$ 下降沿时, 对数据总线进行读操作
$\overline{WR}$	6	I	写数据。当 $\overline{CS}$ 为低电平、$\overline{WR}$ 下降沿时, 锁定配置数据。 当使用软件转换启动时, $\overline{WR}$ 上升沿也能启动内部采样起始脉冲 当 $\overline{WR}$ 接地时, ADC 不能编程 (硬件配置方式)
REFM	24	I	基准电压低端值 (额定值为地)。通常情况下接地
REFP	23	I	基准电压高端值 (额定值为 AV_{DD})。最大输入电压由加在 REFM 和 REFP 之间的电压差决定
MO	28	O	片内多路选择器模拟输出

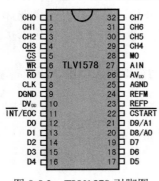

图 8.5.3　TLV1578 引脚图

② TLV1578 的采样和转换

　　TLV1578 的采样、转换和数据的输出均是通过触发信号启动的。根据转换方式和配置的不同, 启动信号可以是 $\overline{RD}$、$\overline{WR}$ 和 $\overline{CSTART}$。若使用外部时钟 CLK 时, 启动信号的上升沿需要紧靠外部时钟的上升沿, 因此, 要求外部时钟上升沿的最小建立时间和保持时间应为 5μs (最小值)。当使用内部时钟时, 由于启动信号的边沿将自动启动内部时钟, 因此, 建立时间总能满足要求。

对于每次的转换，TLV1578 需要 16 个时钟周期，因此根据给定的时钟频率可得到最大采样频率为

$$f_{s(\max)} = \frac{1}{16} f_{CLK}$$

③ 控制寄存器

TLV1578 有两个控制寄存器（CR0 和 CR1），可进行软件配置。A1A0 位用于设置控制寄存器的寻址，其余 8 位用于控制。在写周期内，控制寄存器的所有位将写入控制寄存器。两个控制寄存器的格式如下：

CR0
A1A0 = 00

A1	A0	D7	D6	D5	D4	D3	D2	D1	D0

CR1
A1A0 = 01

A1	A0	D7	D6	D5	D4	D3	D2	D1	D0

通过控制寄存器的设置，可以选择器件的工作方式，如时钟源的选择、转换方式的选择、输出格式的选择、自测试方式的选择等。

④ 转换方式的选择

TLV1578 为用户提供了两种转换方式和两种启动方式。转换方式分为单通道方式和扫描方式，由 CR0.D3 位控制。在单通道方式（CR0.D3=0）时，单个通道被连续采样和转换，直至加了 $\overline{WR}$ 为止。在扫描方式（CR0.D3=1）时，预定的通道序列将被连续采样和转换。启动方式分为硬件启动和软件启动，由 CR0.D7 位控制。当 CR0.D7= 0 时为硬件启动，当 CR0.D7=1 时为软件启动。TLV1578 的转换方式见表 8.5.2。

⑤ 模拟信号的输入方式

TLV1578 的信号输入方式可以通过 CR1.D7 位来设置。可以将 8 个模拟输入配置成 4 对差分输入或 8 个单端输入。当 CR1.D7=0 时，设置为单端输入，有多达 8 个通道可供使用。当 CR1.D7=1 时，可设置为差分输入。

表 8.5.2　TLV1578 转换方式

转换方式	启动方式	操　作	注　释
单通道 CR0.D3 = 0 CR1.D7 = 0	硬件启动 CR0.D7 = 0 （$\overline{CSTART}$ 启动）	• 从所选择的通道反复转换 • $\overline{CSTART}$ 下降沿启动采样 • $\overline{CSTART}$ 上升沿启动转换 • $\overline{INT}$ 方式时，每次转换后产生一个 $\overline{INT}$ 脉冲 • EOC 方式时，在转换开始时，EOC 将由高电平变成低电平，在转换结束时返回高电平	在 CLK 上升沿之前或之后最小为 5μs，必须加 $\overline{CSTART}$ 的上升沿
	软件启动 CR0.D7=1 （$\overline{WR}$ 和 $\overline{RD}$ 启动）	• 从所选择的通道反复转换 • 最初由 $\overline{WR}$ 的上升沿启动采样。其后，在 $\overline{RD}$ 的上升沿发生采样 • 从采样开始，经过 6 个时钟周期后开始转换。其后，若采用 $\overline{INT}$ 方式，在每次转换后产生一个 $\overline{INT}$ 脉冲 • 若采用 EOC 方式，则转换开始时，EOC 由高电平变成低电平，转换结束后返回高电平	采用外部时钟时，$\overline{WR}$ 和 $\overline{RD}$ 上升沿必须位于 CLK 上升沿之前或之后最小为 5μs

转换方式	启动方式	操 作	注 释
通道扫描 CR0.D3= 1 CR1.D7= 0	硬件启动 CR0.D7=0 ($\overline{\text{CSTART}}$ 启动)	• 从预定的通道序列中每个通道做一次转换 • $\overline{\text{CSTART}}$ 下降沿启动采样 • $\overline{\text{CSTART}}$ 上升沿启动转换 • $\overline{\text{INT}}$ 方式时，每次转换后产生一个 $\overline{\text{INT}}$ 脉冲 • EOC 方式时，在转换开始时，EOC 将由高电平变成低电平，在转换结束时返回高电平	在 CLK 上升沿之前或之后最小为 5μs，必须加 $\overline{\text{CSTART}}$ 的上升沿
	软件启动 CR0.D7=1 ($\overline{\text{WR}}$ 和 $\overline{\text{RD}}$ 启动)	• 从预定的通道序列中每个通道做一次转换 • $\overline{\text{WR}}$ 的上升沿启动采样 • 在 $\overline{\text{RD}}$ 的上升沿，ADC 开始下一个通道的采样，经过 6 个时钟周期后开始转换，并持续 10 个时钟周期 • 若采用 $\overline{\text{INT}}$ 方式，在每次转换后产生一个 $\overline{\text{INT}}$ 脉冲 • 若采用 EOC 方式，则转换开始时，EOC 由高电平变成低电平，转换结束后返回高电平	采用外部时钟时，$\overline{\text{WR}}$ 和 $\overline{\text{RD}}$ 上升沿必须位于 CLK 上升沿之前或之后最小为 5μs

⑥ 输出格式

TLV1578 的输出有两种格式，分别为二进制数形式和 2 的补码形式，可通过 CR1.D3 位设置。当 CR1.D3= 0 时，以二进制数的形式输出，数据格式为单极性，代码为 1023~0；当 CR1.D3=1 时，以 2 的补码形式输出，数据格式为双极性。

⑦ 系统时钟源的选择

TLV1578 的系统时钟源可选择内部时钟和外部时钟两种方式，可通过对 CR0.D5 位的设定来完成。当对 CR0.D5 编程时，系统时钟源在 $\overline{\text{WR}}$ 的上升沿发生变化。

当 CR0.D5=1 时，系统时钟源通过多路选择器（MUX）选择外部时钟 CLK，接受的频率范围为 1~20MHz；当 CR0.D5= 0 时，系统时钟源选择内部振荡器 OSC 时钟。

TLV1578 具有内置的 10MHz 振荡器。当系统时钟选择内部时钟时，在转换信号（$\overline{\text{WR}}$、$\overline{\text{RD}}$ 或 $\overline{\text{CSTART}}$）的下降沿之后，内部时钟经延迟（OSC 周期最大值的一半）启动。通过设置控制寄存器的 CR1.D6 位，可选择振荡器（OSC）的速度。当 CR1.D6= 0 时，OSC 的速度设置在 (10 ± 1)MHz；当 CR1.D6=1 时，OSC 的速度设置在 (20 ± 1)MHz。

⑧ 自测试方式

TLV1578 提供了 3 种自测试方式。这 3 种方式不需要提供外部信号，便可检查 ADC 工作是否正常。通过控制寄存器 CR1 的 D1 和 D0 位来选择自测试方式，具体方法见表 8.5.3。

表 8.5.3 TLV1578 自测试方式

CR1.D1	CR1.D0	所加的自测试电压	数字输出
0	0	正常工作，不进行自测试	正常数据输出
0	1	将 V_{REFM} 作为基准输入电压加至 A/D 转换器	000H
1	0	将 $(V_{\text{REFP}}-V_{\text{REFM}})/2$ 作为基准输入电压加至 A/D 转换器	200H
1	1	将 V_{REFP} 作为基准输入电压加至 A/D 转换器	3FFH

⑨ 基准电压输入

TLV1578 具有两个基准输入引脚 REFP 和 REFM。加在这两个引脚的电压分别对应于模拟输入满量程读数值和 0。REFP、REFM 及模拟输入应符合规定的极限参数，不应超过正电源电压或低于 GND。当输入信号等于或高于 V_{REFP} 时，数字输出为满量程读数值；当输入信号等于或小于 V_{REFM} 时，数字输出为 0。表 8.5.4 所示为 TLV1578 外部基准电压方式。

表 8.5.4　TLV1578 基准电压方式

外部基准电压	AV_{DD}	最　小　值	最　大　值
V_{REFP}	3V	2V	AV_{DD}
	5V	2.5V	AV_{DD}
V_{REFM}	3V	AGND	1V
	5V	AGND	2V
$V_{REFP} - V_{REFM}$		2V	$AV_{DD}\sim GND$

【例 8.5.1】　TLV1578 设置方式为：单通道输入、软件启动、采用内部时钟源、时钟设置为 20MHz、二进制输出方式。试确定控制寄存器 CR0 和 CR1 的配置。

解：单通道输入：CR0.D3= 0，CR1.D7= 0；　　软件启动：CR0.D7=1；
内部时钟源：CR0.D5= 0；　　　　　　　　时钟设置 20MHz：CR1.D6=1；
二进制输出：CR1.D3= 0。
控制寄存器 CR0：CR0= 001000000B= 0080H
控制寄存器 CR1：CR1= 010100000B= 0140H

（2）TLV1578 与 TMS320VC5402 芯片的接口

TLV1578 提供了高速并行口，可与高性能 DSP 和通用微处理器兼容。兼容接口包括 D9~D0、$\overline{INT}$/EOC、$\overline{RD}$ 及 $\overline{WR}$ 等。

① 接口连接

设 TLV1578 采用内部时钟源，软件启动方式。TLV1578 与 TMS320VC5402 接口的连接如图 8.5.4 所示。TLV1578 作为扩展的 I/O 设备，占用一个 I/O 接口地址，其地址为 7FFFH。

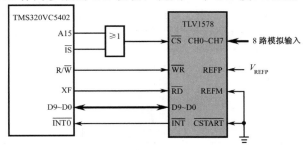

图 8.5.4　TLV1578 与 DSP 的接口连接图

② 操作过程

- 对 TLV1578 进行初始化设置。DSP 选通 TLV1578（使 $\overline{CS}=0$），同时使 $\overline{WR}=0$，通过数据总线向控制寄存器 CR0 和 CR1 写入控制字。
- DSP 等待中断。当 TLV1578 完成转换后，发出中断请求。
- DSP 响应中断。当 $\overline{INT}$ 产生下降沿时，DSP 响应中断。
- DSP 读入转换数据。DSP 响应中断，执行中断程序，完成转换数据的读入，同时使 $\overline{RD}=0$，发出读入完成信号，通知 TLV1578 开始下一次采样过程。

在响应中断的过程中，TLV1578 留出 6 个指令周期，等待 DSP 读数据。如果 DSP 一直没有读数据，则 TLV1578 将收不到 $\overline{RD}$ 的低电平信号，从而将不进行采样，直到 $\overline{RD}$ 低电平到来时，TLV1578 才开始采样。

2. TLV2544 模数转换器与 DSP 芯片的接口

DSP 可以通过并行总线与 ADC 进行连接，也可以通过串行口实现与 ADC 的无缝连接。

（1）TLV2544 模数转换器

TLV2544 是 TI 公司生产的一种高性能、低功耗、高速（3.6μs）、12 位四通道串行 CMOS 模数转换器，采用 2.7~5.5V 单电源工作。该器件为用户提供了 3 个输入端（片选 $\overline{CS}$、串行时钟 SCLK 和串行数据输入 SDI）和一个三态输出（串行数据输出 SDO）的串行口，可为流行的微处理器 SPI 串行口提供了方便的 4 线接口。当与 DSP 芯片连接时，可用一个帧同步信号 FS 来控制一个串行数据帧的开始。

TLV2544 除了具有高速模数转换和多种控制功能，还具有片内模拟多路选择器，可选择任意通道模拟电压作为外部模拟输入，也可从 3 个内部测试电压中任选一个作为输入。TLV2544 设有内置转换时钟（OSC）和电压基准，可以采用外部串行时钟 SCLK 作为转换时钟源以获取更高的转换速度（在 20MHz 的 SCLK 时可高达 3.6μs），并有两种不同的内部基准电压可供选择。TLV2544 的结构框图如图 8.5.5 所示。

① TLV2544 的引脚封装和功能

TLV2544 的引脚封装如图 8.5.6 所示，引脚功能见表 8.5.5。

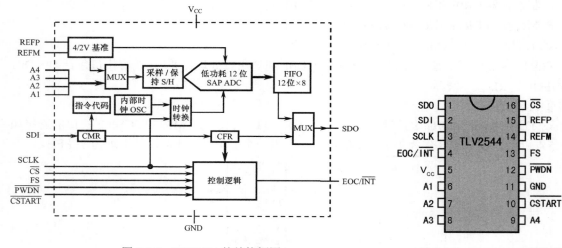

图 8.5.5　TLV2544 的结构框图　　　　图 8.5.6　TLV2544 引脚封装图

表 8.5.5　TLV2544 的引脚功能

引　　　脚		I/O	说　　明
名　称	编　号		
A1~A4	6~9	I	模拟信号输入端。这些模拟输入可在内部被多路复用
$\overline{CS}$	16	I	片选端
CSTART	10	I	采样和转换启动输入端。用来控制模拟输入的采样和启动转换，下降沿时开始采样，上升沿时启动转换。该端独立于 SCLK 并在 $\overline{CS}$ 为高电平时工作
EOC/$\overline{INT}$	4	O	转换结束或中断
FS	13	I	DSP 帧同步输入，用来表示串行数据帧开始输入或输出
GND	11		地。用于内部电路
$\overline{PWDN}$	12	I	此引脚为逻辑 0 时，模拟及基准电路被断电，此引脚被拉回到逻辑 1 后，器件可被有效的 $\overline{CS}$ 或 $\overline{CSTART}$ 重新启动

引　脚		I/O	说　　明
名　称	编　号		
SCLK	3	I	串行时钟输入
SDI	2	I	串行数据输入
SDO	1	O	模数转换结果的三态串行输出端
REFM	14	I	外部基准输入或内部基准去耦
REFP	15	I	外部基准输入或内部基准去耦
V_{CC}	5		正电源电压

② 工作原理

TLV2544 有 4 路模拟输入和 3 个内部测试电压，可由输入多路选择器（MUX）根据输入命令进行选择。输入 MUX 为先开后合型，以减少通道在切换过程所引起的输入噪声。输入的信号经采样/保持后，由逐次逼近型转换器进行模数转换，转换的结果送入 FIFO 中，通过输出 MUX 的选择，经 SDO 端将数据串行输出。

TLV2544 工作周期的开始有两种模式：一种是不使用 FS 模式（在 $\overline{CS}$ 的下降沿，FS=1）。在这种模式下，$\overline{CS}$ 的下降沿为采样周期的开始，输入数据在 SCLK 的上升沿移入，输出数据在其下降沿改变。这种模式可用于 DSP 系统，但一般用于 SPI。另一种模式是使用 FS 模式（FS 来自 DSP 的有效信号），常用于 TMS320 系列的 DSP。FS 的下降沿为采样周期的开始，输入数据在 SCLK 的下降沿移入，输出数据在其上升沿改变。

TLV2544 除了具有串行 A/D 转换功能，还配有一个串行口。串行输入 SDI 端的数据为二进制数，其格式见表 8.5.6。串行输出 SDO 端的数据可通过输出 MUX 选择，可取自 FIFO 或 12 位数据配置寄存器 CFR，输出的数据格式见表 8.5.7。

表 8.5.6　输入数据格式

MSB	LSB
D15~D12	D11~D0
命令	配置数据域

表 8.5.7　输出数据格式

读 CFR		转换/读 FIFO	
MSB	LSB	MSB	LSB
D15~D12	D11~D0	D15~D4	D3~D0
不关心	寄存器内容	转换结果	全 0

③ 命令寄存器 CMR 和配置寄存器 CFR

TLV2544 具有一个 4 位的命令和 12 位的配置数据域。命令寄存器 CMR 用来存放 4 位的命令，配置寄存器 CFR 用来存放配置数据域。大多数命令只需要前 4 个 MSB，不需要 12 位配置数据域。有效命令见表 8.5.8。

表 8.5.8　TLV2544 的命令

SDI　D15~D12		命　令
二进制形式	十六进制形式	
0000B	0000H	选择模拟通道 A1
0010B	2000H	选择模拟通道 A2
0100B	4000H	选择模拟通道 A3
0110B	6000H	选择模拟通道 A4
1000B	8000H	SW 电源跌落（模拟+参考）
1001B	9000H	读配置寄存器 CFR 数据（D11~D0）到 SDO

SDI D15~D12		命　　令
二进制形式	十六进制形式	
1010B	A000H	初始化命令。将低 12 位数据 D11~D0 写入配置寄存器 CFR
1011B	B000H	测试选择，电压选择（REFP+REFM）/2
1100B	C000H	测试选择，电压选择 REFM
1101B	D000H	测试选择，电压选择 REFP
1110B	E000H	FIFO 读，将 FIFO 内容送 SDO，D15~D4 为有效数据，D3~D0= 0000
1111B	F000H	保留

TLV2544 上电初始化时，先将初始化命令 A000H 写入配置寄存器 CFR，然后对 TLV2544 进行编程，将命令 A000H 低 12 位 000H 作为编程数据以规定 TLV2544 的工作方式。配置寄存器 CFR 的位定义见表 8.5.9。

表 8.5.9　配置寄存器 CFR 的位定义

位	定　　义
D15~D12	全 0，不可编程
D11	基准选择。0 为外部，1 为内部
D10	内部基准电压选择。为 0 时，内部基准选择 4V；为 1 时，内部基准选择 2V
D9	采样周期选择。0：短周期采样，12SCLKs（1×采样时间） 1：长周期采样，24SCLKs（2×采样时间）
D8 D7	转换时钟源选择。00：转换时钟 = 内部 OSC　01：转换时钟 = SCLK 10：转换时钟 = SCLK/4　　11：转换时钟 = SCLK/2
D6 D5	转换模式选择 00：单次模式　01：重复模式 10：扫描模式　11：重复扫描模式
D4 D3	扫描自动序列选择 00：　N/A 10：A1-A1-A2-A2-A3-A3-A4-A4 01：A1-A2-A3-A4-A1-A2-A3-A4 11：A1-A2-A1-A2-A1-A2-A1-A2
D2	EOC/$\overline{INT}$ 引脚功能的选择。0：引脚用作 $\overline{INT}$；1：引脚用作 EOC
D1 D0	FIFO 的触发电平（描述序列长度） 00：全部（FIFO level 7 填满后产生 $\overline{INT}$ 中断） 01：3/4（FIFO level 5 填满后产生 $\overline{INT}$ 中断） 10：1/2（FIFO level 3 填满后产生 $\overline{INT}$ 中断） 11：1/4（FIFO level 1 填满后产生 $\overline{INT}$ 中断）

④ 采样方式

如果前高 4 位输入数据被译为转换命令，则采样周期开始。TLV2544 有两种采样方式：正常采样和扩展采样。

正常采样实际上是采用软件启动 A/D 转换方式。当 ADC 正常采样时，采样周期是可编程的，可以是短周期采样（12SCLKs）或长周期采样（24SCLKs）。如果正常采样达不到所要求的转换精度，则可采用扩展采样。

扩展采样采用硬件启动 A/D 转换，通过 $\overline{CSTART}$ 引脚来控制采样周期和转换的开始。在 $\overline{CSTART}$ 引脚输入一个宽度不小于 800ns 负脉冲后，A/D 转换开始，$\overline{CSTART}$ 下降沿为采样周期的开始，上升沿为采样周期的结束和转换的开始。

⑤ 转换模式

TLV2544 有 4 种转换模式，分别为单次模式、重复模式、扫描模式和重复扫描模式。每种模式的工作略有区别，主要取决于转换器的采样方式和采用哪一种接口。转换的触发信号可以采用有效的 $\overline{\text{CSTART}}$（扩展采样）、$\overline{\text{CS}}$（正常采样，SPI 接口）或 FS（正常采样，TMS320 系列 DSP 接口）。TLV2544 的转换模式见表 8.5.10。

表 8.5.10　TLV2544 的转换模式

转换模式	D6 D5	采样类型	工作说明
单次模式	0　0	正常采样	• 从所选的通道单个转换 • 用 $\overline{\text{CS}}$ 或 FS 信号启动选择/采样/转换/读 • 每次转换后产生一个 $\overline{\text{INT}}$ 或 EOC 信号 • 主机必须通过选择通道和读取上次输出来驱动 $\overline{\text{INT}}$
		扩展采样	• 从所选的通道单个转换 • 用 $\overline{\text{CS}}$ 信号选择读 • 用 $\overline{\text{CSTART}}$ 信号来启动采样和转换 • 每次转换后产生一个 $\overline{\text{INT}}$ 或 EOC 信号 • 主机必须通过选择下一个通道和读取上次输出来驱动 $\overline{\text{INT}}$
重复模式	0　1	正常采样	• 从所选的通道重复转换 • 用 $\overline{\text{CS}}$ 或 FS 信号启动采样/转换 • 在 FIFO 堆栈满后产生 $\overline{\text{INT}}$ 信号 • 主机进行 FIFO 读操作，读取达到堆栈满的所有 FIFO 的内容，然后从同一被选通道重复转换 • 主机通过写入另一条命令改变转换模式的方法来驱动 $\overline{\text{INT}}$。如果驱动 $\overline{\text{INT}}$ 时并未读 FIFO，则 FIFO 被清 0
		扩展采样	与正常采样一样，只是当 $\overline{\text{CS}}$ 为高电平时，由 $\overline{\text{CSTART}}$ 信号启动每次采样和转换
扫描模式	1　0	正常采样	• 在所选定的通道序列中每个通道转换一次 • 用 $\overline{\text{CS}}$ 或 FS 信号启动采样/转换 • 在 FIFO 堆栈满后产生 $\overline{\text{INT}}$ 信号 • 主机通过 FIFO 读操作，读取达到堆栈满的所有 FIFO 的内容，然后再写入另一条命令以改变转换模式的方法来驱动 $\overline{\text{INT}}$
		扩展采样	与正常采样一样，只是当 $\overline{\text{CS}}$ 为高电平时，由 $\overline{\text{CSTART}}$ 信号启动每次采样和转换
重复扫描模式	1　1	正常采样	• 在所选定的通道序列中重复转换 • 用 $\overline{\text{CS}}$ 或 FS 信号启动采样/转换 • 在 FIFO 堆栈满后产生 $\overline{\text{INT}}$ 信号 • 主机进行 FIFO 读操作，读取达到堆栈满的所有 FIFO 的内容，然后从同一被选通道重复转换 • 主机通过写入另一条命令改变转换模式的方法来驱动 $\overline{\text{INT}}$。如果驱动 $\overline{\text{INT}}$ 时并未读 FIFO，则 FIFO 被清 0
		扩展采样	与正常采样一样，只是当 $\overline{\text{CS}}$ 为高电平时，由 $\overline{\text{CSTART}}$ 信号启动次采样和转换

（2）TLV2544 转换器与 TMS320VC5402 芯片的接口

TMS320VC5402 提供高速、双向、多通道缓冲串行口（McBSP），可用来与串行 A/D 转换器直接连接。每个 McBSP 都可在 SPI 模式下进行串行通信。在 SPI 模式下，McBSP 可方便地与满足 SPI/TM 协议的串行设备相连。与 TLV2544 接口时，TMS320VC5402 作为 SPI 主设备向 TLV2544 提供串行时钟、命令和片选信号，实现无缝连接，不需要附加逻辑电路。图 8.5.7 为 TMS320VC5402 与 TLV2544 连接示意图。

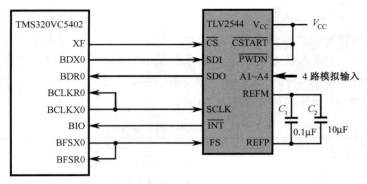

图 8.5.7 TMS320VC5402 与 TLV2544 连接示意图

TLV2544 采用正常采样方式，通过软件启动 A/D 转换，$\overline{\text{CSTART}}$ 和 $\overline{\text{PWDN}}$ 接电源电压。该电路使用内部基准电压，REFP 和 REFM 之间接入 C_1 和 C_2 两个去耦电容。

A/D 转换电路的工作是由 DSP 的 McBSP0 来控制的，McBSP0 通过串行输出 BDX0 发送控制字到 TLV2544 的 SDI，来决定其工作方式。TLV2544 按 DSP 发出的控制字进行转换，当转换结果产生后（如 FIFO 堆栈满），发出 $\overline{\text{INT}}$ 信号通知 DSP 接收。DSP 接收到 $\overline{\text{INT}}$ 信号后，经 BDR0 读入已转换好的串行数据。

8.5.2 'C54x 与 D/A 转换器的接口

数模接口是 DSP 处理系统中的一个重要组成部分，主要完成模拟量与数字量之间的转换。D/A 转换器（DAC）就是用来实现数字量至模拟量转换的器件。

1. D/A 转换器

TI 公司为本公司生产的 DSP 芯片提供了多种配套的数模转换器，根据数字信号的传送形式不同，可分为并行和串行转换器。典型的器件有 TLV5619（并行）和 TLV5616（串行）。

（1）TLV5619 数模转换器

TLV5619 是 12 位并行电压输出型 D/A 转换器，可与 DSP 芯片并行连接，其结构如图 8.5.8 所示。TLV5619 主要由 12 位输入寄存器、12 位 DAC 锁存器、12 位电阻网络 D/A 转换器、选择与控制逻辑及基准输入缓冲放大器和输出缓冲放大器等组成。

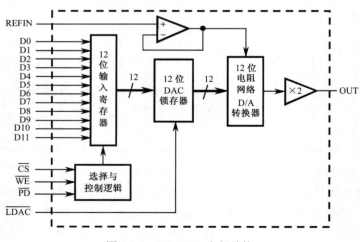

图 8.5.8 TLV5619 内部结构

① 引脚功能

TLV5619 共有 20 根引脚，采用双列直插式排列，其引脚如图 8.5.9 所示。

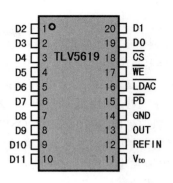

图 8.5.9　TLV5619 引脚图

● 电源类引脚

V_{DD}：正电源。可采用 5V 或 3V 供电，5V 供电时，功耗为 8mW，3V 供电时，功耗为 4.3mW。

REFIN：参考电压输入端，接基准电压 V_{ref}。电源为 5V 供电时，$V_{ref} = 2.048V$，电源为 3V 供电时，$V_{ref} = 1.024V$。

GND：地。

● 控制类引脚

$\overline{CS}$：片选引脚，低电平有效。

$\overline{WE}$：写允许引脚，低电平有效。

$\overline{LDAC}$：装载引脚，低电平有效。该引脚有效时，12 位输入寄存器中的数据装入 12 位 DAC 锁存器，并通过 D/A 转换器转换输出。

$\overline{PD}$：低功耗模式控制引脚，低电平有效。在 $\overline{PD}$ 引脚有效时，所有缓冲放大器减少输出电流，可使芯片功耗降至 50nW。

● 输入数据引脚

D11~D0：并行数据输入。输入的 12 位转换数据，由 $\overline{CS}$、$\overline{WE}$ 控制，写入输入位寄存器。

● 输出引脚

OUT：模拟电压输出。

② D/A 转换过程

下面根据时序图介绍 TLV5619 的 D/A 转换过程。TLV5619 的时序图如图 8.5.10 所示。

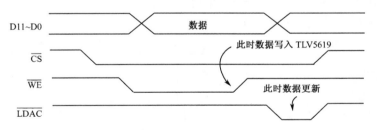

图 8.5.10　TLV5619 时序图

片选 $\overline{CS}$ 有效后，TLV5619 被选中。开始时写允许 $\overline{WE}$ 为高电平，输入寄存器处于禁止状态，不接收 D11~D0 数据，随后 $\overline{WE}$ 变为低电平有效，输入寄存器接收数据，稳定后 $\overline{WE}$ 变为高电平。在 $\overline{WE}$ 的上升沿，数据线上的 12 位数据 D11~D0 被输入寄存器锁存。若 $\overline{LDAC}$ 有效，锁存数据 D11~D0 写入 DAC 锁存器，输出模拟量被同时更新。由于 12 位输入数据被双缓冲，因此可以通过 $\overline{LDAC}$ 引脚实现输出更新同步。一般情况下，可将 $\overline{LDAC}$ 接地，实现输入数据的单缓冲，此时在每次 $\overline{WE}$ 的上升沿，数据进入器件被锁存并输出新的模拟量。

③ 输出电压

TLV5619 的输出缓冲器采用 2 倍增益、具有 A 类输出的放大器，可以提高器件的稳定性并减少建立时间。其输出电压为

$$V_{OUT} = 2 \times V_{ref} \times \frac{CODE}{0x1000} \quad (V)$$

式中，V_{ref} 为基准电压；CODE 为数字输入值，其范围从 0x000~0xFFF。上电复位时，将数据锁存器复位至预定状态（所有位均为 0）。

（2）TLV5616 数模转换器

TLV5616 是一个串行 12 位电压输出数模转换器（DAC），带有灵活的 4 线串行口，可以无缝连接 TMS320、SPI、QSPI 和 Microwire 串行口。输出缓冲是 2 倍增益轨到轨（Rail-to-Rail）输出放大器，采用 AB 类输出以提高稳定性并减少建立时间。Rail-to-Rail 输出非常适宜单电源、电池供电应用，可通过 4 位控制位和 12 位 DAC 输入数据组成的 16 位串行数据来选择建立时间和功耗比。TLV5616 的结构图如图 8.5.11 所示。

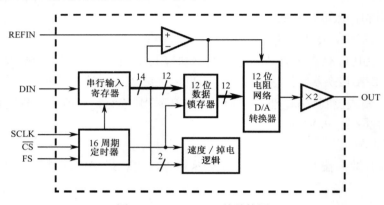

图 8.5.11　TLV5616 的结构图

① 引脚功能

TLV5616 采用 CMOS 工艺，2.7~5.5V 单电源工作，8 引脚 SOIC 封装，其引脚图如图 8.5.12 所示。TLV5616 的引脚功能见表 8.5.11。

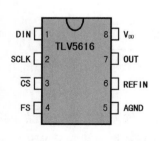

图 8.5.12　TLV5616 的引脚图

表 8.5.11　TLV5616 的引脚功能

引脚名称	引脚编号	I/O	功能说明
AGND	5		模拟地
$\overline{CS}$	3	I	片选信号，低电平有效。用于使能和禁止数据输入
DIN	1	I	串行数据输入端
FS	4	I	帧同步信号。用于 4 线串行口
OUT	7	O	DAC 模拟输出
REFIN	6	I	基准模拟电压输入
SCLK	2	I	串行时钟输入
V_{DD}	8		正电源

② 工作原理

TLV5616 是基于电阻网络结构的 12 位单电源 D/A 转换器，由数据锁存器、速度/掉电逻辑、基准输入缓冲器、电阻网络和轨到轨（Rail-to-Rail）输出缓冲器等组成。输出电压（由外部基准决定）为

$$V_{OUT} = 2 \times V_{ref} \times \frac{CODE}{0x1000} \quad (V)$$

式中，V_{ref} 为基准电压；CODE 为数字输入值，其范围从 0x000~0xFFF。上电复位时，将数据锁存器复位至预定状态（所有位均为 0）。

工作过程：首先，$\overline{\text{CS}}$ 为低电平，使能 TLV5616；然后，在 FS 的下降沿启动数据的移位。串行数据在 SCLK 的作用下，一位接一位（以 MSB 为前导）移入串行输入寄存器；最后，当 16 位数据传送完或 FS 变为高电平时，串行输入寄存器中的数据被移到数据锁存器，对新数据进行转换并更新输出电压，完成数模转换。

TLV5616 的数据为 16 位，由控制位和 DAC 数据两部分组成，其格式如下：

D15	D14	D13	D12	D11	D10	D9	D8	D7	D6	D5	D4	D3	D2	D1	D0
×	SPD	PWR	×	DAC 数据											

控制位（D15~D12）经串行输入至串行输入寄存器后，送入速度/掉电逻辑，用来确定器件的工作速度和功耗。

D15 和 D12：保留位。

D14（SPD）：速度控制位，SPD = 0 为慢速方式，SPD = 1 为快速方式。

D13（PWR）：功率控制位，PWR = 0 为正常方式，PWR = 1 为掉电方式。在掉电方式时，器件中的所有放大器都被禁止。

D11~D0：DAC 数据，共计 12 位，是由 DAC 转换的 12 位数字量。

2．D/A 转换器与 DSP 的接口

前面介绍了 TLV5619 和 TLV5616 两种 D/A 转换器，下面针对这两种器件分别介绍它们与 DSP 的接口。

（1）TLV5619 转换器与 TMS320VC5402 芯片的接口连接

TLV5619 是基于并行输入的 12 位单电源 D/A 转换器。在 $\overline{\text{CS}}$ 为低电平时被选中，可实现 12 位数据的双缓冲和单缓冲两种方式。

采用双缓冲方式，输入数据在 $\overline{\text{WE}}$ 的上升沿被存于输入寄存器，$\overline{\text{LDAC}}$ 的低电平被锁存至 DAC 锁存器，并刷新 DAC 转换器，更新输出。为了实现数据的双缓冲，控制具有负载特性的 DAC，$\overline{\text{LDAC}}$ 必须在 $\overline{\text{WE}}$ 的上升沿被驱动为低电平。

采用单缓冲方式时，$\overline{\text{LDAC}}$ 始终保持低电平，使 DAC 锁存器处于直通方式，$\overline{\text{WE}}$ 的上升沿锁存数据，并刷新 DAC 转换器，更新输出结果。

图 8.5.13 给出了 TLV5619 与 TMS320VC5402 连接的例子。除了 DSP 和 DAC 芯片，还需要一片 74AC138 作为电路的地址译码器。DAC 采用单缓冲方式，占用 DSP 芯片 I/O 空间的地址为 0x0084H。

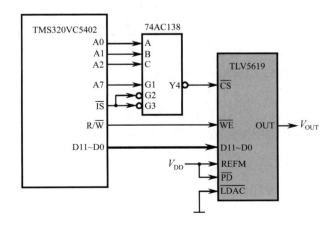

图 8.5.13　TLV5619 与 TMS320VC5402 的连接

DSP 对 TLV5619 的访问可用下面的指令来实现：

    PORTW   Smem,PA

其中，Smem 为转换数据所存放的数据存储器单元地址，PA 为 TLV5619 的 I/O 空间地址。例如，转换数据存放在数据存储器的地址为 0060H，而 TLV5619 的 I/O 地址为 0084H，要完成该数据的转换可用下列指令实现：

    ST   #0060,AR1
    PORTW   *AR1,0084H

根据图 8.5.13 的接口连线，可实现锯齿波发生器，参考程序如下：

START:	LD	#1,B	;立即数 1 送累加器 B,设置线性增量
	STM	#60H,AR0	;设置转换数据单元地址
	STM	#0,*AR0	;立即数 0 存入数据单元
LOOP:	PORTW	*AR0,84H	;将数据从 I/O 接口输出
	CALL	WAIT	;调延时程序
	ADD	*AR0,B,A	;完成数据加 1
	AND	# 0FFFH,A	;屏蔽 16 位数据的高 4 位,保留低 12 位
	STL	A,*AR0	;修正数据存入数据单元
	B	LOOP	;循环

上述程序产生的锯齿波是从 0V 线性上升到最大值，然后回到 0V 重新开始，完成周期性变化。最大值所对应的数据为 0FFFH，数据线性增量为 1。从宏观上看，波形为线性上升，但实际上它由 4096 个小台阶组成，每个小台阶暂留时间为执行一遍循环程序所需要的时间，包括延时程序。因此，调整延时程序的延时时间可以改变锯齿波的周期。

（2）TLV5616 转换器与 TMS320VC5402 芯片的接口连接

如果 DSP 的串行口仅与一片 TLV5616 进行无缝串行连接，那么有两种基本连接形式。

① 三线连接

TLV5616 的片选端 $\overline{\text{CS}}$ 直接接地，仅用 3 根线与 DSP 的串行口连接。如用 TMS320VC5402 的 McBSP0 实现三线连接，连接形式如图 8.5.14 所示。

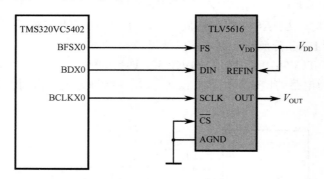

图 8.5.14　TLV5616 与 TMS320VC5402 的三线连接

② 四线连接

四线连接是指将 TLV5616 的 FS、DIN、SCLK 和 $\overline{\text{CS}}$ 4 根线与 DSP 的串行口连接。如用 TMS320VC5402 的 McBSP1 与 TLV5616 实现四线连接，连接形式如图 8.5.15 所示。

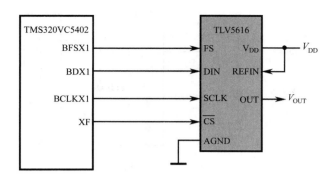

图 8.5.15 TLV5616 与 TMS320VC5402 的四线连接

8.6 DSP 系统的硬件设计实例

本节将结合前几节所讨论的内容，介绍 DSP 系统的硬件设计案例，重点介绍系统硬件设计的一般流程，以帮助读者初步掌握一个完整的 DSP 系统的工程设计方法。

8.6.1 基于 G.729A 标准的 DSP 实时系统的设计

与'C54x 系列的其他芯片相比，TMS320VC5402 以独有的高性能、低功耗和低价格特性，受到业内用户的欢迎，已广泛应用于很多领域。下面介绍采用该芯片实现 G.729A 语音压缩算法的 DSP 实时系统。

1. G.729A 语音压缩标准

G.729 是国际电信联盟（ITU）制定的一种高质量的语音压缩标准，工作速率为 8kb/s，目前已在许多通信系统中得到了应用。该标准采用"共轭结构-代数码激励线性预测"（CS-ACELP）算法，主要应用于 IP 电话、移动通信、多媒体网络通信和数字卫星通信系统等领域。

随着电信业务的发展，人们对语音编码的要求越来越高。不仅要求低延时、低码速率，而且要求有很高的语音质量。为了降低复杂程度，ITU 于 1996 年 5 月通过了 G.729 的附件 A，即 G.729A。它与 G.729 的工作速率兼容，即它们的编码都能被对方的解码器加以接收并重建信号，但复杂度和运算量都有了很大程度的下降。G.729 和 G.729A 的编码属性见表 8.6.1。

表 8.6.1 G.729 和 G.729A 的编码属性

参 数	G.729	G.729A
比特率/(kb/s)	8	8
帧长/ms	10	10
子帧长/ms	5	5
运算延时/ms	15	15
运算量/MIPS	20	10.5

2. 系统的组成

本系统由 TMS320VC5402 芯片、模数转换电路、Flash 存储器和双口 RAM 组成，系统框图如图 8.6.1 所示。TMS320VC5402 作为整个系统的核心，主要用来完成语音压缩和解压缩在内的所有软件功能。A/D 和 D/A 转换器完成语音信号的模数和数模转换。Flash 存储器用于存放系统程序和已初始化的数据，双口 RAM 用来与外部交换语音压缩数据。

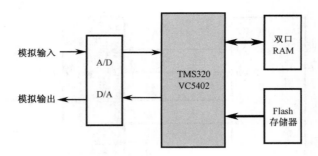

图 8.6.1　DSP 系统框图

系统的工作过程如下：

①　系统加电 DSP 芯片后，由其内部存储器固化的自引导程序（Boot）将存于 Flash 存储器中的程序和数据移入内部 RAM。

②　程序和数据移至内部 RAM 后，DSP 芯片开始运行程序，执行语音编码算法。每隔 10ms 运行一次编/解码算法，并与双口 RAM 交换一次数据。

③　DSP 芯片将语音压缩后得到的数据写入双口 RAM，由外部系统读出并送至信道。

④　外部系统将对方的编码数据送至双口 RAM，由 DSP 芯片从双口 RAM 中读出，进行数据处理，还原为合成语音。

由于 TMS320VC5402 的运算速度在 10ms 内足以完成语音的压缩和解压缩算法，因此，系统可以采用全双工方式工作。

3．系统的硬件设计

本系统由 TMS320VC5402 芯片、Flash 存储器、双口 RAM 和模数转换电路等组成。

（1）电源设计

TMS320VC5402 采用双电源供电，DSP 的内核电压和 I/O 接口电压分别为 1.8V 和 3.3V，因此，本系统需要 3 种电源，电压分别为 5V、3.3V 和 1.8V。其中，双口 RAM、模数转换电路和时序发生电路均采用 5V 电源供电，由系统外部提供，而 Flash 存储器和电平缓冲接口芯片需 3.3V 供电。DSP 的双电源解决方案采用 TPS73HD318 实现，该芯片的输出电压分别为 3.3V 和 1.8V，每路电源的最大输出电流为 750mA，其应用电路如图 8.2.6 所示。

（2）DSP 设计

DSP 设计主要考虑以下几个方面。

①　复位电路。采用 MAX706R 芯片组成自动复位电路，既能实现上电复位，又能监控系统运行。由 MAX706R 组成的自动复位电路如图 8.6.2 所示。

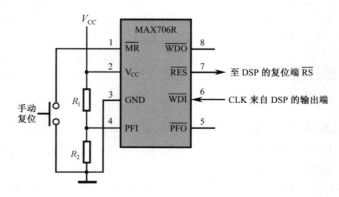

图 8.6.2　系统自动复位电路

② 时钟电路。采用外部时钟源，设置 CLKMD1=1，CLKMD2=0，CLKMD3=1。芯片上电后，使 CLKMD 寄存器的复位值为 F000H，DSP 芯片的时钟为外部晶振频率的 1/4。

③ 串行口。TMS320VC5402 提供了 2 个高速、双向、多通道缓冲串行口（McBSP）。

④ 外部存储器地址及数据分配。系统使用的外部存储器为 Flash 存储器和双口 RAM。Flash 存储器既可以映射在程序存储空间，也可以映射在数据存储空间，而双口 RAM 仅映射在数据存储空间。为了防止两个存储器的数据冲突，Flash 存储器采用外部数据的低 8 位（D7~D0），双口 RAM 使用外部数据的高 8 位（D15~D8）。

⑤ 引导程序。本系统采用外部并行 8 位 Boot 方式。Flash 存储器的数据存储空间地址为 0000H~FFFFH，程序存储空间地址为 0000H~FFFFH、010000H~01FFFFH、020000H~02FFFFH、030000H~03FFFFH。双口 RAM 的数据存储空间地址为 8000H~FFFFH。

（3）Flash 存储器接口设计

Flash 存储器选用一片 AT29LV020，构成 256K×8 位的存储空间，主要用来存储程序及初始化数据。设计时主要考虑以下几个方面：

① DSP 的引导程序采用外部 8 位 Boot 方式；

② 通过 DSP 的仿真系统，能将程序和数据写入 Flash 存储器中；

③ 系统运行时，能从 Flash 存储器中读出程序并装入内部 RAM 中；

④ 接口尽可能简单；

⑤ 注意存储器地址及数据的分配，避免数据冲突。

基于以上几个方面，Flash 存储器与 DSP 的接口如图 8.6.3 所示。

（4）双口 RAM 的设计

双口 RAM 选用 CY7C135-55，构成 4K×8 位的存储空间，用于与外部交换数据。双口 RAM 映射在 DSP 的外部数据区，其地址为 8000H~FFFFH。接口电路如图 8.6.4 所示。

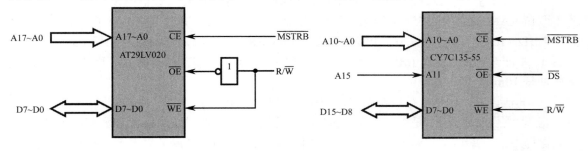

图 8.6.3　DSP 与 Flash 存储器的接口　　　　图 8.6.4　DSP 与双口 RAM 的接口

4．系统的调试

整个系统的调试包括硬件调试、软件调试和总体调试 3 个部分，这 3 部分调试都可以借助 TMS320VC5402 的仿真器完成。

为了使仿真器能够调试用户的系统，设计电路板时必须采用相匹配的 JTAG 仿真接头。利用 JTAG 仿真接头，仿真器可以对用户系统进行软硬件调试。

（1）硬件调试

调试步骤如下：

① 测试电源电压。硬件焊接完成后，测试电源电压是否正常。

② 测试 DSP 芯片的输出频率。用示波器或逻辑分析仪测试 DSP 的 CLKOUT 引脚输出频率，对照 CLKMD1、CLKMD2、CLKMD3 的设置，检查频率是否正确。

③ 对硬件系统进行系统仿真。将仿真系统与硬件系统连接，运行仿真软件进行系统仿真。如果仿真系统的软件能正常运行，则表明 DSP 内部就能够正常运行。

④ 对 DSP 外围硬件调试。Flash 存储器的调试需要编写相应的程序，包括 Flash 存储器的擦除、编程和读取等。如果能将写入的数据正确读出，则表明 Flash 存储器的结构正确。双口 RAM 的调试比较简单，只需使用仿真器的存储器观察命令 mem。如果在窗口中能任意改变数据，则表明双口 RAM 能进行读/写操作。

⑤ 模数接口的调试。这种调试要涉及一些测试程序，包括打开串行口接收中断、将收到的样值立即送回串行口等功能。调试时，通常在模拟输入端加上一个正弦信号（300~3400Hz），观察模拟输出。若输出端得到与输入相同的信号，则表明模数转换电路与 DSP 的连接正确。

（2）软件调试

DSP 系统的软件调试主要在仿真器上进行。为了提高程序的效率，编写系统软件可采用 3 种不同的方法，即用汇编语言编写、C 语言编写及 C 与汇编语言的混合编写。

软件调试时，可以通过比较 C 程序的模拟结果与汇编程序的结果来实现。通常，两种结果应完全一致。

（3）总体调试

总体调试主要包括系统的初始化、软硬件的联合调试等，主要有以下几项工作。

① 中断向量的重新定位，对 PMST 寄存器进行设置，将中断向量表的起始地址设定在 7F00H。

② 工作时钟设置，可通过设置 CLKMD 寄存器来实现。系统上电时，工作时钟根据外部引脚 CLKMD1、CLKMD2、CLKMD3 的设置而定。例如，本系统采用外部时钟源，晶振频率为 20MHz，设置 CLKMD3 CLKMD2 CLKMD3=101，系统开始时的工作时钟为晶振频率的 1/4，即 5MHz。若正常工作时的频率为 100MHz，则设置的倍数为 5（20×5=100），取 CLKMD 寄存器中的 PLLNDIV=1、PLLDIV= 0、PLLMUL=4，设置 CLKMD=43EFH。

③ 等待状态数的设置，可根据外设的工作速度，对 SWWSR 寄存器的设置来完成。例如，外部双口 RAM 的速度为 55ns，数据存储空间地址为 8000H~FFFFH，而正常工作的指令周期为 1/100MHz =10ns，因此需插入 5 个等待状态，SWWSR 寄存器中的 D11~D9 =101。

④ 中断设置，通过对 IMR 寄存器的设置来完成。本系统需要打开串行口和 $\overline{INT0}$ 中断，外部脉冲每 10ms 中断一次。

⑤ 其他设置，包括串行口初始化、ST0 和 ST1 初始化等。

⑥ 软硬件联合调试，是将所有程序综合在一起，利用仿真器对硬件系统进行调试。程序包括：初始化程序、语音编/解码程序、串行口中断服务程序、$\overline{INT0}$ 中断服务程序等。初始化程序主要完成系统的初始化，语音编/解码程序用来完成 G.729A 的算法，串行口中断服务程序完成语音样值的输入和输出，$\overline{INT0}$ 中断服务程序用于完成每 10ms 与双口 RAM 交换一次编码数据。

5. 独立系统的形成

系统调试成功后，可以通过仿真器将用户 Boot 程序和整个系统程序写入 Flash 存储器。操作过程如下：

① 编译汇编程序，形成扩展名为.obj 的目标文件。

对 C 程序编译的命令格式为（以 lpc.c 为例）：

```
CL500    lpc.c
```

对汇编程序汇编的命令格式为（以 adda.asm 为例）：

```
ASM500   adda.asm
```

② 链接目标文件，形成扩展名为.out 的目标文件。先编写一个链接命令文件，设文件名为

coder8k.cmd，则链接命令格式为：

    LNK500   coder8k.cmd

③ 将目标文件格式转换为 TI-tagged 文件格式，形成 TI 格式文件 coder8k.t0。其命令格式为：

    HEX500   –t   coder8k.out

④ coder8k.t0 文件转换为 ASCII 码文件 coder8k.asc，转换方法为：

    TA54   coder8k

⑤ 将 coder8k.asc 结合到写 Flash 存储器的汇编语言文件 write.asm 中，对 write.asm 进行编译、链接，形成 write.out。

⑥ 将 write.out 装入仿真器中，运行该程序，并将用户 Boot 程序写入 Flash 存储器。

将用户 Boot 程序和系统程序写入 Flash 存储器后，系统就可以成为独立运行的 DSP 系统。

8.6.2　语音基带处理模块的设计

语音基带处理模块用于实现数字语音的通信，主要完成语音数字化、数字语音信号和数据信号的处理与传输等功能。

1．设计方案的选择

本设计主要完成语音基带处理模块的设计。根据该模块的功能，设计方案应重点考虑语音数字化和编码、数据传输等功能的实现。

本方案的语音数字化和编码采用连续可变斜率增量调制 CVSD，是 ΔM 的一种改进。采用该方法，可以保证在相同音质的情况下，使 ΔM 的码率从 ADPCM 的 32kb/s 降到 16kb/s 或 8kb/s。

该设计模块选用 DSP 设计方案。方案确定后，选择 DSP 处理器的型号是非常重要的一个环节，应从芯片的运算速度、片上资源、功耗、开发工具及价格、封装等方面来考虑。

该方案选择 TI 公司的 TMS320VC5409 芯片，主要基于以下几个原则。

① 运算速度：TMS320VC5409 的指令速度可以达到 100MIPS，完全可以实现该模块实时处理的要求。

② 片上硬件资源：TMS320VC5409 片内 ROM 容量为 16K×16 位，片内双寻址 RAM 容量为 32K×16 位，可以减少片外存储器的容量。TMS320VC5409 片内外设丰富，有主机接口（HPI）、时钟发生器、3 个多通道缓冲串行口（McBSP）等，可以满足该模块数据传输的需求。

③ 接口能力：TMS320VC5409 的 McBSP 具有灵活的接口能力，既可实现全双工通信，直接与数字信号编/解码器的工业标准接口，也可以通过串行口与 ADC/DAC 实现无缝连接。TMS320VC5409 的接口能方便地进行外围电路的设计，当使用低速的片外存储器时，可以自动插入等待周期，以解决速度的匹配。

④ 开发工具：TI 公司为用户问题提供了方便的开发系统，如集成开发环境 CCS，它支持软件的仿真，用户可以在制作目标板之前，利用 CCS 开发系统进行算法仿真。TI 公司还为用户提供了硬件平台，有各种类型的硬件仿真器，可对系统进行实时软硬件调试和硬件仿真。

2．基本原理

该设计方案采用 CVSD 语音编/解码，送入语音基带处理模块的最高语音数据流为 16kb/s，经过 DSP 芯片的语音基带处理，送出 64kb/s 数据至数字调制/解调电路。

（1）模块原理框图

语音基带处理模块的原理框图如图 8.6.5 所示。

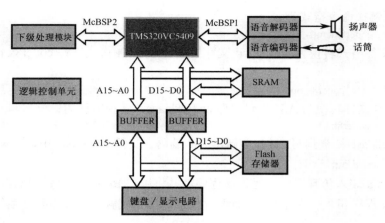

图 8.6.5　语音基带处理模块的原理框图

DSP 处理器：主要完成语音基带信号的处理，包括信号的信道编/解码、加入/提取信令、组/拆帧等操作。

语音编/解码器：对来自话筒的语音信号和来自 DSP 的数据进行 CVSD 编码和解码。

总线驱动器（BUFFER）：用来增强总线的驱动能力，并对总线起到隔离的作用。经过 BUFFER 扩展后的数据总线和地址总线，具有较强的驱动能力，用户可以在上面扩展各种外部设备。

Flash 存储器：用来存放用户编写的系统程序。该程序在目标板上电时，能通过 Boot 程序引导到 DSP 片内 RAM 中。

静态存储器（SRAM）：是为 DSP 芯片扩展的外部数据存储器。为了加快 SRAM 的读/写速度，可直接与 DSP 的数据总线和地址总线连接。

逻辑控制单元：用来完成系统的解码和逻辑控制，可用 CPLD 或 FPGA 实现。

键盘/显示电路：用来实现人机对话。

（2）数字语音通信过程

DSP 芯片可以和下级处理模块进行数字语音通信，包括语音信号的发送和接收。

① 语音信号的发送。来自话筒的音频信号经过语音编码器的 CVSD 编码，变换成 16kb/s 串行语音数据流。DSP 芯片通过 McBSP1 输入数据流进行信道编码，加入信令和组帧信息，以增强纠错能力。然后通过 McBSP2 输出至下级模块进行后续处理。为了进一步增强纠错能力，后续的下级处理模块将对输出码流进行扩频、QPSK 调制等处理，并通过射频电路发射，实现数字语音的发送。

② 语音信号的接收。DSP 芯片通过 McBSP2 输入下级处理模块的信号，并完成信号的信道解码、提取信令和拆帧，然后经 McBSP1 输出至语音解码器。语音解码器将数据进行 CVSD 解码，转换成音频信号，并送至扬声器还原语音，完成语音信号的接收。

3．各单元模块的设计

从图 8.6.5 可以看出，语音基带处理模块由语音编/解码电路、DSP 芯片、总线驱动器（BUFFER）、Flash 存储器、静态存储器（SRAM）、逻辑控制单元和电源等组成。下面分别介绍各单元模块的设计。

（1）DSP 基本系统设计

DSP 芯片选用 TMS320VC5409。为了保证该芯片能正常稳定工作，需要对它的引脚进行配置。所谓引脚的配置，是指将相应的引脚按照正确的逻辑状态进行设置，即用 4.7kΩ电阻上拉到高电平，使引脚置为 1；或将引脚直接接地，置为 0。TMS320VC5409 引脚配置主要有：

- 为了保证用户编写的程序能够从外部 ROM 引导到 DSP 芯片的内部存储器中，DSP 芯片应设置为微型计算机模式，MP/$\overline{\text{MC}}$ 引脚应下拉接地，置为 0。
- 为了避免 DSP 在程序运行中出现不正确的跳转，应将引脚 $\overline{\text{INT0}}\sim\overline{\text{INT3}}$、$\overline{\text{NMI}}$ 和 $\overline{\text{BIO}}$ 上拉至高电平，置为 1。
- 为了防止 DSP 出现意外停止响应和额外插入等待周期，应将 $\overline{\text{HOLD}}$ 和 READY 引脚上拉至高电平，置为 1。
- 时钟电路采用内部时钟源，时钟模式设置为 1/2。时钟模式引脚 CLKMD1、CLKMD2、CLKMD3 上拉至高电平，置为 1，而时钟引脚 X1 和 X2/CLKIN 外接晶体振荡器。

综上所述，TMS320VC5409 的基本引脚连接如图 8.6.6 所示。

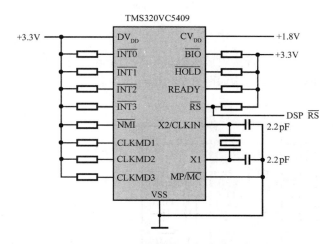

图 8.6.6　TMS320VC5409 的基本引脚连接

（2）电源设计

TMS320VC5409 芯片需要双电源供电，电压分别为+3.3V 和+1.8V。TI 公司的电源芯片 TPS73HD318 能提供固定电压的双电源，其输出电压分别为 3.3V 和 1.8V，每路电源的最大输出电流为 750mA，并且带有宽度为 200ms 的低电平复位脉冲，可直接接到 DSP 芯片的复位端，电路图如图 8.2.6 所示。

（3）语音编/解码电路的设计

语音编/解码电路包括信号放大滤波器、语音编码器和语音解码器，主要用于对输入的低功率语音信号进行放大滤波，输出具有一定功率能驱动负载的语音信号，然后再对语音信号进行编/解码。

信号放大滤波电路选用 LM356 运算放大器，该放大器的输入性能要好于通常的运算放大器，可用于采样和同步电路、快速的 ADC 和 DAC、宽带放大器、低噪声放大器等。

编/解码芯片采用 Motorola 公司生产的 MC3418。该芯片主要应用于低传输速率的数字电话通信设备和 ΔM 程控数字交换机中。

为实现全双工操作，该模块采用两片 MC3418，分别组成语音编码器和语音解码器。

语音编码电路由 MC3418 芯片和 LM356 组成的信号放大滤波电路构成，电路结构如图 8.6.7 所示。

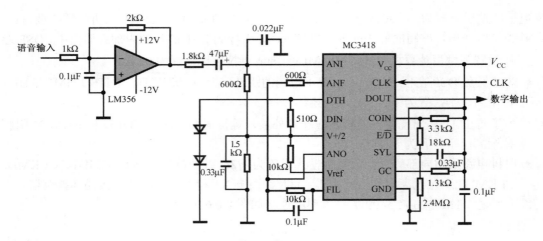

图 8.6.7　语音编码电路

在语音解码电路中，根据语音接收放大滤波电路的特点，选用低功率音频放大器 LM386，电压增益范围为 20~200V，电路结构如图 8.6.8 所示。

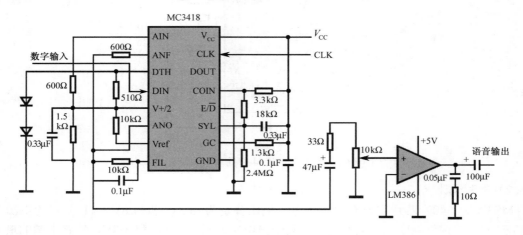

图 8.6.8　语音解码电路

（4）总线驱动器（BUFFER）的设计

总线驱动器用于提高总线的驱动能力，以便扩展足够的外设。本模块采用 16 位总线驱动器 SN74LVTH16245，可与 TMS320VC5409 的地址、数据总线匹配，工作电压为 3.3V，可以承受 0~7V 输入电压，能与 3.3V 的 TMS320VC5409 和 5V 的 TTL 设备兼容。

（5）Flash 存储器的设计

TMS320VC5409 为 ROM 型 DSP 芯片，用户的运行程序和数据在掉电后不能保留，因此，DSP 芯片需要扩展 Flash 存储器来保存系统运行的程序和数据。系统上电时，在引导程序的控制下，Flash 存储器中的数据自动加载到高速 DSP 的片内 RAM 中，并自动运行。该模块采用 Atmel 公司的产品 AT29LV020，构成 256K×8 位的存储空间，该 Flash 存储器的扩展电路如图 8.6.3 所示。

（6）逻辑控制单元

在基带处理模块中，需要大量的逻辑电路。为了简化电路设计，提高系统的可靠性，缩短产品的研发周期，可以采用 CPLD 或 FPGA 器件来实现系统逻辑电路的设计。具体采用何种型号，可根据系统逻辑电路的规模、所需的引脚数目、芯片的速度、片上资源等来确定。

4．DSP 基本系统的程序设计

（1）McBSP 的初始化程序

在语音基带处理模块中，DSP 芯片所使用的片上外设主要是 McBSP，它可以与同步串行口直接连接，因此硬件设计非常简单。该模块分别使用 McBSP1 和 McBSP2 与语音编/解码电路和下级处理模块进行通信，开始工作时需对其进行初始化，以实现数据的接收和发送。下面以 McBSP2 为例介绍 McBSP 的初始化。

初始化程序包括 3 个子程序，分别为 McBSP 的初始化程序 Initializing、McBSP 接收子程序 Receive_int 和 McBSP 发送子程序 Transmit_int。

程序清单如下：

```
                    .title "McBSP Test Program"
                    .mmregs
        DRR12       .set    31h              ;设置 McBSP2 接收数据寄存器 1 的地址
        DXR12       .set    33h              ;设置 McBSP2 发送数据寄存器 1 的地址
        SPSA2       .set    34h              ;设置 McBSP2 子地址寄存器的地址
        SPCR2       .set    35h              ;设置 McBSP2 串行控制寄存器的地址
                    .bss    Starck_memory , 500
Interrupt_vector:                            ;中断向量表
                    .text
RS                  B       Main             ;复位
                    NOP
                    NOP
NMI                 B       intnull          ;不可屏蔽中断
                    .word   0, 0
SINT17              B       intnull          ;软件中断 17
                    .word   0, 0
SINT18              B       intnull          ;软件中断 18
                    .word   0, 0
SINT19              B       intnull          ;软件中断 19
                    .word   0, 0
SINT20              B       intnull          ;软件中断 20
                    .word   0, 0
SINT21              B       intnull          ;软件中断 21
                    .word   0, 0
SINT22              B       intnull          ;软件中断 22
                    .word   0, 0
SINT23              B       intnull          ;软件中断 23
                    .word   0, 0
SINT24              B       intnull          ;软件中断 24
                    .word   0, 0
SINT25              B       intnull          ;软件中断 25
                    .word   0, 0
SINT26              B       intnull          ;软件中断 26
                    .word   0, 0
SINT27              B       intnull          ;软件中断 27
                    .word   0, 0
SINT28              B       intnull          ;软件中断 28
                    .word   0, 0
SINT29              B       intnull          ;软件中断 29
                    .word   0, 0
SINT30              B       intnull          ;软件中断 30
                    .word   0, 0
```

```
INT0        B      intnull              ;外部中断 0
            .word  0, 0
INT1        B      intnull              ;外部中断 1
            .word  0, 0
INT2        B      intnull              ;外部中断 2
            .word  0, 0
TINT        B      intnull              ;定时器中断
            .word  0, 0
BRINT0      B      intnull              ;McBSP0 接收中断
            .word  0, 0
BXINT0      B      intnull              ; McBSP0 发送中断
            .word  0, 0
BRINT1      B      Receive_int          ;McBSP1 接收中断
            .word  0, 0
BXINT1      B      Transmit_int         ; McBSP1 发送中断
            .word  0, 0
INT3        B      intnull              ;外部中断 3
            .word  0, 0
HPINT       B      intnull              ;HPI 中断
            .word  0, 0
BRINT2      B      intnull              ;McBSP2 接收中断
            NOP
            NOP
BXINT2      B      intnull              ; McBSP2 发送中断
            NOP
            NOP
   Q28      .word  0, 0, 0, 0
   Q29      .word  0, 0, 0, 0
   Q30      .word  0, 0, 0, 0
   Q31      .word  0, 0, 0, 0
Main:
      SSBX     INTM                  ;关闭所有中断
      STM      #0FFFFh,IFR           ;清除所有中断标志
      STM      #0,CLKMD              ;转换到 DIV 模式
      NOP
TS:   LDM      CLKMD,A
      AND      #01b,A
      BC       TS,ANEQ
      STM      #3007h,CLKMD          ;CLKOUT= CLKIN×4
      RPT      #100                  ;延时
      NOP
      STM      # Starck_memory +500,SP  ;设置堆栈指针
      STM      # 01060h,PMST         ;设置 PMST 寄存器,使中断向量起始于 0x1000
      STM      # 3610h,SWWSR         ;寄存器 SWWSR=3610H,设置等待状态
                                     ;I/O 空间:3 个等待状态
                                     ;数据存储空间(8000h~ffffh):3 个等待状态
                                     ;程序存储空间(8000h~ffffh):2 个等待状态
      CALL     Initializing          ;调用 McBSP 的初始化子程序
      RPT      #0FFh                 ;延时
               NOP
      LD       #799,B
      STM      # 0C0h,IMR            ;允许 RINT1、XINT0 中断
      STM      # 0FFh,DXR12          ;0FFh→DXR12
```

```
Main_loop:
        NOP                             ;主循环体
        B       Main_loop
intnull: NOP
        RETE
Initializing:
        STM     #0000h,SPSA2            ;选择串行口控制寄存器 SPCR12
        STM     #0000h,SPCR2            ;0000h→SPCR12,使 DLB(15)= 0,RJUST(14~13)= 00,
                                        ;CLKSTP(12~11)= 00,RES(10~8)= 000,DXENA(7)= 0,
                                        ;ABIS(6)= 0,RINTM(5~4)= 00,RSYNCERR(3)=0,
                                        ;RFULL(2)= 0,RRDY(1)=0,RRST (0)= 0
        STM     #0001h,SPSA2            ;选择串行口控制寄存器 SPCR22
        STM     #0000h,SPCR2            ;0000h→SPCR22,使 RES(15~10)= 000000,Free(9)= 0,
                                        ;Soft(8)=0,FRST (7)=0,GRST (6)= 0,XINTM(5~4)= 00,
                                        ;XSYNCERR(3)= 0,XEMPTY (2)= 0,XRDY(1)= 0,
                                        ; XRST (0)=0
        STM     #0002h,SPSA2            ;选择接收控制寄存器 RCR12
        STM     #0000h,SPCR2            ;0000h→RCR10,使 RES(15)= 0,RFRLEN1(14~8)= 000 0000,
                                        ;RWDLEN1(7~5)= 000,RES(4~0)= 0 0000
        STM     #0003h,SPSA2            ;选择接收控制寄存器 RCR22
        STM     #0000h,SPCR2            ;0000h→RCR22,使 RPHASE(15)= 0
                                        ;RFRLEN2(14~8)= 000 0000,RWDLEN2(7~5)= 000,
                                        ;RCOMPAND(4~3)= 00,RFIG2(2)= 0,RDATDLY(1~0)= 00
        STM     #0004h,SPSA2            ;选择发送控制寄存器 XCR12
        STM     #0000h,SPCR2            ;0000h→XCR12,使 RES(15)=0,
                                        ;XFRLEN1(14~8)= 000 0000,XWDLEN1(7~5)= 000,
                                        ;RES(4~0)= 0 0000
        STM     #0005h,SPSA2            ;选择发送控制寄存器 XCR22
        STM     #0000h,SPCR2            ;0000h→XCR22,使 XPHASE(15)= 0,
                                        ;XFRLEN2(14~8)= 000 0000,XWDLEN2(7~5)= 000,
                                        ;XCOMPAND(4~3)= 00,XFIG2(2)= 0,
                                        ;XDATDLY(1~0)=00
        STM     #0006h,SPSA2            ;选择采样率发生器寄存器 SRGR12
        STM     #0100h,SPCR2            ;0100h→SRGR12,使 FWID(15~8)= 0000 0001,
                                        ;CLKGDV(7~0)= 0000 0000
        STM     #0007h,SPSA2            ;选择采样率发生器寄存器 SRGR22
        STM     #0007h,SPCR2            ;0007h→SRGR22,使 GSYNC(15)=0,CLKSP(14)= 0,
                                        ;CLKSM(13)=0,FSGM(12)= 0,
                                        ;FPER(11~0)= 0000 0000 0111
        STM     #000Eh,SPSA2            ;选择引脚控制寄存器 PCR2
        STM     #0900h,SPCR2            ;0900h→PCR2,使 RES(15~14)= 00,XIOEN(13)= 0,
                                        ;RIOEN(12)= 0,FSXM(11)=1,FSRM(10)= 0,
                                        ;CLKXM(9)= 0, CLKRM(8)=1,RES (7)= 0,
                                        ;CLKS_STAT(6)= 0,DX_STAT(5)= 0,DR_STAT(4)= 0,
                                        ;FSXP(3)= 0,FSRP(2)= 0,CLKXP(1)= 0,CLKRP(0)=0
        RPT     #0FFh                   ;延时
        NOP
        STM     #0FFh, DXR12            ;0FFh→DXR12
        STM     #0000h,SPSA2            ;选择串行口控制寄存器 SPCR12
        STM     #0001h,SPCR2            ;0001h→SPCR10,McBSP2 接收器使能
        STM     #0001h,SPSA2            ;选择串行口控制寄存器 SPCR22
        STM     #00C1h,SPCR2            ;00C1h→SPCR22,
                                        ;使 McBSP2 的采样率发生器和发送器使能
```

```
                RETE
Receive_int:
                NOP
                NOP
                LDM         DRR12,A
                SUB         #1,B
                BC          Exit,BNEQ
                XORM        #2000h,* (ST1)
                LD          #200,B
Exit:           RETE
Transmit_int:
                STLM        A,DXR12
                RETE
```

（2）信道的编/解码程序

语音基带处理模块通过 McBSP2 与下级处理模块进行通信。由于下级处理模块采用 QPSK 调制，因此基带处理模块的信道编/解码采用格雷码。下面给出格雷码编码和解码的参考程序：

```
;格雷码编码程序
                .ref        CRAM2
Golay_code:
                LD          CRAM2,A
                STL         A,CRAM4              ;加载 16 位数据
                ST          #0,CRAM3
                ST          #Gen_code_tab,CRAM1  ;设置读数据指针
                STM         #16−1,BRC            ;重复执行 16 次
                RPTB        Golay_code_m00−1
                LD          CRAM1,A
                READA       CRAM0                ;读数据
                ADD         #1,A                 ;数据指针加 1
                STL         A,CRAM1              ;保存读数据指针
                BITF        CRAM3,BIT_04         ;测试数据位送 TC
                BC          Golay_code_m00−1,NTC ;若 TC= 0,则转移
                LD          CRAM3,A
                XOR         CRAM0,A              ;读取的数据与 CRAM3 的内容异或运算
                STL         A,CRAM3              ;结果存入 CRAM3
Golay_code_m01
                LD          CRAM4,A              ;完成 CRAM4 中的内容左移一位
                STL         A,1,CRAM4
Golay_code_m00
                RET
; for gre_cod gen
Gen_code_tab:
                .word   0AE3h,0F92h,0D2Bh,0C76h,0CD9h,066Dh,0534h,0472h
                .word   0337h,0B78h,05BCh,02DEh,0B8Dh,05C7h,04E9h,03C5h
                .end
;格雷码解码程序
                .ref        CRAM2
                .ref        CRAM3
                .ref        dec_tab
Golay_decode:
                LD          CRAM3,A
                STL         A,CRAM5              ;加载 16 位数据
                LD          CRAM2,A
                STL         A,CRAM6              ;加载 16 位数据
```

```
        CALL        Golay_code
        LD          CRAM2,A
        XOR         CRAM5,A                    ;数据与 CRAM2 的内容异或运算
        ADD         #Dec_tab,A
        READA       CRAM2                      ;读错误信息表
        LD          CRAM2,A
        XOR         CRAM6,A                    ;纠正错误
        AND         #0FFFh,A
        STL         A,CRAM6                    ;保存 16 位数据
        RET
; for gre_cod gen
Gen_code_tab:
        .word    0AE3h,0F92h,0D2Bh,0C76h, 0CD9h,066Dh,0534h,0472h
        .word    0337h,0B78h,05BCh,02DEh, 0B8Dh,05C7h,04E9h,03C5h
        .end
```

本 章 小 结

本章讲述了 DSP 系统的基本设计、相应接口电路的设计和应用实例。

① DSP 系统的基本设计主要包括电源电路、复位电路和时钟电路的设计等。

为了降低芯片功耗，'C54x 系列芯片大部分都采用双电源低电压供电。本章根据 TI 公司提供的电源芯片，提出了 3 种电源解决方案，即 3.3V 单电源供电、可调电压的单电源供电和采用双电源供电。究竟采用哪一种方案要根据实际需要和所选择的电源芯片而定。目前，电源芯片的种类很多，在设计时，首先根据系统对电源的要求来选择芯片和确定方案；然后了解所选芯片的特性；最后依据应用电路完成设计。

复位电路是通过复位输入引脚 $\overline{\text{RS}}$ 为 DSP 芯片提供硬件初始化的方法。复位电路分为上电复位电路、手动复位电路和自动复位电路。上电复位电路利用 RC 电路的延迟特性来对芯片进行复位。手动复位电路通过上电或按钮两种方式对芯片进行复位。自动复位电路除了具有上电复位和手动复位功能，还能监控系统运行，并在系统发生故障或死机时能再次对芯片进行复位。因此，在实际的应用系统中被广泛使用，并可采用自动复位集成电路来实现，如 Maxim 公司的 MAX706、MAX706R 芯片。

时钟电路用来为 DSP 芯片提供时钟信号，一般有两种方法，即使用外部时钟源和使用内部振荡器。

② 电平转换电路主要用来解决 DSP 芯片与外围芯片电源电压不兼容问题。当 DSP 芯片与接口器件不兼容时，可通过电平转换电路来解决。设计时要分析两者的电平转换标准是否一致，若不一致可加入集成缓冲器。选择缓冲器时要注意工作电压和电平转换标准。

③ 在进行外部存储器和 I/O 扩展时，必须了解 DSP 片上存储资源，并根据应用需求进行扩展。除了地址空间分配，还要考虑扩展芯片读/写控制、片选控制与 DSP 的外部地址总线、数据总线及控制总线的时序配合。

④ A/D 和 D/A 接口是 DSP 系统的重要组成部分。本章讨论了 A/D 和 D/A 转换器的接口设计，分别介绍了并行口和串行口电路。在实际设计时，首先根据不同的应用来选择芯片，主要考虑转换精度、转换时间、价格和功耗等因素；然后熟悉芯片的特性和功能；最后根据应用电路进行设计。

⑤ 本章最后以两个 DSP 应用系统为例，介绍了应用系统的设计、调试和开发。了解实际应用系统的设计开发过程，对灵活掌握 DSP 芯片的应用非常有帮助。对于其他系统的设计可参考本章的实例进行。

思考题与习题

8.1 一个典型的 DSP 系统通常由哪些部分组成？画出原理框图。

8.2 DSP 系统硬件设计过程都有哪些步骤？

8.3 在'C54x 芯片中，能否从一种分频方式直接切换到另一种分频方式？写出切换步骤。

8.4 一个 DSP 系统采用了 TMS320VC5402 芯片，而其他外部接口芯片为 5V 器件，试为该系统设计一个合理的电源。

8.5 试为 DSP 系统设计一个复位电路，要求该电路具有上电复位、手动复位和监控系统运行等功能。

8.6 将 TMS320VC5402 芯片从 2 分频方式切换到 4 分频方式，试编写相应的程序。

8.7 TMS320VC5402 外接一个 128K×16 位的 RAM，其结构如题图 8.1 所示。试分析程序存储区和数据存储区的地址范围，并说明其特点。

8.8 TMS320VC5402 外接一个 128K×16 位的 RAM，采用混合程序存储区和数据存储区扩展法，连接电路如题图 8.2 所示。试分析程序存储区和数据存储区的地址范围。

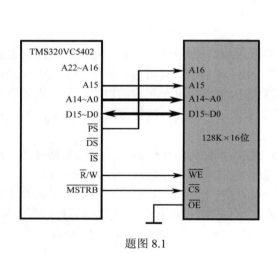

题图 8.1

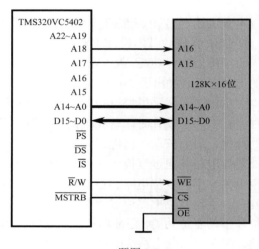

题图 8.2

8.9 Intel 28F400B3 是一种 64K×16 位 Flash 存储器，其控制逻辑信号如题表 8.1 所示。试将该存储器作为 DSP 的外部数据存储器进行扩展。若要将该芯片进行程序存储器扩展，该如何连接？

题表 8.1 Intel 28F400B3 的控制逻辑信号

引　脚	功　　能	引　脚	功　　能
$\overline{CE}$	片选	$\overline{RP}$	复位
$\overline{OE}$	输出使能	$\overline{WP}$	写保护
$\overline{WE}$	写控制	Vpp	电源

8.10 如何设计 DSP 芯片的模数接口电路？并行转换接口和串行转换接口与 DSP 芯片连接有何不同？

8.11 试用 TMS320VC5402 芯片设计一个 DSP 应用系统，该系统应包括一个 128K 字的 EPROM 和 A/D、D/A 转换器。

8.12 试用'C54x、ADC 和 DAC 等芯片，设计一个音频信号采集与处理系统，要求用 McBSP 实现。

8.13 试用'C54x 的 HPI 接口，实现 89C51 单片机与 DSP 芯片之间的通信。

附录 A TMS320C54x 助记符汇编指令集

'C54x 指令系统共有 129 条指令，由于操作数的寻址方式不同，可派生至 205 条指令。按指令功能可分为算术运算指令、逻辑运算指令、程序控制指令、装载和存储指令等 4 大类。为了便于查找，将指令按助记符字母顺序列表。在表的"字/周期"栏中，x/y[d]表示该指令该指令代码字长为 x 个字，执行该指令所需要的机器周期为 y 个周期，若采用延时方式则需要 d 个机器周期；x/y、z[d]表示该指令令代码字长为 x 个字，当执行该条件指令时只需要 z 个机器周期，若满足条件时则执行该指令需要 y 个机器周期，当不满足条件指令需要 y 个机器周期，若采用延时方式，指令助记符带有后缀 D，则需要 d 个机器周期。表 A-1 为 TMS320C54x 助记符汇编指令集。

表 A-1 TMS320C54x 助记符汇编指令集

序号	语法	表达式	说明	指令类型	字/周期
1	ABDST Xmem,Ymem	B=B+|A(32−16)| A=(Xmem−Ymem)<<16	计算两向量之差的绝对值	算术运算指令	1/1
2	ABS src[,dst]	dst=|src|	累加器取绝对值	算术运算指令	1/1
3	ADD Smem,src	src=src+Smem	操作数加到累加器	算术运算指令	1/1
4	ADD Smem,TS,src	src=src+Smem<<TS	操作数移位后加到累加器	算术运算指令	1/1
5	ADD Smem,16,src[,dst]	dst=src+Smem<<16	操作数左移 16 位后加到累加器	算术运算指令	1/1
6	ADD Smem[,SHIFT],src[,dst]	dst=src+Smem<<SHIFT	操作数移位后加到累加器	算术运算指令	2/2
7	ADD Xmem,SHIFT,src	src=src+Smem<<SHIFT	操作数移位后加到累加器	算术运算指令	1/1
8	ADD Xmem,Ymem,dst	dst=Xmem<<16+Ymem<<16	两操作数分别左移 16 位后加到累加器	算术运算指令	1/1
9	ADD #lk[,SHIFT],src[,dst]	src=src+#lk<<SHIFT	长立即数移位后加到累加器	算术运算指令	2/2
10	ADD #lk,16,src[,dst]	dst=src+#lk<<16	长立即数左移 16 位后加到累加器	算术运算指令	2/2
11	ADD src[,SHIFT][,dst]	dst=dst+src<<SHIFT	累加器移位后相加	算术运算指令	1/1
12	ADD src,ASM[,dst]	dst=dst+stc<<ASM	累加器按 ASM 移位后相加	算术运算指令	1/1
13	ADDC Smem,src	src=src+Smem+C	操作数带进位加到累加器	算术运算指令	1/1

• 291 •

序号	语 法	表 达 式	说 明	指令类型	字/周期
14	ADDM #lk,Smem	Smem=Smem+lk	长立即数加到存储器	算术运算指令	2/2
15	ADDS Smem,src	src=src+uns(Smem)	符号位不扩展的加法	算术运算指令	1/1
16	AND Smem,src	src=src&Smem	操作数和累加器与运算	逻辑运算指令	1/1
17	AND #lk[,SHIFT],src[,dst]	dst=src&#lk<<SHIFT	长立即数移位后和累加器与运算	逻辑运算指令	2/2
18	AND #lk,16,src[,dst]	dst=src&#lk<<16	长立即数左移16位后和累加器与运算	逻辑运算指令	2/2
19	AND src[,SHIFT][,dst]	dst=dst&src<<SHIFT	源累加器移位后和目标累加器与运算	逻辑运算指令	1/1
20	ANDM #lk,Smem	Smem=Smem&#lk	操作数和长立即数与运算	逻辑运算指令	2/2
21	B[D] pmad	PC=pmad(15-0)	无条件分支转移	程序控制指令	2/4[2]
22	BACC[D] src	PC=src(15-0)	按累加器规定的地址转移	程序控制指令	1/6[4]
23	BANZ[D] pmad,Sind	if (Sind≠0) then PC=pmad(15-0)	辅助寄存器不为0则转移	程序控制指令	2/4,2[2]
24	BC[D] pmad,cond[,cond]]	if (cond(s)) then PC=pmad(15-0)	条件分支转移	程序控制指令	2/5,3[3]
25	BIT Xmem,BITC	TC=Xmem(15-BITC)	测试指定位	逻辑运算指令	1/1
26	BITF Smem,#lk	TC=(Smem&lk)	测试由立即数规定的位域	逻辑运算指令	2/2
27	BITT Smem	TC=Smem(15-T(3-0))	测试由暂存器T指定的位	逻辑运算指令	1/1
28	CALA[D] src	--SP, PC+1[3]=TOS, PC=src(15-0)	按累加器规定的地址调用子程序	程序控制指令	1/6[4]
29	CALL[D] pmad	--SP, PC+2[4]=TOS, PC=pmad(15-0)	无条件调用子程序	程序控制指令	2/4[2]
30	CC[D] pmad,cond[,cond]]	if (cond(s)) then --SP, PC+2[4]=TOS, PC=pmad(15-0)	有条件调用子程序	程序控制指令	2/5,3[3]
31	CMPL src[,dst]	dst = $\overline{src}$	求累加器的反码	算术运算指令	1/1
32	CMPM Smem,#lk	TC=(Smem==#lk)	16位单数据存储单元操作数与16位长立即数比较	逻辑运算指令	2/2
33	CMPR CC,ARx	Compare ARx with AR0	辅助寄存器ARx 与AR0比较	逻辑运算指令	1/1
34	CMPS src,Smem	if src(31-16)>src(15-0)　then Smem=src(31-16)　if src(31-16)≤src(15-0)　then Smem=src(15-0)	比较选择并存储最大值	数据传送指令	1/1
35	DADD Lmem,src[,dst]	if C16=0　dst=Lmem+src　if C16=1　dst(39-16)=Lmem(31-16)+src(31-16)　dst(15-0)=Lmem(15-0)+src(15-0)	双精度/双16位数加到累加器，即双重加法	算术运算指令	1/1

序号	语 法	表 达 式	说 明	指令类型	字/周期
36	DADST Lmem,dst	if C16=0 dst=Lmem+(T<<16+T) ; if C16=1 dst(39-16)=Lmem(31-16)+T, dst(15-0)=Lmem(15-0)-T	暂存器T值与长立即数的双重加法和减法	算术运算指令	1/1
37	DELAY Smem	(Smem+1)=Smem	存储器单元延迟	算术运算指令	1/1
38	DLD Lmem,dst	dst=Lmem	双精度/双16位长字加载到累加器	数据传送指令	1/1
39	DRSUB Lmem,src	if C16=0 src=Lmem-src ; if C16=1 src(39-16)=Lmem(31-16)-src(31-16), src(15-0)=Lmem(15-0)-src(15-0)	双精度/双16位数减去累加器值	算术运算指令	1/1
40	DSADT Lmem,dst	if C16=0 dst=Lmem-src ; if C16=1 dst(39-16)=Lmem(31-16)-src(31-16), src(15-0)=Lmem(15-0)-src(15-0)	长操作数与寄存器值相加/减	算术运算指令	1/1
41	DST src,Lmem	Lmem=src	累加器值存储到长字单元中	数据传送指令	1/2
42	DSUB Lmem,src	if C16=0 src=src-Lmem ; if C16=1 src(39-16)=src(31-16)-Lmem(31-16), src(15-0)=src(15-0)-Lmem(15-0)	从累加器中减去双精度双16位数	算术运算指令	1/1
43	DSUBT Lmem,dst	if C16=0 dst=Lmem-(T<<16+T) ; if C16=1 dst(39-16)=Lmem(31-16)-T, dst(15-0)=Lmem(15-0)-T	从长操作数中减去暂存器T值	算术运算指令	1/1
44	EXP src	T=number of sign bit(src)-8	求累加器的指数	算术运算指令	1/1
45	FB[D] extpmad	PC=pmad(15-0), XPC=pmad(22-16)	无条件远程分支转移	程序控制指令	2/4[2]
46	FBACC[D] src	PC=src(15-0), XPC=src(22-16)	按累加器规定的地址远程分支转移	程序控制指令	1/6[4]
47	FCALA[D] src	--SP=PC, --SP=XPC, PC=src(15-0), XPC=src(22-16)	按累加器规定的地址远程调用子程序	程序控制指令	1/6[4]
48	FCALL[D] extpmad	--SP=PC, --SP=XPC, PC=pmad(15-0), XPC=pmad(22-16)	无条件远程调用子程序	程序控制指令	2/4[2]
49	FIRS Xmem,Ymem,pmad	B=B+A*pmad, A=(Xmem+Ymem)<<16	对称FIR滤波	算术运算指令	2/3
50	FRAME K	SP=SP+K, -128≤K≤127	堆栈指针偏移一个立即数值	程序控制指令	1/1
51	FRET[D]	XPC=SP++, PC=SP++	远程返回	程序控制指令	1/6[4]
52	FRETE[D]	XPC=SP++, PC=SP++, INTM=0	开中断,从远程中断返回	程序控制指令	1/6[4]
53	IDLE K	idle(K), 1≤K≤3	保持空转状态,直到中断发生	程序控制指令	1/4

续表

序号	语法	表达式	说明	指令类型	字/周期
54	INTR K	--SP=PC, PC=IPTR(15~7)+K<<2, INTM=1	不可屏蔽的软件中断，关闭其他可屏蔽中断	程序控制指令	1/3
55	LD Smem,dst	dst=Smem	将操作数加载到累加器	数据传送指令	1/1
56	LD Smem,TS,dst	dst=Smem<<TS	操作数按TREG(5~0)移位后加载到累加器	数据传送指令	1/1
57	LD Smem,16,dst	dst=Smem<<16	操作数左移16位加载到累加器	数据传送指令	1/1
58	LD Smem[,SHIFT],dst	dst=Smem<<SHIFT	操作数移位后加载到累加器	数据传送指令	2/2
59	LD Xmem,SHIFT,dst	dst=xmem<<SHIFT	操作数移位后加载到累加器	数据传送指令	1/1
60	LD #K,dst	dst=#K	短立即数加载到累加器	数据传送指令	1/1
61	LD #lk[,SHIFT],dst	dst=#lk[,SHIFT]	长立即数移位后加载到累加器	数据传送指令	2/2
62	LD #lk,16,dst	dst=#lk<<16	长立即数左移16位加载累加器	数据传送指令	2/2
63	LD src,ASM[,dst]	src<<ASM	源累加器按ASM移位后加载到累加器	数据传送指令	1/1
64	LD src[,SHIFT],dst	src<<SHIFT	源累加器移位后加载到目标累加器	数据传送指令	1/1
65	LD Smem,T	T=Smem	操作数加载暂存器T	数据传送指令	1/1
66	LD Smem,DP	DP=Smem(8~0)	将单数据存储器操作数加载DP	数据传送指令	1/3
67	LD #9,DP	DP=#9	9位立即数加载DP	数据传送指令	1/1
68	LD #k5,ASM	ASM=#k5	5位立即数加载ASM	数据传送指令	1/1
69	LD #k3,ARP	ARP=#k3	3位立即数加载ARP	数据传送指令	1/1
70	LD Smem,ASM	ASM=Smem(4~0)	5位操作数加载ASM	数据传送指令	1/1
71	LD Xmem,dst || MAC Ymem,dst_	dst=Xmem<<16 || dst_=dst_+T*Ymem	加载累加器，并行乘法累加运算	并行操作指令	1/1
72	LD Xmem,dst || MACR Ymem,dst_	dst=Xmem<<16 || dst_=rnd(dst_+T*Ymem)	加载累加器，并行乘法累加运算（带含入）	并行操作指令	1/1
73	LD Xmem,dst || MAS Ymem,dst_	dst=Xmem<<16 || dst_=dst_-T*Ymem	加载累加器，并行乘法减法运算	并行操作指令	1/1
74	LD Xmem,dst || MASR Ymem,dst_	dst=Xmem<<16 || dst_=rnd(dst_-T*Ymem)	加载累加器，并行乘法减法运算（带含入）	并行操作指令	1/1
75	LDM MMR,dst	dst=MMR	将MMR加载到累加器	数据传输指令	1/1

序号	语 法	表 达 式	说 明	指令类型	字/周期
76	LDR Smem,dst	dst(31-16)=rnd(Smem)	操作数含入加载累加器高阶位	数据传送指令	1/1
77	LDU Smem,dst	dst=uns(Smem)	无符号操作数加载累加器	数据传送指令	1/1
78	LMS Xmem,Ymem	B=B+Xmem*Ymem, A=(A+Xmem<<16)+2^{15}	求最小均方值	算术运算指令	1/1
79	LTD Smem	T=Smem, (Smem+1)=Smem	操作数加载暂存器T并延迟	数据传送指令	1/1
80	MAC Smem,src	src=src+T*Smem	操作数与暂存器T值相乘后加到累加器	算术运算指令	1/1
81	MAC Xmem,Ymem,src[,dst]	dst=src+Xmem*Ymem, T=Xmem	两个操作数相乘后加到累加器	算术运算指令	1/1
82	MAC #lk,src[,dst]	dst=src+T*#lk	长立即数与暂存器T值相乘后加到累加器	算术运算指令	2/2
83	MAC Smem,#lk,src[,dst]	dst=src+Smem*#lk, T=Smem	长立即数与操作数相乘后加到累加器	算术运算指令	2/2
84	MACR Smem,src	dst=rnd(src+T*Smem)	操作数与暂存器T值相乘后加到累加器（带含入）	算术运算指令	1/1
85	MACR Xmem,Ymem,src[,dst]	dst=rnd(src+Xmem*Ymem), T=Xmem	两个操作数相乘后加到累加器（带含入）	算术运算指令	1/1
86	MACA Smem[,B]	B=B+Smem*A(32-16), T=Smem	操作数与累加器A的高位相乘后加到累加器B	算术运算指令	1/1
87	MACA T,src[,dst]	dst=src+T*A(32-16)	暂存器T与累加器A高位相乘后加到累加器A	算术运算指令	1/1
88	MACAR Smem[,B]	B=rnd(B+Smem*A(32-16)), T=Smem	操作数与累加器A高位相乘后加到累加器B（带含入）	算术运算指令	1/1
89	MACAR T,src[,dst]	dst=rnd(src+T*A(32-16))	累加器A高位与暂存器T相乘后和源累加器相加（带含入）	算术运算指令	1/1
90	MACD Smem,pmad,src	src=src+Smem*pmad, T=Smem, (Smem+1)=Smem	操作数与程序存储器值相乘后累加并延迟	算术运算指令	2/3
91	MACP Smem,pmad,src	src=src+Smem*pmad, T=Smem	操作数与程序存储器值相乘后加到累加器	算术运算指令	2/3
92	MACSU Xmem,Ymem,src	src=src+uns(Xmem)*Ymem, T=Xmem	无符号数与有符号数相乘后加到累加器	算术运算指令	1/1
93	MAR Smem	if CMPT=0, then modify ARx, ARP is unchanged if CMPT=1 and ARx≠AR0, then modify ARx, ARP=x if CMPT=1 and ARx=AR0, then modify AR(ARP), ARP is unchanged	修改辅助寄存器	程序控制指令	1/1
94	MAS Smem,src	src=src-T*Smem	从累加器中减去暂存器T值与操作数的乘积	算术运算指令	1/1
95	MAS Xmem,Ymem,src[,dst]	dst=src-Xmem*Ymem, T=Xmem	从累加器中减去两个操作数的乘积	算术运算指令	1/1
96	MASA Smem[,B]	B=B-Smem*A(32-16), T=Smem	从累加器B中减去操作数与累加器A高位的乘积	算术运算指令	1/1

続表

序号	语法	表达式	说明	指令类型	字/周期
97	MASA T,src[,dst]	dst=src−T*A(32−16)	从源累加器中减去暂存器 T 值与累加器 A 高位的乘积	算术运算指令	1/1
98	MASAR T,src[,dst]	dst=rnd(src−T*A(32−16))	从源累加器中减去暂存器 T 值与累加器 A 高位的乘积（带含入）	算术运算指令	1/1
99	MASR Smem,src	src=rnd(src−T*Smem)	从累加器中减去暂存器 T 值与操作数的乘积（带含入）	算术运算指令	1/1
100	MASR Xmem,Ymem,src[,dst]	dst=rnd(src−Xmem*Ymem), T=Xmem	从累加器中减去两操作数的乘积（带含入）	算术运算指令	1/1
101	MAX dst	dst=max(A,B)	求累加器 A 和 B 的最大值	算术运算指令	1/1
102	MIN dst	dst=min(A,B)	求累加器 A 和 B 的最小值	算术运算指令	1/1
103	MPY Smem,dst	dst=T*Smem	暂存器 T 值与操作数相乘	算术运算指令	1/1
104	MPY Xmem,Ymem,dst	dst=Xmem*Ymem, T=Xmem	两个操作数相乘	算术运算指令	1/1
105	MPY Smem,#lk,dst	dst=Smem*#lk, T=Xmem	长立即数与操作数相乘	算术运算指令	2/2
106	MPY #lk,dst	dst=T*#lk	长立即数与暂存器 T 值相乘	算术运算指令	2/2
107	MPYA dst	dst=T*A(32−16)	暂存器 T 值与累加器 A 高位相乘	算术运算指令	1/1
108	MPYA Smem	B=Smem*A(32−16), T=Smem	操作数与累加器 A 高位相乘	算术运算指令	1/1
109	MPYR Smem,dst	dst=rnd(T*Smem)	暂存器 T 值与操作数相乘（带含入）	算术运算指令	1/1
110	MPYU Smem,dst	dst=uns(T)*uns(Smem)	无符号数乘法	算术运算指令	1/1
111	MVDD Xmem,Ymem	Ymem=Xmem	数据存储器内部传送数据	数据传送指令	1/1
112	MVDK smem,dmad	dmad=Smem	数据存储器内部指定地址传送数据	数据传送指令	2/2
113	MVDM dmad,MMR	MMR=dmad	数据存储器向 MMR 传送数据	数据传送指令	2/2
114	MVDP Smem,pmad	pmad=Smem	数据存储器向程序存储器传送数据	数据传送指令	2/4
115	MVKD dmad,Smem	Smem=dmad	数据存储器内部指定地址传送数据	数据传送指令	2/2
116	MVMD MMR,dmad	dmad=MMR	MMR 向指定地址传送数据	数据传送指令	2/2
117	MVMM MMRx,MMRy	MMRy=MMRx	MMRx 向 MMRy 传送数据	数据传送指令	1/1
118	MVPD pmad,Smem	Smem=pmad	程序存储器向数据储存器传送数据	数据传送指令	2/3
119	NEG src[,dst]	dst=−src	累加器变负	算术运算指令	1/1

续表

序号	语 法	表 达 式	说 明	指令类型	字/周期
120	NOP	no operation	空操作	程序控制指令	1/1
121	NORM src[,dst]	dst=src<<TS, dst=norm(src,TS)	归一化	算术运算指令	1/1
122	OR Smem,src	src=src|Smem	操作数和累加器相或	逻辑运算指令	1/1
123	OR #lk[,SHFT],src[,dst]	dst=src|#lk<<SHFT	长立即数移位后与累加器相或	逻辑运算指令	2/2
124	OR #lk,16,src[,dst]	dst=src|#lk<<16	长立即数左移 16 位后与累加器相或	逻辑运算指令	2/2
125	OR src[,SHIFT][,dst]	dst=dst|src<<SHIFT	源累加器移位后与目标累加器相或	逻辑运算指令	1/1
126	ORM #lk,Smem	Smem=Smem|#lk	操作数与长立即数相或	逻辑运算指令	2/2
127	POLY Smem	B=Smem<<16, A=rnd(A*T+B)	求多项式的值	算术运算指令	1/1
128	POPD Smem	Smem=SP++	将数据从栈顶弹出至数据存储器	程序控制指令	1/1
129	POPM MMR	MMR=SP++	将数据从栈顶弹出至 MMR	程序控制指令	1/1
130	PORTR PA,Smem	Smem=PA	从端口 PA 读入数据	数据传送指令	2/2
131	PORTW Smem,PA	PA=Smem	向端口 PA 输出数据	数据传送指令	2/2
132	PSHD Smem	--SP=Smem	将数据压入堆栈	程序控制指令	1/1
133	PSHM MMR	--SP=MMR	将 MMR 压入堆栈	程序控制指令	1/1
134	RC[D] cond[,cond[,cond]]	if (cond(s)) then PC=SP++	条件返回	程序控制指令	1/5,3[3]
135	READA Smem	Smem=Pmem(A)	按累加器 A 寻址读程序存储器,并将数据存入数据存储器	数据传送指令	1/5
136	RESET	software reset	软件复位	程序控制指令	1/3
137	RET[D]	PC=SP++	返回	程序控制指令	1/5[3]
138	RETE[D]	PC=SP++, INTM=0	开中断,从中断返回	程序控制指令	1/5[3]
139	RETF[D]	PC=RTN, SP++, INTM=0	开中断,从中断快速返回	程序控制指令	1/3[1]
140	RND src[,dst]	dst=src+2^15	累加器含入运算	算术运算指令	1/1
141	ROL src	rotate left with carry in	累加器进位循环左移	逻辑运算指令	1/1
142	ROLTC src	rotate left with TC in	累加器经 TC 位循环左移	逻辑运算指令	1/1

続表

序号	语法		表达式	说明	指令类型	字/周期
143	ROR	src	rotate right with carry in	累加器经进位循环右移	逻辑运算指令	1/1
144	RPT	Smem	repeat single, RC=Smem	重复执行下条指令(Smem)+1 次	程序控制指令	1/1
145	RPT	#k	repeat single, RC=#k	重复执行下条指令 k+1 次	程序控制指令	1/1
146	RPT	#lk	repeat single, RC=#lk	重复执行下条指令#lk+1 次	程序控制指令	1/1
147	RPTB[D]	pmad	repeat block, RSA=PC+2[4], REA=pmad−1	块重复指令	程序控制指令	2/2
148	RPTZ	dst,#lk	repeat single, RC=#lk, dst=0	重复执行下条指令,累加器清 0	程序控制指令	2/4[2]
149	RSBX	N,SBIT	STN(SBIT)=0	状态寄存器复位	程序控制指令	2/2
150	SACCD	src,Xmem,cond	if (cond) Xmem=src<<(ASM−16)	有条件存储累加器的值	数据传送指令	1/1
151	SAT	src	saturate(src)	累加器饱和运算	算术运算指令	1/1
152	SFTA	src,SHIFT[,dst]	dst=src<<SHIFT{,arithmetic shift}	累加器算术移位	逻辑运算指令	1/1
153	SFTC	src	if src(31)=src(30) then src=src<<1	累加器条件移位	逻辑运算指令	1/1
154	SFTL	src,SHIFT[,dst]	dst=src<<SHIFT{,logical shift}	累加器逻辑移位	逻辑运算指令	1/1
155	SQDST	Xmem,Ymem	B=B+A(32−16)*A(32−16) A=(Xmem−Ymem)<<16	求距离的平方	算术运算指令	1/1
156	SQUR	Smem,dst	dst=Smem*Smem, T= Smem	操作数的平方	算术运算指令	1/1
157	SQUR	A,dst	dst=A(32−16)*A(32−16)	累加器 A 的高位平方	算术运算指令	1/1
158	SQURA	Smem,src	src=src+Smem*Smem, T= Smem	操作数平方并累加	算术运算指令	1/1
159	SQURS	Smem,src	src=src−Smem*Smem, T= Smem	从累加器中减去操作数的平方	算术运算指令	1/1
160	SRCCD	Xmem,cond	if (cond) Xmem=BRC	有条件存储块重复计数器	数据传送指令	1/1
161	SSBX	N,SBIT	STN(SBIT)=1	状态寄存器置位	程序控制指令	1/1
162	ST	T,Smem	Smem=T	存储暂存器 T 值	数据传送指令	1/1
163	ST	TRN,Smem	Smem=TRN	存储寄存器 TRN 值	数据传送指令	1/1
164	ST	#lk,Smem	Smem=#lk	存储长立即数	数据传送指令	2/2

序号	语　法	表 达 式	说　明	指令类型	字/周期
165	ST　src,Ymem ‖ADD　Xmem,dst	Ymem=src<<(ASM-16) ‖dst=dst_+Xmem<<16	存储累加器值并行加法运算	并行操作指令	1/1
166	ST　src,Ymem ‖LD　Xmem,dst	Ymem=src<<(ASM-16) ‖dst=Xmem<<16	存储累加器值并行加载累加器	并行操作指令	1/1
167	ST　src,Ymem ‖LD　Xmem,T	Ymem=src<<(ASM-16) ‖T=Xmem	存储累加器值并行加载暂存器T	并行操作指令	1/1
168	ST　src,Ymem ‖MAC　Xmem,dst	Ymem=src<<(ASM-16) ‖dst=dst+T*Xmem	存储累加器值并行乘法累加运算	并行操作指令	1/1
169	ST　src,Ymem ‖MACR　Xmem,dst	Ymem=src<<(ASM-16) ‖dst=rnd(dst+T*Xmem)	存储累加器值并行乘法累加运算（带含入）	并行操作指令	1/1
170	ST　src,Ymem ‖MAS　Xmem,dst	Ymem=src<<(ASM-16) ‖dst=dst-T*Xmem	存储累加器值并行乘法减法运算	并行操作指令	1/1
171	ST　src,Ymem ‖MASR　Xmem,dst	Ymem=src<<(ASM-16) ‖dst=rnd(dst-T*Xmem)	存储累加器值并行乘法减法运算（带含入）	并行操作指令	1/1
172	ST　src,Ymem ‖MPY　Xmem,dst	Ymem=src<<(ASM-16) ‖dst=T*Xmem	存储累加器值并行乘法运算	并行操作指令	1/1
173	ST　src,Ymem ‖SUB　Xmem,dst	Ymem=src<<(ASM-16) ‖dst=(Xmem<<16)-dst_	存储累加器值并行乘法减法运算	并行操作指令	1/1
174	STH　src,Smem	Smem=src(31-16)	存储累加器高阶位	数据传送指令	1/1
175	STH　src,ASM,Smem	Smem=src(31-16)<<ASM	累加器高阶位按ASM移位后存储	数据传送指令	1/1
176	STH　src,SHFT,Xmem	Xmem=src(31-16)<<SHFT	累加器高阶位移位后存储	数据传送指令	1/1
177	STH　src[,SHIFT],Smem	Smem=src(31-16)<<SHIFT	累加器高阶位移位后存储	数据传送指令	2/2
178	STL　src,Smem	Smem=src(15-0)	存储累加器低阶位	数据传送指令	1/1
179	STL　src,ASM,Smem	Smem=src(15-0)<<ASM	累加器低阶位按ASM移位后存储	数据传送指令	1/1
180	STL　src,SHFT,Xmem	Xmem=src(15-0)<<SHFT	累加器低阶位移位后存储	数据传送指令	1/1
181	STL　src[,SHIFT],Smem	Smem=src(15-0)<<SHIFT	累加器低阶位移位后存储	数据传送指令	2/2
182	STLM　src,MMR	MMR=src(15-0)	累加器低阶位存储至MMR	数据传送指令	1/1
183	STM　#lk,MMR	MMR=#lk	长立即数存储至MMR	数据传送指令	2/2
184	STRCD　Xmem,cond	if (cond) Xmem=T	有条件存储暂存器T值	数据传送指令	1/1

续表

序号	语法		表达式	说明	指令类型	字/周期
185	SUB	Smem,src	src=src-Smem	从累加器中减去操作数	算术运算指令	1/1
186	SUB	Smem,TS,src	src=src-Smem<<TS	从累加器中减去移位后的操作数	算术运算指令	1/1
187	SUB	Smem,16,src[,dst]	dst=src-Smem<<16	从累加器中减去左移16位后的操作数	算术运算指令	1/1
188	SUB	Smem[,SHIFT],src[,dst]	dst=src-Smem<<SHIFT	操作数移位后与累加器相减	算术运算指令	2/2
189	SUB	Xmem,SHIFT,src	src=src-Xmem<<SHIFT	操作数移位后与累加器相减	算术运算指令	1/1
190	SUB	Xmem,Ymem,src	src=Xmem<<16-Ymem<<16	两个操作数分别左移16位后相减	算术运算指令	1/1
191	SUB	#lk[,SHIFT],src[,dst]	dst=src-#lk<<SHIFT	长立即数移位后与累加器相减	算术运算指令	2/2
192	SUB	#lk,16,src[,dst]	dst=src-#lk<<16	长立即数左移16位后与累加器相减	算术运算指令	2/2
193	SUB	src[,SHIFT][,dst]	dst=dst-src<<SHIFT	源累加器移位后与目标累加器相减	算术运算指令	1/1
194	SUB	src,ASM[,dst]	dst=dst-src<<ASM	源累加器按ASM移位后与目标累加器相减	算术运算指令	1/1
195	SUBB	Smem,src	src=src-Smem-$\bar{C}$	从累加器中带借位减去操作数	算术运算指令	1/1
196	SUBC	Smem,src	if (src-Smem<<15)≥0 src=(src-Smem<<15)<<1+1 else src=src<<1	有条件减法	算术运算指令	1/1
197	SUBS	Smem,src	src=src-uns (Smem)	符号位不扩展的减法	算术运算指令	1/1
198	TRAP	K	--SP=PC, PC=IPTR(15-7)+K<<2	不可屏蔽的软件中断，不影响INTM位	程序控制指令	1/3
199	WRITA	Smem	Pmem(A)=Smem	将数据累加器A寻址入程序存储器	数据传送指令	1/5
200	XC	n,cond[,cond]]	if (cond(s)) then execute then next n instructions; n=1or 2	有条件执行	程序控制指令	1/1
201	XOR	Smem,src	src=src∧Smem	操作数与累加器异或运算	逻辑运算指令	1/1
202	XOR	#lk[,SHIFT],src[,dst]	dst=src∧#lk<<SHIFT	长立即数移位后与累加器异或运算	逻辑运算指令	2/2
203	XOR	#lk,16,src[,dst]	dst=src∧#lk<<16	长立即数左移16位后与累加器异或运算	逻辑运算指令	2/2
204	XOR	src[,SHIFT][,dst]	dst=dst∧src<<SHIFT	源累加器移位后和目标累加器异或运算	逻辑运算指令	1/1
205	XORM	#lk,Smem	Smem=Smem∧#lk	操作数与长立即数异或运算	逻辑运算指令	2/2

参 考 文 献

[1] 戴明帧,周建江. TMS320C54x DSP 结构、原理及应用. 北京：北京航空航天大学出版社，2001.

[2] 王念旭,等. DSP 基础与应用系统设计. 北京：北京航空航天大学出版社，2001.

[3] 郑红,吴冠. TMS320C54x DSP 应用系统设计. 北京：北京航空航天大学出版社，2002.

[4] 李哲英,骆丽,刘元盛. DSP 基础理论与应用技术. 北京：北京航空航天大学出版社，2002.

[5] 刘益成. TMS320C54x DSP 应用程序设计与开发. 北京：北京航空航天大学出版社，2002.

[6] 彭启琮. TMS320C54x 实用教程. 成都：电子科技大学出版社，2000.

[7] 申敏,邓矣兵,郑建宏,等. DSP 原理及其在移动通信中的应用. 北京：人民邮电出版社，2001.

[8] 王金龙,沈良,任国春,等. 无线通信系统地 DSP 实现. 北京：人民邮电出版社，2002.

[9] 张雄伟,陈亮,徐光辉. DSP 芯片的原理与开发应用（第 3 版）. 北京：电子工业出版社，2003.

[10] 赵红怡. DSP 技术与应用实例. 北京：电子工业出版社，2003.

[11] 朱铭锆,赵勇,甘泉. DSP 应用系统设计. 北京：电子工业出版社，2002.

[12] 周霖. DSP 系统设计与实现. 北京：国防工业出版社，2003.

[13] 彭启琮,李玉柏,管庆. DSP 技术的发展与应用. 北京：高等教育出版社，2002.

[14] 汪安民. TMS320C54xx DSP 实用技术. 北京：清华大学出版社，2002.

[15] 清源科技. TMS320C54x DSP 应用程序设计教程. 北京：机械工业出版社，2004.

[16] 清源科技. TMS320C54x DSP 硬件开发教程. 北京：机械工业出版社，2003.

[17] 孙宗瀛,谢鸿琳. TMS320C5x DSP 原理与应用. 北京：清华大学出版社，2002.

[18] TMS320C54x DSP Reference Set Volume 4: Applications Guide. Texas Instruments, 1996.

[19] TMS320C54x DSP Reference Set Volume 5: Enhanced Peripherals. Texas Instruments, 1999.

[20] TMS320C54x, TMS320LC54x, TMS320VC54x Fixed-Point Digital Signal Processor. Texas Instruments, 1999.

[21] TMS320C54x Assembly Language Tools User's Guide. Texas Instruments Incorporated, 2001.

[22] TMS320C54x DSP Programmer's Guide. Texas Instruments, 2001.

[23] TMS320C54x DSP Reference Set Volume 2: Mnemonic Instruction Set. Texas Instruments, 2001.

[24] TMS320C54x DSP Reference Set, Volume 3:Algebraic Instruction Set. Texas Instruments Inc, March 2001.

[25] TMS320C54x DSP Reference Set, Volume 4:Applacation guide. Texas Instruments Inc, March 2001.

[26] TMS320C54x Assembly Language Tools User's Guide. Texas Instruments, 2002.

反侵权盗版声明

电子工业出版社依法对本作品享有专有出版权。任何未经权利人书面许可，复制、销售或通过信息网络传播本作品的行为；歪曲、篡改、剽窃本作品的行为，均违反《中华人民共和国著作权法》，其行为人应承担相应的民事责任和行政责任，构成犯罪的，将被依法追究刑事责任。

为了维护市场秩序，保护权利人的合法权益，我社将依法查处和打击侵权盗版的单位和个人。欢迎社会各界人士积极举报侵权盗版行为，本社将奖励举报有功人员，并保证举报人的信息不被泄露。

举报电话：（010）88254396；（010）88258888

传　　真：（010）88254397

E-mail：　dbqq@phei.com.cn

通信地址：北京市万寿路 173 信箱
　　　　　电子工业出版社总编办公室

邮　　编：100036